Der große Traum von Bildung

Das Buch

James Cook, der weltberühmte englische Kapitän, und Georg Forster, der bekannte deutsche Naturforscher und Reisebuchautor, strebten nach umfassender Weltbildung – jeder auf seine Weise: der eine Meere und Küsten erkundend, der andere forschend und schreibend. Christian Graf von Krockow erzählt nicht nur ihr Leben im Dienste von Bildung und Wissenschaft, sondern spiegelt in fiktiven Tagebucheinträgen auch die atemberaubende Weltumsegelung zwischen 1772 und 1775, bei der sich die beiden begegneten. Mit dem Nachvollzug dieser Reise macht er ihre Erfahrungen für den heutigen Leser transparent und formuliert damit auf höchst unterhaltsame Weise ein altes und möglicherweise wieder modernes Bildungsideal: das einer Bildung, die auf das Zusammenwirken von Erfahrung und Wissen und nicht zuletzt auf die Verlockungen des Abenteurers und Reisenden setzt.

Der Autor

Christian Graf von Krockow, geboren 1927 in Hinterpommern, wurde 1961 Professor für Politikwissenschaft. Seit 1969 war er als freier Wissenschaftler und Schriftsteller tätig. Er erhielt mehrere Auszeichnungen und gilt als einer der führenden Publizisten zur deutschen und preußischen Geschichte. Krockow starb im März 2002 im Alter von 74 Jahren.

In unserem Hause sind von Christian Graf von Krockow
bereits erschienen:

Die Zukunft der Geschichte
Einspruch gegen den Zeitgeist
Hitler und seine Deutschen
Porträts berühmter deutscher Frauen
Porträts berühmter deutscher Männer
Über die Deutschen

Christian Graf von Krockow

Der große Traum von Bildung

Auf den Spuren der großen Entdeckungsreisenden James Cook und Georg Forster

List Taschenbuch

Umwelthinweis:
Dieses Buch wurde auf chlor- und säurefreiem Papier gedruckt.

Ungekürzte Ausgabe im List Taschenbuch
List ist ein Verlag der Ullstein Buchverlage GmbH, Berlin
1. Auflage April 2005

Umschlaggestaltung: Hauptmann und Kampa Werbeagentur,
München – Zürich
Titelabbildung: Hulton-Deutsch Collection / Corbis (James Cook);
AKG (Georg Forster)
Satz: Franzis print & media GmbH, München
Druck und Bindearbeiten: Clausen & Bosse, Leck
Printed in Germany
ISBN 3-548-60518-4

Inhalt

Vorwort

Menschen träumen, solange sie leben. Sie hoffen auf Liebe und Glück, auf Geborgenheit oder auf die Freiheit. Sie wollen sich losreißen von dem, was ist, sie setzen auf Reichtum und Ruhm, manchmal auf Macht. Und sie sind mit Neugier begabt; sie träumen sich hinaus in die Ferne, ins Unbekannte, das darauf wartet, entdeckt zu werden.

Freilich können sich die Träume verfinstern. Heute, so scheint es, leben wir eher in einer Zeit der Albträume. Die großen Utopien von der guten und gerechten Gesellschaft sind dahin; es bleibt bloß noch mühsames Flickwerk. Was wir weltweit vor uns sehen, ist die Bevölkerungslawine, die unter sich begräbt, was einmal schön war, und das Elend gebiert, aus dem die Gewalt wächst. Die Ausbeutung und Zerstörung der Natur schreiten fort, eine Klimakatastrophe zeichnet sich ab: Wehe den Enkeln! Auch der Terror erhebt sich, und sein Traum heißt Vernichtung.

Es war einmal anders, besonders im 18. Jahrhundert, dem Zeitalter der Aufklärung. Der lange Kampf zwischen Tradition und Fortschritt war zugunsten des Fortschritts entschieden.[1] Wie die Wissenschaft über den Wahn, so triumphierte die Vernunft über Aberglauben und Glauben. Europa, genauer die Westeuropäer – erst Portugiesen und Spanier, dann Niederländer, Franzosen und Briten – eroberten die Welt. Von England her bereitete sich außerdem die industrielle Revolution vor, die Ersetzung der Menschenarbeit durch Maschinen.

Es gab zwei Hauptstraßen der Träume, und beide führten ins Unbekannte. Auf der einen ging es um die Entdeckung der Erde, um Inseln, Länder, vielleicht Kontinente und womöglich Paradiese – und um die Menschen, die dort lebten. Der größte aller Entdecker, James Cook, zeichnete weite Teile der Weltkarte neu und so exakt wie niemand vor ihm.

Während er damit noch beschäftigt war, begannen die nordamerikanischen Kolonien, sich vom britischen Mutterland loszureißen, was viel mehr bedeutete als die Unabhängigkeit von fremd gewordener Besteuerung und Verwaltung. Es entfaltete sich der andere, der politische Traum von einer vernünftig organisierten Gesellschaft. Sie sollte die Freiheit und das Streben nach Glück als menschliche Grundrechte verwirklichen.

Der geistige Vater dieses amerikanischen Traums, Thomas Jefferson, rief seinen Landsleuten zu: »Wir leben und werden als gültiger Beweis dafür betrachtet, dass eine Regierungsform, die dauernd auf dem Gemeinwillen der Gesellschaft beruht, praktisch durchführbar ist … Als Mitglieder der universalen Menschheitsgesellschaft, der wir fest und verantwortlich verbunden sind, haben wir die heilige Aufgabe …, den Glauben, welchen wir der Menschheit eingeflößt haben, nämlich dass ein Vernunftregiment besser ist als eine Gewaltherrschaft, nicht wieder zu zerstören.«[2] Es geht um eine Umwendung des Menschen, fort vom Bann des Überlieferten, hin zur Zukunft. Nochmals Jefferson: »Jene mittelalterliche Idee, wonach wir rückwärts schauen sollten anstatt vorwärts, um den Geist der Menschen zu bessern, und zu den Aufzeichnungen unserer Vorväter Zuflucht nehmen sollen auf der Suche nach dem, was in der Regierung, in der Religion und in der Wissenschaft das Beste ist, ist wohl derer wert, die sie uns vorgeschlagen haben und deren Zwecken sie auch entsprechen würde. Aber dieses Land wird solche Ideen nicht dulden.«[3]

Und wie dann in Europa auf traditionsbefrachtetem statt jungfräulichem Boden? Die Französische Revolution von 1789, die Proklamation der Menschen- und Bürgerrechte, forderte Gewalt, um das Bestehende niederzureißen, das Blutgerüst, die Köpfmaschine. Und doch ging ein Zauber der Zeitenwende, neben dem

Schrecken eine ungeheure Faszination von der Revolution aus: Der Übergang von Unrecht zu Recht, von uralter Herrschaft und Knechtschaft in das Miteinander freier Bürger stand auf der Tagesordnung. »Es war dieses somit ein herrlicher Sonnenaufgang«, erklärte der preußische Staatsphilosoph Georg Wilhelm Friedrich Hegel noch im Rückblick. »Alle denkenden Wesen haben diese Epoche mitgefeiert. Eine erhabene Rührung hat in jener Zeit geherrscht, ein Enthusiasmus des Geistes hat die Welt durchschauert, so als sei es zur wirklichen Versöhnung des Göttlichen mit der Welt nun erst gekommen.«[4]

Gewiss fallen Späne, wo gehobelt wird. Zum Fortschritt gehört die Zerstörung des bisher Bestehenden und damit die Gewalt. Oder führt der Fortschritt der Zivilisation vielleicht sogar vom Natürlichen fort in den Verfall hinein? Diesen beunruhigenden Gedanken findet man bei Jean-Jacques Rousseau. Aber ließe der Verfall sich nicht rückgängig machen und die Natürlichkeit zurückerobern? »Der Mensch ist frei geboren, und überall liegt er in Ketten.« Mit diesem Fanfarenruf beginnt nach kurzer Vorrede der »Contrat social«.[5] Nur das wollte man hören und die Ketten sprengen; in diesem Sinne ist Rousseau zu einem Vordenker der Revolution geworden[6]; dafür wurden nach 1789 in den Straßen von Paris Auszüge aus seinen Schriften verlesen, um dem Volk zu sagen, worauf es ankam. Kein König sollte mehr regieren und nicht Gott, sondern die Göttin der Vernunft; am 19. November 1793 wurde sie in der Kathedrale von Notre-Dame feierlich gekrönt. Und wenn nötig, musste man die verlorene Tugend mit dem Terror herbeizwingen: Das war die Botschaft von Maximilien Robespierre.[7]

Heute scheint uns kaum noch verständlich, was die Träume vom Unbekannten und von den Paradiesgärten der Natürlichkeit einst bedeuteten. Darum will dieses Buch sie an zwei Männern anschaulich machen, die höchst gegensätzlich waren: dem englischen Kapitän James Cook und dem deutschen Literaten Georg Forster. Ein größerer Gegensatz lässt sich kaum denken. Cook, vielleicht der bedeutendste Seefahrer aller Zeiten, war ein höchst nüchterner Träumer, ein Genie der praktischen Vernunft, Forster ein Schwärmer, ein Wegbereiter der Romantik. Der Weltruhm des einen wurde durch seinen jähen und gewaltsamen Tod auf Hawaii nicht beschädigt, sondern bestätigt und in den Rang der Legende erhoben. Der andere, Parteigänger und Opfer der Revolution, starb arm und als Vaterlandsverräter geächtet in einer Pariser Dachkammer. Aber für drei Jahre gab es ein enges Beisammensein: Als junger Gehilfe seines Vaters Johann Reinhold Forster begleitete Georg den schon berühmten Cook bei seiner zweiten Weltumseglung.

Wie sah dieses Beisammensein aus, und welche Wirkungen waren in ihm angelegt? Die vorhandenen Biographien sagen darüber sehr wenig. In den – meist englischen, jedenfalls englischsprachigen – über James Cook erscheint der Vater Forster nur als ein Querulant, eine lästige und lächerliche Randfigur[8], und der Sohn verschwindet in ihrem Schatten. In den deutschen Biographien über Georg Forster bleibt die Weltreise eine Episode; viel mehr Nachdruck wird auf die Vorgeschichte und die spätere Entwicklung gelegt.[9]

Beide, Cook wie Forster, haben ausführliche Reiseberichte geschrieben. Aber sie wenden den Blick eher nach außen als nach innen, auf die Arbeit der Besatzung, Wind und Wetter, auf die Abenteuer und Eindrücke von fremden Welten. Denn davon wollten die Leute hören, nicht von Gesprächen und Gefühlen – und wenn von Menschen, dann von »den Wilden«, den Maoris oder Polynesiern, nicht von einer europäisch zivilisierten – oder womöglich unzivilisierten – Reisegesellschaft. Dabei gab es Ankerzeiten und Landgänge an gerade einmal 180 Tagen von insgesamt drei Jahren und 18 Tagen. Was geschah in der übrigen Zeit, wenn sich wenig oder nichts ereignete und man doch quälend eng zusammen oder nur wenige Meter voneinander getrennt war? Was wurde aus den Entdeckerfreuden, wenn die Entbehrungen sich häuften? Was aus den Umgangsformen, wenn nur Männer unter sich waren – und wenn sie dann den Frauen der »Wilden« begegneten? Was aus dem Traum von Vernunft oder von Südseeparadiesen, da es doch zugleich darum ging, im Konkurrenzkampf mit anderen Mächten Europas im Namen Seiner Majestät des Königs die britische Flagge zu hissen? Fragen über Fragen.

Die Suche nach Antworten verliert sich nicht im Beliebigen, denn wir kennen die Charaktere und die Umstände, in die diese gestellt waren. Dennoch entsteht eine eigene Geschichte, die der Fantasie weiten Spielraum schafft. Wo die Aufzeichnungen schweigen, muss man – nachdrücklich zugegeben – gewissermaßen von außen nach innen durch Einfühlung rekonstruieren, was sich zugetragen hat. Um ein seemännisches Bild zu gebrauchen: Die mitgebrachten Instrumente, Kompass und Chronometer, werden um so wichtiger, je weniger es noch möglich ist, auf Sicht zu segeln. Eben darum handelt es sich, dem Gegenstand angemessen, um eine Entdeckungsreise in weithin unbekannte Gewässer.

Ein paar Bemerkungen noch zur Entstehung dieses Buches. Für Georg Forster habe ich mich schon seit langem interessiert, besonders für den Träumer und für einen Schriftstellerkollegen, der den Reisebericht in deutscher Sprache zu literarischem Rang erhob. Klaus Harpprecht, sein Biograph, hat von ihm mit Recht gesagt: »Bei der Erfüllung einer literarischen Aufgabe und durch seine Lektüre moderner Dichtung lernte er seine Muttersprache ein zweites Mal – ohne von den Verkrampfungen der barocken Behörden- und Kirchensprache belastet zu sein. Die Unmittelbarkeit und schöne Einfachheit, der poetische Zauber und der musikalische Reichtum, die dem Englischen eigen sind, brachte er als wichtigstes Kapitel seiner Wahlheimat in das Deutsche ein. Er hätte mit Lichtenberg sagen können, dass er nach England gefahren sei, um Deutsch schreiben zu lernen. In der Tat ist es seiner englischen Bildung zu danken, dass Georg Forster das modernste Deutsch vor Heinrich Heine zu schreiben vermochte.«[10]

Von November 1998 bis Mai 1999 unternahm der Verfasser – wie Johann Reinhold Forster zusammen mit seinem Sohn – eine halbjährige Schiffsreise um die Welt. Je länger sie dauerte, desto mehr wurde der Blick nach innen gelenkt, auf die Menschen, mit denen man zusammen war. Zu den Stationen gehörten Hawaii, Tahiti, Tonga, Neuseeland und das östliche Australien von Sydney bis Darwin – Inseln und Küsten, die für James Cook eine schicksalhafte Bedeutung besaßen. Wie von selbst drängte sich da der berühmte Entdecker ins Gedächtnis und ließ sich nicht mehr vertreiben, besonders seit einem Sturmtag zwischen Tonga und Neuseeland, als die meisten Mitreisenden als Opfer der Seekrankheit sich dem Sterben nahe fühlten. Aber wie erst mochte es einst gewesen sein, als man in einem vergleichsweise winzigen Segelschiff unterwegs war, nicht für lumpige sechs Monate, sondern für mehr als drei Jahre, ohne all den Komfort und die Abwechslungen, die moderne Kreuzfahrten ihren Gästen bieten?

In Sydney wurde die Fantasie zusätzlich mit Anschauung versorgt. Denn gleich neben unserem Schiff lag die »Bounty« am Kai – nicht das Original natürlich, aber ein originalgetreuer Nachbau, der für einen Film über die berühmte Meuterei von 1789 geschaffen worden ist. Kapitän William Bligh, der Cook auf seiner dritten Weltreise begleitet hatte, vollbrachte damals eine Glanzleistung, indem er mit seinen 18 Getreuen bei einer Fahrt über fast 4000 Meilen im offenen Boot Timor erreichte. Bei den Meuterern hingegen kam auch ein europäischer Traum ins Spiel: der von der Heimkehr ins Paradies, das die Südsee verhieß.[11] Genug Raum also, gleich neben der Vernunft, für Romantik! Diejenigen allerdings, die es dann doch nicht im Abseits auf einer winzigen Insel aushielten und nach Tahiti zurückkehrten oder gleich dort blieben, wurden später ergriffen und gehenkt, wie es sich gehörte.

Aber wie verloren wären wir Menschen erst, wären wir selbst ohne unsere Träume! Spannend ist es darum, sich in die fremden hineinzuversetzen. Vielleicht hilft uns das sogar, die eigenen zu entwerfen und ihnen, wie einst James Cook und Georg Forster, nachzujagen bis ans Ende unserer Tage und ans Ende der Welt.

Die Vorgeschichte

Der Werdegang eines Seemanns

Wir wissen wenig über den jungen Cook. Seine Eltern gehörten zur Vielzahl der armen und einfachen Leute, die nie von sich reden machen und von denen allenfalls vergilbte Seiten in alten Kirchenbüchern uns sagen, dass sie geboren und getauft wurden, heirateten, Kinder zeugten und starben.

James Cook, der Vater, war ein Schotte, geboren 1694. Um dem Elend in seiner Heimat zu entkommen, ging er fort. In Marton, einem kleinen Dorf im nördlichen Yorkshire, wurde er als Landarbeiter sesshaft. 1726 heiratete er. Bald darauf wurden der Sohn John und am 27. Oktober 1728 der zweite Sohn James geboren.

Der Vater war groß und kräftig, er erwies sich als fleißig und zuverlässig, und sobald sie nur konnten, halfen ihm die Söhne; Kinderarbeit war damals selbstverständlich. Das Trio erwarb sich einen guten Ruf, der über ein paar Kilometer hinweg Thomas Skottowe erreichte, einen Großgrundbesitzer in Great Ayton. Er nahm den Vater als seinen Gutsverwalter in Dienst. Er entdeckte überdies, dass James ein begabter Junge war, und ermöglichte ihm den Besuch der Dorfschule. Viel mehr als das elementare Lesen und Schreiben, Rechnen und Religion bot der Unterricht freilich kaum. Immerhin, unter den damaligen Umständen war das schon viel; die Mehrheit der Menschen bestand aus Analphabeten. Ein Grundstein wurde damit gelegt, auf dem die selbstständige Weiterbildung aufbauen konnte. Auch der Ehrgeiz des Vaters wurde geweckt: Dieser Sohn sollte etwas Besseres werden als wieder nur

Landarbeiter. So wurde der 16-jährige im Sommer 1745 nach Staithes geschickt, um bei dem Ladenbesitzer William Sanderson in die Lehre zu gehen.

Staithes war ein Fischerort an der Nordsee, in dem es nach Meeresluft und Heringen roch, und der Laden lag unmittelbar an der Küste, vom Lockruf der Möwen umtönt. Nach anderthalb Jahren wurde der Ruf übermächtig; der nun 18-jährige erklärte seinem Lehrherrn, dass er zur See gehen wolle. Mr. Sanderson, offenbar ein gutmütiger Mann, mochte diesem Wunsch nicht im Wege stehen und vermittelte Cook an John Walker, einen Reeder in Whitby, der ihn als Schiffsjungen in Dienst nahm.

Der junge Mann ist wie sein Vater hoch und schlank gewachsen, dabei starkknochig und kräftig. Das Gesicht unter der hohen Stirn wird geprägt von den dunklen, ziemlich tief liegenden Augen, der groß und scharfkantig vorspringenden Nase, einem breiten, doch eher schmallippigen Mund, dem energischen Kinn. Von Schönheit möchte man nicht reden, aber von Ausdrucksmacht. Die Zeit, so scheinen diese Züge zu sagen, ist zu kostbar, um sie zu vertändeln; schon die ehemaligen Schulkameraden haben berichtet, dass das Kind für ihre Spiele kaum zu haben war und lieber seine eigenen Wege ging. Hier ist jemand unterwegs in die Zukunft, der genau hinsieht und zuhört, der lernt, was es zu lernen gibt, mit Wissbegier und dem Willen gerüstet, vorwärts zu kommen – und mit dem Selbstbewusstsein, etwas, nein: sehr viel mehr als andere leisten zu können. »Endeavour«, Streben oder Anstrengung, und »Resolution«, Entschlossenheit, hießen die beiden Schiffe, mit denen Cook seine Weltreisen unternahm; bessere Begriffe hätten sich kaum finden lassen, um ihren Kapitän zu charakterisieren. Aus Ehrgeiz wuchsen die Träume, aber die Schritte zu ihrer Verwirklichung wurden höchst nüchtern kalkuliert.

Whitby war im 18. Jahrhundert eine bedeutende Hafenstadt mit gut zehntausend Einwohnern. (Viel mehr sind es bis heute nicht geworden.) Auf den Werften wurden Schiffe einer besonderen Art gebaut, die so genannten *cats*. Mit geschmeidigen Wildkatzen hatten sie allerdings wenig zu tun; eher glichen sie geduldigen Lasteseln. Keine Romantik haftete ihnen an, kein

Seemannsglaube verhalf ihrem Bug zu einer barbusigen Meerjungfrau. Das Heck war schmal, vom Achterdeck überragt, das Mitteldeck lag tief, und unter dem breiten Boden gab es nur einen flachen Kiel: Eine Grundberührung sollte möglich sein, ohne ernsthaften Schaden anzurichten. Das Hauptmerkmal der »Katzen« war ihre sturmverträgliche Robustheit und dickbäuchige Tragfähigkeit von bis zu 600 Tonnen. Diese Whitby-Frachter transportierten an der Küste entlang vor allem Kohle ins gefräßige London, bis zu einer Million Tonnen im Jahr. Doch sie fuhren auch nach Norwegen und weit in die Ostsee hinein, nach Malmö und Stockholm, Rostock, Danzig, Königsberg und Memel, um das dringend benötigte Bau- und Grubenholz herbeizuschaffen.[1] Mit seinen Schiffen brachte es der Quäker John Walker zu Ansehen und gediegenem Wohlstand.

Cooks erste Katze war die »Freelove« mit 341 Tonnen und 106 Fuß (etwas über 32 Metern) Länge. Zur Besatzung gehörten neben dem Master – dem Kapitän – und dem Maat fünf Seeleute, der Zimmermann, der Koch sowie zehn Schiffsjungen. Während des Winters, wenn Stürme und Nebel den Seeverkehr zum Stillstand brachten, wohnte Cook im Hause seines Reeders und besuchte eine Seefahrtschule. Doch weit über das Geforderte hinaus lernte er aus eigenem Antrieb und saß bis tief in die Nacht hinein über den Büchern, um in die Geheimnisse der Nautik, der Orts- und Kursbestimmung einzudringen und seine mathematischen und astronomischen Kenntnisse zu verbessern. Eine Hausdame der Walkers, die ihn ins Herz geschlossen hatte, sorgte für Stuhl, Tisch und Kerzenlicht.

Im April 1750 war die Lehrzeit beendet, im Dezember 1752 wurde der Seemann zum Maat befördert, im Frühjahr 1755 bot ihm sein Reeder eine Schiffsführung an. Cook hatte spät begonnen; am Anfang seiner seemännischen Laufbahn gehörte er zu den ältesten Schiffsjungen, jetzt hätte er einer der jüngsten Kapitäne sein können. Hatte er damit das Ziel seiner Wünsche erreicht? Nein, durchaus nicht. Zur Überraschung und Enttäuschung des Reeders lehnte er das Angebot ab und erklärte, dass er zur Marine gehen wolle.

Wie selten zuvor oder seither begegnen wir an diesem Kreuzweg dem Träumer. Denn nüchtern betrachtet handelte es sich um eine höchst unvorteilhafte Entscheidung. Der Master, der sein eigenes Schiff führte, stufte sich selbst zum Matrosen zurück, mit kaum einer anderen Aussicht als schlechter Bezahlung und rauer Behandlung. In Whitby war seine Existenz gesichert. Eine Familie gründen, ein Haus zunächst mieten, dann kaufen: Das wäre nun möglich gewesen, einen Lebensweg einschlagend, schließlich einem Lebensabend entgegen, bei dem Cook mit anderen grauhaarigen Kapitänen behaglich im Wirtshaus säße und sich mit ihnen an die alten Fahrenszeiten erinnerte. Was eigentlich ließ sich erreichen, wenn man dem König statt John Walker diente? Ein Aufstieg war zwar nicht ausgeschlossen, aber unwahrscheinlich; vielleicht nicht so rigoros wie in der preußischen Armee Friedrichs des Großen, doch deutlich genug gab es in der britischen Marine eine Grenzlinie zwischen den Matrosen und niederen Chargen auf der einen, den Offiziersrängen auf der anderen Seite, die in der Regel aus den höheren Ständen besetzt wurden.[2]

Warum also diese Entscheidung? Die Antwort kann nur lauten: Das Abenteuer, die Weite der Welt, lockten den jungen Mann, eine Herausforderung, der die Stürme und Klippen, die Nebel- und Sandbänke der Nord- und Ostsee nicht mehr genügten. Und offenbar traute James Cook sich zu, die Herausforderung zu bestehen. Am 17. Juni 1755 unterzeichnete er seine Verpflichtung für das Sechzig-Kanonen-Schiff »Eagle« Seiner Majestät, das gerade in Portsmouth ausgerüstet wurde.

Die Mannschaftsverhältnisse – und nicht nur an Bord der »Eagle« – kann man sich kaum finster genug vorstellen. Allenfalls Leute, die sonst keinen ordentlichen Beruf fanden, ließen sich anwerben, Taugenichtse, Trunken- und Raufbolde, oft auch Diebesgesindel und Totschläger auf der Flucht vor ihrer Bestrafung. Viele machten sich mit ihrem Handgeld gleich wieder davon. Zum Ausgleich gehörte die Rekrutierung mit Hinterlist und nicht selten mit blanker Gewalt. Im Dienst regierte dann unerbittliche Härte, unterstützt von der Peitsche; in schlimmeren Fällen wurde gehenkt.

Das Beste, was die Matrosen erwarten durften, war die tägliche

Rumration. Hinter ihr waren sie her wie der Teufel hinter den Seelen; um sie wurde gespielt, gestritten, gestohlen. Die Logbücher sind voll von Berichten über Auspeitschungen wegen solcher Diebstähle. Manchmal sparte man die Rumrationen auch auf, um sich dann bei den passenden Gelegenheiten – zum Beispiel zu Weihnachten – gehörig volllaufen zu lassen. Endlos waren die Schlägereien und anderen Zwischenfälle, die sich daraus ergaben. Aber nichts hätte so sicher zur Meuterei geführt wie eine Abschaffung der Rumrationen. Und da die christliche oder unchristliche Seefahrt zu den konservativsten Gewerben der Welt gehört, hat es den Anspruch aufs tägliche Trinken in der britischen Marine bis zum Jahre 1970 gegeben.

Dafür war das Essen meist abscheulich. Gries- oder Bohnensuppe, Zwieback oder steinhartes, doch bei der vorherrschenden Feuchtigkeit schimmelndes Brot und Pökelfleisch waren seine wichtigsten Bestandteile. Wenn man länger als sechs Wochen auf See war, forderte die Krankheit, die aus dem Vitamin-C-Mangel entstand, der Skorbut oder Scharbock, seine Opfer, manchmal die halbe Besatzung oder noch mehr. Bei alledem fehlte jede Berufssicherheit; immer nur für den Diensteinsatz des jeweiligen Schiffes wurde man angeheuert. Dieser Dienst konnte schon nach wenigen Monaten oder erst nach Jahren zu Ende sein, und wer als Invalide an Land kam, durfte mit einer Rente nicht rechnen.

Krieg stand bevor, der Siebenjährige Krieg von 1756 bis 1763. Aus der deutschen Perspektive war es der Existenzkampf, den das kleine Preußen gegen die großen Kontinentalmächte Österreich, Russland sowie Frankreich führte und der Friedrich den Großen zur Legende machte – zeitweise auch in England. Nach glorreichen Siegen schoss man Salut, und die Straßen von London wurden festlich erleuchtet; jedes zweite Wirtshaus hieß »King of Prussia« oder »Frederick the Great«.[3] William Pitt der Ältere, der große Parlamentarier und leitende Staatsmann, gichtgeplagt, schwärmte für Friedrich wie ein verliebter Jüngling und setzte durch, dass die Hilfsgelder für den bedrängten Verbündeten reichlicher flossen. Die militärischen Mittel setzte man indessen anderswo ein; aus britischer Sicht ging es um das große Duell mit Frankreich um die überseeische Vorherrschaft, das im Atlantik und im Mittelmeer, in Kanada, der Karibik und im Indischen Ozean ausgefochten wurde. Dieser historische Zweikampf, auch ohne die Kriegserklärung längst im Gange, entschied darüber, dass Großbritannien und nicht Frankreich zur imperialen Weltmacht aufrückte.

Die »Eagle« wurde zunächst im Patrouillendienst zwischen Irland und den Scilly-Inseln eingesetzt. Da sie hoffnungslos unterbemannt war, noch dazu, wie ihr Kapitän beklagte, mit kaum brauchbaren Landratten statt Seeleuten, glänzte Cook »wie ein Diamant unter falschem Flitter«[4] und wurde schon nach wenigen Wochen zum Hauptmaat befördert. Indessen taugte auch der Kapitän nicht viel. Zum Ärger der Admiralität behauptete er, dass sein Schiff im Sturm beschädigt worden sei, und ließ es – wie sich herausstellte vollkommen unnötig – in Plymouth eindocken. Darum wurde ein neuer Kapitän eingesetzt, Hugh Palliser, fünf Jahre älter als Cook und ein hervorragender Offizier. Die beiden Männer lernten sich bald schätzen, und eine Freundschaft bahnte sich an, die für Cook schicksalhafte Bedeutung gewinnen sollte.

Unter Pallisers Kommando erlebte Cook seine Feuertaufe und am 30. Mai 1757 ein heftiges Gefecht mit der französischen »Duc d'Aquitaine«. Auf der »Eagle« gab es zehn Tote und achtzig Verwundete, aber der Feind strich schließlich die Flagge, und das Fünfzig-Kanonen-Schiff wurde als Beute eingebracht. Zur angenehmen Folge gehörte nach alter Regel das Preis- oder Prisengeld: Die Beute wurde taxiert und die Prämien dann in Achtelstücken aufgeteilt: drei Teile für den Kapitän, je einer für den jeweils kommandierenden Admiral, die Offiziere und Unteroffiziere, zwei für die Mannschaft. Für manch einen glücklichen Kapitän sind die Prisengelder zur Grundlage eines solide angelegten Haus- und Grundbesitzes geworden; Traditionen, die aus den Zeiten königlich privilegierter Piraten wie Francis Drake herrühren – und natürlich ging es auch darum, die Kühnheit von Kapitän und Mannschaft herauszufordern. Welch ein Ärger darum, wenn man zwar siegte, aber das feindliche Schiff so schwer getroffen war, dass es unterging!

Cook war inzwischen zum Master befördert worden, nur zwei

Jahre nach seinem Eintritt in die Marine. Der Begriff fordert eine Erklärung und erinnert an Zeiten, in der Kriegs- und Handelsflotten noch nicht so getrennt waren, wie wir es gewohnt sind. Einst zeigten sich ja Handelsschiffe zur Verteidigung gegen Seeräuber mit Kanonen und Musketen gerüstet, andererseits glichen Kriegsschiffe den Frachtenseglern, nur zusätzlich mit Kanonen und Soldaten beladen. Der Unterschied war eher gradueller als prinzipieller Natur. In einer eigentümlichen Zweiteilung war nun der Master eines britischen Kriegsschiffs im 18. Jahrhundert sozusagen der zivile Kapitän, verantwortlich für die Versorgung und Instandhaltung des Schiffes, für die Mannschaft und den alltäglichen Dienstbetrieb. Weil er kein Soldat war, trug er wie die übrige Mannschaft keine Uniform, obwohl natürlich alle miteinander dem Kriegsrecht unterstanden. Dieser »zivile« Teil wurde ergänzt und überlagert von den Männern in Uniform: dem Kapitän, seinen Offizieren, den Fähnrichen. In einer solchen Zweiteilung spiegelte sich zugleich die soziale Grenzlinie zwischen höherer und niederer Herkunft, von der bereits die Rede war. Wie als Master auf John Walkers Whitby-Schiffen hatte also Cook als Master in der Marine die höchste Position erreicht, die er nach menschlichem Ermessen erreichen konnte. Hugh Palliser und er waren ein ideales Team. Denn es versteht sich, dass von der Zusammenarbeit zwischen Kapitän und Master sehr viel abhing.[5] Zu erwähnen sind schließlich noch die Marines, die uniformierten Seesoldaten; mit einiger Zuspitzung könnte man sie die Schildwache des Kapitäns gegenüber der Mannschaft nennen.

Ein Hauptziel von William Pitts Kriegspolitik war die Eroberung der französischen Besitzungen in Kanada. Längst galten sie als ein Pfahl im Fleische des britischen Nordamerika; unter Einschluss der jeweils verbündeten Indianerstämme gab es immerfort Streit und oft blutige Auseinandersetzungen.[6] Dem sollte nun ein für allemal ein Ende gemacht werden. Flottenverbände und Truppentransporter wurden über den Atlantik geschickt, zunächst nach Halifax, der Hafen- und Hauptstadt von Neuschottland. Weiter östlich, auf der Kap-Breton-Insel, lag das französische Louisburg, strategisch weitaus günstiger, um den Zugang zum St.-Lorenz-Strom zu kontrollieren. Das sollte zunächst erstürmt werden.

James Cook bekam zu sehen, was er sich vom Eintritt in die Marine erträumt hatte: die Weite der Welt. Am 18. Oktober 1757 wurde er zum Master eines neuen Sechzig-Kanonen-Schiffs, der »Pembroke«, ernannt, am 22. Februar 1758 lichtete sie in Plymouth die Anker, um den Atlantik zu überqueren, wie es schien mit einem romantischen Umweg über Teneriffa und die Bermudas. Aber schlechtes Wetter und ungünstige Winde behinderten die Fahrt; erst am 9. Mai erreichte sie Halifax. Es war eine um mindestens vier Wochen zu lange Reise: 26 Mann starben unterwegs, hauptsächlich am Skorbut, und ein Großteil der übrigen Besatzung musste schleunigst ins Lazarett gebracht werden. Für den jungen und ehrgeizigen Master, der sich für seine Mannschaft verantwortlich fühlte, war das ein verstörendes und prägendes Erlebnis, das er nie mehr vergaß. Fortan studierte er die Krankheit und probierte alles aus, um dem Schrecken der Meere zu begegnen, den man bis dahin als unabwendbar hingenommen hatte. Die Ergebnisse, zu denen er schließlich kam, erwiesen sich als revolutionär und retteten Abertausenden von Seeleuten das Leben.

Als die Armada von 157 Schiffen zur Belagerung von Louisburg auslief, musste die »Pembroke« zunächst in Halifax bleiben, um die Gesundung ihrer Mannschaft abzuwarten. Aber die Belagerung brauchte ihre Zeit; erst am 26. Juni eröffneten die britischen Batterien ihr Feuer auf Festung und Hafen. Da waren sie glücklich zur Stelle, und etwas später notierte der Master in seinem Logbuch mit Stolz, dass sie in einem nächtlichen Handstreich das Kriegsschiff nahmen, das die Hafeneinfahrt bewachte, und ein anderes verbrannten, nachdem es auf Grund gelaufen war. Laut Eintragung handelte es sich um »die Ben Fison mit 64 Kanonen« und »die Prudon mit 74 Kanonen«. Mit der Rechtschreibung hatte Cook zeitlebens seine Mühe, und zu den feinen Leuten, die sich etwas darauf einbildeten, Französisch zu parlieren, gehörte er ohnehin nicht. Die »Prudon« war in Wahrheit die »Prudent« und »Ben Fison« die wohltätige »Bienfaisant«: ein schönes Beispiel für die schöpferische Verballhornung durch die Lautmalerei.

Am 26. Juli 1758 kapitulierte Louisburg. Beim Landgang am nächsten Tag stieß Cook auf einen Mann, der vor seinem auf einem Dreifuß drehbaren Zeichentisch saß. Es war Samuel Holland, ein Ingenieursoffizier, mit dem Kartographieren beschäftigt. Es war eine Schicksalsbegegnung, vielleicht noch wichtiger als die mit Hugh Palliser. Cooks Wissbegier entzündete sich, man kam ins Gespräch. Holland hat sich später erinnert: »Ich bestimmte den nächsten Tag dafür, ihn [Cook] mit dem Kartographieren bekannt zu machen; wir trafen uns, und er ließ mir von Kapitän Simcoe [dem Kommandanten der »Pembroke«] ausrichten, dass der auch teilnehmen wolle, aber durch Krankheit daran gehindert sei. Darum lud er mich zum Abendessen an Bord ein, mit der Bitte, meine Instrumente mitzubringen. Ich nahm mit Vergnügen an, und schulde Kapitän Cook meinen Dank dafür, dass er mich mit einem wahrhaft wissenschaftlich interessierten Mann bekannt machte. Ich blieb über Nacht an Bord, und in Begleitung von Cook und zwei jungen Herren ging ich am nächsten Morgen an Land, um meine Arbeit fortzusetzen.«[7]

Um vorwärts zu kommen auf dem Weg zum Ruhm, braucht man neben der eigenen Leistungsbereitschaft das Glück, im richtigen Augenblick die Menschen, die Förderer und Freunde zu finden, die einem helfen. Nach John Walker waren das Palliser, Holland und Somcoe für Cook. Sie halfen ihm, sich in der Nautik fortzubilden, der Astronomie und der Mathematik, in der Trigonometrie, der Geodäsie sowie der Hydrographie, ebenso wie sich mit allen nur denkbaren Messinstrumenten vertraut zu machen. Ohne diese drei Männer wäre er schwerlich zum größten Kartographen geworden, den das Zeitalter der Entdeckungen kennt.

Die Eroberung von Louisburg hatte viel Zeit gekostet; an eine Fortsetzung des Feldzugs den St.-Lorenz-Strom hinauf gegen Quebec war kaum noch zu denken. Bei Einbruch des Winters segelte daher ein Teil der Flotte nach England zurück. Die »Pembroke« aber blieb in Louisburg. Mit der kanadischen Kälte hielt die Langweile ihren Einzug, sodass Trinkgelage, Schlägereien alltäglich waren und sich die Disziplinlosigkeit der Seeleute und Soldaten nur noch mit Mühe bändigen ließ.

Cook ging das wenig an. Unermüdlich war er mit dem Vermessen und Kartenzeichnen, mit seiner eigenen Weiterbildung vom Lehrling zum Meister beschäftigt. Wenn das Wetter es erlaubte, fuhr die »Pembroke« auch in die Mündung des St.-Lorenz-Stromes hinein, um sie zu erkunden. Das war für die Vorbereitung des kommenden Feldzugs wichtig genug. Die vorhandenen Karten erwiesen sich als höchst unzuverlässig; man wusste kaum etwas über Stromverhältnisse, Riffe, Sandbänke und Fahrrinnen; die Franzosen hatten alle Bojen entfernt.

Am 16. Mai 1759 starb Kapitän John Simcoe und wurde mit zwanzig Salutschüssen verabschiedet. Die Flotte traf ein und arbeitete sich vorsichtig den St.-Lorenz-Strom hinauf. Die besten Seeleute fuhren in Booten voraus und markierten den Weg, darunter Master Cook. »Wirklich zufrieden mit der Kenntnis der Fahrrinne«, notierte er am 10. Juni, und das wollte etwas heißen. Ohne Verluste erreichte man Quebec, und die Belagerung begann. Ein erster Angriff schlug fehl, und General James Wolfe brauchte danach lange, um zum zweiten Schlag auszuholen. Der Sommer neigte sich schon bedenklich dem Ende zu, aber am 13. September wurde die entscheidende Schlacht geschlagen. Wolfe fiel; der tödlich verwundete französische Befehlshaber, Marquis de Moncalm, starb einen Tag später. Doch der britische Sieg war vollständig, obwohl im Landesinnern die Kämpfe noch ein Jahr bis zur Kapitulation von Montreal fortdauerten.

Zu den Schiffen, die blieben und in Halifax überwinterten, gehörte die »Northumberland«, auf die Cook kommandiert wurde. Der Kapitän, Lord Colville, war ein fähiger Mann; darum schätzte und förderte er fähige Leute wie Cook. Die Zusammenarbeit dauerte drei Jahre.

Was ging in dieser Zeit in dem nach unseren Vorstellungen immer noch jungen Manne vor? Beeindruckte ihn die ursprüngliche Natur, in der er sich bewegte? Plagte ihn manchmal das Heimweh? Sann er den Vögelzügen, den Fischschwärmen, den Walfischen nach? Auf solche Fragen gibt es keine Antwort. Zum Romantiker taugte er schwerlich, und gefühlvolle Abhandlungen, gar Gedichte, schrieb er gewiss nicht. Hätte jemand ihn befragt, so wäre seine Antwort wahrscheinlich gewesen, dass es sich nicht gehöre, das Innere nach außen zu kehren und es anderen aufzudrängen. Oder er hätte gesagt: »Sehen Sie sich meine Arbeiten, die Zeichnungen von Küstenlinien, die Seekarten an. Mein Ehrgeiz ist es, präzise zu sein, und daran erkennen Sie mich.«

Am 7. Oktober 1762 verließ die »Northumberland« die kanadischen Gewässer und kehrte nach Europa zurück. Dank günstiger Winde dauerte die Überfahrt bis Spithead nur 19 Tage. Am 11. November musterte Cook ab und fuhr nach London. Die angesammelte Heuer, die ihm ausgezahlt wurde, betrug 291 Pfund, 19 Shilling und drei Pence – eine für die damaligen Verhältnisse beträchtliche Summe.

Was damit anfangen? Das wusste Cook genau: Für einen Mann von jetzt 34 Jahren, der Geld in der Tasche hatte und dem um seine Zukunft nicht bange war, gehörte es sich, eine Familie zu gründen. Er suchte sich eine Unterkunft im östlichen London, in Shadwell, nahe an der Themse, wo die Seeleute zu Hause waren, und sah sich um. Er fand Elizabeth Batts, 22 Jahre alt. Man gefiel einander, und schon am 21. Dezember wurde geheiratet.

Biographen haben versucht, diese Ehe auszuleuchten, und sehr wenig gefunden. Falls es Krisen gab, blieben sie hinter einem Schleier der Diskretion verborgen. Als gesichert erscheint, dass sich James und Elizabeth in den langen Zeiten ihrer Trennung keinen Anlass zur Eifersucht gaben. Dass Cooks Leben und seine eigentliche Liebe der Seefahrt gehörten, brauchte nicht erst ausgesprochen werden, weil es sich von selbst verstand. Nach und nach wurden sechs Kinder geboren, von denen drei schon früh verstarben. Berechnet man, wie lange die Eheleute insgesamt zusammen waren, so kommt man auf gerade mal vier Jahre. Eben darum kann man vielleicht von einer glücklichen Ehe sprechen; es blieb wenig Gelegenheit, sich an der Nähe wundzureiben, und die Zeit war zu kostbar, um sie im Zank zu vertun. Elizabeth überlebte ihren Mann um 56 Jahre; sie starb hochbetagt am 13. Mai 1835.

Nur Tage nach Cooks Hochzeit schrieb Lord Colville einen Brief an den Sekretär der Admiralität:

London, 30. Dezember 1762

Sir,

Mr. Cook, zuletzt Master der Northhumberland, teilt mir mit, daß er Ihren Lordschaften[8] *alle seine Entwürfe und Beobachtungen vorgelegt hat, die den St.-Lorenz-Strom sowie Teile der Küste von Neuschottland und Neufundland betreffen.*

Bei dieser Gelegenheit möchte ich Ihren Lordschaften mitteilen, dass nach meiner Kenntnis von Mr. Cooks Genie und Fähigkeit er für die Arbeit, die er geleistet hat, sehr qualifiziert ist, ebenso für größere Aufgaben dieser Art. Seine Entwürfe sind unter meinen Augen entstanden, und ich wage zu sagen, daß sie dazu bestimmt sind, vielen den rechten Weg zu weisen und niemanden in die Irre zu führen.

Ich bin, Sir, Ihr gehorsamer und untertäniger Diener

Colville.

Vielleicht war diese Empfehlung gar nicht mehr nötig. Die Seekarten und Küstenskizzen lagen der Admiralität vor; einige waren bereits veröffentlicht worden. Jedenfalls war bald entschieden, dass der Master seine Arbeit in den kanadischen Gewässern fortsetzen sollte. Man fand einen fürs Zeichnen begabten Assistenten, die notwendigen Instrumente wurden beschafft; Anfang Juni 1763 erreichte Cook an Bord der »Antelope« Neufundland. Eine Aufgabe für Jahre lag vor ihm: Allein die Küstenlinie von Neufundland umfasste rund 6000 Meilen![9] Doch zunächst und höchst dringend ging es um die Vermessung der im Süden vorgelagerten Inseln Saint-Pierre und Miquelon. Denn gemäß dem Friedensvertrag von Paris vom 10. Februar sollten diese Inseln als Fischereistützpunkte an Frankreich zurückfallen. »Dank Mr. Cooks unermüdlichem Pflichteifer«, wie ein Beobachter schrieb, konnte die erste Insel Ende Juli, die zweite Ende August übergeben werden. Mit anderen Worten: Falls man in einem späteren Krieg die feindlichen Stützpunkte erstürmen wollte, war der zuständige Befehlshaber mit genauen Unterlagen versorgt. Indessen gehören Saint-Pierre und Miquelon noch heute zu Frankreich. Bald wurde Cook auch die »Grenville« zur Verfügung gestellt, ein Schoner von 69 Tonnen, der für seine Zwecke besser geeignet war als ein großes Kriegsschiff.

Am 29. November 1763 kehrte Cook nach England zurück. Seine Frau erwartete ihn mit dem sieben Wochen alten Sohn auf dem Arm, der wie sein Vater auf den Namen James getauft wurde. Man bezog ein Haus in der Mile End Road, und in den folgenden Monaten fuhr Cook an jedem Wochentag mit der Pferdekutsche zur Admiralität, mit der Fertigstellung seines Kartenmaterials beschäftigt.

So ging es weiter, Jahr um Jahr bis 1767; die Atlantiküberquerungen im Frühling nach Kanada und wieder nach England im Herbst wurden fast schon zur Routine. 1764 kehrte Cook Anfang Dezember zurück, diesmal gerade rechtzeitig zur Geburt seines zweiten Sohnes Nathaniel.

Am Ende der Sommerarbeit von 1767 schrieb Kapitän Hugh Palliser, der in den kanadischen Gewässern wieder zum direkten Vorgesetzten von Cook geworden war, an den Sekretär der Admiralität, dass dessen Messungen auf fast ein Inch pro Meile[10] genau seien und darum seine Karten veröffentlicht werden sollten, zum Nutzen der Fischereischiffe vor Neufundland und Labrador. Viel später, gegen Ende des 19. Jahrhunderts, notierte Sir William Wharton, einer der bekanntesten Hydrographen im Dienst der Admiralität, als er selbst vor Neufundland tätig war: »Die Seekarten, die er [Cook] während seiner Jahre auf dem Schoner »Grenville« anfertigte, waren bewunderswert. Der beste Beweis dafür ist, dass sie sogar durch die gründlichen modernen Untersuchungen nur zum Teil überboten werden ... Ihre Genauigkeit ist wirklich erstaunlich.«[11]

Ein Jahr zuvor lieferte Cook einen anderen Beweis seiner Genauigkeit. Am 5. August 1776 beobachtete und vermaß er aus eigenem Antrieb eine Sonnenfinsternis. Sein Bericht darüber wurde am 30. April 1767 der Royal Society zur Förderung der Naturkenntnisse vorgestellt. Dass dies den Anstoß zur Erfüllung eines Lebenstraums geben sollte, konnte noch niemand wissen.

Der Durchgang der Venus

The Royal Society of London for the Improvement of Natural Knowledge wurde im Jahre 1660 gegründet. Zu den ersten Mitgliedern gehörte der Astronom und Architekt Christopher Wren, zu den berühmtesten Isaac Newton, von 1703 bis 1727 zugleich der Präsident der Gesellschaft. In der Regel handelte es sich jedoch nicht um Fachgelehrte im modernen Sinne, sondern um gebildete Amateure, deren Begeisterung sie zu philosophischen Spekulationen oder, mehr noch, zu praktischen Experimenten und Naturbeobachtungen führte.

Einer dieser Amateure im genauen und besten Sinne des Wortes war Sir Joseph Banks, geboren 1743, der Sohn und Erbe eines reichen Landbesitzers, ein gut aussehender und geselliger junger Mann. Es wird erzählt, dass der 16-jährige an einem Sommernachmittag inmitten einer blühenden Natur »plötzlich stehen blieb, sich umsah und unwillkürlich ausrief: Wie schön!«. Das war der Augenblick seiner Erweckung; er erkannte, wie viel lohnender das Studium der Natur war, als sich in der hergebrachten Ausbildung mit dem Griechischen und Lateinischen zu plagen. Fortan entwickelte sich Banks zum leidenschaftlichen Botaniker, und das Haus, das er 1764 in London bezog, glich nach Reisen kreuz und quer durch England und Wales bald einem Herbarium. Die Mitgliedschaft in der Royal Society ergab sich bei alledem wie von selbst. Ohnehin war es die große Zeit des Sammelns und Klassifizierens, angespornt durch den Schweden Carl von Linné (latinisiert Linnaeus, 1707–1778), den Schöpfer des »Linnéschen Systems« und der noch heute gültigen botanischen Fachsprache.

Praktischerweise befreundete sich Banks mit John Montagu, Earl of Sandwich, einem ausgesprochenen Lebemann; die nach ihm benannte Weißbrotschnitte wurde so getauft, nachdem er 24 Stunden hindurch ohne eine andere Nahrung am Spieltisch gesessen hatte. Sandwich war von 1748 bis 1751 und wieder von 1771 bis 1782 Erster Lord der Admiralität. Dank der Verbindungen seines Freundes konnte Banks 1766 an Bord Seiner Majestät Schiff »Niger« eine Reise nach Neufundland und Labrador unternehmen. Cook traf er dort jedoch nicht.

Inzwischen beschäftigte die Royal Society etwas anderes: der für 1769 bevorstehende Durchgang der Venus durch die Sonne. Man konnte, so schien es, diese Gelegenheit zur Vermessung des Sonnensystems benutzen, exakte Winkel- und Zeitbestimmungen vorausgesetzt. Dazu bedurfte es allerdings verschiedener, möglichst weit voneinander entfernter Beobachtungspunkte, um aus den Unterschieden, die sich ergaben, die Entfernung zu berechnen.[12] Es hatte einen solchen Durchgang der Venus schon 1761 gegeben, aber der Krieg, schlechte Wetterbedingungen und unscharfe Beobachtungen verhinderten den wissenschaftlichen Erfolg. Die nächsten Durchgänge waren erst wieder in den Jahren 1874 und 1882 zu erwarten, also musste man jetzt die Gelegenheit beim Schopfe packen. Einer der Beobachtungspunkte sollte nach Meinung der Royal Society auf der Südhalbkugel liegen, vage genug irgendwo im noch kaum erforschten Pazifischen Ozean. Und schon boten sich Expeditionsleiter an, zum Beispiel Alexander Dalrymple, ein Mann mit viel Einbildungskraft und Eitelkeit. Er hatte einige Jahre bei der Ostindien-Gesellschaft verbracht und leitete daraus ab, dass er über hinreichende Erfahrungen verfügte, um das Kommando zu übernehmen.

Die Royal Society hatte freilich kein Geld und konnte kein Schiff in Dienst stellen. Man musste sich an die Admiralität wenden, aber die wollte um keinen Preis einen Außenseiter, sondern ihren eigenen Mann. Und im Grunde war sie nur wenig an problematischen Himmelsbeobachtungen interessiert, doch um so mehr an handfest irdischen Entdeckungen und Vermessungen, samt dem Flaggenhissen im Namen Seiner Majestät des Königs.

Doch wem sollte man die schwierige Mission anvertrauen? Es ist nicht bekannt, wann und von wem James Cook zuerst ins Gespräch gebracht wurde, vielleicht von seinem alten Förderer und Freund Hugh Palliser. In der Admiralität war der Kartenzeichner ohnehin eine geläufige Figur; während der Wintermonate ging er dort ja ein und aus. Aber zur Marine gehörte es, eine streng hierarchische Organisation zu sein, und es gab viele erfahrene Kapitäne, die in Frage kamen. Cook, wie immer man seine Verdienste einschätzen mochte, war schließlich nur ein Master, der bisher halbwegs selbstständig bloß einen kleinen Schoner mit einer kleinen Besatzung kommandiert hatte. Wenn man auf ihn setzte und die Weltreise zum Misserfolg wurde, würde es darum Vorwürfe hageln. Der Sekretär der Admiralität, Philip Stephens, vertraute indessen auf Pallisers Urteil und seine eigene Menschenkenntnis: Ja, dieser Master war für die Aufgabe geeignet. Die Lords ließen sich überzeugen und stimmten zu. Dalrymple allerdings tobte, und die Royal Society war zunächst befremdet. Immerhin wurde Cook ihr am 5. Mai 1768 vorgestellt. Man erinnerte sich an die Beobachtung der Sonnenfinsternis, die er eingereicht hatte, und gab sich schließlich zufrieden.

Jetzt ging es Schlag auf Schlag. Am 20. Mai kehrte wie ein Schicksalsbote Kapitän Samuel Wallis von einer Reise durch die Südsee zurück und berichtete von der paradiesischen Insel, die er entdeckt hatte: Tahiti. Sofort waren die Beteiligten sich einig: Dort und nirgendwo sonst sollte der Durchgang der Venus beobachtet werden.

Am 25. Mai wurde Cook zum Leutnant ernannt und überschritt damit die gesellschaftliche Schicksalslinie von den niederen zu den höheren Rängen.

Ein Schiff wurde angekauft, zu Cooks Entzücken eine Whitby-Bark von 368 Tonnen, »Endeavour« getauft und zur gehörigen Überholung ins Dock gebracht. Eine bessere Wahl hätte man kaum treffen können. Diese Nordsee-»Katze« war, wie alle ihre Geschwister, durchaus keine Schönheit, aber robust, sturmerprobt und dickbäuchig genug, um die für lange Reisen notwendigen Vorräte aufzunehmen. Außerdem war der künftige Kapitän mit ihr gründlich vertraut, noch bevor er das Deck betrat.

Cook überwachte die Werftarbeit, die Ausrüstung, den Einkauf und das Verstauen der Vorräte. Was mussten sie mitnehmen, um dem Skorbut zu begegnen? Jetzt war die Zeit gekommen, um jahrelange Überlegungen in der Praxis zu erproben. Eines der Hauptmittel sollte das Sauerkraut werden. Aber hiervon, wie von vielem anderem, soll genauer erst beim Bericht über die zweite Weltreise die Rede sein.

Die Besatzung wurde von der Admiralität mehr und mehr aufgestockt, auf schließlich über achtzig Mann; aus bitterer Erfahrung dachte sie wohl schon voraus an die Verluste, die ein langer Aufenthalt auf See wahrscheinlich fordern würde. Bei der Auswahl gab es Ärger genug. Zum Beispiel erschien der Koch als so hinfällig, dass Cook um einen anderen bat. Es erschien John Thompson – ein Mann mit nur einer Hand; offenbar hatte die Musterungsbehörde sich einen Scherz erlaubt. Kein Protest half, um den Koch abermals auszutauschen, Thompson blieb und bewährte sich. In bunter Mischung gab es alte Fahrensleute mit langer Erfahrung auf See, aber auch blutjunge Schiffsjungen und Seekadetten. Das jüngste Besatzungsmitglied war zwölf, Cooks persönlicher Diener Will Howson 16 Jahre alt. Der wichtigste Passagier war natürlich der von der Royal Society entsandte Astronom, Charles Green, fähig in seinem Fach und davon abgesehen ein Quartalssäufer.

Und dann gab es den großen Auftritt für Joseph Banks. Nachdem der wütende Dalrymple die Teilnahme verweigerte, wenn er nicht selbst das Kommando bekam, schlug für ihn die Stunde. Mit seinen Beziehungen und seinem Geld erkaufte er sich buchstäblich die Weltreise, und Cook wurde gar nicht erst gefragt. Mehr noch: Banks brachte eine eigene Reisegesellschaft mit, den aus Schweden stammenden Botaniker Dr. Daniel Carl Solander, den Maler Sydney Parkinson für die »Naturgeschichte«, den Zeichner Alexander Buchan, den Sekretär Herman Diedrich Spöring, wieder einen Schweden, dazu vier Diener, darunter zwei Farbige, sowie zwei edle Windhunde. Ob seine Gefährten seetauglich waren, kümmerte ihren Anführer kaum. Parkinson, etwa 22 Jahre alt, sah sehr zerbrechlich aus. Der kleinste Windstoß, so musste man fürchten, würde ihn ins Meer wehen. Und Buchan war ein Epileptiker. Cook mag den Kopf geschüttelt und geseufzt haben, als diese sehr gemischte Gesellschaft an Bord kam. Aber das Lachen, die Lebenslust, der Charme und die Unterhaltungskünste von Joseph Banks machten vieles wett.

Am 26. August 1768 lichtete die »Endeavour« ihre Anker. Cook notierte: »Um zwei Uhr nachmittags setzten wir Segel und stachen in See mit 94 Personen, darunter den Offizieren, den Seeleuten, den Gentlemen mit ihren Dienern, mit Vorräten für fast 18 Monate, zehn Kanonen und zwölf kleinen Geschützen, reichlich Munition und Vorräten aller Art.«[13]

Banks, bald von der Seekrankheit heimgesucht, stellte fest: »Das Schiff ist ein schlechter Segler. Aber was soll man anderes erwarten, so wie es gebaut ist? Es ist mehr für die Ladung als fürs Vorwärtskommen gemacht. Darum bleibt uns nichts anderes übrig, als uns mit all der Unbequemlichkeit abzufinden, die sich aus den Bauformen ergibt.«[14] Es hätte auch heißen können: »Es fehlen die angemessenen Kabinen, die man für sein gutes Geld erwarten darf.« Leichtsinnig genug hatte Banks die »Endeavour« erst in Augenschein genommen, als er sich einschiffte und die Zeit zur Abreise so sehr drängte, dass Abhilfe nicht mehr möglich war. Der junge Mann schwor sich, dass er diesen Fehler nicht noch einmal machen würde.

Am 12. September erreichte die »Endeavour« Madeira und blieb für ein paar Tage. Banks nahm dankbar die Einladung des britischen Konsuls an, bei ihm zu wohnen. Aber er vertat seine Zeit nicht, sondern durchstreifte die Insel und sammelte mit seinen Gefährten in nur fünf Tagen siebenhundert Pflanzenarten ein. Überhaupt bewies er bald, was in ihm stecke. In den langen Wochen auf See fing er Fische oder schoss Vögel, wann immer es möglich war. Wenn man irgendwo unter Land segelte und der Wind Motten, Schmetterlinge oder was auch sonst an Bord wehte, widmete er sich den Insekten. Sein Eifer ließ niemals nach und weckte sogar

Cooks Interesse; offenbar war dieser junge Mann doch mehr als bloß der verwöhnte Erbe eines reichen Vaters.

Inzwischen nahm die »Endeavour« Wein, Gemüse, Frischwasser und Frischfleisch, einen Ochsen und Geflügel an Bord. Zeitweilig glich sie einem schwimmenden Viehstall. Neben Hunden und Katzen war am prominentesten die Ziege, die die Offiziere unermüdlich mit Milch versorgten. Sie war schon mit Kapitän Wallis unterwegs gewesen und unternahm nun ihre zweite Weltreise. (Nach der Heimkehr sollte sie ehrenhalber ihre alten Tage bei der Familie Cook verbringen und dort im Garten weiden. Diesen ungewohnten Luxus ertrug sie leider nicht und verstarb umgehend.)

Die erste lange Wegstrecke führte von Madeira nach Rio de Janeiro. Jetzt wurde es wichtig, auf die Ernährung zu achten und die Wunderwirkung des Sauerkrauts zu erproben. Doch bekanntlich scheut jeder Bauer, was er nicht kennt, und so der Seemann erst recht. Was sollte man tun? Strafen verhängen, die Rumrationen kürzen, am Ende eine Meuterei risikeren? Cook fand einen besseren Weg, und was er notierte, wirft Licht auf seine Kunst der Menschenführung:

»Zunächst wollten die Männer das Sauerkraut nicht. Ich tat darum etwas, von dem ich wusste, dass es seinen Eindruck auf Seeleute niemals verfehlt. Das Kraut wurde täglich auch am Kabinentisch serviert, und ich erlaubte [lies: befahl] ohne Ausnahme jedem Offizier, davon zu essen. Dann überließ ich es der Mannschaft, selbst zu entscheiden. Keine Woche verging, und jeder griff zu. Denn so ist das mit den Seeleuten: Wenn man ihnen etwas Neues bietet, das sie nicht kennen, und sei es zu ihrem Besten, dann verweigern sie es, und man wird von ihnen nichts hören als Murren über den Mann, der ihnen das zumutet. Aber sobald sie sehen, dass ihre Vorgesetzten es mögen, wird es zur schönsten Sache auf der Welt, und der, der es einführte, ist ein verdammt guter Kerl.«[15]

Auf einem anderen Gebiet ließ Cook nicht mit sich spaßen, und kein Murren half gegen seine strikten Befehle. Er war ein Reinlichkeitsfanatiker; ständig sollten die Männer sich und die Kleider waschen, die Decks schrubben, die Quartiere und das Bettzeug auslüften. In einer Zeit, in der es auch feine Leute mit der Sauberkeit nicht immer genau nahmen, gab das wahrlich Anlass zum Kopfschütteln und Seufzen. Um dem Ungeziefer zu begegnen, wurden überdies die Schiffsräume regelmäßig ausgeschwefelt.

Am 26. Oktober kreuzte die »Endeavour« den Äquator mit der gehörigen Zeremonie. Nur wer nachweisen konnte, dass er schon einmal auf der südlichen Halbkugel gewesen war, blieb verschont. (Unter anderem gehörten neben der Milchziege auch einige Männer zu den Weltumseglern mit Kapitän Wallis, die nach ihrer Heimkehr gleich wieder angeheuert hatten, wohl in der Erinnerung an Tahiti.) Immerhin konnte sich freikaufen, wer auf vier Tagesrationen Rum verzichtete und sie der Mannschaft spendierte. Das taten die Passagiere nur zu gern; Banks musste sogar für seine Hunde bezahlen. Alle Übrigen wurden, angeseilt, unbarmherzig ins Meer getaucht, und der Naturforscher Banks fand Anlass zu erbaulichen Betrachtungen über die Unterschiede des menschlichen Verhaltens. Einige Leute grinsten hartnäckig obwohl sie dem Ersticken nahe waren, anderen sah man die Todesangst an, die sie ausstanden. Ohne Unterschied allerdings war am Abend beinahe jeder stockbetrunken.

Rio de Janeiro, das die »Endeavour« am 13. November erreichte, wurde zur bitteren Enttäuschung. Alle hatten Wunderdinge von dieser Hafenstadt gehört, sah schon die herrlichen Strände, und die Seeleute träumten von brasilianischen Mädchen. Doch die portugiesischen Behörden wollten außer dem Kapitän niemanden an Land lassen. Der Gouverneur empfing ihn und blieb bei vollendeter Höflichkeit taub für alle Proteste. Ein Kriegsschiff im Dienste seiner Majestät des Königs von England? Aber so wie die »Endeavour« sah bestimmt keines aus. Ein wissenschaftliche Expedition, um den Durchgang der Venus durch die Sonne zu beobachten? Darunter konnte Don Antonio Rolim de Moura, Graf von Azambuja, sich überhaupt nichts vorstellen. Je mehr Cook erklärte, desto höher und undurchdringlicher wuchs die Mauer des Misstrauens. Nein, es musste sich um die raffinierte Tarnung eines Spionage- oder Schmugglerschiffs handeln.

Alles, was sich am Ende erreichen ließ, war die Versorgung mit Frischwasser und mit Lebensmitteln durch einen amtlich bestellten Agenten, der für sein Monopol die gehörige Provision einstrich. Für die Mannschaft blieb nichts als die mit Flüchen geschwängerte Arbeit an der gründlichen Überholung des Schiffs. Wie schlecht die Stimmung war, lässt sich daraus ersehen, dass es mehrfach zu Auspeitschungen wegen Arbeitsverweigerung oder anderer Delikte kam.

Der abenteuerlustige Banks ließ sich heimlich nachts an Land rudern. Cook beschäftigte sich mit einem Plan der Hafenbucht, den er zeichnete, und schrieb: »Wegen der Überwachung, unter der wir während des ganzen Aufenthaltes standen, konnte ich meine Beobachtungen nur vom Schiff aus machen. Daher erhebt mein Plan keinen Anspruch auf Genauigkeit. Doch er liefert einen sehr guten Eindruck, und bei allem was wesentlich ist, dürfte er von der Wahrheit nicht weit entfernt sein.« Wenn »Graf Rolim« das gewusst hätte, wären seine schlimmsten Befürchtungen bestätigt worden: Die britische Marine, falls sie einmal Rio in Brand schießen oder erstürmen wollte, war fortan gerüstet.

Nach drei Wochen segelte die »Endeavour« ab, Kap Horn entgegen. Am 25. Dezember befand sie sich in ruhiger See, und Banks notierte: »Weihnachtstag. Alle guten Christen, das heißt die ganze Mannschaft, betrinken sich abscheulich. Am Abend ist kaum noch ein Mann an Bord halbwegs nüchtern. Gott sei Dank wehte nur wenig Wind – weiß der Himmel, was sonst aus uns geworden wäre.«

Doch je weiter nach Süden, desto stärker die Stürme und um so rauer die See. Banks fand Gelegenheit, der »Endeavour« Abbitte zu leisten. Denn »sie hat gezeigt, wie ausgezeichnet sie im Wasser liegt ... Die Seeleute sagen, dass sie nie ein anderes Schiff gekannt haben, das so gut liegt, so stark und so leicht zugleich.«

Sie erreichte Feuerland, Tierra del Fuego, und ging am 15. Januar 1769 in einer wettergeschützten Bucht vor Anker. Cook war es wichtig, noch einmal Schiff und Mannschaft zu versorgen. Holz wurde gesammelt, der Frischwasservorrat aufgefüllt; man erntete Grünpflanzen als Gemüse, fing Fische. Man nahm Kontakte mit den Eingeborenen auf, die sich zwar als freundlich, aber diebisch erwiesen.

Banks wollte nach den Wochen des Nichtstuns endlich etwas leisten und unternahm mit seinen Mitarbeitern, den Dienern, den Hunden und zwei Matrosen eine Expedition ins Landesinnere. In schwierigem Gelände erschöpfte der Trupp schnell seine Kräfte, geriet in Wettersturz und Schneesturm, fand nicht mehr zurück, und die Teilnehmer verloren sich aus den Augen. Die Nacht brach herein. Schließlich gelang es, ein Feuer zu entzünden, aber Tom Richmond und George Dorlton, die beiden farbigen Diener, erreichten es nicht und erfroren. Es ist nicht überliefert, was Cook zu Banks sagte, als dieser am nächsten Tag mit den übrigen Leuten wieder an Bord kam. Aber man darf annehmen, dass er ihm gehörig den Kopf wusch.

Am 25. Januar umrundete die »Endeavour« bei verblüffend gutem Wetter Kap Horn und segelte in die Weite des Weltmeeres hinein, das hier begann. Doch was eigentlich wusste man vom Stillen oder Pazifischen Ozean? Im Grunde sehr wenig. Gewiss, die erste Weltumseglung lag schon um 250 Jahre zurück. Aber der Befehlshaber Ferdinand Magellan, Portugiese in spanischen Diensten, war unterwegs von Eingeborenen erschlagen worden, und Juan Sebastian Elcano brachte nur eines von fünf Schiffen und von ursprünglich etwa 270 Mann nur 17 Überlebende in die Heimat zurück, »schwächer, als Menschen jemals gewesen waren«. Neue Kontinente oder Schätze von Gold und Silber hatten sie nicht entdeckt. Später unterhielten die Spanier einen Schiffsverkehr zwischen dem mexikanischen Acapulco und dem philippinischen Manila. Doch sie blieben Geheimniskrämer, weil sie das Eindringen fremder Mächte in den Pazifik fürchteten; der Überfall von Francis Drake 1578/79 wirkte abschreckend genug. Zwischen 1642 und 1644 entdeckte, von Westen her, Abel Tasman im Dienst der niederländischen Ostindien-Kompanie Neuseeland, Tonga, die Fidschi-Inseln sowie das nach ihm benannte Tasmanien. Da die Handelsherren in Amsterdam, wie die spanischen Könige, nur an verwertbaren Reichtümern interessiert waren und man die nirgendwo fand, erlosch das Interesse bald wieder. Im

Grunde musste erst ein neues Zeitalter der Entdeckungen, das der Aufklärung, heraufziehen, um einen zweiten Anfang zu machen. Dieses neue Zeitalter verkörperten James Cook und Joseph Banks.

Die »Endeavour« steuerte nach Nordwesten, und der Stille Ozean macht seinem Namen Ehre; die Flauten wurden eher zum Problem als Stürme. Anfang April segelten sie an Atollen vorüber, den Tuamotu-Inseln, sahen Palmen und Menschen. Banks war begeistert – und verzweifelt, weil er nicht an Land gehen durfte. Aber bald würden sie in Tahiti sein, und Cook ließ sich nicht mehr aufhalten. Der junge Naturforscher vergaß rasch seinen Ärger und notierte: »13. April 1769. Heute morgen erreichten wir Port Royal (die von Kapitän Wallis so getaufte Matavai-Bucht) ... Noch bevor der Anker herunter war, umgaben uns viele Kanus, und ein friedlicher Handel begann. Hauptsächlich für Glasperlen erhielten wir Kokusnüsse, Brotfrüchte, teils geröstet, teils roh, Fische und Äpfel ... Sobald wir fest vor Anker lagen, wurden unsere Boote zu Wasser gelassen, und wir gingen alle an Land. Wir trafen einige hundert Eingeborene, und alle schienen uns sagen zu wollen, dass wir zumindest nicht unwillkommen waren.« Immer wieder erklangen Rufe: »Taio, Taio« – Freunde, Freunde!

Schon am nächsten Tag sah das Willkommen handfester aus. Wiederum Banks: »Mehrere Stunden lang gingen wir spazieren, begleitet von den Damen, die uns auf jede nur denkbare Weise Einladungen machten. Nur gab es keine Plätze, an die man sich hätte zurückziehen können, da die Häuser nirgendwo Wände hatten. So fand sich keine Gelegenheit, diese Art von Höflichkeit auf die Probe zu stellen, was unter anderen Umständen einige von uns wahrscheinlich versucht hätten. Tatsächlich bestand kein Anlass, das Gemeinte in Zweifel zu ziehen, denn immer wieder wurden wir auf die Matten hingewiesen, die auf dem Boden lagen. Manchmal nötigten sie uns fast gewaltsam herunter und zeigten damit, dass es ihnen weit weniger peinlich war als uns, beobachtet zu werden.«

Cook hatte auf seine Weise Vorsorge getroffen. Vor der Ankunft in Tahiti mussten sich alle Mitglieder der Mannschaft einer genauen Untersuchung durch den Schiffsarzt stellen; das Einschleppen von Geschlechtskrankheiten sollte verhindert werden. Im Übrigen wurden strenge Regeln erlassen: Die Eingeborenen sollten als Freunde angesehen und »mit jeder nur denkbaren Menschlichkeit« behandelt werden. Wehe dem, der Streit vom Zaun brach oder Gewalt gebrauchte, es sei denn zur Verteidigung! Und wehe dem, der irgend etwas von den Schiffsvorräten, von Werkzeugen und Waffen weggab oder verlor!

Die Mannschaftg war gesund, und Cook hatte allen Anlass, zufrieden zu sein. Acht Monate waren seit der Abfahrt in England vergangen. Die beiden erfrorenen Diener von Banks nicht eingerechnet, hatten sie fünf Mann verloren – vier durch Unfall, einen durch Selbstmord –, aber keinen durch Krankheit.[16] So etwas hatte es bei solch einer langen Seereise noch nicht gegeben; der Schrecken des Skorbut war gebrochen. Leider starb bald nach der Ankunft in Tahiti der Zeichner Alexander Buchan nach einem schweren epileptischen Anfall, allgemein betrauert. Aber auch diesen Tod musste Cook sich nicht anlasten.

Ein Inselparadies unter tropischer Sonne, mit genug Regen, um die Natur üppig wuchern zu lassen, von schönen, gastfreundlichen Menschen bewohnt, wo offenbar niemand hungerte und keiner sich über Gebühr anstrengen musste, um Früchte zu ernten und Fische zu fangen: Kein Wunder, dass in Europa eine Art von Südsee- und Tahiti-Fieber ausbrach, nachdem die Nachrichten der heimgekehrten Entdecker sich verbreiteten – ein Fieber, später von Paul Gauguin neu entfacht, das bis heute nicht ganz abgeklungen ist. Hier, so schien es, war noch etwas von der Unschuld und dem Glück des Ursprünglichen zu finden, von dem der Anfang der Bibel ebenso spricht wie auf seine Weise Jean-Jacques Rousseau.[17]

Da es an Sprachkenntnissen fehlte und man weithin auf die Verständigung mit Gebärden und Handzeichen angewiesen war, blieben freilich Missverständnisse nicht aus. Die Tahitianer, in aller Freundschaft, stahlen wie die Raben. Vielmehr: Ihre Vorstellungen von Mein und Dein, vom Eigentum, stießen mit denen der Europäer schroff zusammen. Als ein Eingeborener einem Marinesoldaten das Gewehr entriss, feuerten dessen Kameraden. Es gab Verwundete, und der Dieb wurde getötet. Es bedurfte mancher Geschenke, um das gute Einvernehmen wieder herzustellen. Cook zögerte nicht, Gäste und Kanus als Geiseln zu nehmen, bis das Gestohlene zurückgebracht wurde. Ebenso wenig zögerte er, einen seiner Leute vor den Augen der entsetzten Zuschauer auspeitschen zu lassen, wenn der sich vergangen hatte – ein Beispiel für Cooks »unparteiische Gerechtigkeit«, wie der Biograph Beaglehole schreibt.[18]

Es ließ sich allerdings kaum verkennen, dass in der Gesellschaftsordnung von Tahiti keine paradiesische Gleichheit herrschte, sondern dass sie hierarchisch gegliedert war, auch im Verhältnis von Männern und Frauen. Im Wesentlichen ist darum der europäische Traum von der Südsee eine Männersache gewesen und geblieben. Außerdem gab es Schichten oder Stände, Vornehme und Volk, wahrscheinlich zum Vorteil der Besucher. Denn mit Häuptlingen ließen sich Abreden treffen. Einer, den Banks wegen seiner Größe und Kraft »Herkules« taufte, erwies sich als besonders hilfreich, wenn es darum ging, Streitfälle zu schlichten. Ein anderer wurde nach dem legendären Gesetzgeber Spartas »Lycurgus« genannt und zeichnete sich durch seine Anpassungsfähigkeit aus; nach einigen Gastmahlen auf der »Endeavour« stellte Banks befriedigt und mit innereuropäischer Bosheit fest, dass er »mit Messer und Gabel schon besser umgeht, als es ein Franzose in Jahren lernen könnte«.

Zu den Schatten, die auf den Garten Eden der Südsee fielen, gehörte die Tatsache, dass der Schiffsarzt Patienten bekam, die über Geschlechtsbeschwerden klagten. Die meisten erwiesen sich als eher harmlos und verschwanden nach den angewandten Quecksilberkuren bald wieder. Aber der Sachverhalt lieferte Gesprächsstoff. Waren nach Kapitän Wallis und seinen natürlich makellosen Briten etwa andere Europäer auf Tahiti gewesen, die das Übel eingeschleppt hatten? Nachfragen verstärkten den Verdacht; die Briten dachten an Spanier und sprachen von der »spanischen Krankheit«. Hätten sie gewusst, dass es sich um Franzosen handelte, hätten sie natürlich von der »französischen« Krankheit geredet – ein Beispiel dafür, wie die Vorurteile der Völker einander das Böse zuschieben.[19] Dagegen wollten sie mit aller Macht an die Unschuld der edlen Wilden glauben; dass es sich um eine einheimische, der Syphilis verwandte Tropenkrankheit handeln könnte, wie es tatsächlich der Fall war, zogen sie gar nicht erst in Erwägung.[20]

Inzwischen wurden alle Vorbereitungen getroffen, um dem wissenschaftlichen Reisezweck zu genügen. Gottlob hatten sie Tahiti sieben Wochen vor dem Durchgang der Venus erreicht, der am 3. Juni erfolgen sollte; es blieb also genügend Zeit. Auf der Halbinsel am Ostufer der Matavaibucht erhebt sich ein Hügel; dort, auf dem »Venuspunkt«, wurde mit Verschanzungen, Palisaden und von der »Endeavour« herbeigeschafften Geschützen ein Fort erbaut; es sah ungefähr so aus, wie die entsprechenden Anlagen der US-Kavallerie in Wildwestfilmen. Noch heute heißt dieser Ort Point Venus, und man kann dort ein Kapitän-Cook-Denkmal besichtigen, etwa zehn Kilometer von der Hauptstadt Papeete entfernt. Neben dem weithin sichtbaren Leuchtturm liegt das »Musée de la Découverte«, das Entdeckermuseum, das neben Cook auch an die Kapitäne Wallis und Bougainville erinnert.

Sorgfältig wurde die Lage von Point Venus vermessen, sorgfältig eine astronomische Uhr auf die Zeit von Greenwich eingependelt. Sorgen bereitete jetzt nur noch das Wetter, in der zweiten Maihälfte gab es oft Wolken und Regen. Für den Notfall ließ Cook darum seine beiden Offiziere, Zachary Hicks und John Gore, auf kleine Inseln im Osten und Westen fahren, um dort Beobachtungen zu machen. Aber der 3. Juni erwies sich als ein makellos klarer Tag. »Wenn jetzt die Beobachtungen verpfuscht werden, wird das nur an den Beobachtern liegen«, bemerkte einer der Anwesenden.

Die Enttäuschung blieb dennoch nicht aus. »Wir alle sahen um die Venus eine Atmosphäre oder dunkle Wolken«, stellte Cook fest, ein Hindernis der Genauigkeit, das keiner erwartet hatte, nicht einmal die Herren von der Royal Society. Auch bei dem berühmten Edmund Halley, der schon im Jahre 1716 die Methoden zur Venusbeobachtung von 1761 und 1769 entworfen hatte, war davon nicht die Rede gewesen. Höchst lästig kam zudem noch eine Irradiation ins Spiel, eine Art von optischer Tropfenbildung bei der Annäherung von Venus und Sonne. Mühsam einigte man sich auf neun Uhr, 25 Minuten und 42 Sekunden am Morgen für die erste Berührung von Venus und Sonne, auf drei Uhr, vierzehn Minuten und acht Sekunden am Nachmittag für die Beendigung des Durchgangs. Letztlich, ohne Cooks Verschulden, erwies sich das ganze aufwendige Unternehmen als ein Misserfolg, und auch die viel späteren Messungen von 1874 und 1882 brachten keine besseren Ergebnisse.

Während die Mannschaft mit dem Ausbessern und Teeren der »Endeavour« beschäftigt wurde, unternahm der Landvermesser Cook mit ein paar Begleitern noch eine mehrtägige Bootsfahrt um die ganze Insel, trotz eindringlicher Warnungen der Einheimischen vor den schrecklichen Leuten auf Tahiti-Iti, der kleineren Halbinsel, die nur durch eine schmale Landzunge mit dem größeren Tahiti-Nui verbunden ist. Menschen, so scheint es, kommen nicht ohne die anderen Menschen aus, vor denen sie sich fürchten, und notfalls genügt schon eine Landenge zwischen zwei Inselteilen, um für die gehörige Fremdheit zu sorgen. Doch Cooks Rundreise verlief ohne Zwischenfälle, und die bösen Leute auf Tahiti-Iti erwiesen sich als ebenso freundlich wie die auf Tahiti-Nui.

Der Aufenthalt im Paradies endete beinahe mit einer Katastrophe. Zwei junge Seesoldaten, Clement Webb und Samuel Gibson, desertierten und flohen liebeskrank mit ihren Freundinnen in die Berge. Das wollte Cook auf keinen Fall hinnehmen. »Herkules«, die »Königin« Obadia und mehrere andere Häuptlinge wurden zu Geiseln gemacht, die Insulaner nahmen ihrerseits Geiseln; statt Geschenken tauschten die Parteien auf einmal Drohungen und Gegendrohungen aus. Am Ende gaben die Klügeren, das heißt die Einheimischen nach; Webb und Gibson wurden ausgeliefert, erst einmal in Ketten gelegt und später gehörig ausgepeitscht. Erneuerte Freundschaftsbekundungen und Abschiedsbesuche füllten die letzten Tage. Als die »Endeavour« am 13. Juli ihre Anker lichtete, gab es an Land, in den begleitenden Kanus und an Bord viele Tränen.

Während der drei Monate auf Tahiti hatte Banks sich mit dem

Priester Tupaia angefreundet, einem begabten jungen Mann. Wechselseitig erwarben sie voneinander Sprachkenntnisse; Tupaia zeigte sich daran interessiert, die Welt seines neuen Freundes kennen zu lernen, und Banks hielt Cook vor, wie nützlich ein Südseedolmetscher noch sein könnte. Kurzum, zusammen mit seinem zwölfjährigen Diener Taiata wurde Tupaia zum Mitreisenden, und Sir Joseph vertraute seinem Tagebuch an: »Gott sei Dank bin ich wohlhabend. Warum also sollte ich ihn mir nicht als eine Kuriosität leisten, so wie einige meiner Nachbarn sich Löwen oder Tiger halten, wahrscheinlich mit größeren Ausgaben, als dieser Mann mich jemals kosten wird, das Amüsante an unseren künftigen Unterhaltungen gar nicht gerechnet ...« Wahrlich, Banks war nicht unbedingt ein Menschenfreund und zudem ein ausgesprochener Snob; er wusste, womit er in der Londoner Gesellschaft Aufsehen erregen würde.

Unter den Instruktionen, die die Admiralität Cook mitgegeben hatte, war die Beobachtung der Venus bei ihrem Durchgang durch die Sonne nur eine und der für die Marine weit weniger wichtige Teil. Zum anderen gehörten Entdeckungen, Landvermessungen und besonders die Suche nach dem großen südlichen Kontinent, Terra australis incognita, von dem es seit Menschengedenken hieß, dass es ihn irgendwo geben müsse. Was verbarg sich zum Beispiel hinter Neuseeland, an dessen Westküste Abel Tasman einst entlanggefahren war, schon mit dem Gedanken, dass es sich um den Anfang dieses Kontinents handeln könnte?

Die »Endeavour« trat also keineswegs die Heimreise an, wie manche Passagiere und die meisten Seeleute hofften, sondern steuerte nach kurzen Aufenthalten auf verschiedenen Inseln erst nach Süden, dann nach Westen. »Land, Land!« hieß am Nachmittag des 6. Oktober 1769 der Ruf des Schiffsjungen Nick Young: Neuseeland in Sicht. Oder war es der erträumte Erdteil? »Die Meinungen gehen weit auseinander«, schrieb Banks in sein Tagebuch und fügte dann wenig logisch, aber hoffnungsvoll hinzu: »Alle sind der Ansicht, dass es sich um den Kontinent handelt, den wir suchen.« Wirklich alle? Nein, Cook wohl kaum. Viel zu nahe lagen die von Tasman überlieferten Daten von einer Westküste und der jetzt erreichte östliche Punkt beieinander, um dazwischen Raum für einen »Kontinent« zu lassen, und sei er auch nur von bescheidener Größe wie Europa oder Australien. Aber Träume haben ihre eigene Macht; sogar Cooks Master-Maat Richard Pickersgill, der das fantasievolle Zeichnen liebte, begann gleich mit einem Werk, das die Überschrift trug: »Karte von einem Teil des Südkontinents«.

Sechs Monate der Erkundung folgten. Die »Endeavour« umrundete die Nord- und die Südinsel, durchfuhr den Meeresarm zwischen ihnen, der heute noch Cookstraße heißt, entdeckte Kaps, Buchten, hohe Berge, und Cook und seine Leute tauften sie; fast gingen ihnen manchmal die Namen aus. Neben König Georg und Königin Charlotte wurden natürlich die hohen Lords der Admiralität bedacht, aber auch Leutnant Hicks und der scharfäugige Schiffsjunge Nick Young. Man war fasziniert von einer abwechslungsreichen, teils schroff aufragenden, teils sanft geschwungenen Landschaft, begegnete den Eingeborenen. Die Maoris zeigten sich manchmal freundlich, oft jedoch misstrauisch und kriegerisch, obwohl Tupaia sie recht gut verstand und sich als Dolmetscher bewährte.

Je weiter sie kamen, desto mehr schwanden die Hoffnungen. Am 24. Februar 1770 notierte Banks: »Es gibt jetzt an Bord zwei Parteien. Die eine hofft, dass das Land, was wir sehen, ein Kontinent ist, die andere glaubt nicht daran. Ich habe immer ganz fest zur ersten Partei gehört, obwohl ich leider sagen muss, dass inzwischen nur noch ich selbst und ein armer Seekadett ihr treu geblieben sind.« Am 9. März erreichten sie das Südkap der Südinsel, und als sie es am nächsten Tag umrundeten, hieß es resigniert, dass »unser kontinentales Luftschloss nun total zerstört ist«.

Indessen war Cook ganz in seinem Element. Wie Banks mit dem Botanisieren, so war er unermüdlich mit dem Vermessen und Zeichnen beschäftigt. Das glanzvollste Zeugnis hat ihm der französische Seefahrer Julien Marie Crozet ausgestellt, der Neuseeland im Jahre 1772 besuchte und nach seiner Rückkehr erklärte: »Sobald ich von der Reise dieses Engländers erfuhr, habe ich sorgfältig die Karte, die ich von Küstenteilen Neuseelands anfertigte, mit der von Kapitän Cook und seinen Offizieren erstellten Blättern verglichen. Ich kann gar nicht sagen, wie sehr mich die Gründlichkeit und Exaktheit im Detail von Cooks Arbeit erstaunte. Ich bezweifle sogar, dass die Karten von unseren eigenen, französischen Küsten mit größerer Genauigkeit gemacht sind. Ich kann daher nichts Besseres tun, als meinem Neuseelandbericht die Zeichnungen zugrunde zu legen, die dieser gefeierte englische Navigator geschaffen hat.« Wegen der Präzision, mit der er am Werk war, darf man James Cook – trotz Abel Tasman – den eigentlichen Entdecker von Neuseeland nennen.

Am 31. März 1770 verließ die »Endeavour« die so gut vermessene Inselwelt. Fast zwei Jahre war sie nun schon unterwegs, und es hätte nahegelegen, jetzt wirklich die Heimreise anzutreten, Kurs West auf Kapstadt am Horn von Afrika zu. Cook traf eine andere und für ihn charakteristische Entscheidung. Australien war nicht weit und im Norden und Westen schon halbwegs bekannt. Im Süden hatte Tasman Tasmanien entdeckt, das er für einen Teil des Kontinents hielt. Aber noch niemand hatte die Ostküste erkundet. Etwa zweitausend Meilen, die auf ihre Vermessung warteten! Warum also nicht nach Nordwesten steuern, dann nach Norden diese Küste hinauf, als Zwischenstation das niederländische Batavia anlaufen und erst von dort nach Hause fahren?

Zunächst fanden sie nur Wasser dort, wo Land hätte sein sollen, falls Tasmanien keine Insel, sondern die Südspitze Australiens war. Nach Norden steuernd, erreichten sie die Küste. Doch es dauerte lange, bis sie eine einladende Bucht entdeckten, in der es einen windgeschützten Ankerplatz gab. Es war der 28. April 1770. An Land sahen sie ein paar fast nackte Eingeborene, mit denen auch Tupia sich nicht mehr verständigen konnte. Sie riefen etwas wie »Warra warra wei«, drohten mit Schilden und Speeren, wichen dann aber scheu zurück. »Was für Feiglinge«, kommentierte Banks, als sie ihre Hütten und in ihrer Eile sogar einige Kinder im Stich ließen. Im Übrigen war der Botaniker in seinem Element: Es schien sich um fruchtbaren Boden zu handeln, mit üppigem Bewuchs, Grünpflanzen, die als Salat zu gebrauchen waren, mit Buschwerk und Bäumen. Banks und seine Leute fanden »Hundespuren« – offenbar von Dingos – und sahen aus der Ferne ein seltsames, Pflanzen fressendes und hirschgroßes Tier: das erste Känguruh, das Europäern zu Augen kam. Erst recht brachten die Fischzüge in der Bucht reiche Beute. Wahrlich, ein Traumland für den Naturforscher – daher der Name, auf den diese Bucht getauft wurde: Botany Bay. Cook vermerkte: »Die Wälder sind frei von Unterholz, und die Bäume wachsen in so großem Abstand voneinander, dass das ganze Land oder jedenfalls ein großer Teil davon kultiviert werden könnte.«

Bei der Weiterfahrt entdeckten sie gleich noch eine viel versprechende Einfahrt. Da man aber mit Holz, Frischwasser, frischem Fisch und Gemüse so reichlich versorgt war wie Sydney Parkinson mit Zeichenaufgaben und Banks' Windhunde mit Auslauf, wurde nur im Vorübersegeln eine Namenstaufe vollzogen: Port Jackson.

Cooks Entscheidung für die australische Entdeckungsreise und ihr viel versprechender Anfang hatten historische Folgen. Nach dem Abfall der Vereinigten Staaten vom Mutterland entstand ein Problem: Wohin sollte man Sträflinge abschieben und dabei sicher sein, dass sie nie mehr zurückkehrten? Im Jahre 1779 wurde Banks von einem Ausschuss des Unterhauses beauftragt, und seine Antwort lautete: Die Botany Bay wäre ideal. Eine Flotte mit 730 Gefangenen, darunter 160 Frauen, und 250 Begleitpersonen, hauptsächlich Marinesoldaten, verließ im Mai 1787 England und kam im Januar 1788 in der Botany Bay an. Sehr rasch stellte sich allerdings heraus, dass sie doch nicht so fruchtbar und süßwasserreich war, wie Banks sie in seiner vergoldeten Erinnerung bewahrte. Darum zog man in die weit verzweigte Bucht hinter Port Jackson um und gründete Sydney. Zu den angenehmen – und beabsichtigten – Nebenwirkungen gehörte, dass sich mit solch einer Ansiedlung der Besitzanspruch auf Australien weit besser begründen ließ als mit dem Flaggenhissen im Vorübergehen.[21]

Je weiter die »Endeavour« nach Norden fuhr, desto unheimlicher wurde ihre Reise. Links eine meist abweisende Küste, rechts eine gewaltige Kette von Korallenriffen, an den Brechern der Brandung zu erkennen, widrige Winde und unerwartete Strömungen, die das Schiff gefährlich bald in die eine, bald in die andere Richtung trieben, dazwischen immer weniger Raum zum Manövrieren. Und voraus, unberechenbar, Sandbänke, aufragende Felsen und unsichtbare Riffe; es schien, als hätten sie sich in einem Labyrinth fast ohne Ausweg verfangen. Höchste Wachsamkeit war in jedem Augenblick geboten, immerfort musste man loten und oft half nur, Boote voraus zu schicken, um die Fahrrinne zu erkunden. Zum Abend des 10. Juni schrieb der Kapitän ins Logbuch:

»Wir verkürzten die Segel und steuerten von der Küste weg auf Ostnordostkurs ... Von sechs bis neun Uhr wuchs die Wassertiefe von 14 auf 21 Faden.[22] Plötzlich waren es nur noch zwölf, zehn, acht Faden. Ich hatte alle Mann auf die Stationen gerufen, um sofort Anker werfen zu lassen, aber leider tat ich das nicht. Denn es kam wieder tiefes Wasser, und ich sah im Weiterfahren keine Gefahr. Noch vor zehn Uhr hatten wir 20 bis 21 Faden, bis kurz vor elf Uhr, als es 17 Faden waren. Doch ehe wir einen weiteren Logwurf machen konnten, lief das Schiff auf einen Felsen und saß fest.«

Banks beschrieb das Unglück auf seine Weise: »Kaum lagen wir in unseren warmen Betten, als wir von dem Alarmruf geweckt wurden, dass das Schiff auf Grund geraten sei ... Allem Anschein nach handelte es sich um Korallenriffe, die gefährlichsten von allen, weil sie mit scharfen Spitzen und Kanten einen Schiffsboden im Nu durchschneiden.«

Sofort wurden die Segel gerefft, Boote ausgesetzt und mit ihnen Anker und Ankertaue soweit wie möglich achteraus gebracht, um mit ihnen das Freischleppen zu versuchen – vergeblich. Keine Mühe an Gangspill und Winden half, das Schiff rührte sich nicht. Wasser drang ein; an den drei betriebsfähigen Pumpen arbeiteten die Männer bis zum Umfallen. Ablösung alle 15 Minuten. Doch das Wasser stieg. Es wurde geleichtert, alles ging über Bord, was irgend entbehrlich schien. Dann mussten sie bis zur Höhe der Flut am nächsten Abend warten. Wieder Cook: »Ich entschloss mich, alles zu wagen, und beorderte jeden Mann, der gerade nicht an den Pumpen gebraucht wurde, an Ankerspill und Winden. Ungefähr zwanzig Minuten nach zehn Uhr schwamm das Schiff, und wir brachten es in tiefes Wasser.« Im nächsten Schritt wurde ein dickes Segeltuch, gefüllt mit Kabelgarn und Werg, über das Leck gespannt. Der Wassereinbruch hörte nicht auf, aber er verringerte sich, eine Pumpe genügte fortan, um ihm zu begegnen.

Cook war stolz auf die Leistung seiner Leute: »Um der Mannschaft gerecht zu werden, muss ich sagen, dass sie sich nie besser bewährte als bei dieser Gelegenheit.«

Banks zeigte sich erst recht beeindruckt: »Die Seeleute arbeiteten mit erstaunlicher Gelassenheit und größtem Eifer, kein Schimpfen und Murren im ganzen Schiff, nicht einmal ein Fluchen (obwohl sonst das Schiff damit immer gut gerüstet ist, wie fast überall der Dienst Seiner Majestät) ... Jedermann leistete sein Äußerstes, um das Schiff zu retten, ganz im Gegensatz zu dem, was ich sonst gehört habe, nämlich dass die Seeleute, wenn ihr Schiff in einer verzweifelten Situation ist, zu plündern beginnen und jeden Befehl verweigern. Diese Disziplin war ohne Zweifel dem ruhigen und entschlossenen Verhalten der Offiziere zuzuschreiben, die während der ganzen Zeit nie den Kopf verloren, sondern zeigten, dass sie vollkommen gefasst waren, unbeirrt von den Umständen, so schrecklich sie sein mochten.«

Es dauerte bis zum 17. Juni, um eine halbwegs geschützte Bucht zu finden, dort die »Endeavour« auf Strand zu setzen und mit der Reparatur zu beginnen. (Der denkwürdige Ort heißt noch heute Cooktown, liegt am Fluss namens Endeavour und wird überragt vom 431 Meter hohen Mount Cook.) Zelte wurden aufgeschlagen, Werkstätten eingerichtet, Bäume gefällt, Balken und Planken zurechtgeschnitten, die Schmiede und Zimmerleute machten sich an die Arbeit. Es stellte sich heraus, dass im Hauptdeck ein großes Korallenstück klemmte, als Glück im Unglück; ohne diese Form von Abdichtung hätten sie den Kampf gegen das eindringende Wasser wahrscheinlich verloren. Inzwischen gingen die Herren auf die Jagd, und Banks' Windhündin erlegte ein junges Känguruh. Ebenso wurde eifrig gefischt, und besonders willkommen waren die Schildkröten, die gefangen wurden. Ein Boot erkundete unterdessen die mögliche Ausfahrt aus dem Irrgarten, in dem sie gefangen schienen. Als sie endlich reisefertig waren, verhinderten widrige Winde das Auslaufen. Erst am 13. August gelangten sie schließlich in die offene See hinaus und umfuhren das Kap York, den nördlichsten Punkt Australiens. Zum Abschluss des Abenteuers gingen sie noch einmal an Land, und Cook notierte:

»An der Westküste kann ich keine Entdeckungen mehr machen; die Ehre dafür gebührt den Niederländern. Aber ich bin sicher, dass die Ostküste vom 38. südlichen Breitengrad aufwärts bis hierher noch niemals von einem Europäer gesehen oder besucht worden ist. Obwohl ich schon vorher mehrere Orte an dieser Küste im Namen Seiner Majestät in Besitz genommen hatte, hisste ich jetzt noch einmal die englische Flagge, um die ganze Ostküste mit allen ihren Buchten, Häfen, Flüssen und Inseln im Namen Seiner Majestät König Georgs des Dritten als Neusüdwales in Besitz zu nehmen. Danach wurden drei Gewehrsalven abgefeuert und vom Schiff beantwortet, gefolgt vom dreifachen Hoch.«[23] Man sieht: Entdeckerstolz und Imperialismus widerstreiten sich nicht, sondern gehen Hand in Hand. Höchst passend taufte Cook die kleine, dem Festland vorgelagerte Insel, auf der die Zeremonie stattfand, Possession, Besitz.

Auf dem Weg nach Batavia stieß die »Endeavour« auf eine Insel, die – fast zwei Jahre nach dem Auslaufen aus Rio de Janeiro – unwirklich europäisch anmutete; man sah Häuser, Schafherden, Pferde und Reiter. Zur Unwirklichkeit trug bei, dass diese Insel – Sawu oder Savu, östlich von Timor – auf keiner Karte verzeichnet war; die Niederländer erwiesen sich ebenso als Geheimniskrämer wie die Spanier in ihrem Machtbereich. Die Begegnung mit dem überaus fetten einheimischen Herrscher und dem Vertreter der Ostindischen Kompanie, Mijnheer Lange, verlief bizarr, ein gewaltiges Saufgelage eingeschlossen. Alles wurde versprochen, nichts eingehalten, bis schließlich Bauern ganz aus eigenem Antrieb Ochsen und Schafe, Geflügel und Gemüse herbeischafften und nur zu gern verkauften.

Batavia: welch ein Name, wohlklingend und legendenumwoben wie Akaba, Granada oder Timbuktu! Die Stadt war als ein fernöstlicher Traum von Amsterdam angelegt, wie ihr Vorbild von Grachten durchzogen. Nüchtern betrachtet handelte es sich um die Hauptstadt eines weitläufigen Inselreiches, was es noch heute als Djakarta für Indonesien ist. Hier liefen die niederländischen Frachtschiffe ein und aus, hier gab es auch ein Dock, in dem die »Endeavour« so gründlich überholt werden konnte, wie es nach ihrer nur notdürftigen Reparatur unbedingt erforderlich war. Bald nach der Ankunft fand Cook Gelegenheit, einem nach Europa abgehenden Schiff Post mitzugeben, zwei Berichte an die Royal Society über den Durchgang der Venus durch die Sonne – der zweite vom Astronomen Charles Green angefertigt – und, in jedem Sinne gewichtiger, ein sorgfältig versiegeltes Paket zu Händen des Sekretärs der Admiralität, Philip Stephens. Es enthielt Kopien des Reisetagebuchs sowie Karten von der Südsee, von Neuseeland und der Ostküste Australiens. Im Begleitbrief an Stephens heißt es nach einer Skizze des Reiseverlaufs:

»Im Tagebuch habe ich mit aller Offenheit und ohne Beschönigung die Begebenheiten der Reise aufgezeichnet und nach meinem besten Können die Kommentare und Beschreibungen hinzugefügt, die ich für notwendig hielt. Obwohl die Entdeckungen nicht bedeutend sind, die bei dieser Reise gemacht wurden, glaube ich doch sagen zu dürfen, dass sie die Aufmerksamkeit Eurer Lordschaft verdienen. Und obwohl es mir nicht gelungen ist, den viel beredeten südlichen Kontinent zu entdecken (der womöglich nicht existiert), dessen Auffindung mir aber am Herzen lag, bin ich davon überzeugt, dass kein Teil dieses Fehlschlags mir zur Last gelegt werden kann.

Die Karten und Küstenzeichnungen habe ich mit all der Genauigkeit und Sorgfalt angefertigt, die die Zeit und die Umstände mir erlaubten, und ich bin sicher, dass bei wenigen Teilen der Erde die Längen- und Breitengrade besser erfasst sind. Hierbei hat mich vor allem Mr. Green unterstützt, der während der ganzen Reise jede Gelegenheit nutzte, um unsere Längenpositionen festzustellen. Hinzu kommen die vielen wertvollen Entdeckungen von Mr. Banks und Dr. Solander im Bereich der Naturgeschichte und anderes für die gelehrte Welt wichtiges Wissen; dies alles wird zum Erfolg bestimmt wesentlich beitragen.

Was die Offiziere und die Mannschaft angeht, möchte ich sagen, dass sie alle Anstrengungen und Gefahren mit dem guten Mut und der Leistungsbereitschaft ertragen haben, die britischen Seeleuten stets zur Ehre gereichen werden. Darüber hinaus darf ich mit Genugtuung sagen, dass ich keinen einzigen Mann durch Krankheit verloren habe.

Wenn wir so glücklich gewesen wären, nicht auf ein Riff zu laufen, hätte auch der Gewinn des letzten Reiseteils noch besser sein können, als er es tatsächlich war. Aber ich denke, dass insgesamt der Ertrag dieser Reise so groß gewesen ist wie bei jeder früheren Südseereise, die mit ähnlichen Zielen unternommen wurde.«[24]

Man könnte Fragen stellen: War wirklich das Verhalten der Mannschaft über jeden Zweifel erhaben? Gab es denn keine Vergehen und kein Desertieren? Wofür sonst die Auspeitschungen? Und gab es tatsächlich keinen Tod durch Krankheit? Der Zeichner Alexander Buchan starb auf Tahiti nach einem Epilepsieanfall, der junge Matrose Forby Sutherland in der Botany Bay an Tuberkulose. Cook meinte wohl: keine Verluste durch den bisherigen Schrecken langer Seereisen, den Skorbut. Doch ein Kapitän sollte sich präzise ausdrücken.

Beaglehole nennt den Brief an die Admiralität »atemberaubend«.[25] Das ist er als ein Charakterspiegel. Der Aufsteiger James Cook, dem Range nach gerade einmal Leutnant – und welch strenge Rangordnung, wie viel Förmlichkeit gehörte einst zur Marine –, spricht bei allem Anschein von Bescheidenheit zu seinen höchsten Vorgesetzten mit dem ruhigen Selbstbewusstsein eines Mannes, der weiß, dass sein Name in die Geschichte der großen Seefahrer und Entdecker eingehen wird.[26]

Inzwischen verwandelte sich der batavische Traum in einen Alptraum. Die ostindische Hafenstadt wurden offenbar miserabel verwaltet, niemand kümmerte sich um die Reinhaltung ihrer Kanäle. Längst waren sie verschlammt, zu stinkenden Kloaken verkommen, in denen Myriaden von Stechmücken brüteten. Nirgendwo gab es sauberes Wasser; das Fieber, die Malaria, die Ruhr gingen um und forderten unzählige Opfer.[27] Fast die ganze Besatzung der »Endeavour« erkrankte, Offiziere, Passagiere und Matrosen gleichermaßen. Cook, so schien es, trotzte der Gefahr mit purer Willensstärke. Banks und Solander entflohen in ein Landhaus außerhalb der Stadt und ließen sich von einem einheimischen Arzt pflegen. Als einer der Ersten starb der Schiffsarzt William Monkhouse, gefolgt von den Tahitianern Tupaia und Taita. Auch die Reihen der Mannschaften lichteten sich.

Cook war verzweifelt, warb neunzehn Mann als Ersatz an, meist Briten, die es nach Hause zog, und versuchte, so schnell wie möglich abzufahren. Doch erst am 26. Dezember war dies möglich. Dabei erwies sich die Hoffnung auf Heilungskräfte der Seeluft zunächst als trügerisch. Cook sprach von einem »Lazarettschiff«; vierzig Mann waren zu schwach um sich zu bewegen, andere unfähig, Wache zu stehen, geschweige denn in die Wanten zu steigen. Der Tod hielt weiter seine Ernte. Der alte Segelmacher John Ravenhill, »stets mehr oder weniger betrunken«, behauptete, dass man sich schützen könne, wenn man sich nur gehörig mit Rum abfülle. Auch er starb. Es starben Spöring, Banks Sekretär, und Sydney Parkinson, dessen Gemälde und Zeichnungen noch heute vom Ertrag der Weltreise zeugten. Am 29. Januar 1771 folgte Charles Green, der Astronom. Am 31. Januar notierte Cook:

»In den letzten 24 Stunden haben wir vier Mann verloren, den Schiffskoch John Thompson, den Zimmermannsmaat Benjamin Jordan, die Matrosen James Nicholson und Archibald Wolfe – ein trauriger Beweis für die unheilvolle Lage, in der wir uns befinden. Es gibt kaum genug Leute, um die Segel zu bedienen und sich um die Kranken zu kümmern. Und um viele von denen steht es so schlecht, dass es kaum Hoffnung für ihr Überleben gibt.«

Zum Glück in allem Unheil herrschte meist gutes Wetter. Aber als die »Endeavour« am 15. März in Kapstadt anlegte, waren insgesamt 34 Mann gestorben; fünf weitere sollten noch folgen. Richard Hugh hat dazu gesagt: »Für jemanden wie Cook, mit all seiner Einfühlung und der unermüdlichen Sorge um das Wohl seiner Leute, war dies ein schrecklicher Schlag, der seinen Berufsstolz mitten ins Herz traf.«[28]

Kapstadt brachte dennoch eine Wendung zum Besseren. Auch

sie war eine niederländische Hafenstadt, doch im Gegensatz zu Batavia sauber, mit guter Luft und gutem Wasser. Die Kranken wurden an Land gebracht und von Ärzten gepflegt, ihre Erholung begann. Man merkt Cooks Notizen die Erleichterung an: »Die Bewohner von Kapstadt sind durchweg wohl erzogen und allen Fremden gegenüber äußerst höflich und hilfsbereit. Tatsächlich liegt das in ihrem eigenen Interesse, denn man kann die ganze Stadt als ein einziges großes Gasthaus ansehen, zum Empfang für alle gemacht, die kommen und gehen. Alles in allem gibt es wahrscheinlich in der bekannten Welt keinen anderen Ort, der so gut darauf eingerichtet ist, dem Schiffsverkehr jeder Art behilflich zu sein.« Alles Notwendige und auch alle Annehmlichkeiten des Lebens wurden hier im Überfluss und so preiswert angeboten, wie nur irgendwo in Europa – oder noch preiswerter.

Am 16. April verließ die »Endeavour« das gastliche Kapstadt. Am 10. Juli 1771 rief der Entdecker Neuseelands, der Schiffsjunge Nick Young, vom Mastkorb aus: »Land, Land!« Das gute alte England und das Ende einer denkwürdigen Reise kamen in Sicht.

Vater und Sohn

»Nassenhuben« ist ein seltsamer Name, der wenig Gutes verspricht. Viel schöner klingt »Hochzeit«. Beides sind, vielmehr waren einmal kleine Dörfer in der Weichselniederung südöstlich von Danzig, nahe beieinander und ungefähr gleich weit von Dirschau, Marienburg und Elbing entfernt. Heute nennt man diese Dörfer Mokry Dwor und Wislina. Aber auch Nassenhuben und Hochzeit gehörten einst zu Polen, genauer zum »Preußen königlich-polnischen Anteils«, schon seit dem Frieden von Thorn im Jahre 1466 und bis zur (zweiten) Teilung Polens 1793. Gottlob waren die Hassgesänge des neueren Nationalismus noch nicht erfunden; die Obrigkeit kümmerte sich kaum um Ortsnamen und darum, ob ihre Untertanen Deutsch oder Polnisch sprachen. Erst recht hieß man Zuwanderer aus den Niederlanden willkommen, weil man sie im Danziger Werder als Wasserbaumeister brauchte. Und nicht einmal am evangelischen Bekenntnis nahmen die katholischen Regenten Anstoß.

Seit 1753 predigte der reformierten Gemeinde von Nassenhuben und Hochzeit ein junger Pfarrer, Johann Reinhold Forster, geboren 1729. Seine Vorfahren stammten aus Schottland und hatten später in Yorkshire gelebt, wie die von James Cook. Als Anhänger König Karls I. verloren sie ihren Besitz und flohen in die Fremde, als die von Oliver Cromwell geführte Revolution siegte. In ihrer neuen Heimat brachten sie es als Rechtsgelehrte bald wieder zu Ansehen; Forsters Vater war Bürgermeister von

Dirschau. Er schickte seinen Sohn auf eine Eliteschule, das Joachimsthaler Gymnasium in Berlin[29], dann zum Studium nach Halle, die damals beste Universität in Preußen und sogar in Deutschland. Johann Reinhold sperrte sich freilich gegen die Juristerei und sah sich lieber in der Philosophie, der Geschichte und Geographie, der Natur- und Völkerkunde um. Besonders gern und leicht lernte er Sprachen, nach seinen eigenen Angaben schließlich 17, die er allerdings eher im Lesen als im Sprechen beherrschte. Noch nach Jahren in England kam er von seinem schweren östlichen Akzent nicht los, von den stilistischen Feinheiten beim Schreiben gar nicht zu reden. Da der Vater auf einem Brotberuf bestand, machte er schließlich ein theologisches Examen und kam so zu seinem Amt in Nassenhuben. Er heiratete seine Kusine Elisabeth Nicolai, eine Ratsherrentochter aus Marienwerder. Und wie es sich für ein evangelisches Pfarrhaus gehörte, wurden in rascher Folge acht Kinder gezeugt, von denen sieben – damals eher ungewöhnlich – ihre frühen Jahre überlebten. Das erste, ein Sohn, wurde am 26. November 1754 geboren und Georg, vielmehr nach der Art der Vorfahren George getauft. Als er, kaum vierzig Jahre alt, 1794 gestorben war, schrieb sein Vater in einem Bericht:

»Mein Sohn war bei seiner Geburt ein schwächliches und sehr mageres Kind, und da ihm bald darauf, wegen eines offenen Schadens an der Brust seiner Mutter, im folgenden Februar die echte ernährende Quelle in der Muttermilch versiegte, so wurde er mit Brot und Kuhmilch aufgezogen, zu der Wasser gegossen war. Er hatte nur ein langsames Zunehmen und Gedeihen, als ein heftiges faulen Gallenfieber mich und ein schweres hysterisches Nervenfieber seine Mutter zugleich dem Tode nahebrachten und ihm unsere Pflege entzogen. Seine Wärterin stopfte seinen schwachen Magen mit unreifen Pflaumen voll, bis er einen aufgetriebenen harten Leib bekam und wir bei unserer späten, langsamen Genesung Mühe genug hatten, diese Anlage zu Krankheiten wieder zu beheben. Er hatte öftere Anfälle von Regenwürmern in den Eingeweiden, welche aber bald durch Milch mit Wasser, darin man Quecksilber gekocht hatte, abgetrieben wurden.

Die Munterkeit, Fähigkeit und Neugierde des nun zunehmend gesunden Knaben machte uns Eltern viel Vergnügen. Da wir in meinem Studierzimmer speisten und auch unser Frühstück genossen, wo der Knabe mich oft lesen und die Bücher brauchen sah, so erweckte dies bei ihm früh die Lust, auch lesen zu lernen. Er ging an die Bücher der Bibliothek und fragte, wie jeder Buchstabe des goldgedruckten Titels hieße und wie die Silben ausgesprochen würden. Hierdurch lernte er diese Titel spielend lesen, und da lateinische und deutsche Titel auf den Büchern standen, so lernte er bald in beiden Sprachen lesen. Die in Nürnberg herausgekommenen Bilder zu einer Sammlung biblischer Geschichten, welche ihm seine Mutter oft erklärte, waren im Winter die erste Nahrung für seine Wissbegierde. Allein als er im Frühjahr im Garten Insekten und neue Blumen hervorkommen sah, so wollte er durchaus von mir den Namen jedes Insekts, jeder Blume und jedes Vogels wissen. Ob ich gleich mit einem Freunde meiner Jugend ... etwas Naturgeschichte gemeinschaftlich sowohl in Berlin als in Halle aus den Schriften des großen Linné gelernt hatte, so war dies doch teils nicht hinlänglich, um wieder Unterricht zu geben, teils aber auch wieder vergessen worden. Ich wollte durchaus die Wissbegierde meines Lieblings befriedigen, ich ging demnach bald darauf zu Fuß nach Danzig, kaufte mir die hallische Ausgabe von Linnés *Systema Naturae,* nebst Ludwigs *Definitiones Generum plantarum,* welche Boehmer herausgegeben, und die *Philosophia botanica* des großen Linné, und nun fing ich an, die Naturgeschichte mit großem Fleiß von neuem zu erlernen und mit Hilfe dieser und anderer Bücher, welche meine Freunde mir zukommen ließen, die Pflanzen, Insekten und Vögel, Fische und Gewürme meiner Nachbarschaft mir bekannt zu machen – und die Namen neben den Eigenschaften, Lebensweisen und Kennzeichen der Pflanzen und Tiere meinem Sohn vorzusagen. Bald darauf lehrte ich meinen Sohn schreiben, rechnen und einige lateinische und französische Wörter. Besonders sah ich darauf, dass er die französischen Wörter richtig aussprechen und kleine gewöhnliche Redensarten verstehen und hersagen lernte.«[30]

Gallenfieber beim Gemahl, hysterisches Nervenfieber der Gemahlin: Das lässt auf handfesten Ehestreit im Pfarrhaus schließen. Johann Reinhold Forster war ein jähzorniger Mann, der es niemals lernte, sich zu beherrschen. Von seiner Frau wissen wir fast nichts, außer dass die Kinder sie liebten, während sie den Vater eher fürchteten. Später versank sie in Schwermut und »Gemütskrankheit«. Bevor sie resignierte, versuchte sie vielleicht noch – und vergeblich – ihren Mann zum Haushalten zu bewegen. Denn er besaß ein Einkommen von zweihundert Talern, aber kein Auskommen; immer lebte er über seine Verhältnisse. Nicht nur im Interesse des Sohnes kaufte er unersättlich Bücher, je teurer, desto besser; auch die Erbschaften des Vaters und des Onkels wurden dafür bald aufgebraucht. Durchaus glaubhaft ist jedoch, dass die Wissbegier des kleinen Georg ihn zusätzlich beflügelte und dass er sich nur zu gern zum Eindringen in die Naturkunde anspornen ließ, weil dies seinen eigenen, nur zeitweilig verschütteten und nun mit gutem Gewissen wieder freigelegten Neigungen entsprach. Andernfalls hätte er den Sohn gewiss nach der Art vieler Väter abgefertigt: »Frag nicht so dumm!« Oder: »Lass mich in Ruhe, du siehst doch, dass ich zu tun habe!« So aber entstand zwischen Vater und Sohn eine besondere Bindung – eine höchst zwiespältige Bindung, muss man gleich hinzufügen. Denn die Förderung des Jungen lief bald und immer bedrängender darauf hinaus, ihn in die eigenen Zwecke einzubinden und ihn mehr, ja weit schlimmer auszunutzen, als dies Vätern erlaubt sein sollte.

Johann Reinhold Forster wollte heraus aus der Enge von Nassenhuben. Zielgerichtet begann er eine Korrespondenz mit angesehenen Gelehrten, um sich bemerkbar zu machen und die Möglichkeiten seines Fortkommens zu erkunden. In Danzig gab es nach dem Siebenjährigen Krieg einen Repräsentanten der russischen Zarin, den Obersten Hans Wilhelm von Rehbinder. Ihm lag der Pastor in den Ohren. Ob in St. Petersburg nicht ein Amt, eine Professur, eine Mitgliedschaft in der Akademie der Wissenschaften zu haben sei? Nein, offenbar nicht. Aber dann ergab sich doch eine Aufgabe, eine besondere Mission. Forster schilderte sie so:

»Der Gedanke der großen Katharina II. in Russland, die unangebauten Gegenden im südlichen Teil ihres ungeheuren Reiches mit Anbauern aus den mehr kultivierten Reichen Europas zu besetzen, zog eine Menge Menschen dahin. Indessen wurde ich zufällig mit dem damaligen russischen Residenten Herrn von Rehbinder bekannt, welchem meine Kenntnisse in der Naturgeschichte, der theoretischen und praktischen Landwirtschaft und der vielen europäischen Sprachen sehr auffällig erschienen. Er wünschte daher, ich möchte mich entschließen, eine Reise nach den für die neuen Anbauer bestimmten südlichen Gegenden Russlands zu unternehmen und ihren Zustand und ihre Anlage zur Kultur zu untersuchen und zu beschreiben. Ich sollte ungebunden bleiben, und wenn man mich bei diesen neuen Anstalten brauchen wollte und es mir anstünde, eine ansehnliche Versorgung bekommen; stünde es mir nicht an, sollte ich die Reisekosten und eine für meine Arbeit anständige Belohnung bekommen. Wiederholte Einreden und Aufmunterungen brachten mich zu dem Entschluss, da ich mit einer zahlreichen und wachsenden Familie nicht länger von 200 Talern Gehalt mich ernähren konnte.«[31]

Einige Korrekturen sind da wohl erforderlich. Die Bekanntschaft mit Herrn von Rehbinder war keineswegs zufällig, sondern von Forster absichtsvoll eingeleitet und gepflegt worden. Es bedurfte auch nicht wiederholter »Einreden« und Aufmunterungen, sondern der Herr Pfarrer griff gleich und freudig zu, als sich die Gelegenheit bot, seinem Predigeralltag zu entfliehen. Im Übrigen gab es von Anfang an Missverständnisse. Der Zustrom deutscher Siedler drohte zu versiegen, weil sich herumsprach, dass sie unter elenden Bedingungen lebten und die Versprechungen, die man ihnen gemacht hatte, nicht eingehalten wurden. Dagegen sollte man ein Gutachten setzen; es sollte beweisen, dass alles zum Besten bestellt war. In den Worten des Grafen, später Fürsten Orlow, des beinahe allmächtigen Günstlings der Zarin:

»Der Danziger Resident Ihrer Kaiserlichen Hoheit Rehbinder berichtet in einem an mich adressierten Brief, dass er den Pastor der reformierten Kirche, Forster, hierher gesandt hat, um der Kanzlei zur Betreuung der Ausländer seine nachfolgende Absicht zu unterbreiten, lügnerischen, von missgünstigen Personen stammenden Verlautbarungen entgegenzutreten, durch die man versucht, die allerhöchsten Bestrebungen Ihrer Kaiserlichen Hoheit zunichte zu machen. In Ansehung dieses Nutzens wurden jenem Pastor von dem genannten Rehbinder 450 Rubel als Reisekosten ausgehändigt.«[32]

Wie auch immer: Am 5. März 1765 trat Forster mit hochfliegenden Erwartungen seine Reise an, vom Pfarramt für ein Jahr beurlaubt. Zu seinen Bedingungen gehörte, dass der zehnjährige Georg ihn begleiten durfte. Der Weg führte über St. Petersburg und Moskau nach Saratow, dann weiter nach Süden in die Siedlungen und in die Steppengebiete beiderseits der Wolga. »Überall«, so Forster, »wurden der Boden, die Gewächse und Tiere der Gegenden, nebst dem Klima und dessen Einfluss auf Menschen, Tiere, Pflanzen und Produkte untersucht, überall hörte ich der Kolonisten Urteile über ihre Lage, ihre Vorteile, ihre Nachteile, ihre Besorgnisse; besprach mich mit den Offizianten des Staates über die möglichen Mittel, das Gute zu befördern, das Nachteilige zu behindern; besonders über die Rechts- und Polizeipflege, und verfasste über alles einen gründlichen und weitläufigen Bericht. Die Antiquitäten, mongolische Münzen, Götzenbilder oder Begräbnisdenkmäler der alten nomadischen Völker, Überbleibsel von Perrys Kanal zur Vereinigung der Wolga und des Dons durch die Llawia, Spuren noch älterer Befestigungen alter Völker und jeder Umstand, der Belehrung versprach, wurden von mir untersucht und gesammelt.«

Mit Vaterstolz heißt es weiter: »In all der Zeit übte sich mein Sohn mit mir in der Kenntnis der Natur. An einem sehr heißen Tage, an welchem ich mich niedergelegt hatte, weil mir nicht wohl war, benutzte mein Sohn die Zeit, da ich schlief, für sich die Gegend nach neuen Pflanzen zu durchstreichen. Er hatte eine Menge gesammelt, und mit Hilfe des Linnéschen Systems entdeckte er ohne meine Hilfe die Namen und Charaktere einiger seltenen Pflanzen.«[33] Eine für die Zukunft wichtige Grundlage für Forsters Ansehen als Naturforscher wurde damit geschaffen; später legte er der Royal Society in London – natürlich nur unter seinem Namen – die *Specimen Historiae Naturalis Volgensis* vor, mit 207 nach Linné klassifizierten Pflanzenarten, 23 Säugetieren, 64 Vögeln, 16 Fischen und 14 Reptilien.

In Petersburg entstand ein umfangreicher Bericht. In seinem Kern lief er darauf hinaus, dass die Klagen der Kolonisten vollkommen berechtigt waren. Sie wurden eher drangsaliert als gefördert; wenn man Abhilfe schaffen wollte, waren durchgreifende Reformen notwendig.[34] Ihre Speerspitze musste sich gegen eine böswillige oder unfähige und korrupte Verwaltung richten. Das amüsierte den Grafen Orlow durchaus nicht; er hatte ja ganz etwas anderes erwartet. Er rührte sich nicht, ließ sich verleugnen: Zum Teufel mit diesem deutschen Besserwisser! Während Georg Forster – erstmals – eine Schule besuchte und sich, sprachbegabt wie sein Vater, spielend ins Russische hineinfand, verstrich die Zeit. Schon war der Jahresurlaub abgelaufen, schon hieß es, dass das Amt in Nassenhuben neu besetzt werde und dass Frau Forster, um sich und ihre Kinder durchzubringen, damit begonnen habe, die Bibliothek ihres Mannes zu verkaufen. An eine Anstellung in Petersburg war indessen nicht mehr zu denken; am Ende ging es bloß noch um eine Abfindung. Forster forderte 2000 Rubel. Das letzte, vielleicht nicht strahlend großzügige, aber auch nicht ganz knauserige Gegenangebot belief sich auf den halben Betrag. (Ein Rubel kam damals ungefähr einem Taler gleich; es hätte sich also um fünf Jahresgehälter im Pfarramt gehandelt.) Beleidigt und querulantisch, mit halsbrecherischem Stolz beharrte Forster bei einer wenigstens symbolischen Zugabe: tausend Rubel und eine Kopeke. Nun denn, entschied Orlow, dann eben gar nichts. Es blieb nur die Abreise. Wie die Schiffspassage bezahlt wurde, ist unbekannt, vielleicht haben die Behörden doch noch mit sich handeln lassen, um den lästigen Mann loszuwerden.

Aber geschlagen heimkehren, womöglich um die Wiedereinsetzung ins ungeliebte Pfarramt betteln? Nein, niemals. Die Fahrt führte an Danzig vorüber nach England und dauerte zwei Monate, weil das Schiff Zwischenstationen einlegte und bei schlechtem Wetter schützende Häfen anlief; allein der Aufenthalt im südnorwegischen Kristiansand dauerte fast drei Wochen. Man würde gern wissen, was dem jetzt beinahe zwölfjährigen Georg unterwegs durch den Kopf ging. Plagte ihn Heimweh, weinte er sogar, weil er nicht zur Mutter und den Geschwistern zurückkehren durfte? Oder genoss er die Sensationen seiner ersten größeren Seereise? Freute er sich auf die Weltstadt, die schon fast eine Million Einwohnern zählte und neben der sich sogar Petersburg provinziell ausnahm? Oder ängstigte er sich, weil er gut genug wusste, dass sein Vater keinen Boden unter den Füßen und kaum Geld in der Tasche hatte, gerade einmal dreieinhalb Guinees?[35] Klaus Harpprecht überbrückt unser Unwissen mit dem praktisch Naheliegenden:

»Vater Forster hielt den kleinen Georg täglich an, mit den Matrosen zu plaudern, damit er so rasch wie möglich Englisch lerne. Das raue Volk machte sich einen Spaß daraus, dem Sohn des Pastors ein Vokabular zu vermitteln, das für die Sakristei, die Katechismusstunden oder eine Konversation mit den Töchtern der Amtsbrüder des Herrn Papa wenig geeignet zu sein schien. Vielleicht waren die Flüche hilfreich, als der Kahn im Hafen von London festmachte: Die Träger rissen, wie üblich, den Fremden das Gepäck aus der Hand. Sie stanken nach Schnaps oder Bier und verlangten unverschämte Trinkgelder. Windige Agenten versuchten, die hilflosen Opfer der Konfusion in überteuerte Absteigen zu zerren.«[36] Was die Sprache betrifft, so war sie auch ohne Flüche wohl kaum für die Kreise geeignet, in denen der Herr Pfarrer Fuß fassen wollte; nirgendwo sonst unterscheiden sich Ausdrucksweise und Intonation der Gebildeten so sehr vom »Cockney« der Unterschichten wie in London. Im Übrigen hieß es, dass mindestens ein Viertel der Bevölkerung aus Betrügern, Wegelagerern und Taschendieben, Zuhältern und Huren bestehe.

Immerhin, wenn Johann Reinhold Forster schon ein Narr war, dann doch einer mit Methode und Zielstrebigkeit. Wie damals üblich, brachte er einige Empfehlungsschreiben von Petersburger Gelehrten an deren Londoner Kollegen mit. Außerdem gab es den Amtsbruder Carl Gottfried Woide, einen Schulkameraden vom Joachimsthaler Gymnasium, der sich darauf vorbereitete, die Leitung der deutschen reformierten Gemeinde zu übernehmen und zusätzlich noch Hofprediger an der niederländisch reformierten Kapelle von St. James zu werden.

Woide war ein gutherziger und hilfsbereiter Mann; er tat, was er konnte. Dass Forster für ihn eine rechte Plage gewesen sein muss, geht aus dem Tagebuch hervor, das Woide führte.[37] Hier ein paar Auszüge:

4. Oktober 1766: »Nach dem Essen las ich die Zeitungen noch einmal durch und war bei Herrn Planta,[38] wo Herr Prediger Forster aus Petersburg kam.«

13. Oktober: »Die übrige Zeit verging, da Herr Forster bei mir war, sodass ich auch nicht zum Gottesdienst kam.«

24. Oktober: »Herr Forster blieb bis nach ein Uhr bei mir. Ich war müde.«

12. Januar 1767: «Ich kam um neun nach Hause und wollte arbeiten. Herr Forster aber saß bei mir bis zwei und ich eilte zu Bett, weil ich Schnupfen hatte.«

14. Januar: »Herr Forster besuchte mich und ich lieh ihm zum vorigen Guinee noch zwei.«

23. Februar: »Lieh ihm noch drei Guinees zu den sieben vorhergehenden. Sein Kummer machte mich verlegen und störte meine Beschäftigungen.«

22. Mai: »Herr Forster war bei mir um vier und verweilte bis gegen sechs und kam um acht wieder zu mir und meldete mir, dass er die Stelle in Warrington angenommen hätte.«

20. Juni: »Der junge Herr Forster kam, dem ich vier Guinees für seinen Papa gab und lieh.«

22. Juni: »Herr Forster nahm von mir Abschied.«

Forster verließ sich nicht nur auf den Amtsbruder. Unermüdlich versuchte er, ein Netzwerk von Kontakten zu knüpfen. Indem er der Royal Society die naturkundlichen Ergebnisse seiner russischen Reise vorstellte, gewann er Zutritt zu dieser ehrenwerten Vereinigung und nach einiger Zeit auch die begehrte Mitgliedschaft. So wurde er mit wichtigen Leuten bekannt, darunter mit Joseph Banks. Der »Society of Antiquaries« präsentierte er seine Altertumsfunde und am 21. Mai 1767 als ein Wunderkind seinen Sohn. Denn er hatte inzwischen die »Kurze russische Geschichte« von Michail Wassiljewitsch Lomonossow ins Englische übersetzt.[39] Warum nicht? Es war die Zeit der Wunderkinder, vor kurzem erst hatte Leopold Mozart mit seinem Wolfgang Amadeus einträgliche Konzertreisen unternommen, 1762 nach München und Wien, 1763 bis 1766 nach Paris und London. Leider war die Society of Antiquaries nicht die königliche Hofgesellschaft; im Protokoll der Society heißt es nur höflich: »Der Sohn von Mr. Forster, Ehrenmitglied dieser Gesellschaft, ein junger, noch keine dreizehn Jahre alter Gentleman, legt ein Exemplar eines von ihm ins Englische übersetzten Werkes vor ... Dem jungen Gentleman wurde für sein freundliches Geschenk Dank ausgesprochen.« Doch dafür ließ sich nichts kaufen, und nicht einmal der russische Gesandte in London erwies sich als spendabel, dem das Buch mit hoffnungsvollem Hintersinn gewidmet worden war.

Als Ausweg bot sich schließlich Warrington an. Denn dort gab es eine höhere Lehranstalt, eine Art von Akademie oder beinahe eine Universität, die als Nachfolger für den Feuerkopf Joseph Priestley einen Professor brauchte.[40] Mit Oxford und Cambridge ließ sich Warrington allerdings nicht vergleichen; eher sollte man von einem Universitätsersatz sprechen. Denn in den altehrwürdigen Hochschulen waren nur Mitglieder der seit Heinrich VIII. verordneten Anglikanischen Hochkirche zugelassen, keine Reformierten oder sonstigen »Nonkonformisten« und »Dissenter«. Für diese Abweichler vom rechten Glauben war Warrington gedacht, als Gründung aus privater Initiative kaum mit Reichtümern gesegnet, sondern ganz auf Spenden und die Gebühren ihrer Studenten angewiesen. Immerhin erhielten die Lehrkräfte halbwegs zuverlässig ihre Gehälter. Johann Reinhold Forster verdankte seine Berufung vor allem der nachdrücklichen Empfehlung des Amtsbruders Woide.

George wurde vorerst nicht mehr gebraucht und in London zurückgelassen, als Kaufmannslehrling bei der Firma Lewins & Nail, die sich auf den Russlandhandel spezialisiert hatte und daher einen Jungen gebrauchen konnte, der über die einschlägigen Sprachkenntnisse verfügte. Später hat der Vater geschrieben: »Georg ward also Kaufmann im Junius und musste Briefe im Korrespondenzbuch eintragen, Rechnungen ausziehen und zuweilen zwei bis drei Wochen wie angeleimt am Schreibpulte sitzen und dann, wenn Schiffe abgerechnet waren, wieder acht bis zehn Tage, in der größten Hitze, von einem Ende der Stadt bis zum anderen mit Rechnungen herumlaufen und Gelder einkassieren, da er denn zuweilen mehrere hundert Guineen, teils in Geldnoten, teils in Münzen zu tragen hatte. Diese abwechselnden Extreme waren seiner Gesundheit schädlich; und da er überdem bei zu großer Erhitzung unbedächtig und zu hastig einen kalten Trunk Bier zu sich genommen hatte, so verfiel er im September in den Anfangen einer Auszehrung.«[41]

Vorwürfe, teils an die Firma, teils an den Sohn gerichtet – und eine höchst fragwürdige Diagnose. Denn das hastige Biertrinken mag einem ja auf den Magen und aufs Gemüt schlagen, aber schwerlich auf die Lunge; »Auszehrung« aber meint die Schwindsucht oder Lungentuberkulose. Eher wäre an Bronchitis oder an ein Bronchialasthma zu denken, dass seelisch bedingt sein kann: Die Angst eines sensiblen Jungen vor dem Verlassensein schlägt sich auf das körperliche Befinden. Zum Glück im Unglück konnte der Herr Professor jetzt seine Familie aus ihrem Elend erlösen. Im September 1768 empfing Georg die Mutter und die Geschwister nach fast dreieinhalb Jahren der Trennung am Londoner Hafen und geleitete sie nach Warrington. Wieder in den Worten des Vaters »erlaubte Herr Lewins, dass Georg als Dolmetscher mitreisen möchte. Allein er war so elend, so verdrießlich und entkräftet, dass ich mich nicht entschließen konnte, meinen Sohn ihm wieder anzuvertrauen.[42] Vielleicht war es auch die Mutter, die ihr endlich wiedergewonnenes Kind nicht hergeben wollte. Georg genas, und die Chronik der Akademie verzeichnete ihn seit dem Herbst 1768 als den Studenten Nr. 158.

Warrington, auf halbem Weg zwischen Liverpool und Manchester, war eine Kleinstadt, ein Nest, das noch keine viertausend Einwohner zählte. Es ist anzunehmen, dass der Professor Forster hier bald zur bekannten Figur wurde, aber zur glücklichen kaum. Wieder einmal siegte die Leidenschaft zum Bücherkaufen über das Gebot zum sparsamen Wirtschaften; die verlorene Bibliothek von Hassenhuben wollte doch ersetzt sein. Und wieder einmal begann das Schuldenmachen. Um die Einnahmen zu verbessern, wurden sechs Studenten als Kostgänger in den Familienhaushalt aufgenommen, doch auch das reichte bei weitem nicht aus. Sogar aussichtsreiche Beziehungen wurden beschädigt. Zum Beispiel richtete Forster der wohlhabenden und naturkundlich interessierten Mrs. Blackbourne einen botanischen Garten ein. Aber bald beschwerte sie sich darüber – und erzählte es gewiss ihren Bekannten weiter –, dass er sie mit seinen Geldsorgen bedrängte. Dazu ist anzumerken, dass das Schuldenmachen für die puritanischen Bürgerschichten eine Todsünde war. Und zu den Rechtsregeln gehörte, dass jeder, der seine Rechnungen nicht beglich, sehr rasch ins Gefängnis befördert wurde, wenn die Gläubiger es wollten.

Übrigens eiferte der Sohn seinem Vater nach und wurde nur durch höheren Beistand errettet, wie Therese Huber berichtet hat: »Georg ging … täglich vor einem Bäckerladen vorbei, wo er seinen Hunger oder seine Naschhaftigkeit häufig mit einigen kleinen Pastetchen befriedigte. Da er seine Sparpfennige dabei nicht berechnete …, machte er Schulden und hatte die Kränkung, auf diesem unvermeidlichen Gang von der Bäckersfrau gemahnt zu werden; bald wusste er seiner Not keine Hilfe mehr. Wie er nun wieder einmal … vor dem gescheuten Bäckerladen vorbeigehen sollte, betete er recht dringend um höheren Beistand. Sein Weg führte ihn über einen Feldschluss; indem er hinüber steigt, sieht er etwas im halbtrockenen Kot, im Tapfen eines Pferdehufes liegen, langt danach und findet eine Guinee. Die Ideenverbindung führte ihn darauf, seinen glücklichen Fund für die Wirkung seines Gebets zu halten; er ging schnell seine Schulden bezahlen, aber sein Bedürfnis, auch an anderer Freude sich einen Genuß zu verschaffen, hinderte ihn, den ansehnlichen Überschuss der Guinee zum eigenen Gebrauch aufzubewahren.«[43] Er kaufte seiner Schwester Wilhelmine, die er sehr liebte, einen goldenen Fingerhut.

Auch als akademischer Lehrer machte Johann Reinhold Forster keine gute Figur. Er wütete gegen die Studenten, die seinen Vorstellungen von Intelligenz, Fleiß und Gehorsam nicht entsprachen. »Die ›jungen Affen‹ zahlten es ihm heim, indem sie ihn wegen seines holprigen Englisch verhöhnten – ihn, der sich rühmte, siebzehn Sprachen zu beherrschen! – und seine Schulden bekannt machten.«[44] Das böse Wort von den »preußischen Manieren« des Professors kam in Umlauf. Wahrscheinlich überwarf er sich auch mit Kollegen; sein Eifer, nützliche Verbindungen zu schaffen, wurde stets von dem Talent übertroffen, sich Feinde zu machen. Jedenfalls war das Ende abzusehen. Der Akademiebericht von 1769 verzeichnete zwar Forsters »unbesiegbare Aufmerksamkeit für seine Schüler« und seine Lehrerfolge. Aber das war nur eine Form des Weglobens. Im selben Bericht hieß es, es sei »erwünscht, dass Mr. Forster das Haus so rasch verlasse, wie es ihm möglich sei«. Forster selbst schrieb im Rückblick:

»Nach einem Jahr verließ ich die Lehrerstelle an der Dissenter-Akademie, bekam aber wieder in Warrington die Jugend in der Schule von der Bischöflichen Kirche im Französischen zu unterrichten. Hier war Georg abermals mein Gehilfe. Ein junger Mensch hatte auch gewünscht, in der Befestigungskunst, Artillerie und Taktik einige vorläufige Kenntnisse sich zu verschaffen.« Welch eine Herausforderung für den Zivilisten! »Und da man mich eifrigst bat, diese Arbeit zu übernehmen, so schaffte ich mir einige deutsche, französische und englische Bücher in diesen Wissenschaften an, und erteilte auch diesen Unterricht und zog auch meinen Sohn dazu, um mehr Wetteifer bei dem jungen Engländer zu erregen.«[45]

Zunächst, mit anderen Worten: Der reformierte Prediger lief ohne weiteres zum konfessionellen Feind über. Doch Not kennt kein Gebot. Zweitens möchte man den Nutzen des militärischen Seitensprungs bezweifeln; wahrscheinlich kostete das Anschaffen der Bücher mehr, als der Unterricht einbrachte. Drittens und vor allem: Es wird wieder einmal sichtbar, wie sehr der Vater seinen Sohn brauchte und benutzte. In der Dissenter-Akademie wie in der bischöflichen Schule wurde Georg – oder George, wie er nun natürlich allgemein genannt wurde – als Hilfslehrer eingesetzt, gewiss nicht zu seinem Vergnügen. Denn wie sollte der zarte Junge sich gegen robuste Rüpel behaupten, die mindestens so alt waren wie er?

Damit nicht genug: Johann Reinhold Forster verlegte sich aufs Übersetzen und Herausgeben von Büchern, um seinen Namen bekannt zu machen und sich ein Einkommen zu verschaffen, das seinen Ansprüchen genügte. Das heißt: Die Hauptarbeit des Übersetzens aus dem Deutschen oder Französischen leistete Georg, dessen einziger Lohn darin bestand, an der Stelle des Vaters sein Englisch zu schulen. In kurzer Folge erschienen »Travels Into North America« von Pehr Kalm (1770/71), »Travels Through that Part of North America Formerly Called Louisiana« von Peter Löfling (1771) und »A Voyage to China And the East Indies« von Pehr Osbeck (1771). Kalms Arbeit umfasste drei Bände mit über tausend Seiten, Löflings und Osbecks Werke waren auch nicht viel schmaler. Immerhin fanden diese von Naturforschern geschriebenen Reiseberichte mehr Aufmerksamkeit als ein Abriss der russischen Geschichte. Weitaus am wichtigsten wurde jedoch Bougainvilles »Voyage autour le monde« (1771), als »A Voyage Round the World« sogleich übertragen und 1772 erschienen.

Johann Reinhold Forster war verwegen oder verzweifelt genug, um an den Erfolg seiner Übersetzerfirma und anderer Projekte zu glauben. Schon im November 1770 verließ er das ungeliebte Warrington und kehrte nach London zurück. Denn nicht in einem elenden Provinznest, sondern nur in der Weltstadt war für einen Mann von Welt der angemessene Platz. Georg Forster aber trug auf seinen schmalen Schultern die Hauptlast. Vom frühen Morgen bis in die Nacht hinein saß er blassgesichtig am Schreibtisch, über die Lexika gebeugt, und beschrieb Blatt um Blatt. Gleich nach Bougainville stand die »Reise durch Sizilien und Groß-Griechenland« des Freiherrn Johann Hermann von Riedesel auf seinem Programm; sie erschien 1772/73. Für ein unbeschwertes Jugendleben war da kein Platz. Nur die Gedanken wanderten aus der Enge heraus nach Amerika oder nach China, und die Träume reisten um die Welt – von Bougainville beflügelt.

Eine Erläuterung ist hier nötig. Louis Antoine de Bougainville, 1729 bis 1811, zeichnete sich im kanadischen Krieg gegen die Briten als Adjutant des Generals Montcalm aus. Nach dem Krieg wechselte er zur Marine und begann, auf seine Weise zu träumen. »Unsere unermesslichen Besitzungen in Nordamerika sind verloren«, schrieb er in einem Brief. Aber »alle Reichtümer der Erde gehören Europa, das die Wissenschaften zum Herrscher der anderen Erdteile gemacht haben; gehen wir daran, diese Ernte einzubringen. Der südliche Ozean wird eine unerschöpfliche Möglichkeit für den Export französischer Erzeugnisse bieten, zum Nutzen all der Völker, die dort leben und die, in ihrer Unwissenheit befangen, unbegrenzt aufnehmen können, was das Wissen für uns so selbstverständlich und preiswert gemacht hat. Die Inseln des Südens besitzen zwar alles, was in den nördlichen Breiten zu finden ist, aber darüber hinaus bieten sie tausend Reichtümer, die für sie charakteristisch sind: Kaffee, Zucker, Kakao, Indigo, Koschenille, Ambra, Perlmutt, Perlen, all diese kostbaren Produkte der Natur, aus denen die Künste europäischer Sammler neue Handelswaren gemacht haben. Gewürze, Gold, Silber und Edelsteine sind das Erbteil dieser Himmelsgegenden. Von dort werden wir beziehen, was wir für unseren Luxus und unsere Bedürfnisse sonst so teuer im Ausland kaufen müssen.«[46]

Bougainvilles Begeisterung wirkte ansteckend und bescherte ihm von 1766 bis 1769 die erste Weltumseglung unter französischer Flagge. Nach Samuel Wallis und vor James Cook kam er nach Tahiti. Er betrat die Inselwelt der Südsee nicht nur als künftiger Kolonialherr, sondern auch als Mann der Aufklärung; Cook kam er in dem Sinne noch zuvor, dass er eine wissenschaftliche Expedition unternahm. Einer seiner Begleiter war der Botaniker Philibert Commerson. Und zur Aufklärung im Sinne Voltaires mischte sich zugleich die Begeisterung für das natürliche Leben im Sinne Rousseaus. »Diese Insel schien mir so beschaffen, dass ich ihr schon den Namen Utopia beigelegt, den Thomas Morus seiner idealen Republik gegeben«, schrieb Commerson in einem Brief. »Der Name, den ich ihr bestimmte, kam einem Lande zu, vielleicht dem einzigen auf der Erde, wo Menschen ohne Laster, ohne Vorurteile, ohne Mangel, ohne inneren Zwist leben. Geboren unter dem schönsten Himmelsstrich, genährt von den Früchten eines Landes, das fruchtbar ist, ohne bebaut zu werden, regiert eher von Familienvätern als von Königen, kennen sie keinen anderen Gott als die Liebe: jeder Tag ist ihr geweiht, die ganze Insel ist ihr Tempel, alle Frauen sind ihre Priesterinnen, alle Männer ihre Anbeter.«[47]

Bei Bougainville hieß es: »Ich bin mehrmals in Gesellschaft von ein oder zwei Männern tiefer in das Land hineingegangen; es schien mir der Garten Eden zu sein. Man sah die schönsten Wiesen, mit den herrlichsten Fruchtbäumen besetzt und von kleinen Flüssen durchschnitten, welche allenthalben eine köstliche Frische verbreiteten, ohne die Unannehmlichkeiten, welche sonst die Feuchtigkeit mit sich bringt. Ein recht großes Volk genießt hier die Schätze, welche die Natur ihm in so reichem Maße ausgeteilt. Wir fanden Gruppen von Weibern und Männern im Schatten der Brotbäume sitzen, welche uns freundschaftlich grüßten; die uns begegneten, traten auf die Seite, um uns Platz zu machen. Allenthalben herrschte Gastfreiheit, Ruhe, sanfte Freude, und dem Anschein nach waren die Einwohner sehr glücklich.«[48] Vom Liebesleben der Eingeborenen berichtete der normannische Edelmann erst recht mit der Sinnenfreude eines Kavaliers des Ancien Régime, von dem Talleyrand gesagt hat, dass nicht wisse, was das Leben sei, wer nicht vor 1789 gelebt habe.[49]

Im ganzen gebildeten Europa löste Bougainville eine Südseeschwärmerei aus. Und wie sollte da, in die Armseligkeit seiner Fronarbeit eingeschlossen, ein Halbwüchsiger, ein Junge von 16, 17 Jahren, der als Übersetzer der verborgenen Bedeutung der Worte, des Textes nachspürte, nicht ins Träumen geraten? Ach, diese Frauen im Paradiesgarten von Tahiti …

Terra Australis Incognita

Nach Bougainville Cook – oder mehr noch Sir Joseph Banks: Die »Endeavour« kehrte genau im richtigen Augenblick nach England zurück, um die schon entfachte Südseebegeisterung noch weiter auflodern zu lassen, samt dem Stolz auf eine original britische Leistung. Doch wenn Cook seinen Bericht der Admiralität vorlegte, streng vertraulich und durchweg so nüchtern, wie es sich für einen Marineoffizier gehört, dann stellte Banks sein Licht nicht unter den Scheffel, sondern war wie geschaffen für eine wissbegierige Öffentlichkeit, der Mann der vornehmen Gesellschaft und sozusagen ihr Liebling der Saison. Er »hatte es nicht nötig, Löwen oder Tiger oder einen Tupia mitzubringen; er war selbst der Löwe«.[50] Man riss sich darum, ihn zu Gast zu laden und anzusehen, was er mitgebracht hatte, der König empfing ihn, die Universität Oxford erhob ihn zum Ehrendoktor, der große Linnaeus sprach vom »unsterblichen« Banks und schlug vor, das australische Neusüdwales in »Banksia« umzubenennen, samt einem Denkmalsbau, der dauerhafter sein sollte als die ägyptischen Pyramiden. Cook indessen wurde gerade einmal vom kommandierenden Leutnant zum Commander befördert, dem nächst höheren Rang, noch nicht zum Kapitän.

Bald gewöhnten sich die Zeitungen daran, kurzweg von »Banks' Reise« zu sprechen. Zwar vermutete das Klatschmagazin »Town and Country«, die Forschungen des jungen Herrn seien etwas einseitig geraten: »Da die Natur sein ständiges Studium war, kann kaum angenommen werden, dass ihr reizendster Teil, das schöne Geschlecht, seiner Aufmerksamkeit entgangen ist. Wenn wir aus seinen höchst amourösen Schilderungen einen Schluss ziehen dürfen, dann den, dass er die Frauen der meisten von ihm besuchten Länder auf jede Weise genau geprüft hat.« Damit, wo wurde andeutend hinzugefügt, hänge es womöglich zusammen, dass er von der Dame, mit der er sich vor seiner Reise verlobt habe, nun nichts mehr wissen wolle. Doch nicht einmal dies schadete; das Liebesleben auf Tahiti gehörte ja zum Kern der Dinge, von denen man hören, an denen man wenigstens im Traum teilnehmen wollte.

Ein weiterer Traum mischte sich fast von Anfang an in die Berichterstattung ein: *Terra australis incognita,* der unentdeckte Südkontinent. Er hatte eine lange Geschichte; schon bei dem antiken Geographen Pomponius Mela und dem berühmten Astronomen Claudius Ptolemäus spielte er eine Rolle. Zu den theoretischen Überlegungen oder Spekulationen gehörte, dass die nördlichen Landmassen eine Entsprechung bräuchten, um die Erde im Gleichgewicht zu halten. Als man entdeckte, dass die Erde sich um die Sonne bewegte und dabei um ihre Achse rotiert, hätte man sich davon freilich verabschieden können; jeder Kinderkreisel macht anschaulich, dass das Gleichgewicht gewahrt wird, solange es nur eine genügend schnelle Drehung gibt. Aber wer möchte sich schon von seinen liebgewordenen Vorstellungen trennen? Die Hoffnung auf das Schatzland, in dem man Gold, Silber und Edelsteine im Überfluss findet, kam hinzu; davon hatte, allerdings nur vom Hörensagen, schon Marco Polo berichtet. Und wie sahen die Menschen aus, die im Südland lebten? Falls es zutraf, dass die Rassen und ihre Färbungen um so dunkler (und ihre Kulturen um so primitiver) gerieten, je näher sie der Äquatorsonne waren: Würden dann die Europäer in den gemäßigten Breiten des Südens womöglich ihren Ebenbildern begegnen, vielleicht einer Abart von edlen Griechen und stolzen Römern? Welch eine Aussicht, sozusagen Homer und Horaz, Sokrates und Aristoteles, Cäsar oder Augustus die Hand zu reichen!

Im Zeitalter der Entdeckungen meinten verschiedene Kapitäne, das verheißende Land schon aus der Ferne gesehen zu haben, zuletzt Samuel Wallis. Die Annahme Abel Tasmans, die Westküste Neuseelands könnte der Anfang des Kontinents sein, war zwar durch Cooks Umrundung und Vermessung der Doppelinsel zerstört worden, zur bitteren Enttäuschung nicht nur von Joseph Banks. Aber noch boten die unerforschten Weiten des Atlantischen, Indischen und Pazifischen Ozeans ja Raum für Hoffnungen. Kurzum, kaum war James Cook zurückgekehrt, keimten schon Pläne, ihm eine neue Expedition anzuvertrauen, um so oder so Klarheit zu schaffen.

Ein Träumer der besonderen Art war Alexander Dalrymple. Nachdem er als Reiseleiter von der Admiralität schnöde übergangen worden war, begann er damit, eine Serie von Büchern über Entdeckungsreisen zu schreiben, unter besonderer Berücksichtigung des Südpazifik und Südatlantik.[51] Dabei konnte man bei ihm schon auf Landkarten sehen, was dem Stümper Cook entgangen war. Zwischendurch plante der selbsternannte Experte für Ostindien, eine Kolonialgründung auf Borneo und lud Johann Reinhold Forster dazu ein, ihn als Naturforscher zu begleiten; dies war einer der Gründe für dessen eilige Rückkehr von Warrington nach London gewesen. Doch die Pläne zerschlugen sich, weil am Ende weder die East India Company noch die Admiralität Dalrymple genug zutrauten, um auf ihn zu setzen. Mit um so mehr Eifersucht verfolgte er Cooks Unternehmungen, und ungewollt hat er sogar dazu beigetragen, sie zu fördern.[52] Denn die unentdeckte *Terra australis* sollte nun endlich entdeckt oder ins Reich der Mythen verbannt werden.

Für Cook blieb wenig Zeit, sich seiner Familie zu widmen. In die Berichte und Auswertungen der letzten großen Fahrt mischten sich bereits die Vorbereitungen der neuen. Immerhin gab es an der Jahreswende 1771/72 drei Wochen für eine private Weihnachts- und Neujahrsreise nach Yorkshire, bestimmt von Wiedersehensfreude, wehmütigen Erinnerungen und den Triumphen des Aufsteigers. Elizabeth Cook begleitete ihren Mann, obwohl sie wieder schwanger war. Sie wollte ihren Schwiegervater kennen lernen, bevor er starb. (Er war damals 76 Jahre alt und dazu bestimmt, seinen Sohn zu überleben.)

Cook machte auch einen Abstecher nach Whitby. Dort bekam der Werftbesitzer Thomas Fishburn zu hören, wie gut die von ihm erbaute »Endeavour« sich bewährt hatte[53] – und dass darum wieder zwei seiner Schiffe für die nächste Expedition auserwählt seien. Noch schöner ging es beim Reeder John Walker zu. Der alten Haushälterin Mary Prowd, die einst dem Schiffsjungen zu Stuhl, Tisch und Kerzenlicht für seine Bücherstudien verholfen hatte, war eingeschärft worden, dass sie den Herrn Marineoffizier mit gebührendem Respekt zu begrüßen habe. Gottlob vergaß sie das und schloss ihn mit dem Ruf in die Arme: »Mein süßer James!«

Zwei Schiffe: Sie würden, so hoffte man, das Risiko mindern. Wenn eines auf ein Riff lief, wie die »Endeavour« vor Australien, und wenn es sank, dann konnte das andere die Besatzung retten. Die Admiralität kaufte also die Whitbyschiffe »Marquis of Grandby« und »Marquis of Rockingham«, erbaut von der Firma Fishburn, im Alter von 14 und 18 Monaten, beinahe neuwertig, taufte sie zu »Drake« und »Raleigh« um und brachte sie zur Ausstattung für die Weltreise in die Werft. Die »Raleigh« entsprach mit 340 Tonnen knapp der »Endeavour«; die »Drake«, das für Cook bestimmte Flaggschiff, war mit 462 Tonnen um mehr als 100 Tonnen größer. Ihre Länge betrug 111 Fuß oder 33,83 Meter. Etwas später besann man sich auf diplomatische Rücksichten. Denn vielleicht würde Cook spanischen Kriegsschiffen begegnen oder einen spanischen Hafen in Südamerika anlaufen müssen, und da würden Drake und Raleigh wenig willkommen sein. Denn in spanischen Augen handelte es sich nicht um Seehelden, sondern um fluchwürdige Seeräuber. Ihre Namen weckten bittere Erinnerungen, und darum verschwanden sie hinter dem, was sie ohnehin meinten: hinter »Entschlossenheit« und »Abenteuer«, englisch »Resolution« und »Adventure«.

Nun erst recht war die Bühne bereitet für einen großen Auftritt von Sir Joseph Banks. Im Grunde war es nur eine Formsache, ihn zu fragen, ob er mitreisen wolle. Ja, selbstverständlich. Und nicht bloß das: Dies sollte nun wirklich *seine* Reise werden, weit mehr noch als die vorangegangene; *er* würde in die Geschichte eingehen als der eigentliche Entdecker und der wahre Erforscher des Südlandes. Cook, bei allem Respekt vor seinen seemännischen und kartographischen Leistungen, würde eher ein Gehilfe bleiben, schon darum in den zweiten Rang verwiesen, weil er an die Existenz des wundersamen Kontinents nicht glaubte; der Träumer Dalrymple ließ grüßen. Womöglich würde man sogar den Südpol erreichen, ein Traum erst recht: »Welch ein glorreicher Augenblick, meine Füße auf den Pol zu setzen und mich in einer Sekunde um 360 Grad zu drehen!«[54]

Bei alledem war Barks entschlossen, sich den Unbequemlichkeiten der »Endeavour« nicht noch einmal auszuliefern. Die »Resolution« musste umgebaut werden, um den angemessenen Raum zu bieten. Außerdem konnte bei dieser Gelegenheit eine Gefolgschaft von vier Gentlemen, vier Dienern und zwei Hunden unmöglich genügen. Die Zahl verdoppelte sich fast auf 15 Personen, zwei Hornbläser eingeschlossen, die man zur eigenen Unterhaltung unbedingt brauchte – und darüber hinaus natürlich: um den im Südland entdeckten Menschen und Majestäten zu imponieren. Entsprechend wuchs das Gepäck, das mitgeführt werden sollte.

Banks bestürmte seinen Freund, den Earl of Sandwich, der glücklich genug soeben wieder zum Ersten Lord der Admiralität ernannt worden war. Er erpresste ihn nicht geradezu, ließ aber durchblicken, wie kritisch die Öffentlichkeit und der König es aufnehmen würden, wenn jemand anders als ihr Liebling die Reise antrat und den Ruhm erntete. Andererseits gehörte zu Banks' Charme seine Großzügigkeit: Er würde alles bezahlen und die Admiralität keinen Pfennig kosten. Trotz der Bedenken der Fachleute stimmte darum Sandwich dem Umbau der »Resolution« zu. In einer Londoner Werft wuchsen ihre Bordwände in die Höhe, ein zusätzliches Oberdeck entstand, und darauf wiederum wurde achtern eine neue Kapitänskajüte aufgesetzt, weil das bisherige Quartier und die große Heckkabine für Banks und seine Gesellschaft reserviert sein sollten. Cook registrierte mit einigem Sarkasmus, dass manchmal die Zimmerleute kaum arbeiten konnten, weil die »Resolution« zum Ausflugsziel der feinen Gesellschaft wurde. »Kaum ein Tag verging, an dem das Schiff nicht von Fremden, Damen wie Herren, bevölkert war, die zu dem einzigen Zweck sich einfanden, das Schiff zu sehen, auf dem Mr. Banks um die Welt reisen würde.«[55]

Das bittere Erwachen aus allen Träumen folgte auf dem Fuße. Nach dem Ausdocken brach der verantwortliche Lotse die Probefahrt ab, weil die »Resolution« kopflastig war und zu kentern drohte. Von Charles Clerke, dem Mastermaat auf der »Endeavour«, bekam Banks zu hören: »Bei Gott, wenn nötig werde ich mit einem Rumfass in See stechen – oder mit der ›Resolution‹, falls Sie das wollen. Aber ich muss Ihnen sagen: Es ist das unsicherste Schiff, das mir jemals begegnet ist.«[56] Jetzt handelte die Admiralität schnell und entschlossen, denn viel zu viel Zeit war schon unnütz verstrichen: Die »Resolution« wurde wieder in die Werft beordert und in ihren ursprünglichen und seetüchtigen Zustand zurückversetzt. Augenzeugen berichten, dass Banks, als er sah, was »seinem« Schiff angetan wurde, sich »wie ein Verrückter« aufführte und dann in kalter Wut den Dienern befahl, alles bereits verstaute Gepäck von Bord zu holen.

Es folgten ein höchst törichter Brief an Sandwich und dessen schroff ablehnende Antwort; der Earl mochte ein Lebemann sein, der den Maßstäben bürgerlicher Moral schwerlich genügte, aber seine Verantwortung für die Marine nahm er ernst und hörte auf Fachleute wie Hugh Palliser.[57] So brachte Joseph Banks als allzu verwöhnter junger Mann sich selbst aus dem Spiel. Er unternahm dann eine Ersatzreise in das längst bekannte, wenn auch botanisch noch wenig erforschte Island, die kaum jemanden interessierte. Zu seinen Gunsten ist zu sagen, dass seine guten Manieren, seine Lebensfreude und Lebensklugheit bald wieder die Oberhand gewannen. Zu seinen Charakterfehlern gehörte nicht, sich in nachtragendem Groll zu verbohren; er söhnte sich mit Sandwich aus, ebenso mit Cook, als der von seiner zweiten Weltreise zurückkehrte und dann – statt Banks – allen Ruhm erntete.

Indessen musste jetzt sehr rasch ein Ersatz gefunden werden, weil die Entdeckungsreise nicht ohne Naturforscher stattfinden sollte. Wer Forster ins Gespräch brachte, ist nicht genau zu ermitteln. Forster selbst nennt Daines Barrington, den Vizepräsidenten der Royal Society und der Society of Antiquaries, dem er einen gewiss kaum bedeutenden Aufsatz über die Karpfenzucht im polnischen Preußen gewidmet hatte. Barrington, so schrieb er in einem Brief, »hat in dieser Angelegenheit mehr getan, als ein Vater hätte tun können«.[58] Auch Banks gab wohl seine Zustimmung, vielleicht mit einem Anflug von Zynismus nach dem Motto: An diesem deutschen Pedanten werdet ihr schon sehen, was ihr an mir verloren habt. Immerhin war die Wahl nicht ganz abwegig: Forster war Mitglied der Royal Society, durch seine russische Reise sowie eine Reihe von Veröffentlichungen als Naturforscher und besonders als Botaniker ausgewiesen. Jedenfalls fiel die Wahl auf ihn, und da niemand Einwände erhob, als er seinen Sohn Georg als Gehilfen mitnehmen wollte, wurde man schnell einig. In seinem Brief vom 23. Juni 1772 an den geistesverwandten Thomas Pennant schrieb Forster:

»Donnerstag vor einer Woche geruhte Seine Majestät, mich zum Naturforscher bei der Südsee-Expedition zu ernennen: Ich bin seither mit meiner Ausstattung und der meines Sohnes in ununterbrochener Eile gewesen, und bin, Gott sei Dank! damit nun fertig und muss morgen oder übermorgen nach Plymouth an Bord auf die Resolution Cpt. Cooks. Ich weiß um Ihre Freundschaft und hoffe deshalb, dass Sie an dieser seltsamen, großartigen und vollständigen Veränderung meiner Angelegenheiten Anteil nehmen. Ich bekomme 4000 Pfund für die Expedition, aber 1500 gehen für die Ausstattung weg, die aufgrund der Eile sehr teuer ist. Ich werde für die Naturwissenschaften tun, was in meinen Kräften steht, ich werde mir große Mühe geben, da ich große Widersacher habe, und die Erwartungen meiner Gönner und Freunde sind ebenso groß. Ich schreibe Ihnen vom Kap und davor noch von Madeira aus; und teile Ihnen alle neuen Entdeckungen mit, muss mir aber ausbitten, nichts davon zu veröffentlichen, bevor ich es getan habe, das muss ein Teil meiner Belohnung sein, falls ich zurückkehre, dass ich meine Entdeckungen zu Gunsten meiner Familie veröffentliche, und wenn der Reiz der Neuheit durch eine vorherige Veröffentlichung wegfällt, muss eine Arbeit das natürlich büßen. Ich bin, wie Sie wissen, nicht so eifersüchtig, wie gewisse Leute waren; aber mein Fall liegt anders, ich reise eben erst ab, und jene sind schon zurück und können selbst veröffentlichen, mich aber hindert meine Teilnahme an der Expedition am Publizieren: Ich werde Ihnen jeden Gefallen tun, aber bitte tun Sie mir auch einen und bewahren Sie meine Bemerkungen zu Gunsten meiner Familie auf, denn ein Vermögen, wie es ein gewisser falscher Freund hatte, worauf ich mich stützen könnte, besitze ich nicht.«[59]

Mit dem »falschen Freund« wird offenbar auf Banks angespielt; wer sonst die großen Widersacher gewesen sein sollen, steht in den Sternen oder stammt aus einem Abgrund von Verfolgungswahn. Im Übrigen bedeuteten die viertausend Pfund für damalige Verhältnisse eine sehr große Summe; dafür hätte der Pfarrer in Nassenhuben oder der Lehrer in Warrington ein langes Leben hindurch arbeiten müssen, ohne Aussicht, sie jemals zu erreichen. Es muss ein Kunststück gewesen sein, mehr als ein Drittel schon für die Reisevorbereitungen auszugeben, und es ist kaum vorstellbar, dass das überhaupt gelang, sofern zu diesen Vorbereitungen nicht das Abzahlen aufgelaufener Schulden als ein Hauptposten gehörte.

Das hohe Honorar kam ohnehin nur dadurch zustande, dass es, vom Parlament für die wissenschaftliche Reisebegleitung bewilligt, im Etat vorhanden war und verwendet sein wollte. (Noch heute gehört es zu den Merkmalen öffentlicher Haushaltsführung, dass man kurz vor dem Jahresende Überschüsse entdeckt, die dann schleunigst und oft wenig sinnvoll ausgegeben werden, um sie nicht verfallen zu lassen.) Zum Vergleich: Der mitreisende Astronom William Wales erhielt vierhundert Pfund pro Jahr, umgerechnet kaum ein Drittel des Forster bewilligten Honorars. Selbst das war noch großzügig; dem in Kapstadt zur Unterstützung angeworbenen schwedischen Botaniker Dr. Anders Sparrman bot Forster fünfzig Pfund. Oder wieder im Vergleich, der noch drastischer ausfällt: Nach der Rückkehr von der Reise fand sich für den inzwischen weltberühmten und zum Kapitän beförderten Cook ein Ehren- und Pensionärsposten beim Marinehospital in Greenwich, der neben freier Wohnung und Verpflegung mit jährlich 230 Pfund dotiert war. Im Übrigen zeigt Forsters Brief, wie sehr er bereits an die künftige Verwertung der Reise dachte. Die plötzliche, großartige und vollständige Veränderung der Umstände sollte als Sprungbrett für künftigen Ruhm und Reichtum dienen.

Es ist interessant zu sehen, wie sich im Lauf der Zeit die Perspektiven verschoben. In der Einleitung zu seiner »Reise um die Welt« schrieb Georg Forster: »Die Herren Banks und Solander, Kapitän Cooks Gefährten auf seiner ersten Reise, hatten sich vorgenommen, zum zweiten Mal mit ihm zu gehen. Herr Banks hatte sich zu dem Ende in große Kosten gesetzt.« Er »verlangte nur noch einige Änderungen in dem Schiff, um etwas mehr Bequemlichkeit auf der Reise zu haben. Allein der Minister vom Seewesen hatte keine Achtung für diese Forderungen, die er doch einem so uneigennützigen Eiferer für die Wissenschaften wohl hätte zugestehen sollen. Nachdem Herr Banks lange genug vergebens auf günstigeren Bescheid gewartet hatte, so erklärte er endlich, zehn Tage vor dem zur Abreise angesetzten Termin, dass er mit seiner ganzen Gesellschaft die Reise nicht antreten wolle. Darüber ward der Minister aufgebracht; er wollte sich rächen und Herrn Banks fühlen lassen, dass die Wissenschaft auch ohne ihn erweitert werden könne. Von der Summe, die das Parlament zum Besten dieser Reise ausgesetzt hatte, waren gerade noch 4000 Pfund Sterling übrig. Nichts konnte für die Leidenschaft des Ministers erwünschter sein. Man forderte meinen Vater auf, als Naturforscher mit Kapitän Cook zu gehn, hütete sich aber sorgfältig, ihn etwas von der Schikane merken zu lassen, die diesen Ruf veranlasst hatten … Man tat noch obendrein glatte Versprechungen, und wir traten die Reise an, in der Hoffnung, den Verlust wenigstens einigermaßen zu ersetzen, der durch Herrn Banks Weigerung für die Wissenschaft zu befürchten stand. Die Rachsucht eines einzigen Mannes konnte also in diesem Fall ihren Nutzen haben.«[60]

Kein Wort von der Kentergefahr, in die Banks die »Resolution« gebracht hatte! Aber inzwischen – 1777 – hatte sich der Vater Forster mit dem Earl of Sandwich überworfen; daher wird er als ein böswilliger Mann gezeichnet. Banks dagegen, das Opfer seiner angeblichen Rachsucht, erschien in neuem Licht als der Gönner, von dem man sich Förderung und finanzielle Hilfe versprach.

Doch zurück in den Sommer 1772. Es blieb jetzt nur noch, die Familie dem Pfarrer Woide anzuvertrauen und sie in eine andere Wohnung umziehen zu lassen, die armseliger und preiswerter war als die bisher beanspruchte. Wie schon einmal in Nassenhuben, mochten Frau und Kinder zusehen, wie sie durchkamen, Gott und dem Amtsbruder befohlen.

Die Reise ans Ende der Welt

Vorbemerkung

Grundlage der folgenden Erzählung sind die Berichte von James Cook und Georg Forster. Hinzu kommen die Beiträge anderer Reiseteilnehmer – zum Beispiel die kritischen Kommentare des Astronomen William Wales zu Forsters Buch –, Biographien und die sonstigen Arbeiten.[1]

Unter den großen Entdeckern findet man niemanden, dem so gründliche Studien gewidmet worden sind wie Cook; hierfür bürgt das anhaltende, in der neueren Zeit sogar noch gewachsene Interesse der englischsprachigen Welt, nicht nur in Großbritannien, sondern auch in den Vereinigten Staaten, Australien und Neuseeland. Doch wie schon im Vorwort gesagt wurde, fehlt fast völlig die Innenansicht; niemand, weder die Beteiligten noch die Biographen, führt uns außer in dürftigen Andeutungen an die Gedanken und Gefühle von Menschen höchst unterschiedlicher Prägung heran, die über Jahre auf engem Raum unter schwierigen Bedingungen, in Abenteuern, Gefahren und Langeweile miteinander auskommen mussten. Bei Georg Forster sieht es nicht besser, eher noch schlechter aus. Die deutschen Arbeiten über ihn konzentrieren sich auf den Literaten und den Revolutionär; für den jungen Weltreisenden interessieren sie sich allenfalls am Rande.

Hier hilft wirklich nur die einfühlende Rekonstruktion, eine Entdeckungsreise der besonderen Art – mit allen Risiken, fehlerhaft zu navigieren, auf Riffe zu laufen oder ins Packeis zu geraten.

Die Fiktion besteht in der eigentlich naheliegenden Annahme, dass Cook und Forster neben ihren für die Öffentlichkeit bestimmten Aufzeichnungen noch private Tagebücher geführt haben, in denen sie Persönliches festhielten.

Um nicht mehr Ballast mitzuführen als nötig, wird Vorgebenes und Erfundenes nicht getrennt; beides fließt ineinander. Wer will, kann anhand der Datumsangaben und dann an den Büchern von Cook und Forster überprüfen, worum es sich jeweils handelt.

Was von Cook stammt oder ihm zugeschrieben wird, ist *kursiv* gekennzeichnet und dadurch von Forsters Darstellung unterschieden.

Der Aufbruch

26. Juni 1772
Das große Abenteuer unserer Weltreise hat begonnen: Mein Vater und ich verlassen London und fahren mit der Postkutsche nach Plymouth, mit leichtem Gepäck, denn der Hauptteil ist schon auf die »Resolution« gebracht worden. Um so schwerer ist mir ums Herz. Denn der Anfang heißt Abschied. Es gab noch viele Tränen; meine Mutter und meine Geschwister wollten mich gar nicht loslassen. Und ich sie nicht. Werden wir uns jemals wiedersehen? Und wie soll es ihnen ergehen? Bleibt genug Geld, damit sie nicht in Not geraten? Wird Herr Woide sich um sie kümmern, wie er es versprochen hat? So viele Fragen und keine Antwort!

28. Juni
Ankunft in Plymouth. Aber unser Schiff ist noch nicht da, aufgehalten wahrscheinlich von widrigem Wind, und wir bleiben in einen Gasthof gebannt, obwohl jetzt die Ungeduld an uns zerrt. Vielleicht handelt es sich um ein Vorzeichen der Ungewissheiten, die uns bevorstehen. So wenig bequem Kutschwagen sonst sein mögen: Auf dem Lande weiß man doch halbwegs zuverlässig, wann man sein Ziel erreichen wird.

1. Juli
Gestern empfing uns Graf Sandwich an Bord der Admiralitätsyacht »Augusta«. Auch er wollte die »Resolution« sehen und ver-

abschieden. Ich war sehr aufgeregt, denn noch nie bin ich einem so bedeutenden Herrn vorgestellt worden, und verbeugte mich tief. Habe ich etwas falsch gemacht? Der Graf lächelte und sagte zu meinem Vater: »Sehr deutsch, nicht wahr?« Heute reiste Milord ab, weil seine Zeit kostbar ist und er nicht länger warten konnte.

3. Juli

In der Nacht ist die »Resolution« eingetroffen. Sie lag am Pier, als wir aufwachten, und noch vor dem Frühstück eilten wir hin, um uns mit ihr und Kapitän Cook bekannt zu machen. Es herrschte, so schien es, ein vollkommenes Durcheinander. Kisten und Tauwerk lagen herum, Fässer wurden herbeigerollt, Kohlensäcke an Bord getragen. Überall Gedränge, Rufe, Flüche. Aber es war nicht schwer, den Mann zu entdecken, dem wir uns anvertrauen. In seiner leuchtenden Uniform, den Dreispitz auf dem Kopf, sehr groß und sehr schlank, stand er auf dem Achterdeck. Ein scharfgeschnittenes Gesicht, durchdringender Blick; unwillkürlich musste ich an einen Adler oder Habicht denken. Fester, beinahe schmerzhafter Händedruck, ein knappes Lächeln. »Guten Morgen, meine Herren, ich hoffe, dass wir gut miteinander auskommen werden … Mr. Gilbert!« Und schon wandte Cook seine Aufmerksamkeit in eine andere Richtung, in der es darum ging, Anweisungen zu erteilen.

Nachher murrte mein Vater, weil wir so kurz abgefertigt wurden. Aber wir standen wirklich nur im Weg. Und mir knurrte der Magen in der Hoffnung aufs Frühstück.

Sonnabend, 11. Juli

Wir schiffen uns ein. Die Kabinen liegen unter dem erhöhten Achterdeck, vor der großen Kapitänskajüte. Erst das Arbeitszimmer und der Schlafraum des Kapitäns mit einer besonderen Vorratskammer. Es folgen der Astronom und der Zeichner oder Landschaftsmaler; schließlich sind wir an der Reihe. Auf der anderen Seite in ihrer Rangordnung die Offiziere, der Master Gilbert, der Schiffsarzt und sein medizinisches Kabinett. Die Qualität der

Räume, so scheint es, nimmt entsprechend ab: je weiter von der großen Kajüte entfernt, desto dürftiger. Und was heißt Kabinen? Es handelt sich um wenig mehr als Bretterverschläge, kaum zwei mal zwei Meter im Quadrat. Sie bieten nur Platz für einen schmalen Bettkasten, Tisch und Stuhl, etwas Staufläche. Zwar gibt es ein Außenfenster, davor eine Holzluke. Aber bei rauer See muss sie geschlossen werden, und dann herrscht die Finsternis. In der »Lobby«, dem Zwischenplatz vor der großen Kajüte, die Kabinen im Blick, hält stets ein Marinesoldat Wache. Niemand kann also ungesehen aus- und eingehen, und das mag uns immerhin vor Diebstählen schützen.

Mein Vater schimpft und sagt: »Jetzt weiß ich, warum Banks unter solchen Bedingungen nicht mitreisen wollte.« Und: »Wäre die ›Resolution‹ doch nur rechtzeitig eingetroffen, hätten wir sie zusammen mit Sandwich besichtigt! Eine Beschwerde bei ihm hätte bestimmt geholfen, und Verbesserungen wären noch möglich gewesen.« Aber jetzt ist es dafür zu spät.

12. Juli
Den ganzen Tag über wehte ein ungünstiger Wind, und wir konnten nicht auslaufen. Mein Vater ging zufällig auf dem Deck spazieren, und auf einmal bemerkte er nicht nur, dass sich die Lage unseres Schiffs gegen andere Schiffe geändert hatte, sondern er glaubte auch zu sehen, dass wir auf die Klippen zutrieben. Er sagte das dem »Lotsen« oder »Master«, Herrn Gilbert, und der stellte fest, dass die Ankerkette der Boje gebrochen war, die uns halten sollte. Alarm wurde geschlagen, alle Matrosen waren in emsiger Bewegung. Segel wurden gesetzt, die Anker in Bereitschaft gehalten. Mit einem raschen Manöver entgingen wir der Gefahr, auf die Felsen zu geraten und unsere Reise zu beenden, noch bevor sie begonnen hatte.

12. Juli
Ich fürchte beinahe, dass dieser Mr. Forster ein Wichtigtuer ist. Er stolziert herum und erzählt jedem, der es hören oder nicht hören will, wie er die »Resolution« vor dem Untergang gerettet hat.

12. Juli, Fortsetzung
Am Abend lud uns der Kapitän in die große Kabine, zum Kennenlernen, wie er sagte. Es gab ein vorzügliches Essen, wie ich es selten gekostet habe, dazu Wein, so viel man nur wollte. Jeder sollte sich vorstellen.

Cook fasste sich kurz: »Meine Herren, von mir haben Sie wahrscheinlich schon mehr als genug gehört, und ich will Sie nicht langweilen. – Mr. Wales?«

William Wales, der Astronom, mittelgroß und mit dem Gesicht einer Eule, die nach der unvorsichtig raschelnden Maus Ausschau hält, dürfte knapp vierzig Jahre alt sein. Er hat den Durchgang der Venus durch die Sonne in Kanada beobachtet, wie sein verstorbener Schwager Charles Green auf Tahiti. Aber jetzt redet er hauptsächlich von Uhren oder Chronometern – und davon, wie wichtig sie sind, um unsere Position, das heißt den Längengrad, zu bestimmen.

»Ja«, sagt der Kapitän, »viele unserer Vorgänger haben Inseln gefunden und gleich wieder verloren, weil sie sich im Längengrad verschätzten. Man kann ihn auch aus der Mondbeobachtung berechnen, aber das ist sehr umständlich, und der Mond scheint nicht immer.«

»Aber mit Uhren ist es ganz einfach«, ereifert sich Mr. Wales. »Wenn sie auf die Zeit von Greenwich eingestellt sind, kann man am Stand der Sonne ablesen, wo wir uns befinden.«

»Vorausgesetzt, dass diese Dinger uns keinen Streich spielen und bei Hitze und Kälte und Seegang immer genau gehen.«

Wir erfahren, dass es ein eigenes »Amt für Längenbestimmung« gibt, und dass die Regierung schon vor Jahrzehnten einen Preis für solche Wunderwerke ausgesetzt hat. Der Uhrmacher John Harrison, so heißt es, hat das Problem endlich gelöst. Jedenfalls haben wir mehrere Chronometer an Bord, die auf seinen Entwürfen beruhen, sorgfältig in festgeschraubten und gepolsterten Holzkisten verpackt. Das eine wurde von Larcum Kendall erbaut, und Wales nennt es einschmeichelnd »Miss Kendall«. Die anderen stammen von einem gewissen John Arnold und sind offenbar weniger hoch einzuschätzen. Doch alle miteinander wurden hier in Plymouth feierlich in Gang gesetzt. Wenn man Mr. Wales glauben darf, ist es ein Hauptzweck unserer Reise, ihre Zuverlässigkeit zu erproben.

Während der Astronom spricht, schaut er unentwegt umher, um zu sehen, ob wir auch zuhören. Ich habe den Eindruck, dass er die Menschen ebenso scharf beobachtet wie die Sterne oder seine Uhren und dass man sich vor ihm in Acht nehmen muss.

»Und was steht in den Sternen? Haben Sie unser Reisehoroskop schon gestellt?«, fragt James Patten, der Schiffsarzt. Als die Antwort ausbleibt, fügt er hinzu: »Nun denn, meine Herren, für Ihre Unglücksfälle werde ich zuständig sein.« Er nimmt das Bratenmesser in die Hand und demonstriert mit einer Schneidebewegung über seinem linken Arm, was er meint. »Also nehmen Sie sich in Acht und belassen es besser bei harmlosen Krankheiten. Ich habe lieber wenig als viel zu tun und bin als Chirurg noch sehr unerfahren.«

Der erste Offizier heißt Robert Palliser Cooper, hält sich sehr straff und zeigt ein in langer Übung antrainiertes Vorgesetztengesicht. Der zweite, Charles Clerke, wirkt eher entspannt; er sieht klug und vertrauenerweckend aus. Der dritte, Richard Pickersgill, ist etwas rundlich geraten, und seine leuchtende Nase verrät, dass er gerne trinkt. Doch alle drei folgen jetzt dem Beispiel ihres Kapitäns und sagen sehr wenig; offenbar ist es bei der Marine nicht üblich, viele Worte zu machen.

William Hodges, der Zeichner und Maler, wird rot und gerät ins Stottern. Er bringt nur hervor, dass er sich nicht mit Worten ausdrücken kann, sondern einzig mit seinen Händen. Als Mr. Wales ihn dann auffordert, eine Probe zu liefern und den Kapitän zu zeichnen, wird er erst recht verlegen. Er sei für Landschaften engagiert und nicht für Figuren. Dieser Hodges gefällt mir; er ist kein Fachmann für Segelmanöver, Längengrade oder Amputationen, sondern ein Künstler, dabei auch noch jung und beinahe so unsicher, wie ich mich fühle.

Mein Vater erzählt von unserer russischen Reise, leider etwas umständlich. Irgendwann fragt mich dann Cook, ob ich noch etwas von dieser Reise in Erinnerung habe.

»Ja Sir, das große Feuer ... Es war im Spätsommer und sehr trocken. Auf einmal brannte die ganze Steppe – ringsumher Flammen und Rauch. Ich hatte schreckliche Angst, denn ich dachte: Wenn jetzt der Wind umschlägt, werden wir auch zu Feuer. Und zu Asche.«

Alle lachen, aber der Kapitän kommt mir zur Hilfe: »Sehr gut, Mr. Forster. Immer auf den Wind achten, das wird von jetzt an erst recht wichtig sein. Und besser ein Dutzend Mal davonlaufen, als einmal aufs Riff treiben!« Es folgen Verhaltensregeln: »Meine Herren, wie Mr. Forster sehr richtig bemerkte, ist Feuer gefährlich – und besonders für Schiffe. Hüten Sie also ihre Lichter und Lampen. Gehen Sie niemals ins Bett, ohne sie zu löschen! Im Übrigen, meine Herren: Wir sind hier sehr eng beisammen – ohne die Gentlemen gerechnet 112 Offiziere und Mannschaften, und darum ist es wichtig, auf den Abstand zu achten. Die Matrosen sind raue Burschen; 58 desertierten schon vorweg und mussten ersetzt werden, 29 haben wir ausgetauscht, weil sie nichts taugten, doch wer weiß, ob die anderen besser sind. Wir werden es ausprobieren, doch das ist unsere und nicht ihre Sache.«

Montag, 13. Juli 1772

Beim Sonnenaufgang verließen wir Plymouth und segelten ins Meer hinaus, Kurs Südwest, der Biskaya entgegen. Ich schaute aufs gute alte England zurück, ich dachte an die Geschwister und weinte. Auf einmal fühlte ich eine Hand auf meiner Schulter. Es war der Kapitän. Ich weiß nicht mehr, was er mir sagte und was ich antwortete, nur, dass er mich George nannte. Aber es war gut, diese Hand zu spüren. So, denke ich, sollte ein Vater sein.

13. Juli

Der junge Forster sah mich mit seinen großen Augen an, wie gestern den ganzen Abend schon. »Wie alt bist du?« fragte ich ihn. – »Siebzehn, Sir.« – »Das ist doch gut, die Welt liegt vor dir.« Tapfer schluckte er seine Tränen hinunter. Ich glaube, er hat es mit seinem Vater nicht leicht. Womöglich sollte ich mich um ihn kümmern. Er wirkt so zart und sensibel.

18. Juli
Im Maße, in dem wir uns vom Land entfernten, wurde der Wind heftiger, die Wellen wuchsen, das Schiff nickte immerfort, stampfte bergauf und bergab und legte sich von einer Seite zur anderen.

Die Seekrankheit ergriff erst meinen Vater, dann mich, immer mehr Leute, sogar Fähnriche und Matrosen. Es ist nur eine Frage der Gewöhnung, behauptete der Schiffsarzt und verabreichte gewärmten Rotwein mit Zucker und Gewürzen. Aber was für ein elender Zustand, drei Tage und drei Nächte hindurch; man glaubt zu sterben, möchte sterben und kann es doch nicht. Dabei verschließen sich zwar die Augen, aber nicht die Ohren. Überall Geräusche. Etwas rollt übers Deck, die Balken, die Dielen knarren, von Gespenstern bewohnt, man hört Rufe und Flüche, in der Takelage hockt der Sturm und singt seinen Hohn, von Leuten begleitet, denen das Wetter nichts ausmacht. Möge der Teufel sie holen.

20. Juli
Das nordwestliche Spanien kommt in Sicht, zunächst das Kap Ortegal. Wir sehen weiße Felsen, grüne, mit Wald bedeckte Berge, gelbe, erntereife Kornfelder. Jeder an Bord (Cook vielleicht ausgenommen) schaut mit solcher Sehnsucht aufs Land, dass man deutlich erkennen kann: Der Mensch ist kein Seetier und noch nicht einmal als Amphibium sehr tauglich.

23. Juli
Heute segelten drei spanische Kriegsschiffe an uns vorüber. Beim einen zähle ich 74, bei den anderen etwa 60 Kanonen. Sie feuerten Kugeln vor unseren Bug und vor die »Adventure«. Kapitän Cook ließ schließlich beidrehen. Wir wurden nach unserem Fahrtziel gefragt, und auf die Antwort »Madeira« wünschten die Spanier uns »glückliche Reise«.

24. Juli
Wales erzählte mir, was er vom Vater Forster zu hören bekam: dass wir uns gestern blamiert hätten. Wir – das heißt ich – hätten unbeirrt weiter segeln sollen, statt beizudrehen. Schließlich seien

wir seit den Zeiten der Königin Elisabeth und dem Sieg über die Armada doch die »Herren der See« und dürften vor spanischen Kriegsschiffen nicht kuschen; keine Engländer von Ehre hätten das bisher getan.

Was für eine Albernheit! Hätte ich etwa – mitten im Frieden – einen Krieg anfangen und mich mit meinen paar Kanonen gegen zweihundert Geschütze auf ein Seegefecht einlassen sollen? »Machen Sie sich nichts daraus«, fügte Wales hinzu. »Dieser Forster ist eben ein Preuße oder ein Pole oder eine Mischung von beidem; man hört es ja schon am harten Akzent, und darum muss er sich als Oberbrite aufführen.« Diese Bemerkung, Gott sei dank, verwandelte unseren Ärger in Gelächter. Aber es wäre bestimmt besser, wenn Joseph Banks statt diesem Forster an Bord wäre.

26. Juli
Seeleute sind voll von Aberglauben. Als gestern eine Schule von Schweinswalen an uns vorüberschwamm, sagte Henry Smock, einer der Schiffszimmerleute, der sie mir zeigte: »Die werden uns Glück bringen.« Tatsächlich folgte eine unvergessliche Nacht: Das Meerwasser leuchtete. Besonders schienen die Wellenkämme und ein Teil des Kielwassers aus lauter Licht zu bestehen, und überall sprühten helle Funken. Niemand hatte dafür eine Erklärung, auch mein Vater nicht, und der Kapitän hüllte sich in Schweigen. Aber wir alle standen verzaubert an der Reling und genossen das Schauspiel. Hodges gesellte sich zu mir und seufzte: »Was für Stümper sind Maler doch gegen solch eine Natur!«

1. August
In der Nacht zum 29. Juli kamen wir vor Funchal an, dem Hafen von Madeira, und am Morgen bot sich ein malerischer Anblick. Wie ein Amphitheater zieht die Stadt sich rund um die Reede die Hänge hinauf. Bei näherem Zusehen allerdings verliert sie, ihre Straßen sind eng, schlecht gepflastert und schmutzig. Um so mehr erfreute uns der herzliche Empfang durch Herrn Loughnan, den englischen Geschäftsträger. Dankbar nahmen wir das Angebot an, in seinem Landhaus zu wohnen. Mit Pflichteifer botanisierten

mein Vater und ich an den beiden folgenden Tagen (obwohl wir nicht hoffen konnten, viel Neues zu finden, nachdem Mr. Banks und Dr. Solander hier schon tätig waren). Leider mussten wir bald wieder Abschied nehmen, denn Kapitän Cook wollte nicht länger bleiben als unbedingt nötig, um Wein, Gemüse, Frischwasser und Frischfleisch aufzunehmen. Aber wie gern wäre ich noch geblieben, um diese schöne Insel näher kennen zu lernen!

2. August
In der Nacht träumte ich von Madeira und wachte mit dem Gedanken auf. Unsere Reise hat gerade erst begonnen und wird wahrscheinlich sehr lange dauern. Aber wenn es uns weiter so ergeht wie hier, dann wird sie an den entscheidenden Punkten immer viel zu kurz sein.

3. August
Ich wollte George von dem Zeichentisch erlösen, an den ihn sein Vater mit lauter Unkraut verbannt hat: »Möchten Sie mich einmal bei einem Inspektionsgang durchs Schiff begleiten?« Er sprang auf und strahlte: »Zu Ihrer Verfügung, Sir.«

3. August
Die »Resolution«, so klein sie sein mag – kaum 34 Meter lang – gleicht einem Labyrinth, in dem man sich ohne Ariadnefaden oder einen Kapitän Cook schwerlich zurechtfindet. Wenn man bedenkt, dass alle Vorratskammern zum Bersten mit Sachen vollgestopft sind, dass auf dem Deck, zwischen dem Groß- und dem Fockmast, fünf Boote stehen, dazu noch die Teile für ein größeres, das man zur Rettung zusammensetzt oder für Expeditionen in Flüsse, in die das Schiff nicht vordringen kann, wenn man außerdem sieht, dass das Vorschiff mit riesigen Bug- und Notankern, mit Strom- und Flussankern bedeckt ist, dass in den Innenräumen viele hundert Fässer sich stapeln, gefüllt mit Wasser, Sauerkraut und ungleich mehr noch mit gepökeltem Rind- und Schweinefleisch, mit Mehl, Erbsen, Zwieback, Wein und Branntwein, dass Steinkohlen teils als Ballast, teils zum täglichen Gebrauch in der

Küche, im Tiefsten liegen, dass unzählige Taue, jedes hundert oder mehr Klafter (etwa 1,70 Meter) lang und manches schenkeldick, sich im Matrosenraum darüber befinden, sowie die Segel in der Segelkammer: Dann kann man kaum glauben, dass in solch einem Behälter von 470 Tonnen 116 Menschen Platz finden – oder, falls dies noch begreiflich ist, wie sie der Voraussicht nach drei Jahre lang, bei kaum verdaulicher Kost, dauernder Anstrengung und härtester Lebensart gesund und zuversichtlich bleiben sollen.

Mir schwirrte der Kopf von den Zahlen, die ich hörte; einige hat mir inzwischen Master Gilbert aufgeschrieben. Hier eine Auswahl der Vorräte, die wir an Bord hatten, als wir Plymouth verließen: Zwieback: 59531 Pfund (das Pfund zu 453 Gramm); Mehl: 17437 Pfund; gepökeltes Rindfleisch: 7637 Vier-Pfund-Stücke; gepökeltes Schweinefleisch: 14214 Zwei-Pfund-Stücke; Bier: 19 Tonnen, Wein: 642 Gallons (zu je 3,785 Litern); Rum: 1397 Gallons; Olivenöl: 210 Gallons; Weinessig: 259 Gallons; Sauerkraut: 19337 Pfund; Wasser: 45 Tonnen.

Als wir im Vorschiff das Mannschaftsquartier betraten, glaubte ich, in der Hölle zu sein. Es ist sehr eng; der Kapitän musste den Kopf einziehen, um nicht an die Decke zu stoßen. Ein Geruch von Schweiß schlug uns entgegen – und Hitze; die meisten Männer saßen mit nacktem Oberkörper in einem Kreis; manche tätowiert. Einige schienen betrunken zu sein. In ihrer Mitte schlugen zwei Burschen mit den Fäusten aufeinander ein; dem einen lief Blut aus der Nase. Die Zuschauer johlten und feuerten die Kämpfer an, sich noch härter zu prügeln.

Ich schauderte, als wir wieder draußen waren: »Was für eine Rohheit!« Der Kapitän lächelte: »Das ist Sport – eine eher unschuldige Form von Unterhaltung, und dabei wetten die Leute um ihre Rumrationen auf den Sieger.«

»Aber, Sir, wie dürfen wir uns zivilisiert nennen, wenn wir uns so barbarisch vergnügen?«

Cook lächelte wieder: »George, Sie kommen doch vom Kontinent. Wie ist es denn dort mit den feinen, angeblich zivilisierten Herrschaften, den Offizieren, den Studenten? Die gehen mit dem Säbel oder dem Degen aufeinander los, und da fließt erst recht

Blut. Oder sie durchlöchern sich im Pistolenduell. Wir Briten dagegen bewaffnen uns bloß mit Spazierstöcken, und wir boxen. Dabei passiert in der Regel sehr wenig, außer dass einer zu Boden geht und der andere dann zum Sieger erklärt wird. Warum soll man das barbarisch nennen? Ist es nicht vielleicht ein Fortschritt? Und die Alternative hier an Bord wäre die Messerstecherei.«

Anschließend besuchten wir die Kombüse, und der Kapitän verwandte viel Zeit darauf, ihre Sauberkeit zu prüfen. Er ließ sich die Töpfe, das Geschirr, die Küchengeräte zeigen; er schimpfte mit dem Koch und drohte ihm sogar die Peitsche an, als er an einer Schöpfkelle Schmutzreste entdeckte. Nachher traf mich ein Blick, so als wäre ich selbst verdächtig: »Die Zivilisation, Mr. Forster, fängt mit der Reinlichkeit an.«

Tatsächlich, darauf legt unser Schiffsvater den größten Wert. Anderswo, hat man mir gesagt, geht es eher schmutzig zu; nicht so auf der »Resolution«. Streng wird darauf geachtet, dass die Matrosen sich, ihre Kleider und Wäschestücke regelmäßig waschen. Ständig scheuert man die Decks und lüftet bei gutem Wetter das Bettzeug aus. Zum Schutz gegen Ungeziefer und alle Arten von schlechter Ausdünstung werden außerdem jede Woche die Räume mit einer Mischung von Schießpulver und Essig durchräuchert. Zu den menschenfreundlichen Maßnahmen gehört im Übrigen die Einteilung der Mannschaft in drei, statt wie auf anderen Kriegsschiffen in zwei Wachen. Feuchte oder verschwitzte Kleidung kann damit früher gewechselt werden. Nebenher sah ich auch die Kammer, in der schon warme Bekleidung für die Zeit bereitliegt, in der wir kalte Breiten erreichen.

Doch um wieder auf die Reinlichkeit zurückzukommen: Seit ich weiß, wie genau unser Kapitän darauf achtet, werde ich mich hüten, mit ungewaschenen Händen zum Essen in die Kajüte zu kommen.

4. August

Mein Vater hat mit mir geschimpft, weil ich mehr als zwei Stunden nicht bei der Zeichenarbeit saß, sondern mit dem Kapitän unterwegs war. Ist er etwa eifersüchtig?

6. August
Trotz aller Rohheit, die im Mannschaftsquartier herrschen mag: Gern würde ich die Besatzung kennen lernen, in deren Fäusten – nächst dem Kapitän – unser Schicksal liegt. Aber das ist gar nicht so einfach. Zwar sind wir eng beieinander, aber es gibt schon räumlich eine strenge Trennung zwischen dem vorderen und dem hinteren Schiffsteil. Wie der Mannschaft das Vorschiff gehört, so dem Kapitän, den Offizieren und den mitreisenden »Gentlemen« das Achterdeck, ein Stockwerk tiefer den Fähnrichen und Kadetten, noch einmal darunter unseren Stewards und einigen Maaten. Wenn nicht der Dienst es erfordert, ist den Seeleuten das Betreten des Achterdecks streng verboten. Umgekehrt ist es zumindest nicht erwünscht, dass wir das Vorschiff besuchen. Als ich mich einmal dorthin bewegte, rief der wachhabende Offizier, Leutnant Clerke, mich zurück: »Vorsicht, Mr. Forster! Da drüben geraten Sie in Haifischgewässer.« Erst allmählich begreife ich, wie grundlegend sich in der Königlichen Marine die Stände oder Klassen unterscheiden.

Immerhin, zwei Leute sind mir schon aufgefallen. Da ist einmal der Korporal der Seesoldaten, Samuel Gibson. Obwohl er wenig älter sein dürfte als ich, allenfalls drei oder vier Jahre, ist er doch einer der Veteranen, die bereits an der Weltreise der »Endeavour« teilnahmen. Er bewegt sich geschmeidig wie eine Raubkatze, ist ziemlich groß, sehr schlank und athletisch: schmale Hüften, breite Schultern, gewölbte Brust. Blondes Strubbelhaar, helle Augen. Wenn er lächelt oder lacht, was er meistens tut, springen ihm Grübchen in die Wangen. Kurzum, er ist unumstritten der Adonis an Bord, ein Prachtexemplar von Mann – und er weiß es. Alles an ihm scheint zu sagen: Seht her, ihr Leute, wie schön ich bin! Die Frauen der Südsee, heißt es, lagen ihm zu Füßen, und er wollte für sie desertieren. Hier allerdings fehlt seiner selbstverliebten Darstellung das passende Publikum, und wohl als Ersatz schaut er mich so herausfordernd an, dass ich rot werde und gar nicht weiß, was ich denken soll.

Interessanter dürfte Richard Rollett sein, wahrscheinlich der Älteste an Bord. Hagere Gestalt, lange pechschwarze Haare und ein noch längerer Bart, dessen Schwärze schon vom Silber durchwirkt ist. Er soll in Batavia an Bord der »Endeavour« gekommen sein, und zwei Narben in dem durchfurchten Gesicht zeugen vom Abenteuerleben des Ostindienfahrers. Tief liegende Kohlenaugen, die manchmal wie im Feuer erglühen. Im Gegensatz zu Gibson lächelt oder lacht er nie. Aber mir fällt auf, dass ihn alle mit Respekt behandeln, und heute habe ich gehört, dass Cook ihn mit »Mr. Rollett« anredete, obwohl sonst der »Herr« erst bei den Fähnrichen anfängt. Soldaten oder Matrosen heißen kurz weg: Marra, Perry, Wedgeborough.

Meine Neugier ist geweckt, und beim Abendessen kann ich sie nicht mehr bezähmen. Ich wende mich an den Kapitän: »Sir, darf ich eine Frage stellen?«

»Natürlich, Mr. Forster.«

»Sie haben Rollett als ›Mister‹ angesprochen. Warum?«

Cook lächelt: »Weil das ein besonderer Mann ist. Einer der Erweckten und Frommen im Lande – bestimmt der einzige an Bord. Eigentlich ist er schon 150 Jahre alt oder jedenfalls ein direkter Abkömmling der Radikalen in unserem Bürgerkrieg, der einem König den Kopf kostete. Leute wie er wollten aus England eine Republik und aus dem Parlament eine Betgemeinschaft machen. Einige wollten sogar das Privateigentum abschaffen.«

Charles Clerke ergänzt: »Ich habe ihn gefragt, wie ihm der Name ›Resolution‹ gefällt. Seine Antwort hieß: ›Da ist leider ein Buchstabe falsch. Es müsste *Revolution* heißen.‹«

Wieder Cook: »Und ich habe ihn gefragt, was er von Oliver Cromwell hält, der Ordnung ins Chaos brachte. Da hieß die Antwort: ›Das ist der Mann, der uns erst zum Sieg geführt und dann verraten hat, weil er auch eine Art von König sein wollte.‹«

Jetzt mischt unser Astronom sich ironisch ein: »Ich wusste gar nicht, dass es in Seiner Majestät Marine Sympathien für Fanatiker und Königsmörder gibt.«

Cook lächelt wieder: »Mr. Wales, unser Respekt für ›Sir Richard‹, wie wir ihn manchmal nennen, gehört dem besten Segelmacher, der sich denken lässt. Sie werden noch sehen, wie dringend wir ihn brauchen.«

Nochmals Clerke: »Ein Künstler ist er außerdem, ein Maler und Zeichner – Ihr Konkurrent, Mr. Hodges! Falls Sie über Bord gehen, werden wir ihn engagieren. Aber besonders gern modelliert er. Versuchen Sie es, geben Sie ihm ein Stück Holz mit der Bitte, daraus einen Elefanten zu schnitzen. Er wird es ansehen, abklopfen und sagen: ›Tut mir Leid, Sir, da steckt nur ein Seehund drin.‹ Aber wenn es das richtige Holz ist, bekommen Sie den schönsten Elefanten der Welt.«

Leutnant Pickersgill verschluckt sich fast vor Lachen. »Aber hüten Sie sich, hüten Sie sich, handeln Sie vorher den Preis aus! Denn Sir Richard ist auch sehr geschäftstüchtig. Er ist bestimmt der Einzige hier, der aus Glaubensgründen keinen Alkohol anrührt. Aber Tag um Tag verdient er daran, dass er seine Portion Rum meistbietend verkauft.« Und dann, zu meinem Vater gewandt: »Wenn wir erst einmal in der Südsee waren – oder vielleicht schon in Kapstadt –, tauchen schöne Schnitzereien von Eingeborenen auf und werden Ihnen zum Kauf angeboten. Im Zweifelsfall stammen sie jedoch aus der Werkstatt von Sir Richard, und wahrscheinlich ist er jetzt schon dabei, sie auf Vorrat zu produzieren. Wenn Sie ihn dann zur Rede stellen, wird er mit einem ebenso falschen Bibelzitat antworten, etwa: ›Selig sind die Gutgläubigen, denn sie werden die Kunstwerke besitzen.‹«

Mein Vater weist würdevoll zurück, dass man ihn betrügen könnte: »Der Fachmann unterscheidet mit Sicherheit das Echte vom Unechten.«

»Nun ja, Mr. Forster. Doch auf jeden Fall sind Sie gewarnt.«

Ich höre staunend der Diskussion zu, die ich angestoßen habe, und nehme mir vor: Wenn es irgend möglich ist, musst du mit diesem frommen Revolutionär und durchtriebenen Kunstproduzenten Bekanntschaft schließen.

8. August

Wir sind an den Kanarischen Inseln vorübergefahren, leider ohne zu landen, und heute passieren wir den Wendekreis des Krebses, der den Beginn der tropischen Zonen markiert. Es ist sehr heiß und leider auch sehr feucht geworden. Die Gerätschaften und die

Bücher setzen Schimmel an; das Auslüften der Betten bringt nur wenig, weil sie sich nachher ganz klamm anfühlen.

Etwas Abwechslung bieten die fliegenden Fische, die wir jetzt ständig sehen. Wenn andere, größere Fische sie verfolgen, springen sie aus dem Wasser und fliegen davon, nicht nur in geraden, sondern auch in krummen Linien, sogar durch Wellenkämme hindurch, nur fort, um sich zu retten. Ich musste an die Verhältnisse unter uns Menschen denken: Wo finden wir unsere Rettung? Überall sind es die Großen und Mächtigen, in all ihrem Pomp und ihrer Pracht, die die Kleinen und Wehrlosen unterdrücken. Der Vergleich liegt noch näher, wenn ich sehe, wie die armen Flüchtlinge sogar bei ihren Luftsprüngen nicht sicher sind und zur Beute von Raubvögeln werden.

12. August
Gestern erreichten wir die Kapverdischen Inseln und gingen vor San Tiago in der Bucht von Porto Praia vor Anker. Die Leute hier sind sehr arm und sehr dunkelhäutig, die Frauen hässlich, die Kinder laufen nackend herum. Durch die Despotie des Gouverneurs, die Herrschaft abergläubischer Pfaffen und die Nachlässigkeit der portugiesischen Regierung sind die Bewohner in noch elendere Umstände geraten als selbst die schwarzen Völkerschaften in Afrika. Einige Tonnen mit halb salzigem Wasser, ein einziger abgehungerter Ochse, ein paar langbeinige Ziegen, magere Schweine, Truthühner und Hühner, dazu unreife Orangen und Bananen: Das war alles, was wir einkaufen konnten, und darum fuhren wir bald wieder ab. Jetzt liegt die weite Reise bis zur Südspitze Afrikas vor uns.

19. August
Heute am Nachmittag fiel einer unserer Zimmermannsleute, Henry Smock, über Bord und ertrank. Man sah ihn erst in dem Augenblick, als er unter dem Heck verschwand, und unsere Bemühungen, ihn zu retten, kamen zu spät. Wenn es eine gute Ausbildung für Seeleute gäbe, müsste zu ihr das Schwimmen gehören. Aber das wollen sie gar nicht. Lieber gleich untergehen, als

sich noch lange abstrampeln und noch bei lebendigem Leibe womöglich von den Haien angenagt zu werden, sagen sie.

20. August
Am Morgen versammelte der Kapitän die Mannschaft für ein paar Worte des Abschieds und das Vaterunser. Ich musste immer daran denken, wie Smock mir die Schweinswale zeigte und sie als Glückszeichen deutete. Smock war beliebt, und viele Leute hatten Tränen in den Augen.

Nein, gefühllos sind die Seeleute gewiss nicht, aber gleich unter der Oberfläche lautert die Grausamkeit. Die Matrosen hatten in San Tiago Grünäffchen gekauft, etwas kleiner als Katzen, ungefähr 15 bis 20. Sie dienten zur Unterhaltung – solange das Spielzeug neu war. Doch bald setzte der Überdruss ein; man prügelte die armen Tierchen und gab ihnen nichts mehr zu fressen. Unschuldige Geschöpfe aus ihrer Heimat wegschleppen, um sie dann in Ängsten und Qualen umkommen zu lassen: Das ist schrecklich.

Dann erfuhren wir Schlimmeres. Der Kapitän hat die Äffchen, die noch lebten, über Bord werfen lassen, weil sie sein schönes Schiff verdreckten. Mein Vater und ich gerieten darüber (in Abwesenheit von Cook) in eine heftige Auseinandersetzung mit Mr. Wales. Dieser erklärte kaltblütig: »Für einen Kapitän muss die Gesundheit seiner Leute wichtiger sein als das Leben von ein paar Affen.« Ja, aber hätte man dann überhaupt zulassen dürfen, dass sie an Bord gebracht wurden?

21. August
Den ganzen Tag über regnete es so gewaltig, wie wir das bei uns in den gemäßigten Zonen niemals erleben. Der Kapitän ließ Tücher ausspannen, um das kostbare Nass einzufangen, und sieben Fässer wurden gefüllt.

Ja, um eine Kostbarkeit handelt es sich wirklich. Auf Cooks Gesundheitsprogramm steht an erster Stelle, dass das Süßwasser so frisch wie möglich sein soll und dass die Leute davon trinken können, so viel sie nur wollen.

Gleich danach kommt als Mittel gegen den Scharbock oder Skorbut das Sauerkraut. Jetzt, wo wir für lange Wochen unterwegs sind und hauptsächlich vom Pökelfleisch leben, sind alle – die Passagiere, die Offiziere, die Seekadetten – dazu angehalten, täglich ein Pfund davon zu essen, um der Mannschaft ein Beispiel zu geben und den Widerstand gegen diese ungewohnte und unenglische, das heißt »deutsche« Nahrung zu überwinden.

Es folgt die Fleischbrühe, die, eingedickt in Täfelchen oder Kuchen, zu unserem Reiseproviant gehört. Dreimal in der Woche erhalten wir sie zum Mittagessen, zusammen mit Erbsen, die leider selbst nach ausdauerndem Kochen noch hart bleiben und kaum verdaulich sind.

Weiter ist das Malz aus Getreide zu nennen; wir haben davon dreißig Tonnen an Bord. Vorläufig wird es noch nicht gebraucht, aber wenn die »Resolution« in die kalten Zonen segelt, sollen wir davon, mit Wasser aufbereitet, täglich zu trinken bekommen.

31 Fässer mit Maische, sirupähnlich eingedickter Bierwürze, sollen dem gleichen Zweck dienen. Doch diese Maische wird uns wohl wenig nützen, denn jetzt, in der Hitze, gerät sie in Gärung und sprengt mit lautem Knallen die Fässer.

Der Schiffsarzt hält noch zusätzliche Mittel bereit, zum Beispiel »Robb«, den eingedickten Saft von Zitronen und Orangen. Mr. Patten schwört darauf, aber weil wir recht wenig mitführen, wird diese Kostbarkeit nur den Kranken vorbehalten sein.

23. August

Ich fürchte mich vor der Grausamkeit der Menschen, und schon wieder muss ich etwas Trauriges aufschreiben. Seit San Tiago gehörte zu den Passagieren der »Resolution« eine Schwalbe; vielleicht hat sie unsere Abfahrt auf einer Mastspitze verschlafen, oder ein Sturm trieb sie aufs Meer hinaus. (Der Kapitän erzählte von dem Orkan, den er einst als Maat zwischen Norwegen und England erlebte. Viele hundert Vögel, vom Land fortgeweht, suchten Zuflucht im Tau- und Takelwerk des Schiffs – darunter Habichte, die dann gleich über ihre Schicksalsgenossen herfielen und ein reichliches Mahl hielten.)

Unsere Schwalbe wurde zunehmend zahm; vorgestern, vom Regen ganz durchnässt, ließ sie sich von mir in die Hand nehmen und trocknen. Dann bedankte sie sich mit einem Schilpen, sah sich im Vorraum um und fing damit an, die Fliegen zu fangen, die es da reichlich gab. Später fand sie sich in der Kajüte ein, flog durchs geöffnete Fenster hin und her und wagte sich bald in jedes Schießloch oder sonstige Öffnung des Schiffs. Jetzt ist sie fort, und man muss annehmen, dass jemand sie gefangen und einer der Bordkatzen zum Fraß vorgeworfen hat.

In den langen Stunden einer einförmigen Seefahrt interessiert man sich für die kleinsten Vorfälle, und darum schneidet mir der Mord an einem unschuldigen und zutraulichen Vogels ins Herz.

2. September

Um auf die Einförmigkeit zurückzukommen: Die Reiseberichte oder Romane, die wir zu Hause am warmen Ofen lesen, halten uns in Spannung; sie erzählen von Gefahren, Stürmen, Entbehrungen und Abenteuern, durch die hindurch tapfere Männer ans Ziel ihrer Träume gelangen und das Unbekannte entdecken. Ähnlich werden wohl auch unsere Berichte aussehen, die wir schreiben oder erfinden, wenn wir wieder in England sind. Doch in Wahrheit herrscht über lange Strecken die Langeweile: Nichts geschieht, was das Aufschreiben lohnt, und wir werden uns hüten, im Rückblick darüber zu klagen, um unsere Leser nicht zum Gähnen zu bringen.

Der Kapitän sagte mir, dass das dauernde Waschen, Deckschrubben, Lüften und Ausräuchern auch dazu dient, die Mannschaft zu beschäftigen. »Wenn die Leute nichts mehr zu tun haben, hören sie mit dem Boxen auf und geraten in richtigen Streit, vertun ihre Zeit mit Prügeln oder womöglich mit Messerstechen.«

Wir stemmen uns auf unsere Weise gegen die Langeweile und sind im Begriff, den Kampf zu verlieren. Ich leihe mir die Bibel meines Vaters und lese sie zum ersten Mal, eigentlich nur, um mein Deutsch zu verbessern, das ich beinahe vergessen habe. Aber ich entdecke ein erstaunliches Buch mit erstaunlichen Geschichten. Und in was für einer Sprache werden sie erzählt! Dieser Martin Luther muss nicht nur ein religiöser Feuerkopf, sondern auch ein Künstler gewesen sein, mit untrüglichem Sinn für Farben, Klänge, Kontraste, für die Sprachmelodien: »Und es begab sich, da sie auf dem Felde waren, erhob sich Kain wider seinen Bruder Abel und schlug ihn tot.« Oder:

»Ich bin eine Blume zu Saron und eine Rose im Tal. – Wie eine Rose unter den Dornen, so ist meine Freundin unter den Töchtern. – Wie ein Apfelbaum unter den wilden Bäumen, so ist mein Freund unter den Söhnen. Ich sitze unter dem Schatten, des ich begehre, und seine Frucht ist meiner Kehle süß. Er führt mich in den Weinkeller, und die Liebe ist sein Panier über mir. Er erquickt mich mit Blumen und labt mich mit Äpfeln, denn ich bin krank vor Liebe. Seine Linke liegt unter meinem Haupte, und seine Rechte herzt mich.« – Ist da etwa schon von Tahiti die Rede?

Inzwischen sucht Mr. Wales Partner für Whist-Partien und findet keine. William Hodges fordert mich zum Schachspiel heraus, das ich in St. Petersburg erlernte, als ich dort zur Schule ging. Doch er ist mir weit überlegen und gewinnt immer. Cook könnte etwas vom Krieg zwischen Franzosen und Briten in Kanada erzählen, aber er schweigt. Mein Vater verliert sich in Wolga- und Steppengeschichten unserer russischen Reise, die jeder längst kennt und keiner mehr hören will. Wenn doch nur etwas Aufregendes geschähe! Fast mit Sehnsucht träume ich von Meeresungeheuern, von der Riesenkrake, die ihre Fangarme ums Schiff schlingt und versucht, es in die Tiefe zu reißen.

10. September
Gestern passierten wir bei günstigem Wind und angenehm warmer, aber nicht heißer Luft den Äquator, und die Matrosen vergnügten sich mit ihrer reichlich rohen Taufzeremonie, von der wir uns mit einem Trinkgeld loskauften. Am Abend schien kaum einer mehr nüchtern zu sein, und ans Schlafen war schwerlich zu denken, so laut schallte der Lärm vom Vorschiff herüber.

Ich stieg aufs Achterdeck und suchte die Diamanten, die das große Gewölbe über uns schmücken. Der Himmel war so klar, wie wir ihn in London, unter dem Dunst der riesigen Stadt, kaum noch zu sehen bekommen. Es ist schön, in die Unendlichkeit zu schauen, aus der die Sterne uns funkeln. Aber was steht in ihnen über unser Schicksal, über meine Zukunft geschrieben? Wahrscheinlich überhaupt nichts; die ganze Astrologie ist wohl nur eine Form von Wichtigtuerei, weil wir von der Einbildung nicht lassen wollen, dass wir dem Weltall etwas bedeuten.

30. September
Die Langeweile ist explodiert – und nicht im Mannschaftsquartier, sondern in der großen Kajüte. Mr. Wales und mein Vater gerieten in Streit; ich weiß eigentlich gar nicht, warum, und die beiden wissen es wohl auch nicht mehr. Eine brütende Missstimmung sucht sich sozusagen selbst ihren Anlass zum Ausbruch. Wales schoss treffsicher Pfeile, Giftpfeile des Spotts. Mein Vater, weil er über solche Waffen nicht verfügt, griff gewissermaßen zum schweren Säbel, wurde laut, immer lauter, steigerte sich in einen Wutanfall; sein Gesicht lief blaurot an. Er schrie, er trommelte mit den Fäusten auf den Tisch. Cook griff schließlich ein, sagte im Befehlston: »Mr. Forster, mäßigen Sie sich!« Dann, als er das noch zweimal wiederholt hatte und es nichts half: »Mr. Cooper, Mr. Pickersgill, schaffen Sie Herrn Forster hinaus!« (Er gebrauchte jetzt tatsächlich das deutsche Wort »Herr« statt des englischen »Mister«.) Die beiden mussten hart zupacken, um den Tobenden aus der Tür zu bringen. Fast schon draußen, schrie mein Vater. »Ich werde mich beim König über Sie beschweren!« Noch im Vorraum ging das Toben und Schreien, dieses Drohen weiter, bis Mr. Cooper meinen Vater mit einem gezielten Boxhieb aufs Kinn zu Boden streckte.

Wir trugen den Bewusstlosen in seine Kabine und legten ihn aufs Bett. Als er wieder zu sich kam und mich ansah, sich zu erinnern begann, verfiel er in einem Weinkrampf. »Alle sind gegen mich, alle sind gegen mich«, presste er hervor. Dann drehte er sich zur Wand, und ich weinte auch.

1. Oktober
Ich traf George auf dem Achterdeck. Er sah verzweifelt und verstört aus. Ich versuchte zu helfen, indem ich ihm zunickte und zu-

lächelte. Aber sonst kann ich kaum etwas tun. Als guter Sohn muss er zu seinem Vater halten und weiß immer weniger, wie er das leisten soll. Wahrscheinlich ist er sehr nahe daran, ins Gegenteil, in Hass zu verfallen.

Väter und Söhne: eine komplizierte Geschichte. Ein Sohn sollte bei Zeiten selbstständig werden. Ich stand mit 16 Jahren auf eigenen Füßen, und darum habe ich zu meinem Vater noch heute ein gutes Verhältnis. Dieser Forster aber benutzt seinen Sohn wie ein Werkzeug, als seinen Sklaven.

Und meine eigenen Kinder? Sie kennen mich kaum; ich bin ja fast niemals zu Hause. Doch brauchen Kinder und besonders Söhne nicht auch einen Vater? Womöglich bin ich ein ebenso schlechter wie Forster, nur im Gegenextrem.

2. Oktober
Der Kapitän hat durchgesetzt, dass Mr. Wales und mein Vater Entschuldigungen austauschten. Wie dauerhaft und tragfähig dieser Friedensschluss sein wird, steht dahin. Ohnehin hat Wales auf seine Weise gesiegt: Mein Vater ist zur lächerlichen Figur geworden. Denn natürlich hat sich der Zwischenfall im ganz Schiff herumgesprochen. Es gab ja genug Augen- und Ohrenzeugen, zum Beispiel den Steward, der in der Kajüte bediente, den Wachsoldaten im Vorraum, und zum allgemeinen Vergnügen macht der pompöse Drohruf die Runde. Schon zweimal hörte ich, wie Matrosen sich zum Spaß stritten und – im nachgeäfften Tonfall meines Vaters – sich zuriefen: *I vil tel de Kinck of you.*

17./20. Oktober
Unversehens ertönt der Alarmruf: Mann über Bord. Das Schiff wendet sofort, um Hilfe zu leisten, aber nirgendwo in der See ist jemand zu sehen. So folgt ein Namensappell, und es zeigt sich, dass keiner fehlt. Drei Tage später, als die »Resolution« und die »Adventure« in einer Flaute nahe beieinander liegen, rudern wir zu unserem Begleitschiff hinüber und finden uns ausgelacht. Denn natürlich hatte man unser plötzliches Wendemanöver bemerkt und seinen Anlass erraten. Aber zugleich hatte man den

Seehund gesehen (oder einen großen Fisch, denn mein Vater erklärt, dass es so weit von der Küste entfernt keine Seehunde gebe). Der schwamm hinter unserem Heck und tauchte dann – vom Ausguck mit einem Matrosen verwechselt. Der Kadett James Colnett, der für den angeblich Ertrinkenden um Hilfe schrie, braucht nun für den Spott nicht zu sorgen. Bei seinen Kameraden hat er den Spitznamen weg: James Seehund. Doch Cook nimmt ihn in Schutz: »Besser zehnmal ein falscher Alarm als einmal ein falsches Schweigen. Mr. Colnett, wenn wir später einmal eine unbekannte Landzunge entdecken und Sie der Erste sind, der sie uns zeigt, werden wir sie Kap Colnett nennen.«

Eine Kleinigkeit nur, aber ich denke: Sie ist bezeichnend für Cooks Umgang mit Menschen, in diesem Falle mit einem Sechzehnjährigen.

30. Oktober

Unser erster Reiseabschnitt geht zu Ende: Heute laufen wir in die Bucht von Kapstadt ein, und der berühmte Tafelberg ist schon in Sicht, der den Hafen und seine Bewohner so schroff wie fürsorglich gegen den Staub des Hinterlandes und die Stürme des Meeres abschirmt. Zuvor aber, am gestrigen Abend, wollte uns die Natur noch mit einem besonderen Schauspiel überraschen und für all unsere Strapazen und Ärgernisse entschädigen.

Kaum war es Nacht geworden, als das Meer zu leuchten begann; der ganze Ozean schein in Feuer zu sein. Jeder Wellenkamm war von Glanz erfüllt, wie von Phosphorlicht, und an der Bordwand schuf der Anprall der See eine eigene Feuerlinie. Im Wasser sahen wir große Leuchtschwärme, die sich bald schnell, bald langsam bewegten, jetzt im Einklang mit dem Schiff, dann wieder von uns fort. Manchmal glichen diese Leuchtschwärme einer Masse von Fischen, wobei die kleineren den großen auswichen. Um dieses Wunder genauer zu untersuchen, warfen wir Eimer aus und holten das Leuchtwasser an Deck. Unzählige winzige, kugelförmige Lebewesen schwammen darin herum und verursachten den Lichtschein. Er verminderte sich, als das Wasser zur Ruhe gekommen war – und kehrte zurück, als wir es wieder aufrührten. Also nicht das Wasser selbst leuchtete, sondern seine Bewegung regte die Tierchen an; daher der besondere Glanz auf den Wellenkämmen und an unserer Bordwand.

Es war an dieser Erscheinung etwas so Einzigartiges und Großes, dass man sich gedrängt fühlte, mit Staunen und Ehrfurcht an den Schöpfer zu denken, dessen Allmacht uns solch ein Schauspiel geschaffen hat. Genau genommen war es sogar ein doppeltes Schauspiel und um so ergreifender: über uns die Sternenparade, unter uns der Ozean mit Abermillionen dieser winzigen Laternenträger, die alle zum Leben organisiert sind wie wir! Und alle sind dazu fähig, sich zu bewegen, zu glänzen, ihre Umgebung zu erleuchten und dieses Leuchten wieder in die Dunkelheit zu verwandeln, aus der wir stammen und in die wir zurückkehren.

30. Oktober

Gestern, zwischen acht und neun Uhr abends, begann das Leuchten der See, das unsere Naturforscher in Aufregung versetzte. Ich wusste schon, dass diese Erscheinung von Meerestierchen verursacht wird, denn die Herren Banks und Solander hatten es mir bei einer früheren Gelegenheit erklärt und bewiesen. Aber Herr Forster wollte es nicht glauben. Darum ließ ich einige Eimer mit Wasser heraufholen, das wir voll von kugelartigen Lebewesen fanden, etwa in der Größe von Stecknadelköpfen und vollkommen durchsichtig. Auch Herr Forster musste nun der Erklärung seiner Vorgänger zustimmen.

Wir haben von Plymouth bis Kapstadt dreieinhalb Monate gebraucht. Das ist eine ziemlich lange Zeit; die Strecke ist oft schon in zwei Monaten und noch weniger zurückgelegt worden. Aber die »Resolution« ist ja nicht fürs schnelle, sondern fürs sichere Fahren gebaut, und bisher hat sie sich vorzüglich bewährt. Was noch wichtiger ist: Außer Henry Smock haben wir nicht einen Mann verloren; der Skorbut hat keinen einzigen Toten und nicht einmal Kranke gefordert.

Auf der »Adventure« sieht es leider nicht so gut aus; es hat einige Kranke und zwei Tote gegeben. Man sagt mir, dass die jun-

gen Leute zu lange und zu oft in der Tageshitze gebadet hätten und daran gestorben seien. Das ist schwer zu glauben. Es scheint, dass man auf der »Adventure« nicht ganz so sorgsam war, wie es notwendig ist. Vor unserer Weiterreise wird es meine Pflicht sein, darüber mit Commander Furneaux zu sprechen.

Gerade wird mir gemeldet, dass zwei niederländische Ostindienfahrer eingelaufen sind. Nach vier Monaten auf See beklagen sie 150 Tote und haben kaum mehr einen gesunden Mann an Bord. Es entsetzt und empört mich, das zu hören; falls ich jemals ein eigenes Buch über meine Weltreise schreibe, wird es ein Kapitel enthalten, das den Kapitänen aller Nationen erklärt, was sie tun müssen, um ihre Schiffe und ihre Leute sicher in den Hafen zu bringen. Ich denke: Selbst wenn die Admiralität davon nichts wissen will (was ich nicht glaube), darf es in diesem Punkt keine Geheimniskrämerei geben. Das sind wir dem Fortschritt und der Menschlichkeit schuldig.

Eisige Erfahrungen

1. November 1772
Portugiesen waren die Ersten, die auf ihrem Weg nach Indien und China die Südspitze Afrikas erreichten und umrundeten. Aber die Niederländer liefen ihnen den Rang ab; im Jahre 1652 gründeten sie Kapstadt als Zwischenstation für die Schiffe der Ostindien-Kompanie. Planmäßig wurden Landwirtschaft und Viehzucht entwickelt, Gemüsegärten, Obstplantagen und Weinberge angelegt, alles zum Wohle der vom Skorbut geplagten Seefahrer. Inzwischen gibt es hier ein paar hundert Häuser, ebenso viele Soldaten und einige tausend Bürger – und alle, die Kapstadt erblicken und die Straßen durchwandern, sind sich bald einige, dass eine »typisch« holländische Siedlung entstanden ist.

Wenn ich mich allerdings unter meinen Mitreisenden umhöre und frage, wer Amsterdam, Leiden, Delft oder Den Haag schon mit eigenen Augen gesehen hat, findet sich niemand: ein Beispiel dafür, wie wir vom Hörensagen oder aus Bildern unsere Vorstellungen und wohl auch Vorurteile entwickeln.

Zu den Bewohnern gehören neben den Niederländern zahlreiche Deutsche, einige Briten und Portugiesen, dazu die Hugenotten, unsere reformierten Glaubensbrüder, die der Fanatismus aus Frankreich vertrieb und die hier eine neue Heimat fanden. Alle miteinander zeigen sich wohlgenährt; man sieht kaum Arme und keine Bettler. Man sieht, mit anderen Worten, wie gut es sich von dem europäischen Schiffsverkehr nach Indien und Ostasien leben lässt. Die Märkte, die alles bieten, was die Seeleute brauchen, die Gasthäuser und Pensionen prägen einen Hauptteil der Stadt, dazu Hospitäler, in denen sich die Kranken bei guter Luft und guter Ernährung meist rasch erholen. Und überall wird man herzlich empfangen – sofern man nur zahlen kann. Womöglich müsste es heißen: Gastfreundschaft ist das Geschäftsprinzip. Dazu passt, dass für die höhere Bildung um so weniger getan wird. Wozu braucht man sie noch, wenn die Einnahmen stimmen? Söhne, die mehr lernen sollen, schickt man nach Holland, und die Töchter müssen zusehen, wie sie ihr Wissen erwerben. Wenn sie unwissend bleiben, ist es um so besser; dann werden sie folgsam sein und keine lästigen Ansprüche stellen.

Leider fällt ein Schatten auf das freundliche Bild: Es gibt Sklaven, die die niedere Arbeit verrichten, meist aus Madagaskar oder dem Inneren Afrikas eingeführt. Man erkennt sie an ihrer dunklen Hautfarbe und daran, dass sie barfuß gehen; einzig die Bürger dürfen Schuhwerk tragen. Oder, umgekehrt: Niemand, der frei ist, würde es wagen, sich jemals ohne Stiefel oder Schuhe zu zeigen; er müsste fürchten, mit einem Sklaven verwechselt und so behandelt zu werden.

Die Leute sagen uns, dass die Sklaven es gut haben, vielleicht sogar besser als in der Zeit, in der sie noch nicht eingefangen waren, um fremden Herren zu dienen. Das mag so sein oder auch nicht; wahrscheinlich finden sich unter den Menschenbesitzern, wie überall, die weichherzigen Leute ebenso wie die Tyrannen. Doch was ist mit den Hafenhuren, die in Bordellen gehalten werden? Was überhaupt berechtigt Menschen dazu, über andere Menschen nach ihrem Gutdünken zu verfügen? Gibt es kein heiliges Recht auf die Freiheit? Ich muss an Rousseau denken, an sein Flammenwort: »Der Mensch ist frei geboren, und überall liegt er in Ketten.« Aber so sollte es nicht sein, nicht dort jedenfalls, wo Aufklärung und Vernunft etwas gelten.

Fortsetzung, 2. November

Gleich nach unserem Einlaufen in Kapstadt besuchten Kapitän Cook und Commander Furneaux den Gouverneur; sie luden meinen Vater und mich ein, sie zu begleiten. Ich geriet ins Schwanken, kaum dass wir an Land waren. Cook lachte, als er es sah: »Unserem George sind Seebeine gewachsen!« Ja, so ist es. Bei einer längeren Schiffsreise gewöhnt man sich unwillkürlich daran, die Bewegung unter den Füßen mit Wiegeschritten auszugleichen, um aufrecht zu bleiben. Betritt man dann festen Boden, so taugt dieser Ausgleich nichts mehr und bringt einen selber ins Schwanken, beinahe als sei man betrunken.

Der Gouverneur, Baron van Plettenberg, empfing uns sehr liebenswürdig, um nicht zu sagen herzlich, und widmete sogar mir einige Aufmerksamkeit. Im Gegensatz zu seinen Kolonisten ist der Baron ein vielseitig gebildeter Mann. Fast nebenher und spielerisch, mit freundlich gestellten Fragen, unterzog er mich einer Art von Bildungsprüfung, die offenbar und gottlob zu seiner Zufriedenheit ausfiel. Aber die erste Frage galt natürlich unseren Kranken und Toten, und als er hörte, dass es auf der »Resolution« keine gegeben habe, wollte er es kaum glauben. Dann ließ er seinen besten Kapwein kommen, um anzustoßen: »Verehrter Herr Kapitän, ich beglückwünsche Sie, denn das ist eine seltene Ausnahme von der schlimmen Regel. Bitte besuchen Sie mich vor Ihrer Abreise, als der Ehrengast bei einem festlichen Abendessen. Und dabei sollten Sie mir erzählen, wie es möglich ist, den Skorbut zu besiegen. Ich möchte es wissen, mit ihrer Erlaubnis zur wohltätigen Weitergabe an andere Kapitäne.«

Anschließend trafen wir Mr. Brand, einen der führenden Kaufleute, der sich auf englische Seefahrer spezialisiert hat und uns einlud, während unseres Aufenthaltes bei ihm zu wohnen – natürlich gegen Bezahlung. (Bei Kapitänen macht er manchmal eine Ausnahme, gute Geschäfte vorausgesetzt.)

3. November
Mr. Wales und sein Kollege von der »Adventure«, Mr. Bayly, haben ihre Instrumente an Land gebracht, besonders um den Längengrad so exakt zu prüfen, wie das nur von einer festen Station aus möglich ist. Dabei geht es zugleich um die Zuverlässigkeit der Chronometer. Es zeigt sich, dass die Kendall-Konstruktion ein

Wunderwerk der Genauigkeit ist, auf das wir uns verlassen können. Die Arnold-Uhren allerdings taugen nicht viel.

4. November

Wir haben den Tafelberg bestiegen. Der Weg war mühsam, weil immerfort loses Gestein unter unseren Füßen wegrutschte. Auf halber Höhe kamen wir an eine steile Schlucht, in der viele Arten von Pflanzen und Sträuchern eine nähere Untersuchung lohnen. Es soll hier Antilopen und Paviane geben; wir sahen aber nur Geier und Kröten. Nach dreistündigem Marsch erreichten wir den Gipfel. Der Ausblick war wunderbar, ins Land hinein und aufs Meer zugleich. Die weite Bucht unter uns glich einem Fischteich; die Stadt und die Schiffe erschienen wie Kinderspielzeug.

7. November

Weiter und weiter dehnen wir unsere botanischen Kreuzzüge ins Land aus und besuchen die Plantagen, die hier angelegt sind, um die Stadt und die Schiffe zu versorgen. Eine mit besonders schönen Gehölzen wird »Paradies« genannt. Nur vor den Löwen und Giftschlangen, so heißt es, muss man sich hüten; sie benehmen sich nicht paradiesisch, sondern nur zu natürlich. Von jedem Ausflug bringen wir Unmengen von Pflanzen mit, die darauf warten, beschrieben, klassifiziert und gezeichnet zu werden. Heimlich seufze ich, wenn ich an all die Arbeit denke, die daraus folgt.

Noch heimlicher denke ich manchmal: Was bringt es uns eigentlich, wenn wir nach der Klassifizierung den richtigen Namen entdeckt haben oder, beim bisher Unbekannten, ihn neu erfinden? Gewiss, wir Menschen sind zum Namengeben berufen, wie es schon in der Bibel zu lesen ist: »Als Gott der Herr gemacht hatte von der Erde allerlei Tiere auf dem Felde und Vögel unter den Himmel, brachte er sie zu dem Menschen, dass er sähe, wie er sie nannte; denn wie der Mensch allerlei lebendige Tiere nennen würde, so sollten sie heißen. Und der Mensch gab jeglichem Vieh und Vogel unter dem Himmel und Tier auf dem Felde seinen Namen.« Doch davon abgesehen, dass von Kräutern und Gräsern nicht die Rede ist, frage ich mich, ob Gott uns mit dieser Berufung zum Namengeben eigentlich geehrt oder einen Fluch, eine nicht mehr zu tilgende Neigung zum Wichtigtun aufgeladen hat.

10. November
Wir haben Dr. Andreas (oder Anders) Sparrman kennen gelernt, 24 Jahre alt, einen schwedischen Botaniker und Schüler des berühmten Linneaus, der schon eine Reise nach China unternommen hat und nun hier am Kap seine Studien fortsetzt. Mein Vater hat ihm angeboten, uns auf der weiteren Reise zu begleiten, und ihm dafür ein Gehalt von fünfzig Pfund pro Jahr zu zahlen. Herr Sparrman ist begeistert über die Aussichten, die sich ihm unerwartet bieten, doch ich habe Zweifel daran, ob es ein weises Angebot war.

Natürlich, falls wir den großen Südkontinent entdecken, wird es so viel Arbeit geben, dass ein Helfer nur willkommen sein kann. Aber werden wir ihn finden? Wenn nicht, bleibt wenig zu tun; auf Neuseeland oder Tahiti waren ja schon Banks und Solander am Werk. Ich weiß inzwischen, dass auch Cook zu den Zweiflern gehört. Als ich ihm einmal erzählte, dass ich bei Alexander Dalrymple gelesen hätte, was es mit Terra australis incognita auf sich hat, schüttelte er den Kopf: »George, hüten Sie sich vor den Schwarmgeistern; meistens versprechen sie mehr als sie halten.«

»Aber, Sir, sind wir denn nicht auf der Entdeckungsreise dorthin?«

»Ja, schon. Nur kann es sich gewissermaßen um eine negative Entdeckung handeln. Wir werden, denke ich, den Beweis dafür liefern, dass es den berühmten Südkontinent *nicht* gibt.«

Wahrscheinlich hat Cook darum auch gezögert, bevor er der Mitnahme von Dr. Sparrman zustimmte. »Also gut, Mr. Forster«, sagte er nach langer Bedenkzeit, »wenn Sie es unbedingt wollen und die Kosten übernehmen, will ich nicht im Wege sein.«

16. November
Mein Vater hat noch einen Einkauf getätigt und eine Jagdhündin angeschafft – zu einem unerhört hohen Preis, denn er versteht

sich nicht aufs Handeln. Er meint: »Der Hund wird sich als sehr nützlich erweisen. Wenn wir zum Beispiel Vögel schießen, die ins Buschwerk oder ins Wasser fallen, wird er sie apportieren. Davon abgesehen ist es angenehm, einen Reisegefährten zu haben, mit dem man sich gut unterhalten kann.« (Er meint wohl: einen, der ihm nicht widerspricht.)

An John Walker, Whitby, 20. November
Mein verehrtester Freund, da es nichts Neues mitzuteilen gibt, dürfte ich Sie eigentlich nicht mit einem Brief belästigen. Aber von seinen Freunden sollte man sich verabschieden, wenn man die Welt hinter sich lässt. Und das werde ich jetzt tun; für mindestens zwei Jahre wird es keine Verbindung mit der Zivilisation mehr geben. Die Reise wird gefährlich sein, denn sie führt in die unwirtlichsten Regionen. Doch ich trete sie mit Zuversicht an. Bei so vielen Gelegenheiten war die Vorsehung an meiner Seite, und ich vertraue weiter auf den göttlichen Schutz. Ich habe zwei zuverlässige Schiffe, gut ausgerüstet und gut bemannt. Wahrscheinlich werden Sie von dem Aufruhr gehört haben, den es um die »Resolution« gab, ehe ich England verließ. Ich versichere Ihnen, dass ich nie ein besseres Schiff geführt habe. Bitte grüßen Sie alle Freunde in Whitby. Ich bin, Sir, Ihr getreuer Diener James Cook.

22. November
Auf Wiedersehen Kapstadt! Heute morgen haben wir uns eingeschifft, und am Nachmittag gingen wir in See. Die »Resolution« sieht wie neu aus: gründlich repariert, gereinigt, kalfatert, randvoll mit Vorräten beladen. Auch viel Vieh ist an Bord gekommen – Ochsen, Ziegen, Schafe, Schweine, Geflügel –, um uns so lange wie möglich mit Frischfleisch zu versorgen. Voller Spannung steuern wir nun nach Süden, dem Unbekannten entgegen, das uns erwartet.

24. November
Heute früh, zwischen vier und fünf Uhr, als wie an jedem Morgen Matrosen beim ersten Tageslicht das Achterdeck schrubbten,

wurde mein Vater durch eine kalte Dusche aus dem Schlaf gerissen: Aus Ritzen prasselte Seewasser auf ihn nieder. Ausgerechnet über seiner Kabine sind offenbar diese Ritzen nicht gehörig kalfatiert worden. Oder handelt es sich um bösen Vorsatz? Um einen Bubenstreich der Seeleute? Hat etwa Master Gilbert seine Hand im Spiel, der in Kapstadt die Arbeiten am Schiff überwachte? Mit ihm wollte mein Vater die Kabine tauschen und hat ihm dafür sogar Geld geboten. Aber Gilbert hat es abgelehnt, darauf einzugehen; womöglich wusste er schon warum.

An ein Teerkochen und Nachkalfatern ist bei der rauen See, in die wir geraten sind, vorläufig nicht zu denken. Auf Anordnung des Kapitäns werden darum die Ritzen mit Werg verstopft, so gut oder so schlecht es eben geht.

Übrigens war mein Vater mehr noch bedrückt als wütend. Immer wiederholte er: »Alle sind gegen mich.« Bin etwa auch ich damit gemeint? Ständig streichelt er jetzt seinen Hund und sagt: »Es ist nur gut, dass ich wenigstens ihn habe.«

26. November

Als ich vom Abendessen in meine Kabine zurückkehre, finde ich auf dem Bett ein Blatt Papier, auf dem geschrieben steht: »Liber Gorge! Alles gute und Libe zu deinem Geburztag wünscht Dir Dein Freund S.«

Wer ist dieser S., und woher weiß er, daß ich Geburtstag habe? Wer weiß es überhaupt? Mein Vater natürlich, aber der hat es vergessen, wie ich auch. Wahrscheinlich gibt es beim Kapitän oder beim Master Gilbert eine Passagier- und Mannschaftsliste mit den Eintragungen, aber beide haben nichts erwähnt und bestimmt Besseres zu tun, als täglich darin zu blättern.

Ohnehin wird sehr darauf geachtet, nur ja nicht Privates aufzurühren, das später peinlich werden könnte. Erst gestern hat mein Vater sich beklagt: »Diese Briten haben Fischblut in den Adern, sie sind so kalt.« Wahrscheinlich stimmt das gar nicht, aber sie besitzen die Fähigkeiten und Formen, um den Abstand zu wahren. Wenn man so dicht aufeinander hockt, wie wir auf der »Resolution«, wird das um so wichtiger. Erweisen sich die Briten darum vor anderen Nationen als die überlegenen Seefahrer? Hat Cook nicht nur die Mannschaft gemeint, als er uns gleich am Anfang unserer Reise mahnte, Abstand zu halten? Oder, umgekehrt: Gerät mein Vater immerfort in Schwierigkeiten, weil er seiner Herkunft, seinem Wesen nach ein Deutscher und eben kein Engländer ist? Fragen über Fragen.

Aber ich vergesse meinen Ausgangspunkt: Jemand, eigentlich gar nicht dazu befugt, muss die Passagierliste gesehen oder sonstwie von meinem Geburtstag erfahren haben. Der Kabinensteward? Soll ich beim Wachtposten im Vorraum fragen, ob er gesehen hat, wer meine Kabine betrat? Nein, besser nicht, sonst bringe ich den Unbekannten noch in des Teufels Küche.

Nach der krakeligen Schrift und den Schreibfehlern zu urteilen muss es sich um einen einfachen Menschen, einen Matrosen oder Seesoldaten handeln, und das macht die Sache noch mehr zum Rätsel. Da ich es nicht lösen kann, bleibe ich schließlich beim ersten Eindruck, bei meiner Überraschung und Freude. Wenigstens einen gibt es auf diesem Schiff, der an mich denkt; unter lauter harten Männern bin ich nicht ganz verlassen. Und bei der langen Fahrt, die uns bevorsteht, dürften solch heimliche Zeichen der Freundschaft um so wichtiger werden.

30. November
Seit gestern befinden wir uns in einem furchtbaren Sturm, gewaltige Wellen laufen gegen uns an, die Gischt fliegt, und Brecher gehen oft über das ganze Schiff. Mr. Wales will berechnet haben, dass manchmal die Masten der »Resolution« bis zu einem Winkel von 38 Grad auspendeln. Ich selbst habe gesehen, wie das Ende der großen Rah in den Kamm einer Welle tauchte. Wie bewundere ich jetzt unsere Seeleute! Der Matrose am Ende der Rah, gegen fünfzig Fuß hoch, wird ständig hin und her geschleudert: jetzt beinahe ins Meer hinunter, dann wieder zu den Sternen hinauf. Doch ohne darauf zu achten, beugt er sich über die Stange, entreißt dem Sturmwind das Segel, rollt es zusammen, bindet es fest. Und er tut seine Arbeit, gleich ob die Sonne leuchtet oder ob er sich in der finsteren Nacht nur auf das Tasten seiner harten Hände verlassen

kann. Selbst wenn der Sturm das Segel zerreißt und ihn mit seinen Fetzen umherpeitscht, scheut er nicht die Gefahr, sondern rettet von der Leinwand, was noch zu retten ist.

Von Madeira bis Kapstadt hatten wir fast immer gutes Wetter, und um so weniger waren wir auf den Orkan vorbereitet. Das Stampfen und Rollen des Schiffs richtete in der großen Kajüte und in den Kabinen Verwüstungen an, besonders unter den Gläsern, Tassen, Tellern und dem sonstigen Geschirr. Zum Glück trifft mich die Seekrankheit nicht mehr, im Gegensatz zu meinem Vater, und darum konnte ich auch das Komische an den kleinen Katastrophen genießen. Im gemeinsamen Lachen wich sogar die Befangenheit, die seit dem Vorfall im September William (Hodges) und mich trennte. Albern und ausgelassen tanzten wir zusammen und sangen das Kinderlied, das übersetzt etwa so geht:

»Humpty Dumpty saß auf dem Wall,
Humpty Dumpty tat 'nen schrecklichen Fall.
Des Königs Rösser und all seine Mannen
brachten Humpty Dumpty nicht mehr zusammen.«

Und der ernsthafte Mr. Wales klatschte den Takt dazu. Aber vielleicht ist die Albernheit ein gutes Mittel gegen die Furcht, die im Toben der Natur, im Heulen des Sturms und der Antarktisgespenster nach uns greifen will.

Schlimmer ist es, dass die Kabinen – und nicht nur die meines Vaters – jetzt gar nicht mehr trocken werden. Außerdem ist es sehr kalt geworden, obwohl wir doch dem antarktischen Sommer entgegenfahren und uns erst am 42. Breitengrad befinden, das heißt auf einer Höhe, auf der in den nördlichen Breiten etwa Barcelona und Rom liegen, also Gegenden Europas, in denen Ende Mai längst frühlingswarmes, oft schon heißes Wetter herrscht.

Wegen der Kälte lässt der Kapitän die Bekleidung austeilen, die auf Kosten der Admiralität angeschafft worden ist. Jedes Besatzungsmitglied, vom Ersten Leutnant bis zum letzten Schiffsjungen, bekommt ein Wams und eine Hose aus dickem Wollzeug oder starkem Flanell. Diese Sachen haben – wie alle Artikel, die

die Admiralität bei ihren sparwütigen Lieferanten bestellt – nur den Fehler, dass sie zu kurz sind. Bei der Abnahme hat offenbar niemand auf die Größen geachtet. Um eine wichtige Hilfe handelt es sich trotzdem. In Bougainvilles Reisebericht kann man lesen, welchem Elend die französischen Seeleute ausgesetzt waren, weil ihnen die gehörige Kleidung fehlte. So gesehen sind unsere englischen Matrosen jetzt sehr viel besser dran.

30. November
Es geht nicht nur darum, die Mannschaft gesund zu halten, so wichtig das sein mag. Sie soll auch merken, dass man sich um sie kümmert. Wenn die Leute erleben, dass ihr Wohlergehen dem Kapitän eine Herzenssache ist, dann werden sie willig ihren Dienst tun, und man kann das Äußerste von ihnen fordern. Wenn aber nicht, dann werden sie viel weniger leisten. Beim geringsten Anlass werden sie in Panik geraten, und am Ende steht die Dienstverweigerung, die Meuterei.

1. Dezember
Gestern Nacht weckte uns der Schreckensruf: »Ein Leck, ein Leck, Wasser im Schiff! Alle Mann an die Pumpen!« Wehe aber, falls der Einbruch übermächtig und die »Resolution« zum Sinken bestimmt war. Bei dem gewaltigen Seegang hätte die »Adventure« uns schwerlich zur Hilfe kommen und retten können.

Schließlich stellt sich heraus, dass das Wasser nicht durch ein unzugängliches Leck strömte, sondern durch die Außenluke einer Vorratskammer im Vorschiff, die nicht gehörig verschlossen und vom Sturm aufgeschlagen worden war. Der Maat, der nebenan schlief, wurde durch den Sturzbach geweckt, der plötzlich durch seine Kammer schwemmte, und löste den Alarm aus. Nachdem man diese Luke wieder fest verriegelt hätte, waren die Gefahr und unsere Ängste behoben. Es gab keinen ernsthaften Schaden, außer dass die Mannschaftsquartiere vor Nässe trieften.

Inzwischen flaute auch der Sturm gottlob ab, sodass es dem Kapitän möglich war, ihn zu übertönen; mit gebührend strenger Stimme hielt er den Offizieren und der versammelten Mannschaft vor, welch schlimme, unter Umständen verheerende Folgen die kleinste Nachlässigkeit haben kann. Anschließend befahl er den Master zu sich. Lautstärke ist sonst nicht seine Sache, aber diesmal ließ sich deutlich verstehen, was da gesagt wurde.

»Mr. Gilbert, wie alt sind Sie eigentlich?«

»Vierzig, Sir.«

»Das heißt alt und erfahren genug, um ein guter Seemann zu sein.«

»Jawohl, Sir.«

»Aber ich bin sehr unzufrieden. Erst die offenen Ritzen über Mr. Forsters Kabine und jetzt dieses schlecht verschlossene Luk – und Sie sind dafür verantwortlich!«

»Jawohl, Sir. Es wird nicht wieder vorkommen.

»Das hoffe ich, Mr. Gilbert, Sie wissen, dass ich viel von Ihnen halte und mich auf Sie verlasse. Bitte enttäuschen Sie mich nicht.«

»Nein, Sir.«

»Es ist gut, Sie können gehen.«

»Danke, Sir.«

Ich habe lange über diesen Dialog nachgedacht. Er beginnt mit dem Tadel, aber er wird abgeschlossen mit einem positiven Appell an das Pflichtgefühl, der zur Leistung ermutigt.

1. Dezember, Fortsetzung

Der abflauende Sturm und die überstandene Gefahr machen um so mehr Appetit, zumal in den letzten Tagen die Küche kaum kochen konnte und wir uns fast nur auf den Zwieback beschränken mussten. Leider ist viel Vieh samt den dürftigen Verschlägen (mittschiffs auf dem Hauptdeck) über Bord gefegt worden, und ein Ochse musste schleunigst geschlachtet werden, weil er sich die Rippen gebrochen hatte. Immerhin verdanken wir ihm ein gutes Abendessen: nach kräftiger Fleischbrühe einen vortrefflichen Rindsbraten. Während wir es uns schmecken lassen, meldet Mr. Gilbert, dass eine Sau neun gesunde Ferkel geworfen habe, dass sie aber binnen Stunden alle gestorben seien, weil es nicht möglich war, sie vor der Kälte zu schützen.

Dieser Vorfall und das Sinken des Thermometers fast auf den

Gefrierpunkt liefern Gesprächsstoff. Ich frage Mr. Wales, wie er sich das kalte Wetter erklärt, obwohl wir doch – auf die nördliche Halbkugel übertragen – noch nicht einmal die Höhe von England erreicht haben.

Er fragt zurück: »Sie waren doch in Russland, nicht wahr? Was für Temperaturen haben Sie denn dort gemessen?«

»Die heißeste, an einem Sommertag in der Wolgasteppe, betrug 100 Grad im Schatten (Fahrenheit, gleich 38 Grad Celsius), die kälteste, in einer Petersburger Winternacht, minus 40 Grad (gleich minus vierzig Grad Celsius).«

»Sehen Sie, was für eine Barbarei, 80 Grad Unterschied! Da haben wir es im zivilisierten England entschieden besser – weil wir vom Meer umspült sind. Es wirkt ausgleichend, es kühlt im Sommer und wärmt im Winter.«

»Ja, aber hier sind wir auch vom Meer umspült und frieren erbärmlich.«

Jetzt mischt Cook sich ein: »Etwas sehr Wichtiges kommt noch hinzu: die Meeresströmungen. In Europa hilft der Golfstrom, der von Florida her nach Nordosten über den Atlantik fließt. Er ist sozusagen unser Ofen.«

»Und wir sitzen gemütlich auf der Ofenbank und wärmen uns an ihm?«

»Genau. Und wehe, wenn er ausbliebe! Dann würden wir schnell in Eis und Kälte versinken. Was nun die südlichen Breiten betrifft, so wissen wir leider bisher sehr wenig über die herrschenden Strömungen. Nach meinen Beobachtungen bei Kap Horn und denen, die wir jetzt machen, vermute ich aber, dass es einen Strom ziemlich genau von Westen nach Osten gibt; womöglich führt er um den ganzen Erdball herum. Wenn es so wäre, hätte er zwei Wirkungen. Erstens würde er die südlichen Regionen nach Norden hin abriegeln und verhindern, dass wärmendes Wasser zu ihnen vordringt. Zweitens würde der Südkontinent – falls es ihn gibt – uns sehr unwirtlich empfangen, mit Kälte, Eis und Schnee: kein einladender Platz für eine Zivilisation.«

»Davon steht aber bei Dalrymple nichts!«

Cook zeigt sein hintergründiges Lächeln: »Ja, eben.«

Andreas Sparrman schaut ganz entgeistert drein: »Wenn es so ist, warum bin ich dann an Bord?«

Wieder dieses Lächeln: »Das müssen Sie selbst wissen.«

Mein Vater schüttelt den Kopf: »Mr. Cook, Sie sagen doch auch, dass wir die Strömungen noch nicht kennen. Warum soll es im Süden keine Entsprechung zum Golfstrom geben, wenn nicht hier, dann ein Stück weiter nach Osten oder im Westen? Früher oder später werden wir ihn erreichen – und das Land sehen, das er beheizt.«

Abermals ein Lächeln und ein Zeichen zum Aufbruch: »Nun, meine Herren, lassen Sie es uns abwarten und erst einmal zu Bett gehen. Ich habe in den letzten Nächten sehr wenig geschlafen.«

11. Dezember
In der Nacht zum 10. Dezember 1772 bekamen wir starken Frost und einigen Schneefall. Um acht Uhr morgens sahen wir westlich von uns einen Eisberg; wir befinden uns jetzt in 50 Grad 40 Minuten südlicher Breite und zwei Grad östlich vom Kap der Guten Hoffnung. Da es neblig wurde, konnten wir nur mit Vorsicht weiterfahren.

Sonnabend, 12. Dezember
Wieder fuhren wir an Eisbergen vorüber. Einige hatten einen Umfang von fast zwei Meilen und sechzig Fuß Höhe. Sie bieten zwar ein imponierendes Bild, aber wenn man an die Gefahr denkt, entsteht eher Schrecken: Ein Schiff, das bei Seegang gegen die Wetterseite einer solchen Eisinsel treibt, wird unrettbar zerschlagen. Mr. Forster hat außerdem berechnet, dass die Eismasse unter Wasser um ein Mehrfaches größer sein muss als die, die wir sehen. Es ist also möglich, auf Unterwassereis aufzuladen, obwohl man noch in sicherer Entfernung von dem Eisberg zu sein glaubt. Das beste Schiff ist dann verloren, weil das scharfkantige Eis seinen Rumpf wie Papier zerschneidet.

Sonntag, 13. September
Hagel und Schnee frieren an Segeln und Tauwerk an, sodass alles mit Eiszapfen behängt ist. Um zwölf Uhr befinden wir uns auf dem 54. Breitengrad.

15. Dezember
Heute war es fast windstill. Wales und mein Vater benutzten die Gelegenheit, um ein Boot zu besteigen. Sie wollten die Wassertemperatur in verschiedenen Tiefen messen. Während sie damit beschäftigt waren, kam Nebel auf, sodass sie unsere Schiffe aus den Augen verloren. Welch ein Entsetzen: In ihrem winzigen Boot ohne Mast und Segel, nur mit zwei Rudern, befanden sich die beiden auf dem unermesslichen Ozean, fern von bewohnten Küsten, vom Eis umgeben, ohne Lebensmittel! Und wohin trieb sie vielleicht die Strömung? Ein Überleben war ausgeschlossen, wenn sie nicht zur »Resolution« oder zur »Adventure« zurückfanden. Eine Weile ruderten sie hin und her und riefen dabei, so laut sie nur konnten. Umsonst: Grabesruhe herrschte ringsum, der Nebel wurde immer dichter, keine Bootslänge weit ließ sich mehr sehen. Als alles nichts half, lagen und verhielten sie sich still, in der Hoffnung, nicht schon zu weit von den Schiffen entfernt zu sein. Die Zeit verrann, und die Ängste wuchsen. Irgendwann, in großer Entfernung, erklang eine Schiffsglocke. Rufen und Rudern in die Richtung, die sie angab – und endlich die Erlösung: Sie erreichten die »Adventure«. Die feuerte einen Kanonenschuss ab, die »Resolution« antwortete ganz aus der Nähe, und so stand der glücklichen Heimkehr nichts mehr im Wege.

Kapitän Cook allerdings empfing die beiden Herren mit einer Bußpredigt: »Mr. Wales, Mr. Forster, ich muss mich doch sehr wundern! Wie können Sie nur so leichtsinnig sein? Haben Sie denn keine Augen im Kopf, um zu sehen, wann Sie Ihre Expedition abbrechen müssen, weil Nebel aufkommt? Schon ein Schiffsjunge, der in die Wanten steigt, lernt, dass er zwei Hände hat, die eine zur Arbeit und die andere für seine Sicherheit. Und Sie, Mr. Wales, werden für unsere Positionsbestimmungen jedenfalls noch gebraucht!«

Mr. Wales entschuldigte sich, mein Vater aber wusste nicht, wie ihm geschah. Es verschlug ihm die Sprache, er stampfte nur mit dem Fuß auf, dann verschwand er in seiner Kabine und im wärmenden Bett. Alles, was ich noch für ihn tun konnte, war, Tee herbeizuschaffen und dazu die gehörige Portion Rum. Inzwischen saß »Terra« – die Hündin – schwanzwedelnd vor dem Bett und hoffte an diesem Abend vergeblich auf Abfälle vom Abendessen.

16. Dezember
Im Traum sah ich einen Mann auf einer Holzbank ohne Lehne; er saß da in einer endlosen Eis- oder Schneewüste, im Nichts, ganz allein. Ich sah den Mann nur von hinten, aber ich fühlte, ich erkannte: Es war mein Vater. Er bewegte sich nicht. Dann kam eine Sturmbö; sie warf ihn von der Bank auf den Boden. Schnee wirbelte auf und wehte ihn zu.

Ich erwachte voll Entsetzen – und mit entsetzlichen Gedanken: Was wäre, wenn er fort wäre für immer? Würde jemand ihn vermissen? Wohl kaum. Und ich? Ich würde seinen Platz einnehmen und seine Arbeit fortsetzen, endlich nach eigenem Ermessen; mit der Hilfe von Andreas Sparrman traue ich mich daran und werde bestimmt nicht versagen.

Was für ein Sohn bin ich nur, dass ich so etwas träume und denke?

19. Dezember
Am Morgen hinderte uns ein riesiges Eisfeld an der Weiterfahrt nach Süden. Durchweg war es niedrig, aber hier und dort gab es auch Eisberge. Einige glaubten, über das Eis hinweg im Südsüdwesten Land zu erkennen. Es sah auch wirklich so aus, aber bei näherer Betrachtung handelte es sich wohl nur um Wolken- oder Nebelbänke, die die Augen täuschen, weil sie unseren Erwartungen, Hoffnungen, Träumen zeigen wollen, was es nicht gibt.

Das Eisfeld bestand aus vielen Stücken von verschiedener Größe und Stärke, die dicht aneinander gepackt und teilweise übereinander geschoben waren. Am Rande sahen wir viele Wale und Pinguine.

Das Eis erweist sich als sauber und salzfrei. An Bord genommen, ergibt es ein vorzügliches Süßwasser. Wir können damit unsere Vorräte ergänzen, und das bedeutet für mich eine Sorge weniger.

20. Dezember
Es haben sich zwei Eisparteien gebildet. Die eine, die Entsalzungspartei, wird angeführt von Mr. Wales, die andere, die Südlandpartei, von Dr. Sparrman und meinem Vater. Denn wie soll man erklären, dass die Eisschollen und Eisberge nur Süßwasser enthalten? Die Entsalzer behaupten, dass bei genügender Kälte auch Meerwasser gefriert und dass dabei das Salz ausgeschieden wird. Aber wie? fragen die Südländer. Es muss sich auf festem Land gebildet haben und von Gletschern ins Meer hinausgeschoben werden. Da kann es sich bei genügend tiefen Temperaturen sehr lange erhalten und die gewaltigen Eisfelder bilden, die wir sehen. Mit anderen Worten: Ohne Land kein Eis, also muss es das Südland geben. Hilfsweise werden auch noch die Pinguine bemüht: Irgendwo müssen sie doch brüten und ihre Jungen aufziehen, bis die schwimmfähig sind; und dazu brauchen sie festen Boden unter den Füßen.

Und was meint Kapitän Cook? Er hält sich weise zurück. Er sagt: »Meine Herren, lassen Sie mich aus dem Spiel. Ich bin kein Naturforscher, sondern nur ein schlichter Seefahrer, und dem genügt es, dass er aus Eis sein Trinkwasser gewinnt.« Manchmal, so scheint es, kokettiert er geradezu mit seiner einfachen Herkunft, im sicheren Bewusstsein, dass er als Mann der Praxis gegenüber den gelehrten Wolkenstürmern auf einem ähnlich festen Fundament steht wie die Pinguine beim Brüten.

24. Dezember
Um Mittag befanden wir uns nach den Beobachtungen, die Mr. Wales und ich anstellten, auf 56 Grad 31 Minuten südlicher Breite und 31 Grad 19 Minuten östlicher Länge. Das Thermometer zeigte 35 Grad [etwas über plus ein Grad Celsius]. Der Wind wehte leicht aus Westnordwest.

24. Dezember

Der Heilige Abend: Die Gedanken gehen zurück zu meiner Mutter und den Geschwistern. Aber ich sehe sie nicht in London, sondern in Nassenhuben. In der Christmette liest mein Vater die Weihnachtsgeschichte, und wir singen miteinander:

»Zu Bethlehem geboren
ist uns ein Kindelein,
das hab ich auserkoren,
sein eigen will ich sein.
Eia, Eia!
Sein eigen will ich sein.«

Zu Hause brennen Kerzen, es duftet nach Tannenzweigen, Bratäpfeln aus der Ofenröhre und Lebkuchen, und wir Kinder sind glücklich, weil wir außerdem noch ein paar Zuckerplätzchen als Geschenk erhalten.

25. Dezember

Als Festessen gab es Albatrosse, die schon vor einiger Zeit teils mit Fischköder geangelt, teils mit Schrot geschossen wurden. Bei den kalten Temperaturen hat ihnen das Abhängen nicht geschadet, und sie schmeckten beinahe so gut wie ein heimatlicher Gänsebraten. Jedenfalls bildeten wir uns das ein, und besonders verwöhnt sind wir ja nicht. Statt des ewigen Sauerkrauts wäre mir allerdings Rotkohl als Beilage lieber gewesen. Die Mannschaft erhielt eine Extraportion Rum, und das Trinken und Gröhlen nahm seinen Anfang. Außerdem, so scheint es, haben viele an den Vortagen ihre Portionen gespart, um sich heute bis zur Besinnungslosigkeit volllaufen zu lassen. Eine Feier zur Geburt Jesu Christi? In der Weihnachtsgeschichte heißt es von den Hirten auf dem Felde: »Und siehe, des Herren Engel trat zu ihnen, und die Klarheit des Herrn leuchtete um sie; und sie fürchteten sich sehr.« Womöglich ist es diese schreckliche Klarheit, gegen die man Vorsorge trifft, wenn man zum Alkohol greift.

Zum zweiten Mal finde ich bei meiner Rückkehr in die Kabine

dieses unerwartete Stück Papier, auf dem ich lese: »Libster Gorge, zu Weihnachten umarmt Dich und wünscht dir das allerbeste Dein Freund S.« Ach, lieber S., wenn ich nur wüsste, wer du bist, dass ich antworten könnte!

Diesmal wird meine Neugier übermächtig und ich frage den Posten im Vorraum.

»Da war niemand, Sir.«

»Wirklich nicht? Wie lange stehen Sie hier schon?«

»Etwa dreißig Minuten, Sir.«

Nun ja, seit ich die Kabine verließ, sind mehr als drei Stunden vergangen.

Sonnabend, 2. Januar 1773
Am Nachmittag sahen wir den Mond, glücklich genug – und erst zum zweiten Mal seit unserer Abreise vom Kap der Guten Hoffnung. Man kann daran ablesen, mit welch einem Wetter wir es in all diesen Wochen zu tun hatten. Natürlich nutzten Mr. Wales und ich die Gelegenheit, um unsere Beobachtungen zu machen; wir berechneten unsere Position mit neun Grad, 34 Minuten, 30 Sekunden östlicher Länge und 58 Grad, 53 Minuten und 30 Sekunden südlicher Breite.

3. Januar
Schon heute morgen ist das gute Wetter wieder von dichtem Nebel, Schneetreiben und sogar Hagel abgelöst worden. Ich muss aber sagen, dass meine Mannschaft sich als standhaft erweist und die Kälte sogar besser erträgt, als ich es erwartet hatte.

Freitag, 15. Januar
Fünf einigermaßen gute Tage sind aufeinander gefolgt, zu meiner großen Erleichterung und zur rechten Zeit. Denn das gab uns mehr als nur die Möglichkeit zur Standortbestimmung. Weil wir genug Frischwasser oder – was das Gleiche ist – Eis an Bord genommen hatten, konnten die Leute ihre Kleidung und ihre Wäsche waschen und trocknen; bei einer so langen Reise gibt es kaum etwas, was wichtiger ist.

17. Januar
Zwischen elf und zwölf Uhr passierten wir den Polarkreis. Aber um vier Uhr nachmittags sahen wir vor uns, von Südosten über Süden bis Westen, massive Eisbarrieren. Am Abend konnten wir nicht weiter vordringen.

25. Januar
Mit Erschrecken stelle ich fest, dass ich seit einem Monat nichts mehr aufgeschrieben habe. Aber das Stichwort dieser Tage und Wochen heißt Lustlosigkeit. Beinahe widerwillig steht man am Morgen auf, schaut hinaus ins halbe Licht, in den Nebel, der nicht weichen will, hört den Hagel prasseln, das Schiff in Böen ächzen, weiß nicht, was man mit sich und der Welt anfangen soll – und fürchtet eine Kälte, die mit Feuchtigkeit gemischt alles durchdringt, über die Füße und Hände in den ganzen Körper und in die Tiefe der Seele hinein. Der Mensch ist für Wärme und Licht, für die Sonne gemacht, doch unser Entdeckeralltag besteht aus Dunkelheit, Sturm sowie eisigen Erfahrungen.

Lustlosigkeit regiert bis in den Abend, auch beim Zusammensein und Essen in der Kajüte; mit Anstrengung statt mit Appetit kaut man das zähe und beinahe geschmacklose Pökelfleisch, auf das wir jetzt hauptsächlich angewiesen sind, und bloß aus Pflichtbewusstein stopft man die tägliche Portion Sauerkraut in sich hinein. Keiner möchte reden, alle Geschichten sind längst erzählt, und die Witze, immerfort wiederholt, schmecken so fade wie das Essen; das Gelächter bleibt matt und erstickt gleich wieder. Nicht einmal zum Streiten reicht die Energie noch aus. Am Ende geht man trübsinnig zu Bett, in alle verfügbaren Decken verpackt und mit drei Lagen Unterwäsche übereinander gezogen, um halbwegs warm zu werden.

Dabei dürften wir uns eigentlich nicht beklagen. Immer wieder gibt es etwas zu sehen, zum Beispiel die Herden oder, wie die Seeleute sagen, die Schulen der Wale. Was für ein Anblick, wenn sie majestätisch dahinziehen und Fontänen von Wasser und Luft ausblasen! Oder die possierlichen Pinguine. Wie eingebildete Leute recken sie die Köpfe empor und watscheln dabei sehr plump und sehr fettbäuchig, aber im Wasser schießen sie pfeilschnell dahin. Dann die Sturmsegler, die Albatrosse. Wir haben festgestellt, dass bei diesen Vögeln aus jeder Wurzel zwei Federn statt einer wachsen: die gewöhnliche Deckfeder und eine Duhne oder Flaumfeder. Die eine liegt unter der anderen und liefert eine trockene und warme Verpackung.

Vor allem sehen wir immer neue Eisformationen. Oft erheben sie sich zu bizarren Gestalten, zu Burgen, Kathedralen, Tierköpfen, Totenschädeln, Gespenstern. Dazu gibt es vom Wasser ausgewaschene Grotten und Torbogen. Einmal zerbarst eine Burg mit gewaltigem Krachen. Ein andermal kenterte eine Kathedrale wie ein leckgeschlagenes Schiff. Oft kann man an den Abbrüchen der Eisinseln verschiedene Arten von Weiß erkennen, die sich überlagern wie die Gesteinsschichten von Gebirgen. Meines Erachtens beweist dieser Umstand, dass die Eisberge sich zumindest zum Teil aus Schnee aufbauen, der in verschiedenen Zusammensetzungen fällt, manchmal grob-, manchmal feinförmig, manchmal leicht und flockig. Womöglich könnte man an diesen Überlagerungen die Wetter- und Schneegeschichte eines Jahres oder vieler Jahre ablesen. Falls wir ausnahmsweise einen klaren Tag erleben, gibt es auch schöne Lichtspiele. Einmal tauchte die untergehende Sonne die Masse eines Eisbergs in königlichen Purpur, die Spitze in funkelndes Gold. Im Grunde lässt sich das gar nicht beschreiben, sondern nur malen. William Hodges versucht es, und es gelingt ihm recht gut.

Aber was hilft das? Längst hat man sich an all dem satt gesehen, und das Funkeln bildet die Ausnahme gegenüber dem Nebeldämmern, das die Farben, die Rufe, jede Freude verschlingt. Was uns hier festhält, ist nur der unbeugsame Wille eines einzigen Mannes. Cook kommt mir vor wie ein Mensch gewordener Rammbock, der gegen eine Festung anstürmt. Zurückgeworfen, schlägt er Haken, weicht nach Westen, nach Osten aus, nimmt wieder Anlauf – vergeblich. An ihm ist die Größe des Entdeckers mit allem Negativen, der die Fantasien aller früheren und heutigen Dalrymples, die Träume vom anderen, südlichen Griechenland, Rom oder Britannien aus der Welt schaffen will.

8. Februar
Bei sehr dichtem Nebel verloren wir die »Adventure« aus den Augen.

9. Februar
Ich lasse die »Resolution« zu dem Punkt zurückkehren, an dem wir unser Begleitschiff zuletzt gesehen haben. Stündlich wird eine Kanone abgefeuert, aber es gibt keine Antwort. Am Nachmittag klart es auf zu guter Sicht, doch die »Adventure« bleibt verschwunden. So muss ich annehmen, dass wir getrennt worden sind, obwohl es schwer ist, dafür einen Anlass zu entdecken. Es gab keinen groben Sturm, und vorsorglich hatte ich Furneaux befohlen, in solch einem Fall ebenfalls an den Ort der Trennung zurückzukehren und dort drei Tage lang zu kreuzen.

10. Februar, am Abend
Ich muss es aufgeben, nach der »Adventure« Ausschau zu halten, und steuere bei frischer Brise und hoher See nach Südosten.

10. Februar
Alle sind bedrückt – oder richtiger: noch bedrückter als sonst. Ohne unser Begleitschiff sind wir zwar nicht verloren, aber die Gefahren wachsen, weil niemand uns mehr retten kann, wenn wir auf ein Riff laufen oder gegen einen Eisberg treiben. Erst jetzt, im Verlust der Verbindung, merken wir, wie wichtig die »Adventure« für uns war.

Unser Schiff schwirrt von Gerüchten und Spekulationen. Jeder entwickelt zur Trennung seine eigene Theorie, aber keine taugt sehr viel. Ein Kentern im Orkan? Es gab diesen Orkan nicht, und bisher hat sich die »Adventure« in schwerer See ebenso bewährt wie die »Resolution«. »Beides sind Whitby-Schiffe«, um es mit Cook zu sagen. Auflaufen auf einen Eisberg? Nein, in den letzten beiden Tagen haben wir kaum Treibeis gesehen, einen Eisberg schon gar nicht. Ein wütender Wal, der das Schiff rammte und ihm das tödliche Leck schlug? Oder die berüchtigte Riesenkrake mit der Übermacht ihrer Fangarme? Diese Version ist unter den

Matrosen besonders beliebt, aber Leutnant Clerke lacht nur: »Das ist Seemannsgarn und noch niemals vorgekommen.« Eine Meuterei? Dafür gab es keinerlei Anzeichen, und gerade die Matrosen weisen diese Möglichkeit mit Empörung zurück: »Das sind unsere Kameraden, und die würden uns niemals im Stich lassen.« Einer fügt noch hinzu: »Wenn überhaupt, dann würden wir nur gemeinsam handeln.«

Ich habe meine eigene Theorie, aber ich werde mich hüten, von ihr zu reden. Das Stichwort heißt: *Kapitänsmeuterei.* Damit meine ich nicht, dass Commander Furneaux sie bewusst geplant und durchgeführt hat. Aber er stand nicht, wie wir, täglich im Banne Cooks. Er ist auch früher nicht mit Cook gereist; seine Südseeerfahrungen stammen aus der Weltumrundung mit Kapitän Wallis. Er bewahrte seinen eigenen Willen. Als Kapitän der »Adventure« war und ist er dazu verpflichtet, selbstständig zu urteilen und zu handeln. Unmerklich – so denke ich – keimte und wuchs in ihm der Gedanke: Was wir hier tun, ist längst sinnlos geworden. Wir können die Eisbarriere nicht durchbrechen. Oder wenn doch, werden wir dahinter nichts finden, es sei denn eine Wüste aus Kälte und Eis. Es ist jetzt erwiesen, dass es das Südland nicht gibt, jedenfalls nicht in der erträumten Form. Wozu also mit Starrsinn das Schiff und die Mannschaft weiter aufs Spiel setzen?

Wenn solch eine Vorstellung sich erst einmal entwickelt und immer mächtiger wird, genügt eine Kleinigkeit, der sprichwörtliche Tropfen, der das Fass zum Überlaufen bringt, vielleicht das Verschwinden der »Resolution« im Nebel, um zunächst einmal das Wiedersehen nicht wirklich zu wollen und dann den Befehl zu geben: Fort aus diesem antarktischen Alptraum, hin zum vereinbarten Treffpunkt in Neuseeland!

Mittwoch, 17. Februar

Zwischen Mitternacht und drei Uhr morgens erstrahlte der Himmel. Wir kennen die Erscheinung als Aurea borealis oder Nordlicht, aber ich glaube, dass wir die Ersten sind, die ein Südlicht, eine Aurea australis beobachtet haben. Sie entwickelte manch-

mal spiraliges Licht oder Kreisformen und war sehr stark und prachtvoll anzusehen. Allerdings blieb sie immer bei weißem Leuchten, während man beim Nordlicht oft Feuer- und Purpurfarben oder grüne Tönungen sieht. Ich fragte Mr. Wales, aber er meinte, das es für dieses Schauspiel bisher keine oder nur widersprüchliche Erklärungen gibt. Der Wissenschaft vom Weltraum bleibt noch viel zu tun.

24. Februar

Bis gestern Abend acht Uhr liefen wir wieder mit Südkurs, bis zu einer Breite von 61 Grad und 52 Minuten. Hier drehten wir für die Nacht bei, die mit Schnee- und Hagelschauern so stürmisch wie neblig war. Von Gefahren umringt, erwarteten wir das Tageslicht. Es zeigte uns dann riesige Eisberge, an denen wir vorbeigetrieben waren, ohne von der Gefahr zu wissen.

Diese Umstände nahmen mir den Mut, den Polarkreis noch einmal zu überschreiten. Darum ließ ich schweren Herzens nach Norden steuern, um später einen Ostkurs einzuschlagen.

Die Gefahren, die uns von Eisbergen oder Eisfeldern drohen, sind fast schon zur Gewohnheit geworden, sodass die Aufregung, die sie verursachen, nicht mehr so groß ist wie bei den ersten Begegnungen. Aber die Aufmerksamkeit darf niemals nachlassen, denn die Gefahren sind geblieben. Zum Positiven gehört die Möglichkeit, unsere Wasservorräte zu ergänzen. Im Übrigen ist der junge Forster nicht im Unrecht, wenn er von gotischen Domen, Ritterburgen oder Ruinen schwärmt. Aber gleich neben dem romantischen Anblick nistet für Seefahrer der Schrecken.

24. Februar

Scharbock, Skorbut! Ich stelle an mir die Symptome fest: Mattigkeit und Gliederschmerzen, geschwollene Beine mit schwarzen Flecken, grünlicher Urin. Und vor allem: gelockerte Zähne, ein faulig weiches, aufgeschwemmtes Zahnfleisch. Ich kann kaum mehr beißen und muss das klein geschnittene Fleisch fast ungekaut hinunterwürgen. Einigen Seeleuten geht es ähnlich oder noch schlimmer.

Cook fragt unseren Schiffsarzt: »Mr. Patten, wie beurteilen Sie die Lage?«

»Sir, noch habe ich genügend Mittel. Mit Obstsaft, Möhrenmus, Maische, Malz und guter Fleischbrühe werde ich die Leute und auch unseren George bald wieder auf die Beine bringen.«

Dabei lächelte er mir so verheißungsvoll zu, wie eben Ärzte es tun, um ihren Patienten Mut zu machen. Der Kapitän nickt: »Nun gut …« – und wird wohl weiter nahe am Polarkreis nach Osten steuern, womöglich mit neuen Vorstößen nach Süden, obwohl er selbst schon, wie viele der Matrosen, an Händen und Füßen Frostbeulen bekommen hat.

8. März 1773
Dieser Morgen übertraf mit einem strahlend hellem Himmel und milder Luft alle anderen seit unserer Abfahrt vom Kap der Guten Hoffnung. Sogar der in der letzten Zeit immer traurige George lächelte und scheint beinahe wieder gesund zu sein. Unsere Breite beträgt 59 Grad 44 Minuten Süd, die Länge 121 Grad neun Minuten Ost.

Montag, 15. März
Die Nacht brachte wieder scharfen Frost und ein neues Schauspiel des Südlichts.

Mittwoch, 17. März
Vom östlichen Atlantik über die ganze Länge des Indischen Ozeans bis an den Rand des Westpazifik können die Akten über dem Südlandtraum von Dalrymple & Company nun geschlossen werden. Darum steuere ich von heute an nach Norden. Wir müssen die »Adventure« suchen; weiß der Teufel, wo Tobias Furneaux abgeblieben ist. Aber ich will mir Gewissheit verschaffen. Und vor allem: Meine Leute brauchen Erholung.

Neuseeland

Montag, 25. März 1773
»Land, Land, Neuseeland in Sicht!« Der ersehnte Ruf ertönte vom Ausguck im Mastkorb, als wir gerade mit dem Frühstück begannen. Alles strömte an Deck, aber von dort aus war noch nichts zu sehen, und viele Matrosen enterten in die Wanten hinauf. Aus ihrer luftigen Höhe bestätigten sie die frohe Botschaft.

Plötzlich geschah Unerwartetes. Wie auf ein geheimnisvolles Kommando, das niemand gegeben, doch jeder gehört hatte, wandten sich die Köpfe dem Kapitän zu, der zwischen seinen Offizieren auf dem Achterdeck erschien. Samuel Gibson, Korporal der Marinesoldaten, der Adonis und Athlet mit dem Lausbubengesicht, riss die Mütze vom Kopf und rief: »Unser guter Kapitän Cook – hipp, hipp, hurra!« Und alle, die ganze Mannschaft und auch wir, riefen es ihm nach. Cook schien überrascht und für einen Augenblick fast wie betäubt: keine Bewegung, kein Lächeln. Doch dann lüftete er kurz seinen Hut, deutete sehr knapp eine Verbeugung an – und verschwand, als sei das schon zu viel gewesen, schleunigst in der Kajüte.

Als wir wieder beim Frühstück saßen, lachte Leutnant Clerke, verschluckte sich, hustete: »Verzeihung, Sir. Ich musste gerade daran denken, wie Sie diesen Gibson auf der ›Endeavour‹ gründlich haben auspeitschen lassen, als er kurz vor unserer Abreise aus Tahiti liebeskrank desertierte. Offenbar war das genau die richtige

Erziehung. Heute jedenfalls geht er für Sie durchs Feuer und ist Ihr größter Bewunderer.«

25. März
Um Mittag war die Küste vom Deck aus zu sehen. Doch das klare Wetter dauerte nicht lange; kurz vor vier Uhr überzog Nebel das Land; obwohl wir nur vier Meilen von der Küste entfernt waren, ließ sich nichts mehr erkennen. Wir befanden uns gerade vor einer Bucht, die ich zunächst – fälschlich – für die Einfahrt in den Dusky-Sund hielt, der mein Ziel sein sollte. Diese Küste habe ich bei meiner vorigen Reise aus großer Entfernung gesehen und wohl nicht genau genug vermessen. Darum werde ich mich jetzt hüten, viel zu wagen, und keiner Ungeduld nachgeben, um nicht noch mehr Fehler zu machen.

26. März
Endlich verzog sich der Nebel, und am Mittag segelten wir in den Sund hinein. Wir sind hier alle fremd, denn im Jahre 1770 habe ich ihn nur von der See her entdeckt und ihm seinen Namen gegeben. Nach einigen Meilen warfen wir Anker.

26. März
Was für eine Reise! Unter den denkbar schlimmsten Umständen waren wir 122 Tage lang unterwegs und haben 11 000 Meilen zurückgelegt, ohne Land zu sichten. Sind Menschen jemals länger auf See gewesen? Kolumbus brauchte nach seiner Abfahrt von den Kanarischen Inseln bis zur Ankunft in der Karibik kaum mehr als einen Monat – und dabei hätte die Mannschaft fast schon gemeutert und die Umkehr erzwungen.

Der Anblick, der sich uns bietet, ist großartig. Man sieht Bäche und Wasserfälle, die von Felsen herabstürzen und in der Sonne wie Silber erglänzen. Riesige Bäume mit Kronen wie Zedern erheben sich stolz über dem üppigen Grün, das unter ihnen wuchert; Seevögel aller Art und sogar Pelikane fliegen an den Ufern entlang. Neuseeland muss ein Märchenland sein, wenn es uns so schon empfängt. Welch ein Kontrast zu den Eiswüsten, aus denen wir kommen! Um es mit meiner frisch erworbenen Bibelkenntnis zu sagen: »Und der Herr sah an alles, was er gemacht hatte; und siehe da, es war sehr gut.«

27. März
Mir gefiel unser Ankerplatz nicht: zu weit vom Ufer und zu offen für plötzliche Böen. Darum schickte ich zwei Boote aus, um einen besseren zu finden, und Leutnant Pickersgill entdeckte die ideale Bucht. Wir setzten noch einmal Segel und bugsierten die »Resolution« in den »Pickersgill-Hafen«, dicht unter Land und sehr nahe an einer Bachmündung mit quellklarem Wasser.

27. März
Ein umgestürzter Baumstamm ragt vom Ufer bis zum Schiff. An ihm entlang wird ein Steg gebaut, sodass wir kein Boot brauchen, um an Land zu kommen. Der Wald liegt zum Greifen nahe, und man hört die Rufe der Vögel, vielstimmig und fremdartig – und doch: wie willkommen und anheimelnd! Zu Hause erscheint uns das Krächzen der Krähen, das Zwitschern der Schwalben und Schilpen der Spatzen, der Gesang der Amseln und Rotkehlchen als selbstverständlich; erst jetzt bemerke ich, was das bedeutet: die beruhigende Zusicherung, dass wir auf dem festen Boden sind, auf den wir gehören.

Inzwischen ist als Erstes schon der Fischfang im Gange, mit reichem Ergebnis. Kaum werden Angeln ausgeworfen, zappelt an den Haken bereits die Beute, und die beiden Boote, die Netze durch die Bucht ziehen, bringen sie prall gefüllt an Bord. Zum ersten Mal seit Wochen oder Monaten freuen wir uns auf das Abendessen!

Man erkennt die Leute kaum wieder. Überall fröhliche Gesichter, Stimmengewirr, Lachen, manchmal Gesang. Und emsige Betriebsamkeit. Am Ufer wird ein Stück Wald gerodet, um Arbeitsplätze für die Schmiede und die Zimmerleute zu schaffen; die »Resolution« benötigt eine gründliche Überholung. Mr. Wales baut indessen eine Beobachtungsstation auf, um ohne das Schwanken des Schiffs unseren Standort exakt zu bestimmen und den Gang seiner Uhren zu prüfen.

Sogar die alten, längst verbrauchten Witze tauchen wieder auf und sehen wie neu aus. William Hodges, Andreas Sparrman und ich beobachteten vom Achterdeck aus einen Matrosen beim Angeln. Im kristallklaren Wasser ließ sich deutlich der große Fisch erkennen, der heranschwamm, zweimal den Haken umkreiste – und dann doch nicht anbiss, sondern wegtauchte. Der Matrose drohte ihm mit der Faust hinterher und rief: »Du Teufel, I vil tel de Kinck of you!« Alle mussten lachen, ich auch.

27. März
Die wenigen Ziegen und Schafe, die wir noch haben, sollten auf der Wiese an der Bachmündung weiden. Sie versuchten es, aber es gelang ihnen kaum. Offenbar geht es ihnen schlechter als uns, und bei genauerer Untersuchung fanden wir bei ihnen mit fauligem Zahnfleisch und lockeren Zähnen alle Anzeichen des Skorbuts. Eine wichtige Erkenntnis für künftige Reisen: Tiere brauchen die angemessene Diät ebenso dringend wie Menschen. Wir werden darüber nachdenken müssen, was für sie nützlich ist. Vielleicht voreilig habe ich mich auf unsere gute alte Milchziege von der »Endeavour« verlassen, die schon Kapitän Wallis begleitete und immer gesund blieb. Aber stets waren die Reiseabschnitte kürzer als der, der jetzt hinter uns liegt. Zu allem Übel ist das Gras, das hier wächst, sehr hart; um zu retten, was vielleicht noch zu retten ist, schicke ich einige Matrosen aus, damit sie nach weichen Kräutern und Blattwerk suchen.

28. März
Das Fischgericht schmeckte köstlich. Besonders gut mundete eine Art von Kabeljau, den die Matrosen Kohlefisch nennen, weil seine Haut beinahe schwarz ist. Aber wer hat, will noch mehr. Warum nicht einen Tauben- oder Entenbraten nachfolgen lassen? Cooper, Clerke, mein Vater und ich gingen mit Schrotflinten an Land, um unser Jagdglück zu versuchen. Die Leutnants haben in Kapstadt auch einen Hund gekauft, allerdings eine Promenadenmischung, die kaum ein Zehntel von dem kostete, was mein Vater für »Terra« bezahlte. Beide, der Köter und die vor-

nehme Rassedame, sollten nun beweisen, dass sie zum Apportieren nützlich sind.

Die Probe fiel verblüffend aus. Beim ersten Schuss von Cooper stürzte der Leutnantshund aufjaulend ins Unterholz. Kein Rufen half; er war und blieb verschwunden. »Terra« dagegen rettete sich winselnd zwischen die Beine meines Vaters. Die Behauptung des Verkäufers in Kapstadt, dass diese Hündin jagderfahren sei und sich schon vortrefflich bewährt habe, war offenbar frei erfunden. Inzwischen fluchten die stolzen Besitzer – nicht nur die Offiziere, sondern auch der Herr Pfarrer – gotteslästerlich.

Noch zwei weitere Umstände behinderten den Jagderfolg. Erstens scheinen die neuseeländischen Baumbewohner noch niemals Menschen begegnet zu sein, jedenfalls hier nicht – oder nur solchen, die sie für harmlos befanden. Statt zu flüchten, überwog ihre Neugier, herauszufinden, was es mit diesen fremdartigen Wesen auf sich hat. So flog ein amselähnlicher Vogel herbei, setzte sich auf Coopers gerade abgeschossene Flinte, machte artige Verbeugungen und tirilierte frisch drauflos: »Guten Tag, hier bin ich. Und wer bist du? Woher kommst du? Bitte erzähle mir etwas von dir.« Wie soll man da noch Krieg führen und schießen, statt zu lächeln und zu antworten?

Zweitens gelangten wir beim Versuch, dem entflohenen Hund zu folgen, in ein Urwalddickicht, das kaum noch ein Vorwärtskommen erlaubte. Farnkraut, Gestrüpp, Rankengeschling wucherte über ellenhohem Astwerk und Laub in allen Stadien des Verrottens. Als ich den gefallenen Stamm eines Riesenbaumes betrat, versank ich plötzlich bis zum Bauch in ihm; unter der noch täuschend erhaltenen Rinde war beinahe nichts mehr geblieben.

Zu allem Übel gesellten sich noch höchst lästige Stechmücken oder Sandfliegen. Und dann setzte unversehens der Regen ein, ein Wolkenbruch beinahe, sodass wir pudelnass zurückkehrten. Kurzum: Dieser Jagdausflug war zwar lehrreich, aber ein vollkommener Misserfolg. Und wer den Schaden hat, braucht für den Spott nicht zu sorgen: An Bord hielten uns Wales, Sparrman und Hodges die zwei Dutzend Enten vor, die sie vom Boot aus höchst bequem erlegt hatten.

28. März
Werden wir Menschen treffen? Die Frage wurde schon bei unserem Einlaufen in den Sund lebhaft erörtert. Meine Erfahrung sagt, dass es sie überall gibt, wo die Natur ihnen ein Überleben ermöglicht, und sei es noch so dürftig. Diese Erfahrung wurde heute bestätigt. Ein Boot unter Führung von Leutnant Pickersgill fuhr zum Jagen in eine der zahlreichen kleinen Buchten hinein, die man hier findet, und man sichtete dort Eingeborene. Pickersgill kehrte rasch zurück, um es mir zu melden. Noch vor Mittag erschien dann ein Kanu mit sieben oder acht Männern und kam bis auf Flintenschussweite ans Schiff heran – in den Augen dieser Leute wohl eine sichere Entfernung. Lange schauten sie zu uns herüber, aber mit allen Zeichen der Freundschaft konnten wir sie nicht dazu bringen, näher heran zu rudern. Nach dem Essen nahm ich zwei Boote, um eine Begegnung zu versuchen. Wir fanden das Kanu nahe bei einigen ärmlichen Hütten und sahen dort Feuerplätze, Fischnetze und Fische. Doch wir trafen niemanden; wahrscheinlich hatten sich die Bewohner vor den unheimlichen Ankömmlingen in den Wald zurückgezogen. Als kein Abwarten und kein Rufen half, legten wir Münzen, Glasperlen, Nägel, einen Spiegel sowie eine Axt in das Kanu und kehrten zum Schiff zurück.

28. März, Fortsetzung
Neben unserem Missgeschick bei der Jagd stand natürlich die misslungene Begegnung mit den Eingeborenen im Mittelpunkt des Abendgesprächs. Dass sie schon die Bekanntschaft von Europäern gemacht hatten, womöglich mit schlechten Erfahrungen, schlossen wir aus. Denn davon abgesehen, dass dies unsere Entdeckereitelkeit verletzt hätte: Leute, die die Wirkung von Feuerwaffen schon kannten, wären nicht so nahe ans Schiff herangekommen.

Aber wie soll eine Verständigung gelingen? Cook sagt, ungewohnt redselig: »Ich wünschte, wir hätten noch Banks und seinen Tupaia bei uns. Oder hieß er Tupia? Jedenfalls hat er die Neuseeländer recht gut verstanden, so wie ein Schotte die Engländer, und Banks ist bei ihm in die Schule gegangen.« Leises Seufzen: »Ich bin leider für Sprachen nicht sehr begabt; schon mit dem Französischen gerate ich in Schwierigkeiten, und seit der letzten Reise habe ich das meiste schon wieder vergessen.«

Wales stichelt gegen meinen Vater: »Herr Forster, man hört doch, dass Sie im Gegensatz zu unserem Kapitän ein Genie sind, mit siebzehn Sprachen, die sie völlig beherrschen. Oder sind es noch mehr? Könnten Sie nicht aushelfen?«

Mein Vater setzt zur Entgegnung an, doch dann schüttelt er nur den Kopf und vermeidet ausnahmsweise (oder aus schlechter Erfahrung) die Streitgelegenheit, die sich hier bietet.

Wieder Cook: »Mr. Clerke, wie ist es mit Ihnen? Sie sind doch auch schon ein ›Endeavour‹-Veteran.«

»Ja Sir, aber ich werde mich hüten, meinen Kapitän zu übertreffen.«

»Ausnahmsweise wäre es Ihnen gestattet.«

»Leider wird es mir nicht gelingen. Ich habe mich immer auf Joseph Banks verlassen. Doch ich wüsste vielleicht einen Dolmetscher: Korporal Gibson. Fleißiger als jeder andere hat er auf Tahiti und bei Tupia gelernt, sich Notizen gemacht und immer wieder geübt. ›Für das nächste Mal‹, hat er mir gesagt, als ich ihn nach dem Warum fragte.«

»Lassen Sie ihn holen.«

Gibson erscheint in strammer Haltung und mit besorgter Miene: Was wirft man ihm vor? Wenn die Vorgesetzten einen so unerwartet rufen, und in diesem Falle sogar der Kapitän, ist kaum etwas Gutes zu erwarten.

Cook: »Stehen sie bequem, Korporal. Wie heißen Sie eigentlich mit Vornamen?«

»Samuel, Sir.«

»Darf man dann auch Sam sagen?«

»Jawohl, Sir.«

»Also, Sam: Wie ich höre, beherrschen Sie die Südseesprache?«

»Nicht so gut, wie es sein sollte, Sir.«

»Aber doch besser als jeder andere hier an Bord?«

»Jawohl, Sir, ich denke schon.«

»Ausgezeichnet. Dann werden Sie mich ab sofort als Dolmetscher begleiten, wenn wir versuchen, mit den Eingeborenen Kontakt aufzunehmen.«

Gibson erstrahlt: »Danke, Sir, ich werde mein Bestes tun.«

Cook hebt die Hand und lächelt: »Aber, wenn ich bitten darf: ohne Hurrarufen.«

»Bestimmt, Sir. Es wird nicht wieder vorkommen.«

31. März
Cook hat uns eingeschärft, nach Kräutern zu suchen, die als Salat dienen können. Wir finden keine, entdecken aber eine schöne Myrtenart. Von ihren Blättern, so stellen wir fest, lässt sich ein Teeaufguss bereiten; daher nennen wir sie die neuseeländische Tee-Myrte. Der Tee schmeckt angenehm frisch, aromatisch und beinahe süß; nur beim zweiten Aufguss wird er bitter. Fleißiges Trinken, so erklärt Mr. Patten, wird viel dazu beitragen, das Blut zu reinigen und alle skorbutischen Symptome zu beseitigen.

Inzwischen betätigt sich Charles Clerke als Bierbrauer. Denn es gibt hier eine Spruce- oder Sprossentanne, und Clerke versichert, dass sie auch in Westindien wächst und dort ihre Nadeln die entsprechende Verwendung finden. Er braut tatsächlich eine Art von Bier, mit dem Zusatz von Bier-Würz-Essenz und Sirup, und behauptet, dass es wunderbar schmeckt. Nun ja, man bringt es hinunter, der Gesundheit zuliebe. Nur am Morgen, auf nüchternen Magen, verursacht es Übelkeit. Bei der Mannschaft hilft der Kapitän damit nach, dass er die Rumrationen sperrt, solange es dieses Bier gibt. Darüber murren die Leute zunächst, aber als sie feststellen, dass sie sich auch mit dem Sprossenbier betrinken können, sind sie zufrieden.

31. März
Das Wetter ist leider sehr wechselhaft. Manchmal scheint am Morgen die Sonne und wärmt angenehm, aber plötzlich zieht kalter Nebel auf. Oder der Himmel verfinstert sich, und es beginnt stark und manchmal auch ausdauernd zu regnen. Damit die Schmiede- und Zimmerleute arbeiten konnten, mussten über ihren Werkstätten Zeltdächer aufgespannt werden. Heute regnet

es heftig, teils sehr heftig. Wahrscheinlich handelt es sich um das typische Herbstwetter, und es gibt bessere Jahreszeiten. Aber das ist schwer zu entscheiden.

31. März, Fortsetzung

Der Regen verhindert jeden Ausflug. Doch mein Vater sorgt dafür, dass ich zu tun habe. Unerbittlich schleppt er Pflanzen, Vögel, Fische und Insekten herbei, die ich zeichnen soll. Das Zeug beginnt bald zu stinken, und so sitze ich bis in die Nacht am Zeichentisch, um dann wenigstens das Aas über Bord werfen zu können.

1. April

Gab es auch im Paradiesgarten Fliegenschwärme? Oder Moskitos, die uns allein schon mit ihrem sirrenden Anflug in Panik versetzen und den Schlaf rauben? Davon steht nichts in der Bibel. Aber hier, im südlichen Neuseeland, sind die Sandfliegen oder Erdmücken (Tipula alis incumbentibus) wirklich sehr lästig, und je feuchter die Luft, desto mehr werden sie zur Plage. Bereits ihr Stich ist schmerzhaft, und sobald die gestochene Hand oder das Gesicht sich erwärmt, folgt ein unerträgliches Jucken, das beim geringsten Kratzen zu schmerzhaften Schwellungen führt. Ich bleibe halbwegs verschont, offenbar ist mein Blut nicht süß genug. Aber mein Vater wird abscheulich gequält, und seine Hände sind derart geschwollen, dass er die Feder nicht mehr halten kann, um die täglichen Vorfälle zu notieren; in der letzten Nacht bekam er sogar starkes Fieber. Unser Arzt versucht es mit allerlei Salben, aber keine hilft. Es bleibt eigentlich nur, das Gesicht mit Pomade einzureiben und Handschuhe zu tragen.

1. April

Am Nachmittag klarte es auf, und ich fuhr zu dem Platz, an dem wir Geschenke in das Kanu der Eingeborenen gelegt hatten. Sie waren noch unberührt; womöglich haben wir mit unserer Ankunft einen solchen Schrecken verbreitet, dass diese armen Leute keine Rückkehr mehr wagen. Übrigens hat das sonst ziemlich grob gearbeitete Auslegerboot einen geschwungenen Bug, der in einen Kopf mit verzerrtem Gesicht und herausgestreckter Zunge mündet. Als Augen sind Stücke aus Perlmutt eingesetzt.

»Das soll die Feinde abschrecken«, meinte Gibson.

»Woher wissen Sie das?«

»Aus Tahiti, Sir. Dort gibt es solche Köpfe ja auch. Aber natürlich ist dort alles viel schöner.«

»Ihnen geht wohl nichts über diese Insel?«

Er grinste wie ein Lausbube: »Nein, Sir, nichts auf der Welt.«

Ich schaute ihn prüfend an; er erriet meine Gedanken und sagte, jetzt sehr ernst: »Sir, ich werde bestimmt nicht wieder desertieren, nicht einmal für die Schönste von allen Frauen. Ich gehöre zu meinem Kapitän.«

Und ich mag diesen Jungen.

6. April

Bei endlich wieder gutem Wetter fuhren wir in eine etwas entlegene Bucht, weil Cook den ganzen Sund mit allen seinen Verzweigungen erkunden und zeichnen will. Diese Bucht war mit steilen Felswänden und malerischen Wasserfällen besonders schön. Am Ende gab es ein flaches Uferstück aus Muschelsand. Hier rieselte ein einladender Bach, wie zum Baden gemacht, jedenfalls für Leute, die kaltes Wasser nicht abschreckt, und sogar die Mücken waren hier seltener als im Pickersgill-Hafen. Dafür wimmelte es von Enten; ohne Mühe erlegten wir vierzehn Stück und tauften den Platz die Entenbucht.

Auf dem Rückweg kamen wir an einer Insel mit weit hervorragender Felsspitze vorbei, der Indianerinsel, wie wir sie später nannten. Denn plötzlich hörten wir lautes Rufen: Auf der Felsspitze stand ein Eingeborener. Er war mit einer Keule bewaffnet, und hinter ihm erblickten wir zwei Frauen, jede mit einem Speer in der Hand. »Wer seid ihr? Was wollt ihr? Geht fort!«, übersetzte Gibson das Rufen. »Wir sind Freunde, wir kommen in Frieden, wir wollen dich besuchen«, hieß unsere Antwort, und wir ruderten näher heran. Der Mann hielt unterdessen eine heftige Rede und schwenkte seine Keule über dem Kopf. »Ich verstehe nur

Bruchstücke«, meinte Gibson, »aber er ist ein tapferer Krieger und fürchtet sich nicht.« Dabei sahen wir, dass er zitterte.

Cook ging unbewaffnet an Land, stieg zum Felsen hinauf und warf dem Mann sein weißes Taschentuch zu, ohne Ergebnis. Dann hielt er ihm weißes Papier als Friedenszeichen entgegen, und der Mann zitterte noch mehr. Vielleicht sah er sich schon an unserem Bratspieß. Oder im Kochtopf, falls diese Leute Töpfe haben. Schließlich, nahe genug, ergriff Cook seine Hand, umarmte ihn und rieb die Nase an seiner – ein nicht nur in der Südsee verbreitetes Friedenszeichen. Da war auf einmal der Bann gebrochen, auch die Frauen kamen heran, wir gingen an Land, und eine allgemeine Unterhaltung begann, bei der kaum jemand verstand, was der andere sagte, trotz Gibsons Bemühungen, weil alle durcheinander schwatzten. Doch das Reden allein hilft schon gegen die Fremdheit und Furcht.

Der Mann sah so ehrlich wie kräftig und die jüngere der beiden Frauen recht angenehm aus. Die andere freilich war abstoßend hässlich, mit einem großen und garstigen Gewächs auf der Oberlippe; alle besaßen wohlgeformte Oberkörper, aber dünne und krumme Beine. Die Bekleidung, eher dürftig, bestand aus Flachsmatten, mit Federn durchwebt. William Hodges machte sich eilig ans Zeichnen. Leider hatten wir kaum etwas mit, was zum Schenken taugte, von Taschentüchern einmal abgesehen. Darum versprachen wir, am nächsten Tag einen zweiten Besuch zu machen.

Als wir abfuhren, schien der Mann in tiefes Nachdenken versunken, und man konnte es ihm nachfühlen. Was für seltsame Wesen aus unbekannten Welten waren ihm begegnet! Ich malte mir aus, wie wir auf Marsmenschen reagieren würden. Unterdessen sang und tanzte die jüngere Frau – was unsere Matrosen zu abscheulich groben Bemerkungen über »die Geilheit der Weiber« herausforderte, obwohl weit mehr wohl ihre eigene Begierde sich regte.

7. April

Überall auf der Welt und seit den Anfängen der Geschichte gehört der Austausch von Geschenken als Zeichen von Freundschaft und

Frieden zu den Merkmalen, die Menschen als Menschen verbinden wie der aufrechte Gang und die Begabung zur Sprache. Was eigentlich unterscheidet uns, die angeblich Zivilisierten, von den so genannten Wilden, sofern man die Tünche weglässt? Überall schlagen Herzen in Hoffnung und Ängsten, in Liebe und Hass, überall gilt das Gebot der Gleichheit – oder sollte es gelten.

Heute also war der Tag der Geschenke. Das Oberhaupt der großen Familie, mit der wir nun Bekanntschaft schlossen, erwies sich als kluger Geschäftsmann; er begriff sofort den Wert unserer Beile und Nägel und blieb gleichgültig gegen alles, was keinen praktischen Nutzen versprach. Als Gegengeschenk erhielten wir eine bemalte Streitaxt aus Stein, eher wackelig mit ihrem Stiel verbunden und zum ernsthaften Kampf kaum zu gebrauchen. Aber womöglich ist sie nur als ein Zierstück gedacht. Bei der Abfahrt interessierte unser Gastgeber sich besonders für einen der Regenumhänge, die für den hier immer drohenden Fall des plötzlichen Wetterumschlags im Boot lagen. Den konnten wir nicht fortgeben, doch bei unserer Rückkehr aufs Schiff ließ Cook gleich einen Mantel aus rotem Tuch nähen, der beim nächsten Besuch überreicht werden sollte.

8. April

Wieder einmal gab es Gelegenheit, James Cook zu bewundern; er ist ein Meister im Umgang mit Menschen. Beim Besuch auf der Indianerinsel hatte er selbst sich den roten Mantel umgehängt, so wie man es auf den Krönungsbildern von Königen sieht. Um so größer war das Echo der Freude, als er ihn feierlich, eben wie bei einer Krönungszeremonie, ablegte und dem Familienvater umhing. Es folgten Umarmung und Nasenreiben. Ich glaube beinahe, dass von da an dieser Mann sich ebenso für unseren Kapitän zerreißen lassen würde wie Samuel Gibson.

8. April

Es ist schwer zu verstehen, warum die Eingeborenen hier nur in kleinen Gruppen oder vereinzelten Familien leben, statt sich zusammenzuschließen. Der Mangel an Nahrungsmitteln kann nicht die Ursache sein, denn Wasser und Land bieten Fische, Vögel und Pflanzen im Überfluss. Wahrscheinlich leiden die Leute hier oft unter der Kälte und Nässe, aber an Hunger bestimmt nicht. Nein, ich begreife nicht, warum der Zusammenschluss unterbleibt. Die Vorteile wären offensichtlich; man könnte einander beistehen und die Arbeit teilen. Unsere Zivilisation, so denke ich, beruht mit all ihrem Nutzen (und vielleicht auch ihren Nachteilen) auf der Arbeitsteilung von Millionen Menschen.

15. April
Der Hund ist wieder aufgetaucht, der unseren Leutnants gleich beim ersten Jagdausflug davonlief. Offenbar hat er sich inzwischen auf seine Weise als Jäger ernährt, denn er wirkt keineswegs ausgehungert und hat noch immer ein glattes Fell.

18. April
Wenn es nicht regnet oder der Befehl meines Vaters mich an den Zeichentisch bannt, geschieht so viel, dass kaum Zeit bleibt, Notizen zu machen. Heute haben unsere eingeborenen Freunde endlich ihre Furcht überwunden und die »Resolution« besucht. Einige Tage zuvor besuchten wir sie, und dabei erlebte Samuel Gibson etwas, was ihm wohl noch nie passiert ist. Auf dem Felsen, von dem aus wir zuerst angerufen wurden, drängte die jüngere Frau an ihn heran; sie streichelte und betastete ihn. Offenbar hielt sie ihn auch für eine Frau; hübsch genug sieht er ja aus, besonders wenn er lächelt oder lacht und dabei seine Grübchen zeigt. Als sie dann aber sein Geschlecht entdeckte, schrie sie auf, rannte fort und lässt ihn seitdem nicht mehr in ihre Nähe. Zu seinem Trost haben wir den gar nicht sehr hohen Felsen »Mount Gibson« getauft.

Die Namensgebungen sind überhaupt große Mode. Mein Vater und ich entdeckten einen herrlichen Wasserfall. Man kann seine Schönheit gar nicht beschreiben, und ich habe Hodges gebeten, ihn zu malen. Aber auf dem feuchten Gestein rutschte mein Vater aus und wäre beinahe in die Tiefe gestürzt. Seitdem heißt dieses Wunderwerk der Natur doppelsinnig »Forster's Fall«.

24. April
Heute setzten wir die fünf Gänse, die seit Kapstadt noch überlebten, an dem bei dieser Gelegenheit so getauften Gänsekap aus. Wales forderte Mr. Forster auf, als Pfarrer die Tiere mit einem Segensspruch zu versehen. Aber dieser Deutsche hat keinen Humor und erwies sich wie so oft als ein Spielverderber. Er weigerte sich: Das sei katholischer Humbug und nichts für aufrechte Protestanten. Ehe es Streit gab, sprang George in die Bresche und fand den passenden Bibelspruch: »Seid fruchtbar und mehret euch und füllet die Erde und macht sie euch untertan.« Die so Entlassenen liefen gleich sehr vergnügt umher, und ich zweifle nicht, dass sie brüten und sich zum Wohl der Einwohner über das ganze Land verbreiten werden.

25. April
Weil unsere Abreise bevorsteht, werden mit besonderem Eifer Fischzüge und Jagdausflüge unternommen, noch immer mit großem Erfolg. Zur Beute gehören auch Seehunde, die dreifach Verwendung finden: Die Haut dient zur Ausbesserung von Takelwerk und Segeln, das ausgekochte Fett liefert Öl für die Lampen, das Fleisch wird gegessen.

Dienstag, 27. April
Bevor wir den Dusky-Sund verlassen, versuche ich eine zusammenfassende Beschreibung.

Das Binnenland bietet einen ebenso schroffen wie rauen Anblick; man sieht Gebirge, die vollständig kahl sind. Auf den Gipfeln liegt jetzt, im südlichen Herbst, schon Schnee. Die Küstenregion dagegen und alle Inseln sind bis fast ans Wasser dicht bewaldet. Es gibt verschiedene Baumarten und nirgendwo besseres Bauholz. Am höchsten wächst die neuseeländische Sprossenfichte oder Sprossentanne, die wir wegen ihrer Ähnlichkeit mit der amerikanischen so nannten, obwohl ihr Holz schwerer ist und eher an die Pechtanne erinnert.

Man findet viele andere Sträucher und Bäume, meist Myrtenarten, aber keine mit essbaren Früchten. Oft sind die Wälder so mit Ranken durchwuchert, dass es kaum möglich ist, sich einen Weg zu bahnen. Der Humusboden hat eine tiefschwarze Farbe und besteht hauptsächlich aus Pflanzenmoder. Er liegt so locker, dass man mit jedem Schritt einsinkt, und wird überall von Moos und Farnkraut bedeckt.

Der Fischreichtum ist kaum zu übertreffen. Unter den Wasservögeln sind die Enten am häufigsten; wir entdeckten fünf verschiedene Arten. An Land wirken am seltsamsten die Waldhühner, die es hier häufig gibt. Sie können nicht fliegen und sind entweder so zahm oder so dumm, dass sie sitzen blieben und uns anstarrten, bis wir sie mit Knüppeln erschlugen. Um so köstlicher schmecken sie. Diese Kombination lässt befürchten, dass sie eine dichtere Besiedlung nicht überleben werden.

Sehr lästig sind die schwarzen Sandfliegen, die höchst zahlreich vorkommen und unangenehmer stechen als alles, was mir bisher begegnet ist.

Ein weiteres Übel sind die vielen, oft andauernden schweren Regenfälle. Sie mögen in dieser Jahreszeit besonders häufig sein, doch die Lage des Landes unter hohen Gebirgen dürfte auch in anderen Monaten für starke Niederschläge sorgen.

Die Menschen unterscheiden sich nach Aussehen, Sprache und Gebräuchen nicht von denen, die mir schon weiter nördlich begegnet sind. Sie verhalten sich friedfertig, wenn man sie entsprechend behandelt. Untereinander aber scheinen sie oft kriegerisch zu sein. Wie sonst soll man es erklären, dass sie nur in kleineren Gruppen oder Familien umherziehen, statt sich in größeren Verbänden zusammenzuschließen?

Für Seefahrer, die nach langer Reise, etwa von Kapstadt aus, Neuseeland ansteuern, dürfte der Dusky-Sund sehr nützlich sein. Hier finden sie einen sicheren Hafen und alles, was sie brauchen. Meine Leute haben sich sehr gut erholt, viele sogar zugenommen. (Leutnant Pickersgill klagt darüber, dass ihm sein Anzug zu eng geworden sei.) Nur unsere armen Schafe sind weiter krank und werden wohl nicht mehr lange leben.

28. April
Am Vormittag wurden die Zelte am Ufer abgebrochen und alle Gerätschaften an Bord gebracht. Um zwei Uhr nachmittags lichteten wir die Anker.

Dr. Sparrman, mein Vater und ich veranstalten eine »Konferenz der Naturforscher«. Dieses erlauchte Gremium stellt fest, dass die Pflanzenwelt Neuseelands wenig Überraschungen bietet: Sie sieht ungefähr so aus wie bei entsprechendem Klima in Europa und lässt sich von den hier versammelten Schülern des großen Linnaeus leicht klassifizieren. Anders ist es bei den Tieren. »Es fehlen die vierfüßigen Säugetiere, jedenfalls alle Arten von Raubtieren, die wir kennen«, meint Sparrman. »Keine Bären, Wölfe, Luchse, Füchse oder Marder weit und breit, auch keine Biber.«

»Woher wollen Sie das wissen?«, frage ich. »Wir haben bisher doch nur einen winzigen Teil Neuseelands gesehen.«

»Sehr einfach: Tierarten verbreiten sich, soweit sie die Lebensbedingungen finden, die sie brauchen. Und was wir gesehen haben, böte ihnen die idealen Möglichkeiten. Denken Sie an diesen gut genährten Köter, der doch gar nicht daran gewöhnt war, sich sein Futter selbst zu besorgen!«

»Ja«, ergänzt mein Vater, »und die Schiffskatze, als sie einmal über den Steg an Land spazierte, hat unter den Vögeln gleich ein Massaker angerichtet. Die kennen noch keine vierfüßigen Feinde. Umgekehrt heißt das, dass es hier Tierarten gibt, zum Beispiel diese flugunfähigen Waldhühner, die bestimmt schon ausgerottet wären, wenn hier Füchse oder Marder vorkämen.«

Sparrman spielt noch einen Trumpf aus: »Andernfalls würden die einheimischen Damen Fuchs- und Biberpelze tragen. Sie könnten sie sehr gut gebrauchen, zur Verschönerung und gegen die Kälte.«

An dieser Stelle schüttelt mein Vater missbilligend den Kopf: »Leider haben diese Leute ziemlich verworrene Vorstellungen, was die Kindespflichten gegenüber den Eltern betrifft. Ich habe gesehen, wie der Vater und die Tochter sich zankten und wie er sie schlug. Aber sie schlug zurück! Das ist doch widernatürlich, das gehört sich einfach nicht.«

Sparrman, sonst immer ernst, lacht: »Verehrter Vater Forster! Ich verstehe Sie ja, aber Sie ziehen die falschen Folgerungen. Der Vorfall besagt, dass es sich eben nicht um die Tochter, sondern – bei Vielweiberei – neben der alten und hässlichen um die jüngere Zweitfrau handelt. Die lässt sich nicht alles gefallen, weil sie noch hübsch genug ist und andere Männer finden kann.«

29. April
Eine Schreckensnachricht: Der Kapitän ist erkrankt, angeblich erkältet, er hütet das Bett und lässt Leutnant Cooper kommandieren. Wir fühlen uns wie Kinder, die plötzlich ihren Vater verlieren. Oder jedenfalls ich fühle so. Es muss ernst sein, denn Cook ist bestimmt kein Wehleider. Alle bestürmen den Schiffsarzt um Auskunft. Mr. Patten redet von rheumatischem Fieber, heftigen Rückenschmerzen, einem geschwollenen Fuß. »Kein Wunder nach all der Kälte und Nässe.« Und: »Kein Grund zur Sorge!« Doch das erklären die Ärzte immer, wenn sie die Angehörigen ihrer Patienten beruhigen wollen.

30. April
Die »Resolution«, so scheint es, hat sich an James Cook gewöhnt wie ihre Besatzung und wir alle; sie gehorcht seinem Befehl, aber niemandem sonst. Abwechselnd schützt sie Windstille oder Stürme vor, um zu sagen: Nein, ich will nicht vorwärts, außer unter meinem richtigen Kapitän. So bleibt uns nichts weiter übrig, als wieder in Buchten einzulaufen, um die Fischzüge, die Jagdausflüge und botanischen Expeditionen fortzusetzen.

6. Mai
Vorgestern ruderten wir bei recht gutem Wetter und Windstille in eine Bucht hinein, die besonders einladend wirkte. Aber es schien, als hätte uns eine Hexe die schönen Bilder nur zur Verführung und zum Verderben vorgehalten. Wir bewunderten Wasserfälle und hörten das Vogelzwitschern; wir sahen nicht, was sich hinter unserem Rücken auf dem Meer zusammenbraute. Fast aus dem Nichts setzte ein Sturm ein; vergeblich ver-

suchten wir, zum Schiff zurückzukehren. Das Boot drohte zu kentern, und wir mussten an Land Zuflucht suchen. Die Nacht brach herein, der Sturm steigerte sich zum Orkan und verwirbelte das Feuer, das wir auf einer Felsplatte entzündet hatten. Bäume wurden entwurzelt und stürzten krachend zu Boden. Regen, ein Wolkenbruch folgte, bittere Kälte noch dazu; bald waren wir bis auf die Haut durchnässt und froren erbärmlich. Dann das Gewitter, der grelle Blitz ganz in der Nähe, der für einen Augenblick aufs Meer hinaus die tobende See erleuchtete, und der heftigste Donnerschlag, den ich jemals gehört habe; siebenfach hallte das Echo von den Felswänden wider. Meine Fantasie malte aus, wie die »Resolution«, aus ihrem Anker gerissen, irgendwo an einem Riff zerschellte und wie wir, die unglücklich Überlebenden, in dieser Wildnis umkommen würden. Endlich, am Morgen, ließ der Sturm nach, die See beruhigte sich beinahe so schnell, wie sie ins Kochen geraten war, und wir fanden das Schiff unbeschädigt dort, wo wir es verlassen hatten. Hungrig und übermüdet kletterten wir an Bord und wurden – welch ein Glück – von einem strengen Kapitän Cook empfangen, der uns vorhielt, nicht auf den Wetterumschlag geachtet zu haben, so wie vor Monaten Mr. Wales und mein Vater nicht auf den einsetzenden Nebel. Doch noch scheint der Kapitän nicht richtig gesund zu sein; er zog sich bald wieder in seine Kabine zurück.

11. Mai
Endlich bessert sich das Wetter – und mit ihm mein Zustand. Unter günstigem Wind segeln wir an der Küste entlang nach Nordosten.

Montag, 17. Mai 1773
Um vier Uhr nachmittags legte sich plötzlich der Wind, der Himmel verdunkelte sich mit dichten und düsteren Wolken und kündigte einen Gewittersturm an, sodass wir alle Segel refften. Gleich danach sahen wir mehrere Wasserhosen.

Sie beginnen mit einer Wirbelbewegung und dem Aufsteigen des Wassers. Im selben Augenblick scheint eine runde Säule oder

Röhre aus den Wolken herabzusteigen, bis sie unten das aufgeregte Wasser erreicht.

Eine solche Windhose, sagt man, kann gefährlich werden und große Zerstörungen anrichten, wenn sie über das Schiff hinweggeht. Es heißt aber auch, dass man sie durch einen Kanonenschuss zerstören könne, und ich bedauere sehr, den Versuch nicht gemacht zu haben, obwohl wir nahe genug waren und schon ein Geschütz geladen hatten. Ich war zu sehr in meine Beobachtungen vertieft und vergaß, den Befehl zum Feuern zu geben. Das ist unverzeihlich; eine solche Gelegenheit kehrt so leicht nicht wieder.

17. Mai
Man konnte deutlich sehen, wie das Wasser innerhalb des Wirbels aufwärts gerissen wurde. Es schien uns auch so, als ob das Wasser keine dichte, sondern eine hohle Säule bildete. Ob die Elektrizität bei der Bildung solcher Wasser- oder Windhosen eine Rolle spielt, ließ sich schwer entscheiden, aber der Blitz, den wir beim Zerplatzen der letzten Säule sahen, deutet darauf hin. Schon Benjamin Franklin hat in seinem Buch »Experimente und Beobachtungen zur Elektrizität« hiervon gesprochen.

Dass wir nach allen Gefahren, die uns schon begegnet sind, dem Unheil wieder sehr nahe waren, dürfte sicher sein. Die Matrosen erzählten auch gleich ihre Schreckensgeschichten von sonst seefesten Schiffen, die durch solche Wasserhosen in den Untergang gerissen worden sind, und Leutnant Clerke behauptete diesmal nicht, dass es sich bloß um Seemannsgarn handle, wie bei den Berichten von Riesenkraken oder von Walen, die Schiffe rammen und versenken.

18. Mai
Morgens um fünf Uhr umrundeten wir Kap Jackson, an der Nordostspitze der Südinsel von Neuseeland, und erreichten die Einfahrt zum Königin-Charlotte-Sund. Hier, so hatte Cook mit Tobias Furneaux verabredet, sollten die »Resolution« und die »Adventure« sich treffen, falls sie durch unglückliche Umstände getrennt worden waren.

Tatsächlich, um sieben Uhr sahen wir das Aufblitzen von Lichtsignalen. Bald darauf ließ der Kapitän einige Kanonen abfeuern, und als wir Antwort erhielten, wurde jedes Donnerngrollen, obwohl es noch fern war, mit Jubel quittiert. Mittags sahen wir die »Adventure« schon vor Anker liegen. Eine Stunde später erreichte uns ein Boot mit wunderbar frischem Räucherfisch als Begrüßungsgeschenk.

Von Leutnant Kempe, der das Boot kommandierte, erfuhren wir, dass die »Adventure« von ständigen Weststürmen weiter und weiter nach Osten getrieben worden war. Sie gelangte zum Van-Diemen-Land, der Südspitze von Neu-Holland (oder Neusüdwales), das einst Abel Tasman entdeckt hatte, und verbrachte dort einige Tage in einer Bucht, um Frischwasser aufzunehmen und ihre Kranken mit Heilkräutern zu versorgen. Dann lief sie den Charlottensund an und erreichte ihn sechs Wochen vor uns.

Am Nachmittag schlief der Wind ein, und die »Resolution« musste mühsam von Booten geschleppt werden. Doch um sieben Uhr abends warf sie neben ihrem wiedergefundenen Begleitschiff Anker.

20. Mai
Ich habe mit Furneaux eine lange Unterredung geführt und mir sein Logbuch vorlegen lassen. Leider muss ich sagen, dass ich in mehrfacher Hinsicht unzufrieden bin.

Erstens: Aus dem Logbuch geht zwar hervor, dass die »Adventure«, wie befohlen, drei Tage lang »ungefähr« dort gekreuzt und gewartet hat, wo wir uns aus dem Auge verloren. Aber wenn es so war, verstehe ich nicht, wie wir uns verfehlen konnten. Das Ungefähre ist leider nicht präzise – und man kann vieles ins Logbuch schreiben, was eben nur »ungefähr« stimmt.

Zweitens: Die Frage, ob es zwischen Van-Diemen-Land und Neu-Holland eine Seestraße oder eine Landbrücke gibt, bleibt ungeklärt. Furneaux spricht von einer »tiefen Bucht« statt der Seestraße und glaubt, dass dahinter die Landbrücke liegt. Andere sind vom Gegenteil überzeugt. Von Südwesten her steuerte die »Adventure« einen Kurs, die sie ohne nennenswerten Umweg zur

Aufklärung dieser Frage hätte führen können. Für Furneaux gab es damit die Gelegenheit, sich in die Ruhmesliste der Entdecker einzutragen, und er hat sie versäumt.

Drittens: Furneaux meint, dass er so schnell wie möglich den Charlottensund anlaufen musste, um seine Skorbutkranken zu retten. Aber die »Adventure« war ebenso wie die »Resolution« mit den Gegenmitteln versorgt – und mit meinen Anweisungen zu ihrem Gebrauch. Offenbar sind sie nur »ungefähr« und nicht genau eingehalten oder wenn nötig mit Härte durchgesetzt worden. (Auf dem Umweg über die Offiziere höre ich, dass vorgestern die »Adventure« den ganzen Tag über gescheuert und geräuchert worden ist, beinahe mit dem Schreckensruf: Cook kommt, und wenn er kommt, muss er sehen, was er sehen will.)

Übrigens ist Furneaux unangenehm überrascht, als ich ihm sage, dass ich nicht beabsichtige, hier lange, womöglich bis zum Oktober, zu bleiben, sondern recht bald schon zu einer neuen Reise in die südlichen Breiten aufbrechen will. Müßiggang tut keinem Menschen und erst recht keiner Mannschaft gut, und wir haben einen Auftrag zu erfüllen.

Was ich jetzt notiere, werde ich so nicht in meinen Bericht für die Admiralität schreiben; ich möchte Furneaux nicht schaden oder gar seine Karriere zerstören. Er mag ein brauchbarer Kapitän sein – wenn es um die Routineaufgaben geht, die die Königliche Marine zu erfüllen hat. Aber unsere Reise sprengt diese Routine, und das überfordert ihn.

21. Mai
Cook läuft mit solch einem grimmigen Gesicht herum, dass jeder sich hütet, ihm in den Weg zu kommen. Woher diese schlechte Laune? Hat er nicht den ersten Teil seiner Aufgabe glänzend bewältigt? Aber womöglich geht es um die Berufsehre des Experten, der nicht zugeben will, dass Irren sogar bei ihm nur menschlich ist. Wie ich höre, stimmt unser gelehrter Astronom William Wales mit seinem Kollegen und Konkurrenten von der »Adventure«, William Bayly, nicht in der Längenbestimmung unseres Standortes überein. Und beide messen andere

Werte als Cook und Charles Green es beim Besuch der »Endeavour« im Januar 1770 getan und es damals in ihren Seekarten vermerkt haben. Als ich Wales ganz vorsichtig und bescheiden um Auskunft bitte, erklärt er sehr von oben herab: »Junger Mann, davon verstehen Sie nichts – Gott sei Dank, sonst würde noch einer mir ins Handwerk pfuschen. Angeblich geht es um Kleinigkeiten, um Minuten statt Grade. Aber darauf kommt es an. Genauigkeit, wenn ich bitten darf! Und natürlich bin *ich* im Recht; neben meinen Himmelsbeobachtungen habe ich ja auch noch diesen wunderbaren Chronometer, und Miss Kendall steht auf meiner Seite. Bayly hat nur diese nichtsnutzigen Arnold-Uhren, und Green hatte gar nichts.«

»Und was ist mit Cook?«

»Nun ja, ich fürchte, er hat sich damals zu sehr auf Green verlassen.«

21. Mai, Fortsetzung

Der Dusky- oder Dämmerungssund liegt nahe beim 46., der Charlottensund auf dem 41. Grad südlicher Breite. Eigentlich ist das kein großer Unterschied, aber im Klima macht es sich stark bemerkbar. Hier oben ist es deutlich trockener und viel wärmer, wahrscheinlich auch, weil vorgelagerte Gebirge uns gegen die Nässe und Kälte aus dem Süden abschirmen. Jedenfalls genießen wir die Sonne. Wir genießen sie umso mehr, weil Gerüchte besagen, dass Cook, statt etwa nach Tahiti zu segeln – wovon außer ihm alle träumen –, bald wieder zu einer neuen Entdeckungsreise in die Antarktis aufbrechen will. Aber leider ist er ein Geheimniskrämer, und Genaueres erfahren wir nicht.

21. Mai

Gegen alle Erwartungen haben zwei unserer Schafe überlebt, ein Widder und ein Muttertier, und es scheint ihnen sogar – wie mir – besser zu gehen. Das Gras ist hier weniger hart als am Duskysund, und es gibt viele Arten von Heilpflanzen. Darum bringen wir unsere geduldigen Mitreisenden an Land und setzen sie aus. Falls sie sich tatsächlich erholen, könnten sie zum

Adam und zur Eva riesiger Herden werden, die ganz Neuseeland mit Fleisch, Wolle und Wohlstand versorgen.

Zu den wohltätigen Kräutern gehören Sellerie und das »Skorbutgras«, die Kresse. Bevor wir abreisen, werde ich alle Leute ausschicken, um so viel wie möglich davon einzusammeln. Auch unser Botaniker ist der Ansicht, dass ein möglichst großer Vorrat wichtig ist, um Kranke zu heilen und die Gesunden gesund zu erhalten. Das bringt mich auf einen Einfall: »Wie wäre es, Mr. Forster, wenn Sie Ihre Forschungen auf solche Heilpflanzen konzentrieren und nach unserer Heimkehr darüber ein Buch schreiben würden? Es könnte zum Segen aller Seefahrer sein.«

Leider kommt das sehr schlecht an; es scheint fast, als hätte ich dem gelehrten Herrn einen unsittlichen Antrag gemacht: »Herr Kapitän, wie können Sie mir so etwas zumuten! Ich diene der reinen Wissenschaft!«

Mit einer Gruppe meiner Leute mache ich mich daran, ein Stück Land umzugraben. Zum Wohl künftiger Besucher wollen wir einen Gemüse- und Kräutergarten anlegen und auch Kartoffeln pflanzen.

Sonntag, 23. Mai

Letzte Nacht sind Adam und Eva plötzlich gestorben; vielleicht haben sie etwas Giftiges gefressen. All meine Mühe, sie durchzubringen, war also vergebens, und es bekümmert mich sehr. Oder vielleicht sind auch meine Eitelkeit, mein Stolz getroffen: Ich sah mich schon als der viel gepriesene Ahnherr von Schafzüchtern und Wollproduzenten, das heißt als ein Wohltäter, als der moderne Gründervater in die Geschichte Neuseelands eingehen. Daraus wird nun nichts werden.

Mittags besuchten mich Eingeborene, alte Bekannte; offenbar hat sich herumgesprochen, dass ich zurückgekehrt bin. Sie erkundigten sich gleich nach ihrem Freund Tupia und waren traurig, als sie hörten, dass er gestorben ist. Ich stellte Gibson als seinen Nachfolger vor, und sie vergaßen ihren Kummer auch bald. Jedenfalls aßen sie mit gewaltigem Appetit. Erst am Abend nahmen sie Abschied, mit Geschenken beladen.

30. Mai

Gestern bat mich Gibson um einen Tag Urlaub: Als Nachfolger von Tupia sei er bei einer Häuptlingsfamilie zu Gast geladen.

»Fürchten Sie sich nicht, da ganz allein hinzugehen?«, wollte ich wissen.

»Nein Sir, ich bin sicher, dass es hier ein geheiligtes Gastrecht gibt.«

»Also gut, aber hüten Sie sich vor den Weibern.«

»Selbstverständlich, Sir – wenn es sich vermeiden lässt.«

31. Mai

Ich war doch etwas beunruhigt und daher froh, als Gibson sich wohlbehalten zurückmeldete. Natürlich wollte ich hören, wie es gewesen war.

Er grinste: »Leider sehr anstrengend, Sir.«

»Wieso das?«

»Nach dem Essen hat man mir ein Mädchen angeboten, danach noch ein zweites, und es wäre eine Beleidigung gewesen, es zurückzuweisen.«

»Gibson, Sie sind unverbesserlich. Oder ist es Ihnen ergangen wie unserem guten König Heinrich VIII.? Als er mit Anna von Cleve ins Ehebett stieg, die ihm sehr missfiel, soll er geseufzt haben: ›Das tue ich für England.‹«

Gibson grinste noch mehr: »Genau so war es, Sir. Ich habe die Ehre Englands verteidigt, natürlich nur stellvertretend für Seine Majestät. Und mit ihrer Erlaubnis, Sir: Die Damen waren mit dem britischen Botschafter sehr zufrieden.«

Was blieb mir da übrig, als auch zu grinsen und diesen Bengel in Gnaden zu entlassen?

Freitag, 4. Juni 1773

Heute haben wir den Geburtstag Seiner Majestät des Königs festlich begangen. Die Mannschaft erhielt eine doppelte Rumration.

Beide Schiffe sind jetzt seeklar. Furneaux hat genaue und strenge Anweisungen erhalten.

Im Rückblick scheint mir, dass unser zweiter Besuch im Charlottensund die Sitten der Eingeborenen bei beiden Geschlechtern nicht verbessert hat. Beim ersten Besuch glaubte ich, dass die neuseeländischen Frauen zurückhaltender seien als die auf anderen Südseeinseln. Nur wenige haben damals den Leuten der »Endeavour« ihre Gunst erwiesen – und durchweg nur heimlich. Jetzt aber sind die vorher eher gleichgültigen Männer zu Anstiftern eines schändlichen Handels geworden. Für einen Eisennagel oder sonst etwas, was sie haben wollten, zwangen sie ihre Frauen zur Prostitution, ob sie wollten oder nicht, unbekümmert um alle Scham. Zur Schande für uns, die Europäer, die sich zivilisiert nennen – oder mehr noch für Christen halten –, zerstören wir die Moral dieser Eingeborenen, wecken Wünsche und bringen ihnen womöglich Krankheiten, die sie bisher nicht kannten; wir vernichten die glückliche Ruhe, in der sie und ihre Vorväter gelebt haben. Falls jemand dies bezweifelt, muss man ihn fragen, was wohl der Umgang mit Europäern den amerikanischen Indianern gebracht hat.

4. Juni
Wie vielen unschuldigen Menschen haben die Entdeckungen, auf die wir so stolz sind, schon das Leben gekostet! Aber so schlimm das sein mag, wirklich unermesslich und unwiderruflich ist der Schaden, den wir den Völkern durch den Umsturz der Lebensformen und die Zerstörung ihrer Sitten zufügen. Würden zumindest nützliche Dinge gebracht und gelehrt oder verderbliche Gewohnheiten trösten, dass die Menschen auf der einen Seite gewinnen, was sie auf der anderen verlieren. Doch diesen Ausgleich gibt es nicht, trotz Cooks leider vergeblicher Mühe um die Schafe. Und wie erst, wenn der Kapitän nicht James Cook heißt! Aber auch mit ihm ist es noch schlimm genug. Man möchte den Menschen zurufen: Schaut in die Gesichter der Seeleute, lernt ihren Leichtsinn, ihre Liederlichkeit fürchten!

Während ich dies schreibe, höre ich aus dem Mannschaftsquartier das betrunkene Gröhlen zu Ehren Seiner Britischen Majestät.

Mein Vater stimmt mir mit Nachdruck zu – und beklagt sich: »Warum hat Cook es mit seiner Abreise nur so eilig? Mindestens zwei Monate könnten wir hier noch mit Nutzen botanisieren. Jetzt segeln wir wieder in die südlichen Breiten, wo wir nichts zu sehen bekommen als Eisberge. Und nichts zu tun, außer uns durch Nebel und Stürme zu kämpfen!«

»Glaubst du denn nicht mehr an den berühmten Südkontinent?«

»Ach, zum Teufel mit ihm! Oder wie die Bibel uns sagt: ›Wiederum führte ihn der Teufel mit sich auf einen sehr hohen Berg und zeigte ihm alle Reiche der Welt und ihre Herrlichkeit und sprach zu ihm: Das alles will ich dir geben, wenn du niederfällst und mich anbetest. Da sprach Jesus zu ihm: Hebe dich weg von mir, Satan!‹«

Tahiti

Montag, 7. Juni 1773
Nach drei Tagen des Wartens auf halbwegs günstigen Wind lichten wir die Anker und beginnen unsere zweite Erkundungsreise. Aber die unsinnigsten Gerüchte über einen offenbar närrisch gewordenen Kapitän Cook laufen um, der mitten im südlichen Winter in die Antarktis fahren will. Darum halte ich im Raum vor der großen Kajüte eine Besprechung ab, zu der ich den Master, die Offiziere sowie Passagiere einlade, aber auch die Kadetten und die Maate, damit meine Absichten ihren Weg zur Mannschaft finden.

Ich will etwa zwischen dem 41. und 46. Grad südlicher Breite – also auf der Höhe der neuseeländischen Südinsel, nicht tiefer – nach Osten steuern, bis wir ungefähr den 135. oder 140. Grad westlicher Länge erreichen. Dieses Gebiet des Pazifik ist praktisch noch unerforscht; die Seefahrer, die ums Kap Horn herum in diesen Ozean kamen, waren froh, wieder in wärmere Zonen, also weiter nach Norden zu steuern. Darum kann niemand wissen, was wir finden oder nicht finden werden. Wahrscheinlich ist es nur Wasser; aber dann darf kein Klugscheißer mehr behaupten, dass der sagenhafte Südkontinent sich dort versteckt halte. Doch wenn wir ihn finden, haben wir genug Zeit, um erst einmal seine nördlichen Umrisse zu vermessen, um später zurückzukehren und ihn genauer zu erkunden.

»Und danach, meine Herren, gönnen wir uns die verdiente Er-

holung auf Tahiti – natürlich nur auf besonderen Wunsch von Korporal Gibson.« (Das erwartete Gelächter.) »Anschließend segeln wir wieder zum Charlottensund, um uns auf die wirkliche Winter- beziehungsweise Sommerreise vorzubereiten. Noch irgendwelche Anmerkungen oder Einwände? Dann bitte ich, ab sofort jedes Knurren und Murren zu unterlassen.«

8. Juni
Unversehens ist die gute Laune zurückgekehrt, und selbst mein Vater meint: »Das ist ein vernünftiger Plan.« Am Abend beehren sich die Leutnants, mit einiger Geheimnistuerei, den Kapitän und uns zu einem Festmahl zu laden. Nachdem wir den Braten mit gutem Appetit verspeist haben, reibt der Genießer Charles Clerke sich vergnügt die Hände, schaut spitzbübisch in die Runde und lässt uns raten, was wir soeben gegessen haben. Da es längst schon keine Schweine mehr gibt, einigen wir uns rasch auf Hammelfleisch, und offen bleibt nur, warum es so gut schmeckte. Wie war es möglich, »Adam« und »Eva« so gut zu konservieren, dass sie nicht wie gepökelt, sondern wunderbar frisch und zart wirkten?

»Nein, meine Herren, es war Hund – unser schwarzer Hund. Nachdem er bei der Jagd so vollkommen enttäuschte, haben wir uns entschlossen, ihn nützlicher zu verwenden.«

Mein Vater springt auf, sein Stuhl poltert auf den Boden. Er stürzt aus dem Raum; Gelächter verfolgt ihn.

Die Unterhaltung wendet sich der Frage zu, warum das zivilisierte Europa den Hundebraten verschmäht. Handelt es sich um ein christliches Erbe aus den jüdischen Speisegesetzen, die das »unreine« Fleisch verbieten? Nein, schwerlich, denn ohne alle Skrupel essen wir das erst recht verbotene Schweinefleisch. »Wahrscheinlich sind wir zu sentimental«, meint Mr. Wales. »Oder zu sehr auf unsere Majestäten und Lordschaften eingeschworen. Als leidenschaftlicher Jäger lieben die ihre Meuten noch mehr als ihre Gemahlinnen oder Mätressen, und sie kämen sich wie Kannibalen vor, wenn sie ihre Lieblinge verspeisten. Ähnlich die Pferde; nur arme Leute kaufen beim Pferdeschlachter, weil es dort billiger ist. Wir sind eben alle verkappte Aristokraten, die sich nach Grafen- und Fürstenkronen sehnen.«

Nach dieser tiefgründigen Feststellung erzählt Andreas Sparrman von der chinesischen Küche: »Auch der Kaiser und seine Mandarine schätzen auf ihrer Tafel den Hund.« Cook nickt: »Das verbindet sie mit den Indianern, gleich ob im Aztekenreich, von dem die Spanier berichten, oder auf den Südseeinseln, auf Tahiti und Neuseeland.« Kurzum: Die Runde ist sich bald einig, dass es an Hundebraten nichts auszusetzen gibt.

Ich entschuldige mich, um nach meinem Vater zu sehen. Er hockt auf dem Bett und hält seine »Terra« im Arm, als müsste er sie beschützen. Er wirkt tief verstört; ich sehe, dass er geweint hat. Er stammelt, er schluchzt: »Diese Barbaren! Was ahnen, was verstehen die denn von Zuneigung, von Freundschaft, von Treue? Oder was von der Verzweiflung, vom Einsamsein – und was dann ein Hund bedeutet ...« Als ich seine Hände fassen und streicheln will, stößt er mich zornig zurück: »Geh nur, geh! Du machst dich ja auch mit denen gemein.« Es ist eine schlimme Stunde.

Als ich ging, rief mein Vater mir nach: »Ihr werdet schon sehen, was ihr davon habt! Dieser schwarze Hund wird sich rächen und Unglück bringen, Unglück über das Schiff, über uns alle, ob schuldig oder unschuldig.« Ich wusste gar nicht, dass mein Vater, der Pfarrer und Naturforscher, zum Aberglauben neigt.

9. Juni
Heute sah ich Richard Rollett, den frommen Revolutionär und Figurenschnitzer, an der Reling stehen. Endlich eine Gelegenheit, um ihn kennen zu lernen, dachte ich, und schlenderte zu ihm hin.

Er sah mich kurz an: »George Forster, vermute ich.« Mit dem »Sir« oder dem »Mister« hält »Sir Richard« sich gar nicht erst auf.

Um so eifriger bin ich zur Stelle: »Ja, Sir.«

Mit seiner Pfeife weist er aufs Meer hinaus, auf die Albatrosse, die uns umkreisen: »Sehen Sie, George, das sind die schwarzen Seelen von Kapitänen. Sie sind verflucht, weil sie sich auf Kosten der Mannschaft mästeten, und müssen nun hungrig hier segeln, bis am Jüngsten Tag Gott der Herr sie erlöst – falls er Gnade vor Recht ergehen lässt. Doch das ist sehr unwahrscheinlich. Gott ist gerecht, denn es steht geschrieben: ›Der Herr kennt den Weg der Gerechten; aber der Gottlosen Weg vergeht.‹ Und: ›Du, Herr, segnest die Gerechten; du krönst sie mit Gnade wie mit einem Schilde.‹«

»Aber, Sir, es gibt so viele Sturmvögel und bestimmt viel weniger böse Kapitäne.«

Das zerfurchte Gesicht mit den langen Narben wendet sich mir zu, die Kohleaugen glühen: »Junger Mann, davon verstehst du nichts. Die verdammten Seelen müssen doch ewig wandern – was für eine riesige Schar, über die Jahre, die Jahrhunderte gerechnet! Nein, eher werden noch die Albatrosse knapp. Kennst du die Bibel?«

»Ich lese sie gerade.«

»Gut, George. Dann weißt du, dass kaum ein Reicher ins Himmelreich kommt. Matthäus 19, Vers 23 und 24! Und diese Kapitäne, die Mörder schon gar nicht.«

»Verzeihung, Sir: Mörder? Das verstehe ich nicht.«

Über so viel Unverständnis schüttelt Sir Richard den Kopf und redet sich in Eifer: »Wie nennst du es dann, wenn einem die halbe Mannschaft am Skorbut stirbt? Danach reibt so ein Mann sich die Hände, weil er die Heuer gespart hat, und seine Hintermänner, die Reeder oder Ostindischen Kompanien reiben sich erst recht die Hände.«

»Dass man es so sehen kann, ist mir ganz neu. Das habe ich noch nie gehört.«

»Nein, natürlich nicht; man wird sich hüten, es auszuplaudern. Aber alle haben sie Blut an ihren Händen, das nach Blut schreit, die Handelsherren, die Grundbesitzer, die Fabrikanten, die Lords und die Könige, alle, alle!«

»Sir, um auf die Kapitäne zurückzukommen: Sie wussten es doch nicht besser. Erst unser Kapitän hat die Gegenmittel gegen den Skorbut gefunden.«

»Beobachtungsgabe, gesunder Menschenverstand: Was weiter? So schwierig war das doch gar nicht. Nein, man wollte nichts finden, weil man nicht interessiert war.«

»Aber wenigstens James Cook wird nicht als Albatros segeln.«

»Nein, er wohl nicht. Nur, George: Hüte dich davor, ihn zu sehr zu bewundern. Er ist auf seine Art ein Seelenfänger, und wer weiß, wohin er mit dir davon fliegt – jedenfalls nicht zu Jesus Christus, denn er ist kein Bruder im Glauben.«

Aberglauben und Glauben, abgründig gemischt: Was für Leute es auf der »Resolution« gibt! Darum habe ich dieses Gespräch mit »Sir Richard« so genau wie möglich aufgezeichnet und nehme mir vor, es fortzusetzen, sobald sich dafür eine Gelegenheit bietet. »Sir«, sage ich zum Abschied, »ich sehe, dass ich noch sehr viel lernen muss. Darf ich mich wieder an Sie wenden, wenn ich Fragen habe?«

Mr. Rollett nickt und klopft seine Pfeife aus.

Donnerstag, 22. Juli
Mit Suchbewegungen nach Norden und Süden steuern wir Ostkurs. Heute erreichten wir eine Breite von 31 Grad sechs Minuten, und das Wetter wurde so warm, dass wir leichtere Kleidung anziehen mussten. Merkwürdig war, dass wir nicht einen einzigen Vogel sahen.

24. Juli
Wieder einmal herrscht die Langeweile; kaum etwas geschieht, was das Hinschauen oder eine Unterhaltung lohnt. Die Abwechslung, die sich bietet, gehört selbst zur Routine: günstiger und widriger Wind, Stille und Sturm, glatte und raue See. Die Missstimmung, Streitlust liegt auf der Lauer, und Cook hat alle Hände voll damit zu tun, die Mannschaft mit Waschen und Scheuern, mit Lüften und Räuchern beschäftigt zu halten. Wahrlich, Entdeckungsreisen mögen Abenteuer versprechen, aber was ist, wenn sie nichts erbringen?

Als ich das dem Kapitän einmal sage, schüttelt er den Kopf und lächelt: »George, Sie erbringen sehr viel. Auch unsere negativen Entdeckungen verändern die Welt. Oder gerade sie.«

»Aber, Sir, geht es denn nicht um das Positive, um den Fortschritt zum Guten und zur Wahrheit?«

Cook schaut mich durchdringend an und legt mir die Hand auf die Schulter. Dann sagt er: »George, ich gebe Ihnen einen Rat: Hüten Sie sich vor den Predigern des Guten und vor den Wahrheitsverkündern. Sie taugen nichts. Wenn man abklopft, was sie uns auftischen, erweist es sich als hohles Geschwätz. Nein, womit wir den Fortschritt beflügeln, das sind wirklich die negativen Entdeckungen. Mit jeder schaffen wir einen Irrtum, eine Irrlehre aus der Welt. Darin besteht alle Aufklärung. Und darum ist es so wichtig, dass wir den Hirngespinsten vom wunderbaren Südkontinent ein für allemal ein Ende bereiten.«

Doch wie soll ich dann Cook einordnen? Ist er denn kein Missionar der Wahrheit? Die Frage lässt mir keine Ruhe, und ich versuche zu ergründen, was andere davon denken.

Mein Vater meint abschätzig: »So muss dieser Mann natürlich reden, weil es ihm am Positiven fehlt. Was hat er denn schon entdeckt, etwa Neuseeland? Das gehört Abel Tasman. Und Wallis und Bougainville waren vor ihm in Tahiti.«

Charles Clerke dagegen nimmt seinen Kapitän mit Nachdruck in Schutz: »Es stimmt, er hat Tahiti oder Neuseeland nicht zuerst gesehen. Und auch Australien nicht. Aber er korrigiert seine Vorgänger, er ersetzt das Ungefähre durch Genauigkeit. Erst durch ihn gewinnt die Karte des Südpazifik ihre wirkliche Gestalt. Und ich bin sicher: *Unsere* Reise wird als die größte aller Entdeckungsfahrten in die Geschichte eingehen, weil sie einen Jahrhundert- oder Jahrtausendirrtum aus der Welt schafft.«

»Und wir werden dann sagen können, dass wir dabei gewesen sind?«

»Ja, George, genau! Im Vergleich dazu wird sogar Kolumbus lächerlich wirken: ein Glücksritter der Seefahrt mit haarsträubend falschen Vorstellungen und Berechnungen.«

Ach, wenn doch nur das Dabeisein nicht mit so viel Langeweile erkauft werden müsste!

25. Juli

Ich habe eine Beschäftigung gefunden: Ich stelle mich auf Tahiti ein, und Samuel Gibson hilft mir dabei. Er spricht vor, was er im

Kopf hat, und lässt es mich nachsprechen – Wendungen natürlich, wie sie ihm nahe liegen: »Wie geht es dir? – Wir sind Freunde. – Du bist schön. – Ich mag dich.« Die Sprache der Südsee hört sich angenehm an; sie hat viele Vokale und nur wenige Konsonanten, und ich bin sicher, dass ich sie rasch erlernen werde. Russisch, Deutsch und sogar Französisch sind viel schwieriger: drei Sprachen, die ich neben dem Englischen schon beherrsche, samt einigem Latein und Kindheitsresten aus dem Polnischen.

29. Juli
Bei Windstille sende ich ein Boot zur »Adventure« hinüber und erkundige mich nach dem Zustand der Mannschaft. Man meldet, dass der Koch gestorben sei und es mindestens zwanzig Skorbutfälle gebe. Wie ist das möglich nach allen meinen Anweisungen? Ich bin außer mir, ich könnte diesen Furneaux eigenhändig über Bord werfen. Er erdreistet sich, mir sagen zu lassen, dass bei ihm die Decks niedriger und darum schwieriger zu entlüften seien als die der »Resolution«. Unsinn. Auch bei uns hocken die Mannschaften dicht, eigentlich viel zu dicht aufeinander, doch wir haben nur drei Mann auf der Krankenliste und nur einen mit Skorbut. Einige Leute und der junge Forster zeigen leichte Symptome, aber Mr. Patten versichert, dass er alles im Griff habe und eine Verschlechterung nicht zu befürchten sei. Reichlich Sauerkraut und die anderen Mittel bis hin zum Zitronen- und Orangensaft werden ihre Wirkung tun. Ich versetze unseren eigenen, bewährten Koch auf die »Adventure« und schicke Leutnant Pickersgill, der sich aufs Grobe versteht, mit einer geharnischten Botschaft zu Furneaux: Er soll ihm »im Vertrauen« sagen, dass Cook tobt und vom Kriegsgericht redet.

1. August 1773
Der Krankenstand auf der »Adventure« nimmt weiter zu. So schnell wie möglich steuern wir darum Tahiti an. Ich habe nun diesen Teil des Ozeans nördlich des 40. Breitengrades durchkreuzt, ohne das gesuchte Land zu finden. Diese Feststellung war wichtig, um nichts mehr den Spekulationen zu überlassen.

Freitag, 6. August
Wir segeln jetzt vor dem lange erhofften Passatwind.

12. August
Seit gestern durchfahren wir einen Schwarm von Atollen, sehr niedrig und ringförmig auf Korallenriffen aufgebaut. Diese Inseln zwingen uns dazu, trotz unserer Eile behutsam zu sein und nachts beizudrehen.

12. August
Es ist wunderbar warm, ich bin wieder gesund und kann es kaum noch erwarten, Tahiti zu sehen.

Montag, 16. August
Ein Morgen wie aus dem Märchenbuch, noch von keinem Dichter beschrieben: O-Tahiti lag kaum zwei Meilen voraus. Der Ostwind, unser bisheriger Begleiter, hatte sich gelegt, aber leichtes Wehen vom Lande trieb uns würzige Gerüche zu, Ankündigungen vom Leben statt der ewig gleichen, angeblich so gesunden Meeresluft. Waldgekrönte Berge erhoben sich majestätisch und erglühten im ersten Sonnenlicht. Darunter sah man sanfte Hügel, davor die Ebene, von Brotfruchtbäumen und Palmen beschattet. Eine halbe Meile vor dem Ufer brach sich an Riffen schäumend die Brandung; dahinter war das Wasser spiegelglatt und versprach den sichersten Ankerplatz. Noch lag alles im tiefsten Schlaf.

Doch dann belebte sich das Bild, die Menschen sahen die beiden großen Schiffe, alle eilten zum Strand herab, Kanus wurden ins Wasser geschoben und ruderten auf uns zu. Bald erschollen die »Tayo«-, die »Freundschaft«- oder »Willkommen«-Rufe, bald begann der Austausch von Geschenken. Ich erhandelte vom Kajütenfenster aus in nur einer halben Stunde drei unbekannte Vögel und viele neue Fische in herrlichen Farben. Um diese Schönheit festzuhalten, bevor sie mit dem Tod verschwindet, begann ich sofort mit dem Zeichnen.

Plötzlich riss mein Vater die Tür auf und schrie, ganz außer

Atem: »Das Unglück, das Unglück, der schwarze Hund! Komm aufs Deck, um zu helfen!«

16. August
Bei Tagesanbruch befanden wir uns anderthalb Meilen vor dem Riff, und der Wind ließ uns im Stich. Es war nötig, die Boote auszusetzen, um das Schiff zu schleppen. Aber alle Mühe reichte nicht: Näher und näher trieben wir mit der Strömung auf die Klippen zu. Um zwei Uhr nachmittags kamen wir vor eine Öffnung des Riffs, aber für eine Durchfahrt war sie nicht groß genug. Um so stärker strömte hier die Flut ein und drängte die »Resolution« ihrem Verhängnis zu. Auch die »Adventure« geriet in gefährliche Nähe. Der Schrecken des Schiffbruchs stand uns vor Augen. Wir waren nur noch zwei Kabellängen [etwa 370 Meter] von der Brandung entfernt und konnten doch keinen Ankergrund finden. Wir warfen dennoch einen Anker. Ehe er aber fasste und uns zum Stehen brachte, waren wir mit dem Heck, jetzt ganz dicht an der Brandung, in weniger als drei Faden [etwa 5,5 Meter] Tiefe und stießen in jedem Wellental mit dem Boden auf Grund. Durch das Aufwinden des Ankers bekamen wir das Schiff zwar flott, mussten aber in jedem Augenblick ein Loslassen des Ankers oder ein Brechen des Taus befürchten. Schließlich verebbte die verhängnisvolle Strömung, weil der höchste Stand der Flut erreicht war, eine leichte Brise von Land her kam auf und half den Booten, das Schiff frei zu schleppen. Wir setzen Segel und sahen uns gerettet. Dass die Windstille, die uns zuerst in Gefahr gebracht hatte, lange genug anhielt, war unser Glück. Denn hätte, wie gewöhnlich, über Tag ein Seewind eingesetzt, so wäre die »Resolution« unrettbar verloren gewesen und wahrscheinlich die »Adventure« auch.

16. August, Fortsetzung
Als alles vorüber war, wollte ich in die Kajüte zurückkehren, aber an der Tür begegnete mir Sparrman und hielt mich auf. »Da drinnen liegt der Kapitän in seinem Sessel«, flüsterte er mir zu. »Lass ihn in Ruhe. Er hat Magenschmerzen, ist schweißüberströmt und

vollkommen erschöpft. Ich habe ihm meinen Schwedentrunk gegeben, ein großes Glas Brandy. Das bringt ihn bestimmt wieder auf die Beine.« Gibson, den wir zufällig trafen, wurde informiert und stellte sich vor die Tür, um niemanden einzulassen.

Mein Vater ist zeitweilig in Ohnmacht gefallen, halb vor Überanstrengung, als er am Ankerspill half, wohl im Schrecken vor dem »schwarzen Hund«.

17. August
Ohne weitere Gefahren liefen wir heute morgen in die Lagune von Vaitepia im Osten von Tahiti ein. Ich habe angeordnet, dass alle Kranken – ein paar von uns und mehr als die halbe Mannschaft der »Adventure« – jeweils den Tag an Land verbringen und sich von frischen Früchten ernähren. Ich bin sicher, dass sie sich schnell erholen.

In der gestrigen Krise hat Furneaux sich bewährt.

24. August
Heute morgen lichteten wir die Anker, um von der kleinen Halbinsel O-Tahiti-Iti zur großen Tahiti-Nui zu segeln und in die berühmte Matavai-Bucht einzulaufen. Das gibt mir Gelegenheit, einmal durchzuatmen und einige Notizen zu machen. In der letzten Woche war die Zeit wirklich zu kostbar, um sie mit dem Schreiben (und eigentlich auch mit dem Botanisieren und Zeichnen) zu verbringen. Die Menschen, diese Menschen! Sie zu verstehen, in ihr Leben einzudringen: Es kommt mir so vor, als hinge mein eigenes davon ab. Dazu ist der Schlüssel die Sprache. Immerfort habe ich gefragt: »Wie heißt das?« und eine Menge Wörter gelernt. Doch bis zum Begreifen der Feinheiten, der hintergründigen Bedeutung ist es noch ein weiter Weg.

Seit ich das Buch von Bougainville las und übersetzte, habe ich mir Bilder von Tahiti ausgemalt – und mich vor der Wirklichkeit beinahe gefürchtet, dass sie den Traum enttäuschen könnte. Aber die vergangenen Tage waren der erfüllte Traum. Wo anfangen, wie die Worte finden, um ihn zu beschreiben?

Ein früher Morgen: Auf dem Deck genießen wir die vor der Tageshitze noch kühle Morgenluft; wir atmen ihre Würze. Die aufgehende Sonne verdoppelt noch die natürliche Schönheit. Das Wasser in der Hafenbucht ist durchsichtig bis auf den Grund und spiegelglatt, während draußen am Riff weißschäumende Wellen brechen. Am Lande liegt vor den romantisch aufragenden Bergen die Ebene, die ihren Bewohnern einen Überfluss an Früchten verheißt – wie das Meer den Reichtum an Fischen. Dem Schiff gerade gegenüber öffnet sich zwischen den Bergen ein wohlbebautes Tal, auf beiden Seiten vom Wald eingefasst. Man erkennt einen Wasserfall, Bäche rieseln, und die Vögel singen. In Europa meint man, dass es ihnen in den heißen Zonen an harmonischen Gesangskünsten fehlte. Nein, durchaus nicht. Oder hier jedenfalls nicht. Wie sollte es, wo doch alles auf Harmonie abgestimmt ist? Nur unser Ohr muss sich eingewöhnen, denn die Klangfarben sind anders.

In den höchsten Kokospalmen hält sich ein kleiner, saphirblauer Papagei auf, unter Pisangbäumen eine andere, grüne Art mit roten Flecken. Wir sehen einen Eisvogel mit dunkelgrünem Gefieder und weißer Kehle, einen großen Kuckuck und verschiedene Taubenarten; am Meeresufer spaziert gravitätisch ein bläulicher Reiher.

Wir gehen an Land, wir begegnen den Menschen. Sie sind ungefähr so groß wie wir und meist kräftig gebaut, aber nicht dick – abgesehen von ein paar offenbar reichen Leuten und Herren von Adel, die sich wie überall auf der Welt auf Kosten ihrer Mitmenschen mästen und träge dahinleben. (Wir sahen einen ungeheuer fetten Mann, der selbst zum Essen mit den eigenen Händen zu faul war und sich alles von seiner Frau in den Mund stopfen ließ.) Weil aber niemand hungert und es einen natürlichen Reichtum an Früchten und Fischen gibt, dazu die Sonne für alle scheint und keiner sich darum sorgen muss, wie er sich ein festes Haus baut, in dem er die kalte Jahreszeit übersteht, erscheinen die Unterschiede in einem milderen Licht als in Europa: Der Überfluss mindert die Gegensätze, die der Mangel verschärft. Nur die Schweine sind derzeit knapp und folgerichtig den Vornehmen, den Häuptlingen oder Königen vorbehalten.

Die Bewohner von Tahiti haben ausdrucksvoll dunkle Augen, schwarzes Haar und, im Kontrast dazu, blitzend weiße Zähne. Ihre Haut ist in verschiedenen Tönungen mahagonibraun. Die Männer tragen oft nur einen Lendenschurz, dazu einen Turban, die vornehmen Frauen einen Umhang, der von den Schultern bis zum Knie reicht. Doch die Ärmeren sieht man beinahe so, wie Gott sie erschuf. Beide Geschlechter schmücken sich mit eintätowierten schwarzen Punkten, besonders auf den Schenkeln – ein Beweis dafür, dass an verschiedenen Orten auf der Welt die Menschen zwar unterschiedlich über die Formen des Schmucks denken, dass aber alle gefallen wollen und dafür tun, was nur möglich ist.

An Geschäftstüchtigkeit fehlt es nicht. Die Leute sind auf unsere Glaskugeln, Nägel, Messer oder Tuche so erpicht, dass wir dafür viel von ihren Matten, Körben und Gerätschaften einhandeln, von den Früchten und Fischen aller Art nicht zu reden. Einige, die an Bord kamen, warfen die gerade verkaufte Kokosnuss wieder in ihr Kanu hinunter, damit sie von dort aus ein Komplize zum zweiten Mal anbot. Man muss also sehr aufpassen, um nicht übertölpelt zu werden. Die ungeheure Geschicklichkeit geborener Taschendiebe gesellt sich hinzu; nichts ist vor ihnen sicher. Oft scheint es mehr um den Nachweis dieser Geschicklichkeit als um den Wert der Dinge zu gehen. Wer es zu arg treibt, wird von Bord geworfen – und kehrt mit Unschuldsmiene bald wieder zurück. Einige junge Leute bekamen schließlich die Peitsche zu spüren und nahmen es mit Gleichmut hin. Von Kriminalität kann man eigentlich nicht reden; das Problem ist eher, dass die Südseevorstellungen vom Eigentum mit den europäischen kaum in Übereinstimmung zu bringen sind.

Natürlich ärgern wir uns, wenn wir – nach unseren Begriffen – hereingelegt und bestohlen werden. Einmal lief unserem Kapitän die Galle über. Ein Mann war bei ihm zu Gast und wurde auch noch beschenkt. Trotzdem stibitzte er von der Gasttafel Löffel und Messer – und sprang über Bord, als der Diebstahl entdeckt wurde. Cook sandte ihm Flintenschüsse nach, vergeblich, denn immer zur rechten Zeit tauchte der Mann. (Die Schwimmkünste der Eingeborenen und bereits der Kinder erregen immer neu unser Staunen; manchmal kommen sie mir wie amphibische Wesen vor.) Schließlich wurde eine Kanone abgefeuert, die Menschen rannten vom Strand fort, Cook ließ Kanus beschlagnahmen, aller Handel war unterbrochen, und eine Art von Kriegszustand schien sich anzukündigen. Aber wie nach einem kurzen Gewitter leuchtete in gereinigter Luft bald wieder die Sonne; nach ein paar Stunden war alles vergessen. Die Menschen hier sind nicht nachtragend. Sie mögen zu Grausamkeiten fähig sein, aber nicht zum ausdauernden Hass. Sie wollen die Freundschaft lieber als Feindschaft, und sie leben glücklich von Augenblick zu Augenblick.

Um auf die Geschäftstüchtigkeit zurück zu kommen: Einer unserer Leutnants lockte eine Dame in seine Kabine, um ihre Gunst zu genießen, aber sie zeigte sich spröde. Als sie jedoch das Bettlaken sah, wollte sie es haben, und man wurde sich einig. In diesem Moment wurde der Leutnant dienstlich fortgerufen. Die Dame nutzte nun auf ihre Weise die Gunst der Stunde: Als er zurückkehrte, waren sie und das Laken verschwunden.

Dass im Übrigen der Liebeshandel blühte, braucht kaum gesagt zu werden. Frauen – nach meinem Eindruck durchweg aus den niederen Schichten – standen zu Diensten, und die Matrosen gaben dafür alles, was sie nur hatten. Auch sehr junge Mädchen, beinahe noch Kinder, boten sich an oder wurden angeboten. Wenn man das sieht, kann man wirklich nur wünschen, dass der Umgang der »zivilisierten« Europäer mit den Bewohnern der Südsee nicht von Dauer ist, sondern abgebrochen wird, bevor er die Unschuld und das Glück ganz verdirbt, die hier zu Hause sind. Aber wie schwer ist es, das europäische Machtstreben und die Menschenliebe in Einklang zu bringen!

Zum Marktgeschehen noch eine Anmerkung: Als deutlich wurde, dass die »Resolution« und die »Adventure« Klein-Tahiti verlassen würden, begannen die Geschäfte der letzten Gelegenheit. Die Preise fielen, stürzten geradezu. Für eine Glaskugel hatte man vorher eine einzige Kokosnuss bekommen, jetzt wurde einem das Dutzend aufgedrängt. Um diesen Vorteil zu nutzen, blieb Leutnant Pickersgill noch mit einem Boot in der Lagune, während wir schon ausliefen und dann vor dem Riff auf ihn warteten.

Ich erschrecke beinahe, wenn ich lese, was ich gerade geschrieben habe: Ein falsches und viel zu dunkles Bild könnte entstehen. Aber von der ersten bis zur letzten Minute hieß der Haupteindruck Verzauberung. Ich will darum einen Ausflug beschreiben, der mir unvergesslich bleiben wird.

Herr Sparrman, William Hodges, mein Vater und ich unternahmen einen Spaziergang in die Berge. Die gaffende Menge blieb bald hinter uns zurück; nur zwei Halbwüchsige begleiteten uns, und einer war stolz darauf, für Hodges den Zeichenblock und den Malkasten tragen zu dürfen. Ein Bach rauschte uns entgegen, und wir erreichten einen Felsen, über den herab quellfrisches Wasser in einen Teich rieselte. Wohlriechende Hölzer wuchsen ringsumher, Blumen leuchteten, Insekten summten (aber nirgendwo solche Plagegeister wie im Dusky-Sund von Neuseeland), Vögel sangen, und Schwalben schossen über dem Wasser hin und her. Auf einem Teppich aus Gras und Moos, im Schatten von Bäumen verträumten wir die Zeit. Aber welch ein Ausblick zugleich in die Ebene hinunter und aufs Meer hinaus! Ruhe und Frieden; nie zuvor ist mir Schöneres begegnet. In London habe ich einen Bewohner der Schweiz von seiner Heimat, dem Berner Oberland, schwärmen hören, aber der Mann hat Tahiti nicht gesehen.

Auf dem Rückweg kamen wir an ein Haus, wie es hier üblich ist: Auf Balken oder Stangen erhebt sich das Dach, aus Palmblättern gemacht. Die Seitenwände fehlen, und wir mögen abschätzig von Hütten reden. Aber sie erfüllen genau ihren Zweck. Der Regen und die Sonne werden abgehalten, und vom immerfort leichten Fächeln wird die Luft gekühlt, die durch den Raum geht. Uns Europäer stört es vielleicht, dass es keine Abriegelung, kein Versteck vor der Neugier der Mitmenschen gibt, aber hier hat niemand etwas zu verbergen.

Wir wurden zum Verweilen geladen; eine vielköpfige Familie wohnte in dem Haus, ein sehr alter Mann, ein Greis, mit seinen Kindern, Enkeln und vielleicht schon den Urenkeln. Noch nie habe ich solche Schönheit des Alters gesehen: Silberlocken bis auf die Schultern herab, ein mächtiger weißer Bart, das Gesicht von den guten Erfahrungen erfüllter Jahre, von Klugheit und Gastfreundschaft geprägt, allen Ehrgeiz hinter sich und den Tod nicht als Schrecken, sondern als einen älteren Bruder vor Augen. So stelle ich mir die Patriarchen vor, von denen die Bibel erzählt, Abraham zum Beispiel, von dem gesagt wird: »Das aber ist Abrahams Alter, das er gelebt hat: 175 Jahre. Und er nahm ab und starb in einem ruhigen Alter, da er alt und lebenssatt war, und ward zu seinem Volk versammelt.«

24. August
Tahiti ist ärmer als bei unserem Besuch vor vier Jahren. Trotz aller Bemühungen war es nicht möglich, Schweine einzukaufen; gerade einmal zwei magere Tiere wurden uns als besonderes Gastgeschenk überreicht. Warum? Alle Auskünfte besagen, dass es Krieg gegeben habe, einen unglücklichen offenbar, und das Borstenvieh gehörte zur Beute der Sieger. Darum versteckt man es sogar vor uns. Die Verhältnisse auf diesen Südseeinseln sind keineswegs so paradiesisch und friedlich, wie naive Leute sich das vorstellen.

24. August, Fortsetzung
Es ist schwer, die politischen Ordnungen oder Unordnungen zu durchschauen. Es gibt eine Art von Adel, Häuptlinge und Könige. Wir wurden O-Aheatua vorgestellt, dem König von Klein-Tahiti, einem jungen Mann von 17 oder 18 Jahren. Er wirkte sanft, aber unbedeutend; wahrscheinlich ist er kaum mehr als eine Marionette in der Hand seiner Unterbefehlshaber. Jedenfalls war er von ihnen umgeben, und sie zeigten sich durchweg als so dick, wie diese Klasse von Leuten es ihrer nichtsnutzigen Lebensart und immer üppig gedeckten Tafel verdankt. Die Majestät benahm sich viel steifer, als es dem Alter entsprach; etwas Künstliches und Angelerntes bestimmte ihr Auftreten. An einigen europäischen Höfen mag dies ja als angemessene Etikette gelten, doch im Grunde handelt es sich um Maskerade, Heuchelei und

Verstellung. Später, nach dem Ende der offiziellen Audienz, ging es zwangloser zu; vom König in einen großen und neugierigen Jungen zurückverwandelt, spielte Aheatua mit Cooks Taschenuhr und konnte sie gar nicht oft genug ans Ohr halten, um sie ticken zu hören.

Noch schwerer ist es, die Religion, die Glaubensdinge zu verstehen, denn die werden von Geheimnissen umgeben. Es gibt Gebote und Verbote, hier Tabus genannt, und Rituale, besonders bei Begräbnissen. Aber man zeigt sie uns nicht, und sie scheinen auch keine große Rolle zu spielen. Einen obersten Priester, Papst oder Bischof, der Dogmen verkündet und mit Höllenstrafen droht, haben wir nicht zu sehen bekommen. Ich denke beinahe, die Leute hier leben dafür zu natürlich und zu glücklich; ihr Alltag und jede Liebesnacht entzieht sie der Herrschaft der Priester. Wenn eines Tages christliche Missionare auf Tahiti landen, dann wird es – so hoffe ich – ihnen schwerfallen, den Leuten ein gehörig schlechtes Gewissen einzureden.

Mittwoch, 25. August 1773
Wir werfen in der Matavai-Bucht von Tahiti-Nui Anker, die uns seit dem Aufenthalt vor vier Jahren in guter Erinnerung ist. Sofort wurde das Schiff von Eingeborenen überschwemmt. Ich kannte viele von ihnen, und fast alle kannten mich; die Begrüßungsrufe und Umarmungen nahmen kein Ende. Fast ist es, als käme ich nach Hause. Leider reißt die Zeit auch Lücken; König Toutaha ist in der Schlacht gefallen. Seine ehrwürdige Mutter nahm mich bei den Händen, brach in Tränen aus und schluchzte: »Cooks Freund ist tot.« Ich war so gerührt, dass ich beinahe mitgeweint hätte.

30. August
Ich weiß gar nicht, wie ich festhalten soll, was gestern geschehen ist. Ich versuche zunächst eine Skizze, damit sie mir später zum Erinnern hilft.

Pamani (der einheimische Name für Sparrman): Wer ist der Mann, der da mit seiner Begleitung das Tal herauf kommt? Ist es Erih (ein Häuptling)?
Nuna (ein Junge, der uns begleitet): Nein, es ist Oradi, der reichste Landbesitzer von Matavai. Er hat eurem Kapitän Geschenke gebracht und kehrt nach Hause zurück. Das schöne Mädchen neben ihm ist seine Tochter Imiroa.
Oradi: Pamani, Teori (Georg), lieber Teori, kommt mit uns. Kommt zu meinem Haus, um auszuruhen und euch mit Kokusnüssen zu erfrischen.
Teori: Wie könnten wir solch eine Bitte abschlagen? Und wie erst, wenn ich die Augen von Imiroa sehe?
Pamani: Es wird ja so weit nicht mehr sein, und vor der Nacht erreichen wir bestimmt noch den Strand.
Imiroa: Ich fuhre dich, Teori, gib mir deine Hand.
Oradi: Ist es weit bis zu eurem Britanni?
Teori: Zweimal trägt der Brotbaum Früchte, ehe wir es erreichen.
Oradi: Hat euer König viele so große Schiffe wie die beiden da unten in der Bucht?
Teori: Sehr viele, und diese hier sind die kleinsten. Hast du die Kanonen gesehen?
Oradi: Ja, und die Kugeln, die sie schießen.
Teori: Wir haben Schiffe mit hundert und mehr Kanonen – mit noch viel größeren Kanonen, als du gesehen hast, mit Kugeln so groß wie Brotfrüchte.
Oradi: Damit könntest du wohl ganz Tahiti zerschießen?
Imiroa: Aber du schießt nicht auf uns, lieber Teori, nicht wahr?
Teori: Dein Freund und auf dich schießen! Wie könnte ich das?
Oradi: Diese langen Dinger in euren Händen, sind die auch zum Schießen?
Pamani: Ja, auf Vögel.
Oradi: Ich möchte das einmal sehen.
Pamani: Sehr gern, wenn du mir einen Vogel zeigst.
Nuna: Da sitzt einer, ein Kuckuck.
Imiroa: Nein, Pamani, Teori, bitte schießt den Kuckuck nicht. Er ist Eatua – mein, unser Vogel der Liebe.

Teori: Andreas, besser nicht. – Liebste Imiroa, wer könnte dir eine Bitte abschlagen? Du schenkst deinem Eatua das Leben. Und damit du beruhigt bist: Hier, Nuna, nimm meine Flinte und trage sie mir.

(Imiroa nimmt meine Hand und legt sie an ihr Herz.)

Imiroa: Lieber Teori, was ist das? Du hast ja einen schlimmen Finger.

Teori: Der Nagel war gequetscht; es wird schon besser.

Imiroa: Sieh meine Nägel: Sie sind glatt und lang. Warum sind deine so kurz? Musst du immer arbeiten? Bist du kein Freigeborener?

Teori: Doch, natürlich. Tuti (Cook) ist mein Onkel.

Imiroa zu ihrem Vater. Er ist Tutis Neffe!

(Pamani räuspert sich.)

Teori: Bei uns schneiden sich alle die Nägel, sogar der König.

Oradi: Tragt unsre Freunde über den Bach.

Imiroa: Du? Auf den glatten Steinen rutscht du nur aus. Siehst Du? Ich hebe dich auf wie eine Feder und springe mit dir davon. – Halte dich nur fest an mir.

Teori: Meine Hände möchten dich niemals mehr loslassen!

Irimoa: Da vorn ist unser Haus. Ich trage dich hinein. Du bist ja müde und erhitzt. Mir macht die Hitze nichts, ich bin ganz trocken. Du bekommst gleich eine Kokosnuss, und dann werde ich all deine Müdigkeit vertreiben.

Was weiter notieren, wo man schweigen und sich einfach nur freuen soll? Ganz wenige Worte müssen genügen.

Irgendwann, als es dämmert, flüstert Imiroa mir ins Ohr: »Teori, ist Eatua dir schon begegnet? Kennst du den Vogel der Liebe?«

»Ja – nein … Ich meine … Nein, eigentlich noch nicht.«

»Komm mit, ich zeige ihn dir.« Sie nimmt mich bei der Hand, zieht mich fort, zu einer kleineren, etwas entfernten Hütte hinüber.

Leuchtende Dunkelheit, Stille voll Atem: Alles reißt mich fort, ist gewaltig, voll von Schrecken und Glück, ist unerbittlich und sanft, zärtlich und wild, ist selbstverständlich, natürlich, ist schön. Dabei führe ich nicht, sondern werde geführt. Eine Frau – nein, nicht irgendeine, sondern die wunderbarste von allen – lässt mich erleben, was es heißt, ein Mann zu sein.

Tief in der Nacht, als Pamani/Sparrman längst fort ist – und, dankenswert, meine Flinte mitgenommen hat –, wandere ich ins Tal zurück; der Mond weist mir silbrig den Weg. Wo es sonst von Menschen wimmelt, sieht man niemanden mehr, und es ist gut, jetzt allein zu sein. Keiner soll den Nachgenuss, meine Freude, meine Empfindungen stören.

Nein, einer ist doch noch unterwegs, folgt mir, kommt immer näher, holt mich schließlich ein. Jemand, der wie die Eingeborenen barfuß geht, aber mit Leinenhosen und offenem Seemannshemd. Es ist Samuel Gibson.

»Was machst du denn hier?«, fragt er und schaut mich an. »Nein, sage nichts, ich sehe es. Du hast deinen Eatua getroffen, nicht wahr?«

»Ja.«

»War es zum ersten Mal?«

Ich nicke.

»Wie gut, ich freue mich für dich.« Für einen kurzen Augenblick nimmt er mich brüderlich in die Arme. Dann fasst er mich bei der Hand, und wir gehen – zwei junge Männer, die jeder für sich und miteinander erfüllt sind vom Glück – weiter hinunter zum Strand.

»Und du, Sam?«, frage ich nach einer Weile. »Warst du bei deiner ersten Liebe, wegen der du damals desertiert bist?«

Er kichert: »Nein, natürlich nicht. Die ist längst verheiratet und hat zwei Kinder. Aber Gott sei Dank gibt es noch jüngere Schwestern. Und meine erste Liebe? Nein, zum Mann gemacht hat mich schon viel früher eine erfahrene Lady in London. Ich war vierzehn – und ihr Angetrauter als Kapitän weit fort.«

Etwas wie Befremden weht mich an. Sam spürt es und sagt: »Keine Sorge, George. Es wird nicht Routine. Und es ist immer noch schön.«

Auf einmal durchfährt mich eine Erleuchtung, und wie angewurzelt bleibe ich stehen: »Sam, Sam! Ich bin ein Idiot.«

»George, wieso das?«

»Diese Grüße zum Geburtstag und zu Weihnachten, heimlich in meine Kabine geschmuggelt, und das ›S‹ als Unterschrift! Das warst du, nicht wahr?«

»Ja, George.«

»Warum bin ich nicht darauf gekommen? Oder warum hast du mir nicht geholfen, es zu entdecken?«

Sam schüttelte den Kopf, ist ungewöhnlich verlegen: »Ich wollte doch nur … Ich hatte Angst, etwas falsch und alles entzwei zu machen. Mit Frauen kenne ich mich aus, aber ein Freund ist etwas anderes. Du musst einen finden, habe ich mir zu Beginn unserer Reise gesagt, und als ich dich gesehen und eine Weile beobachtet habe, wusste ich: Der soll es sein. Der ist so anders als du. Und bestimmt sehr klug. Er hat Augen, die verstehen. Und die oft so traurig sind.«

Unvermittelt kommen mir die Tränen, und Sam fragt erschrocken: »George, was ist? Habe ich etwas falsch gemacht?«

»Nein, nein, überhaupt nicht. Aber in einer einzigen Nacht finde ich erst die Frau, die mich zum Mann werden lässt, zum glücklichsten auf der Welt, und dann auch noch einen Freund, um nie mehr allein zu sein. Das ist fast zu viel.«

Als wir schließlich den Strand erreichen, fällt mir mit Schrecken ein, dass unser letztes Boot längst abgefahren ist. »Was tun wir jetzt?«

Sam kicherte wieder: »Keine Angst, George, das Fährschiff wartet schon.« Zielbewusst steuert er auf ein kleines Kanu zu und weckt den Jungen, der darin schläft. Für den Lohn einer Glasperle paddelt der uns zur »Resolution« hinüber.

1. September 1773
Am Morgen befahl ich, die Schiffe seeklar zu machen. Darüber verging der größte Teil des Tages. Als am Nachmittag der Wind von Westen nach Osten umsprang, lichteten wir die Anker und setzten die Segel. Wenige Stunden zuvor war ein junger Mann

namens Poreo zu mir gekommen und hatte gebeten, mitreisen zu dürfen. Ich stimmte zu, weil ich dachte, dass er uns noch nützlich sein könnte, ähnlich wie Tupia vor vier Jahren auf der »Endeavour«.

1. September
Warum haben wir es auf einmal so eilig? Warum zwingt uns der Kapitän, Tahiti nach insgesamt nur zwei Wochen schon wieder zu verlassen? Wegen der Schweine, bekomme ich von Master Gilbert zu hören. Schweine, die wir brauchen, aber hier nicht finden und auf anderen Inseln einkaufen müssen. Doch wenn es sie irgendwo gibt, werden sie wohl auch warten und nicht verschwinden, wenn wir ein paar Tage später eintreffen. Ich glaube beinahe, dass Cook uns das Glück nicht gönnt; in den Dienstanweisungen der Marine und den Reisebefehlen der Admiralität ist es nicht vorgesehen.

Beim Auslaufen gab es an Land, an Bord und auf den Kanus, die uns bis aufs Meer begleiteten, viele Tränen. Ich habe auch geweint, wie seit der Abreise aus England nicht mehr. Aber Sam kam und legte mir seinen Arm um die Schulter.

Der König von Huahine

2. September 1773
Wir steuern nach Nordwesten, nahe an Moorea vorüber, das mit seinen Bergen ähnlich traumhaft aussieht wie Tahiti, auf Huahine oder Huaheine zu (eine der westlichen Gesellschaftsinseln). »Der König dort ist ein alter Freund von unserem Kapitän, und wenn überhaupt jemand es kann, wird der uns zu Schweinebraten verhelfen«, erklärt mir Master Gilbert, so als sei auch er ein Veteran von der »Endeavour«, obwohl dies seine erste Reise mit Cook ist.

Am Abend fragt Cook unseren Schiffsarzt: »Mr. Patten, wie steht es mit den Geschlechtskrankheiten?«

»Sir, bisher habe ich 17 Fälle registriert. Aber nach meinem Eindruck scheinen sie eher gutartig zu sein und werden wohl bald wieder ausheilen.«

»Gutartig oder nicht, ich wünsche eine Namensliste für die Wachoffiziere. Keiner von denen, die sich infiziert haben, bekommt Landurlaub. Ich bitte streng darauf zu achten! Wir wollen tun, was möglich ist, um die Eingeborenen vor den Folgen unserer Laster zu bewahren.«

»Die Frauen werden an Bord kommen«, gibt Leutnant Clerke zu bedenken. »Es wird kaum zu verhindern sein – und Ärger machen, wenn wir es versuchen.«

Cook seufzt ein wenig: »Ich weiß. Aber jedenfalls wollen wir für unser gutes Gewissen tun, was nur denkbar ist.«

Dieser Wortwechsel gibt mir Anlass, mich mit der Frage hervorzuwagen, die mich beschäftigt: »Sir, sollte man das vielleicht in einem weiteren Zusammenhang sehen? Was eigentlich tun wir den Menschen hier an, wenn wir über sie herfallen, sei es noch so gesund und so friedlich – und ihre Ruhe, ihr Glück zerstören? Ich meine, es wäre für sie wahrscheinlich besser, wenn wir sie nie entdeckt hätten. Oder wenn wir selbst einen Schlussstrich ziehen und diese Entdeckungen wieder vergessen würden.«

Cook lächelt erst und wird dann ernst: »George, Sie mögen ja Recht haben. Aber an allen Entdeckungen ist etwas Unheimliches: Wenn sie einmal gemacht sind, kann nichts und niemand mehr sie wieder aus der Welt schaffen.«

»Ist es womöglich auch so, dass genau dies uns zu den Entdeckungen antreibt und zum Stolz des Entdeckers gehört?«

Cook denkt eine Weile nach, und ich fürchte schon, dass er meinen Vorwitz persönlich nimmt. Doch dann lächelt er wieder: »Ja, es ist wohl so. Je weniger wir noch an die Auferstehung und ein ewiges Leben glauben, desto dringender wird es, uns auf andere Weise unsterblich zu machen.«

»Entdeckungen gehören zum Wesen der Wissenschaft und der Aufklärung!«, mischt mein Vater sich ein.

Das drängt Mr. Wales dazu, seinen Spottpfeil abzuschießen, zunächst auf mich und indirekt auf meinen Vater gezielt: »Ich fürchte beinahe, dass sich unser junger und sonst immer idealistischer Herr Forster unter die Egoisten verirrt. Er hat sein Paradies gesehen und will nun die Tür hinter sich verriegeln, damit keiner nach ihm mehr Zutritt hat.«

»Es ist gut, Mr. Wales«, sagt Cook und beendet damit die Debatte, bevor sie aus den Fugen gerät.

Freitag, 3. September
Am Morgen erreichten wir den Hafen O-Wharre von Huahine; um neun Uhr fasste die »Resolution« in 24 Faden Tiefe Anker. Die »Adventure« allerdings lief bei der Einfahrt auf Grund. Ich hielt für diesen Fall schon ein Boot bereit, und mit seiner raschen Hilfe kam das Schiff wieder frei, ohne Schaden zu nehmen.

Ich wurde von den Eingeborenen mit großer Herzlichkeit auf-

genommen; auch hier kannten sie mich ja schon. Ich schickte Pickersgill mit einigen Leuten zum schnell eröffneten Markt, um die Tauschgeschäfte einzuleiten, und ging selbst mit, um darauf zu achten, dass es ordentlich geschah. Gerade am Anfang ist es wichtig, nichts durch Ungeschick zu verderben.

Inzwischen hörte ich, dass mein alter Freund Oree (oder Ori), der König dieser Insel, noch lebte und mich erwartete. Ich beeilte mich, ihm in Begleitung meiner Herren einen Besuch abzustatten. Wie es sich für Staatsempfänge gehört, stand am Anfang allerlei Zeremonien, sozusagen die feierliche Beschwichtigung heimlicher Ängste. Als wir mit unserem Boot vor dem Königshaus landeten, das dicht am Strand liegt, durften wir zunächst nicht aussteigen. Denn erst einmal wurden fünf junge Pisangstämme als Friedenszeichen gebracht und überreicht. Drei Ferkel, mit Kokosfasern geschmückt, sowie ein wohlgemästeter Hund bildeten die Willkommensgeschenke. Zu jedem Pisanggruß gehört ein Name und eine besondere Bedeutung – für uns sehr geheimnisvoll und schwer zu durchschauen. Schließlich schickte mir der König sogar die Zinnschüssel mit eingravierter Inschrift, die ich ihm im Juli 1769 übergeben hatte: ein Zeichen dafür, wie sorgfältig er bewahrt hat, was von mir stammte. Gleich danach bat man uns, drei Pisangstämme mit unseren Geschenken – Münzen, Nägeln, Spiegeln, Glasperlen – zu schmücken, die dann vor uns her zur Audienz getragen wurden. Einer der Bäume, so erfuhren wir, symbolisiert die göttliche Kraft Eatua, die Liebe, der zweite Earee, die Macht des Königs, der dritte Tayo oder Tijo, die Gastfreundschaft.

Oree kam mir entgegen und umarmte mich. Daran war nun keine Förmlichkeit mehr, die Tränen liefen dem ehrwürdigen alten Mann über die Wangen, und ich bin sicher: Sie zeigten die Sprache seines Herzens. Meine Geschenke, die ich nun überreichte, bestanden aus dem Wertvollsten, was ich hatte, zum Beispiel aus feinen Stoffen. Denn ich betrachtete diesen alten Mann wie einen Vater. Es ist an ihm etwas, was man von einem Fürsten im besten Sinne erwartet: Nicht nur das Bewusstsein, sondern die Wirklichkeit von Würde und Macht, gepaart mit Klugheit und Güte.

3. September
Die Audienz verlief zunächst so, wie man sich einen Empfang an Königshöfen vorstellt. Oree und Cook setzten sich auf Stühlen einander gegenüber; das Gefolge und wir standen im respektvollen Abstand um sie herum, die Männer im Vordergrund und die Frauen dahinter. Dem Austausch der Geschenke folgten die Worte, die diplomatischen Floskeln, in denen die Freude des Wiedersehens, das Willkommen und der Dank für die Gastfreundschaft wechselweise nur so prasselten und ihr eigenes Bühnenstück aufführten. Cook verstieg sich sogar zu »sehr herzlichen« und »brüderlichen« Grüßen von König Georg III., der leider, zu seinem größten Bedauern, durch die Regierungsgeschäfte im fernen London an einem Besuch auf Huahine gehindert worden sei. Die Tatsache, dass Gibson hinter dem Stuhl von Cook stand und jeweils langsam und laut übersetzte, was gesagt wurde, verstärkte noch den Eindruck einer Aufführung.

Dann allerdings nahm diese Audienz eine ungewöhnliche und sehr persönliche Wendung, vielleicht darum, weil man spürte, wie sehr der König und der Kapitän einander schätzten. Oree rief ein junges und sehr schönes Mädchen zu sich, vielleicht 16 oder 17 Jahre alt, der man gleich die Märchenprinzessin ansah, wahrscheinlich seine Tochter oder Enkelin. Er stellte sie unserem Kapitän vor und erklärte feierlich:

»Ich möchte, dass du Freude hast, solange du bei uns bist, und dich später mit Freude erinnerst. Du warst jetzt lange ohne Frau und wirst es bald wieder sein. Darum soll meine Tochter dir dienen und unsere Freundschaft auf die schönste Weise besiegeln.«

Das wurde ganz unbefangen, mit Herzlichkeit gesagt. Es mag ja vorkommen, dass anderswo, auch in Europa, Ähnliches passiert. Wundersame Dinge hat man zum Beispiel schon von den Gastgeschenken Augusts des Starken gehört, des Kurfürsten von Sachsen und Königs von Polen. Doch erstens versteigt man sich nicht gleich zu Prinzessinnen, sondern belässt es bei Mätressen, allenfalls und der Form halber zu Gräfinnen erhoben. Zweitens geschieht es nicht öffentlich, sozusagen unter Fanfarenklängen, sonern diskret, hinter dichten Schleiern verborgen; gerade sie zeigen das schlechte Gewissen, ein Bewusstsein der Unmoral, das hier völlig fehlte.

Aber was für eine Herausforderung nun für den Gast aus Europa! Oder welch peinliche Situation für den ehrbaren Bürger und treuen Familienvater James Cook, das leuchtende Vorbild für seine Mannschaft! Wie er sich jetzt auch verhielt, es musste falsch sein. Entweder setzte er seinen Ruf aufs Spiel, denn natürlich würde sich nicht bloß bei der Mannschaft, sondern am Ende und ganz unvermeidbar bis nach England herumsprechen, worauf er sich einließ. Was für ein Thema, um nicht zu sagen gefundenes Fressen für den Stadtklatsch von London! Blieb er aber standhaft und spröde, so würde er seinen Freund, den König von Huahine, bitter beleidigen.

Cook zögerte, alles wartete. »Da ist England in Not und guter Rat teuer«, zischelte Mr. Wales, der neben mir stand. Und hinter uns begann bereits das Weibergetuschel: »Er ist schon alt – vielleicht kann er es nicht mehr« – oder Ähnliches. Doch alle, die ihn kannten oder nicht kannten, unterschätzten das diplomatische Geschick unseres Kapitäns.

»Korporal Gibson, vortreten!«, kommandierte er. Sam sah sehr gut aus. Seine Paradeuniform als Marinesoldat schmückte ihn; sie betonte noch die kräftige und schlanke Figur.

Cook wandte sich wieder dem König zu: »Oree, du erweist mir hohe Ehre, die ich gar nicht verdient habe, weil ich kein König bin. Aber sieh hier: Dies ist mein Sohn, und wie du mir deine Tochter schenkst, so mache ich ihn dir zum Geschenk. Die beiden passen auch in ihrem Alter zusammen, sie werden miteinander sehr glücklich sein, und mit solche einem gemeinsamen Glück werden wir unsere Freundschaft am schönsten besiegeln.«

»Verdammt, darauf muss man erst mal kommen«, murmelte Wales. Doch wahrscheinlich begriff Oree inzwischen, dass er den Kapitän in eine heikle Lage gebracht hatte, sozusagen in Gefahr, auf ein Riff aufzulaufen. Er nickte und strahlte. Die Prinzessin strahlte auch, machte vor Gibson den entzückendsten Südseeknicks, der sich denken lässt, reichte ihm die Hand und führte ihn fort. »Gute Verrichtung!« knurrte mein Nachbar dem Paar hinterher.

Anschließend wurden wir dem König vorgestellt. Mein Vater hatte seine »Terra« an der Leine, und als die Reihe an ihm war, staunte Oree: »Was für ein herrliches Tier!« (Die hiesigen Hunde sind tatsächlich so kurzbeinig wie kurzatmig, so hässlich wie dumm – eben nur als Schlachtvieh zu gebrauchen.) Und dann, indem er »Terra« den Kopf streichelte und diese Dame freudig mit dem Schwanz wedelte: »Die würde mir gefallen, und sie würde es sehr gut bei mir haben.« Mein Vater verbeugte sich und sagte: »Majestät, es ist mir eine Ehre, sie Ihnen zu schenken.« Und schon drückte er dem überraschten König die Leine in die Hand. »Gut gemacht, Mr. Forster«, flüsterte Cook im Weitergehen, während ich vor Verblüffung den Mund kaum noch zubekam.

»Wie ist das bloß möglich?«, fragte ich meinen Vater, als wir zum Boot zurückkehrten und für einen Moment allein waren. »Ist aus dem Aufklärer plötzlich ein Monarchist geworden? Wo bleibt deine Anhänglichkeit, deine Liebe zur Kreatur?«

Mein Vater blieb stehen, fasste mich am Arm und sah mich traurig an: »Georg, das verstehst du nicht. Es *ist* diese Liebe. Ich glaube, nein ich bin sicher, ich weiß: An Bord hat ›Terra‹ kaum noch eine Zukunft. Ich kann sie nicht immer bewachen; früher oder später wird man sie stehlen, um sie ins Meer zu werfen oder zu schlachten – und nur, um mich damit zu treffen. Hier aber hat sie noch Jahre vor sich, und ich kann ohne Bitterkeit an sie denken.«

4. September

Heute früh kam Oree an Bord, obwohl der offizielle Gegenbesuch erst für morgen verabredet ist, und brachte Gibson mit. Nachdem wir miteinander gefrühstückt hatten (wobei der Korporal als »Sohn« zum ersten Mal am Kapitänstisch saß und vom Steward bedient wurde), tat der König sehr geheimnisvoll und bat mich um ein Gespräch unter vier Augen. Wir führten es, indem wir langsam, mit Hilfe von Handzeichen und mit Wiederholungen sprachen. Dadurch verstanden wir uns auch ohne den Dolmetscher Gibson.

»Oree«, sagte der König – denn zur Freundschaft oder Verschwägerung gehört der Namensaustausch –, »du hast es vorhergesagt, und es ist eingetreten: Dein Sohn hat meine Tochter sehr glücklich gemacht. Jetzt träumt sie nur noch von ihm und möchte ihn zum Mann. Was meinst du? Könnten wir Väter uns nicht zusammentun? Wenn er sie heiratet, wird er mein Thronerbe sein, also nach mir der König von Huahine, und der Vater von Königen. Dafür sorge ich. Und du, wie ich hoffe mit einem langen Leben gesegnet, bist mit mir der Vater von Königen.«

Auf diese Wende der Dinge war ich nicht gefasst. Um Zeit zu gewinnen, bedankte ich mich erst einmal umständlich. Dann sagte ich: »Mein ehrwürdiger Vater, es ist weise, dem Glück der Kinder nicht im Wege zu stehen – von der Ehre ganz abgesehen, die mir und meinem Sohn zuteil werden soll.« Ich nahm seine Hand: »Ich werde für dich und deine Tochter der Fürsprecher sein. Aber mein Sohn muss selbst entscheiden, sonst wird es keine gute Ehe. Bitte sei nicht enttäuscht, falls er Nein sagt. Bitte bedenke: Es ist eine schwere Wahl. Seine Heimat ist sehr weit von Huahine entfernt, und zu Hause müsste meine Frau, seine Mutter, um ihn weinen, weil sie ihren Sohn verliert und auch ihre Enkel niemals zu sehen bekommt.« (Was würde meine gute Elisabeth wohl von alledem halten!) Oree nickte und erwiderte den Druck meiner Hand.

Als er das Schiff verlassen hatte, ließ ich Gibson rufen und fragte: »Nun, Sam, wie war es?«

Er grinste: »Ich glaube, Sir, ich habe meine Sache nicht schlecht gemacht.«

»Womöglich zu gut! Die Prinzessin ist von dir begeistert und will dich unbedingt heiraten.« Dann schilderte ich ihm Orees Antrag und malte ihm seine Aussichten in den schönsten Farben: »Stell dir das vor, du als Prinz und bald sogar, denn Oree ist schon recht hinfällig, als König von Huahine – statt dass du später einmal in London auf deine armen alten Tagen erzählst, wie du beinahe ein Südseeherrscher geworden wärst, ein Verwandter sozusagen von Seiner Majestät König Georg. Und die Leute werden dich auslachen, weil niemand es glaubt.«

Unversehens wurde Gibson kreidebleich; alles Lächeln verschwand aus seinem Gesicht. Schließlich stammelte er: »Aber, Sir, ich gehöre doch zu Ihnen und will nicht wieder desertieren!«

»Nein, natürlich nicht. Und das tust du auch nicht, wenn ich einverstanden bin.«

Plötzlich schien er den Tränen nahe und stammelte: »Ich habe nie einen Vater gehabt ... Ich war immer allein ... Und dann finde ich einen, und jetzt will er mich fortgeben. Das ist schrecklich.«

Mit dieser heftigen Reaktion hatte ich nicht gerechnet. »Ruhig, Junge, ruhig«, versuchte ich ihn zu beruhigen. »Ich gebe dich nicht fort, und ich bin froh, wenn du bei mir bleibst.«

»Wirklich, Sir?«

»Ja, ganz bestimmt, Sam. Du bist für mich doch wie ein wirklicher Sohn. Genau darum wollte ich dir zeigen, welch eine Möglichkeit du hast. Es ist die Chance deines Lebens, die niemals wiederkehrt. Lass dir Zeit, überlege alles noch einmal.«

Er nahm wieder stramme Haltung an: »Mit Ihrer Erlaubnis: nein, Sir. Da gibt es nichts zu überlegen. Ich will bei meinem Kapitän sein und nirgendwo sonst.«

»Also abgemacht. Und dieses Gespräch bleibt unter uns, als das Geheimnis, das nur wir miteinander teilen, nicht wahr?«

Jetzt strahlte er wieder: »Selbstverständlich, Sir.«

Wir gaben uns darauf die Hand.

König Oree erstattete seinen offiziellen Gegenbesuch und Cook hatte alles getan, um ihn standesgemäß zu empfangen. Schon am Vortag waren die Decks frisch gescheuert, die Kabinen ausgeräuchert und jetzt noch frische Palm- und Pisangzweige ausgelegt worden. Von den Rahen herab wehten alle Fahnen, die man nur auftreiben konnte. Die Maate trillerten auf ihren Pfeifen, die Offiziere salutierten, die Marinesoldaten präsentierten das Gewehr, als Seine Majestät an Bord kam, und unsere etwas dürftige Kapelle – Pfeifer, Trommler und Dudelsackbläser – tat jedenfalls, was sie konnte. Für König Georg III. hätte kaum mehr geschehen können. Nur das Salutschießen wurde unterlassen, um unsere Gäste nicht zu erschrecken. In Orees Begleitung waren seine Schwester und deren Tochter – Gibsons Prinzessin. (Oree selbst, so haben wir inzwischen erfahren, ist kinderlos und hat daher seine Nichte als Tochter und Thronerbin adoptiert.)

5. September
Oree nahm es mit Fassung hin, als ich ihm die Entscheidung meines »Sohnes« erklärte: jeder Zoll ein König.

Fortsetzung, 5. September
Leider verlief der Tag nicht ohne Zwischenfälle. Sparrman hatte den Empfang gar nicht erst abgewartet, sondern war schon voraus in die Berge gewandert, um zu botanisieren. Mein Vater und ich folgten ihm, sobald es möglich war. Als wir vielleicht eine Meile gegangen waren und uns beim Suchen nach unbekannten Pflanzen etwas voneinander entfernten, sprang aus dem Gebüsch plötzlich ein Kerl auf mich zu und versuchte, mir das Gewehr zu entreißen. Ich kämpfte mit ihm und schrie aus Leibeskräften. Mein Vater eilte zur Hilfe, der Räuber rannte fort, und mein Vater brannte ihm eine Ladung Schrot auf den Rücken. Schleunigst kehrten wir zum Schiff zurück, um den Zwischenfall zu melden, und trafen Cook schon am Strand. »Mr. Forster, war es denn nötig, noch zu schießen, als der Mann schon weglief?«, fragte er, doch mit eher mildem Tadel. Denn wie sich herausstellte, hatte er selbst bereits Ärger bekommen. Jemand hatte ihn in kriegerischer Aufmachung mit der Keule bedroht.

»Und was taten Sie da?«, wollte ich wissen.

»Ich nahm ihm sein Spielzeug fort, zerbrach es vor seinen Augen und zwang ihn, den Platz zu verlassen.«

Nun ja, Cook hat leicht reden; er ist ein sehr großer und kräftiger Mann. Außerdem war noch der – wie er mir erzählt hat – faustkämpferisch geübte Gibson als sein Dolmetscher und notfalls auch Leibwächter bei ihm.

Während wir noch sprachen, stürzte, mit Blut im Gesicht und bis auf die Hose völlig ausgeraubt, Andreas Sparrman herbei. Drei

Burschen hatten ihn überfallen, zu Boden geschlagen, getreten, um sich dann mit seinem Hirschfänger, seiner Kleidung, seinen Schuhen davon zu machen.

Fortsetzung, 5. September

Im Augenblick, als Herr Sparrman so zugerichtet am Strand erschien, flohen alle Eingeborenen in höchster Eile. Ich begab mich zu Oree, um mich über die Gewalttat zu beschweren. Als der König meinen Bericht hörte, weinte er. Dann ließ er sich eine genaue Beschreibung der Dinge geben, die gestohlen worden waren, und versprach, alles nur Mögliche zu tun, um sie wieder zu beschaffen, und erteilte die entsprechenden Befehle. Ich erhob mich, und er wünschte, mich in meinem Boot zu begleiten. Als die Menschen das sahen, gerieten sie in Angst und versuchten mit allen Mitteln, ihn zurückzuhalten, aber er ließ sich nicht beirren. Da erkannten die Leute, dass ihr geliebter König völlig in meiner Macht war, und stießen Schreckensschreie aus. Das Entsetzen, das sich auf ihren Gesichtern malte, war unbeschreiblich, und alle weinten. Selbst ich fragte Oree, ob er nicht umkehren wolle, denn dieses Bild der Verzweiflung ließ sich kaum ertragen. Doch er blieb fest. Übrigens war seine Schwester die Einzige, die ihn nicht zurückhielt; ihre königliche Haltung entsprach der des Bruders.

Um die Räuber zu suchen, fuhren wir so weit wie möglich mit dem Boot, landeten dann und marschierten einige Meilen landeinwärts. Überall fragte der König nach den Übeltätern. Schließlich kehrte ich um, weil nicht abzusehen war, dass wir ans Ziel kamen. Als wir das Boot erreichten, fanden wir dort Orees Schwester, ihre (oder seine) vielleicht 16 oder 18 Jahre alte Tochter (die nur Augen für Gibson hatte) und einige andere Leute, die uns auf dem Landweg gefolgt waren. Wir stiegen ins Boot, und die Schwester schloss sich ihrem Bruder an, trotz des herzzerreißenden Weinens der Tochter.

An Bord angekommen, setzte sich der König mit uns zu Tisch und ließ es sich schmecken; nur seine Schwester aß nach Landessitte in Gegenwart der Männer nicht. Bald danach brachte ich beide an Land. Mehrere hunderte Leute hatten sich versam-

melt, um ihren König zu empfangen und unter Tränen zu umarmen. Nun war wieder alles Friede und Freude; die Menschen strömten von allen Seiten mit Schweinen, Geflügel und Früchten herbei, sodass sich bald zwei unserer Boote füllten. Auch Sparrmans Hirschfänger und ein Teil seiner Kleidung fanden sich ein.

Damit endeten die Aufregungen dieses Tages, die ich so genau wie möglich notiere, um zu zeigen, wie groß das Vertrauen war, das dieser gute alte König auf mich setzte. Ich kann mir allerdings kaum einen anderen Herrscher oder Häuptling vorstellen, der unter ähnlichen Umständen ebenso gehandelt hätte. Man wusste gut genug, dass der König, wenn er erst einmal in meiner Gewalt war, durch keine Macht des Inselreiches mehr befreit werden konnte – und dass man jede Bedingung für seine Freigabe, so hart sie auch sein mochte, hätte erfüllen müssen.

5. September, zweite Fortsetzung

Am Abend ist unser Kapitän gegen jede Gewohnheit sehr gesprächig, beinahe geschwätzig. Mehrmals kommt er auf die jüngsten Ereignisse zurück, immer wieder erklärt er, dass der König ihm freiwillig oder sogar aus eigenem Entschluss ins Boot und aufs Schiff gefolgt sei. Doch je mehr er das betont, desto weniger glaube ich ihm. Als halbwegs unbefangener Augenzeuge muss ich sagen, dass diese Freiwilligkeit von einer Geiselnahme nicht zu unterscheiden war. Und ist es denn auszuschließen, dass die Furcht vor unseren Gewehren und Kanonen – und die aus solcher Furcht geborene Überlebensstrategie – Orees Handeln bestimmte, womöglich vom ersten Tag an? Staatskunst nach dem Motto: Je fester ich diesen unheimlichen Mann aus der Fremde umarme, desto weniger kann er mir tun?

6. September

So sehr ich manchmal vor der Härte erschrecke, zu der Cook fähig ist, muss ich gleich darauf über ihn staunen. »George«, sagte er heute zu mir, »ich habe über das Gespräch nachgedacht, das wir vor ein paar Tagen führten. Sie haben Recht: Es wäre für die Indianer in Amerika und die Bewohner der Südsee bestimmt besser gewesen, wenn sie unentdeckt geblieben wären. Denn wir, die zivilisierten Europäer, wollen erobern und herrschen.«

Eine Pause folgt. Cook lüftet kurz den Hut, als wolle er jemanden begrüßen, der unsichtbar ist, und fährt dann fort: »Zum Glück gibt es Unterschiede. Und, merkwürdig genug: Je tapferer und kriegsbereiter die Eingeborenen sind, desto schlimmer für sie; gegen unsere Kanonen und Gewehre haben sie keine Chance. Schon die Azteken in Mexiko wurden von einer Handvoll Spanier unter Cortez vernichtet, und den Indianern in Nordamerika wird es kaum besser ergehen. Auch um die Neuseeländer mache ich mir Sorgen. Doch auf Inseln wie Tahiti oder Huahine erleben wir vielleicht Ausnahmen von der bösen Regel. Die Leute hier geben nach und weichen zurück, statt sich sinnlos zu opfern, wenn sie eine Übermacht spüren, gegen die sie nichts ausrichten können; sie fangen uns in ihrer Sanftheit auf. Das mag nicht sehr heroisch sein, aber klug ist es ganz bestimmt. Dafür bewundere ich sie – und einen König wie diesen Oree. Da ist eine Weisheit der Unterlegenen am Werk, die sich unmerklich in die Überlegenheit verwandelt und sogar uns bezwingt. Darauf hoffe ich jedenfalls, auch für die Zukunft.«

7. September
Heute am frühen Morgen, während unsere Schiffe schon die Anker lichteten, machte ich meinem Freund Oree einen Abschiedsbesuch. Er war sehr bewegt, umarmte mich unter Tränen und beschwor mich: »Wir bleiben Freunde für immer, nicht wahr?«

»Ganz bestimmt«, hieß meine Antwort, und ich meinte, was ich sagte.

Kaum wieder an Bord, erschien er und bat mich, noch einmal an Land zu kommen: Die Räuber seien gefasst, die Herrn Sparrman geschlagen und ausgeplündert hatten. Ich solle nun nach meinem Ermessen ihre Bestrafung durchführen oder dabei zusehen. Das war aber nicht mehr möglich, denn bei günstigem Wind setzte die »Resolution« gerade die Segel, und die »Adventure« fuhr bereits aus dem Hafen hinaus.

Ehe wir die Insel verließen, nahm Furneaux noch einen jungen Mann namens Omai an Bord, der unbedingt mitreisen wollte.

7. September
Mein Freund steht an der Reling und schaut auf das Land zurück, das hinter uns im Meer versinkt. Er scheint tief in Gedanken verloren zu sein. In all diesen Tagen habe ich ihn kaum gesehen, weil Cook ihn als Dolmetscher nicht von seiner Seite ließ. Ich geselle mich zu ihm.

»Huahine ist beinahe so schön wie Tahiti, nicht wahr?«

»Vielleicht«, heißt die unbestimmte und eher abweisende Antwort.

»Sam, träumst du noch von Prinzessinnen?«

»Ach was. Das sind auch bloß Menschen, nur unbedarfter als die gewöhnlichen. Die da drüben musste ich erst entjungfern. Aber ...« Sam verstummte, ohne den Satz zu vollenden, und versinkt schon wieder in mir verschlossene Gedanken.

Da mit ihm nichts anzufangen ist, wende ich mich Master Gilbert zu, der gerade vorüberkommt. Und der jedenfalls reibt sich vergnügt die Hände: »Sehen Sie nur, Mr. Forster! Neben den Massen von frischen Früchten und viel Geflügel sind 300 Schweine an Bord – 180 bei uns und etwa 120 auf der ›Adventure‹. Das macht anderthalb Prachtexemplare pro Mann.«

Ja, das ganze Hauptdeck wimmelte von ihnen und ist erfüllt von ihrem Gequieke. Hoffentlich bringt es uns nicht um den Schlaf. Wir werden tapfer essen müssen, um dieser Plage zu begegnen – und uns bei jedem Bissen mit Dankbarkeit an den gar nicht so tapferen, aber um so klügeren König von Huahine erinnern.

Zurück nach Neuseeland

Mittwoch, 8. September 1793
Mit einigen Schwierigkeiten laufen wir am Morgen in die Hafenbuch von Ohamaneno (Haamanino) auf Ulietea (Raiatea) ein.

9. September
Wir statteten dem Häuptling Oreo unseren Antrittsbesuch ab und wurden herzlich, aber gottlob mit viel weniger Höflichkeit oder Komplikationen empfangen als auf Huahine. Wahrscheinlich hat das damit zu tun, dass es sich nicht um einen leibhaftigen König, sondern nur um den lokalen Machthaber, eine Art von Herzog oder Lordschaft, handelt.

10. September
Wir waren zu einem zweiten Besuch eingeladen. Uns zu Ehren führt man ein Schauspiel auf, eine Mischung aus Tanz und dramatischer Darstellung. Die Musik besteht aus drei Trommeln, zu den Tänzern gehören sieben junge Männer und eine Frau, die Tochter des Häuptlings. Es werden verschiedene Szenen gezeigt, aber die einzig interessante ist die Darstellung eines Diebstahls. Die gelingt atemberaubend gut, wirklich so meisterhaft, dass die Begabung der Inselbewohner für diese Untugend deutlich zutage tritt. Der Diebstahl wird entdeckt, ehe der Dieb Zeit hat, seine Beute beiseite zu schaffen. Es folgt ein Handgemenge mit den

Wächtern, die, obwohl vier gegen zwei, sich in die Flucht schlagen lassen. Schließlich tragen der Dieb und sein Kumpan ihren Raub im Triumph davon.

Ich schaute aufmerksam zu, allerdings in der sicheren Erwartung, dass die Geschichte ganz anders ausgehen würde. Denn vorher hatte man mir zwar gesagt, dass »Teto« (der Dieb) auftreten solle, aber mit für ihn bösen Ausgang: Der Übeltäter wird entweder mit dem Tode oder jedenfalls mit »Tiparrahying«, einer tüchtigen Portion Prügel, bestraft. Denn so will es das Gesetz. Leider muss man annehmen, dass dieses lobenswerte Gesetz nur für ein Vergehen an Einheimischen gilt; bei denen gibt es ja keine Hauswände und verschlossene Türen erst recht nicht. Wir indessen werden bei jeder nur denkbaren Gelegenheit ausgeplündert.

10. September
Es war leicht zu erkennen, dass Cook kein Liebhaber des Theaters ist, und ich zweifle daran, dass er in London schon jemals eines besucht hat. Mehrfach und nur mühsam versteckte er sein Gähnen hinter der vorgehaltenen Hand. Überhaupt konnte man sehen, dass der Ausgang der Diebesgeschichte ihm missfiel. Mich hat sie entzückt, obwohl oder gerade weil die Pointe so deutlich auf unsere Kosten ging. Im Grunde sagte sie: Mit überlegener Geschicklichkeit und Schlauheit eignen wir uns an, was diese Fremden mitbringen, und ihre plumpe Wächter werden uns nicht davon abhalten. Ein gebührender Anteil steht uns ohnehin zu.

Und warum eigentlich nicht? In Europa sind die Dinge nur anders geregelt; da heißen die Anteilsnehmer dann Zöllner und sind Staatsbeamte.

Als wir zurück an Bord waren, gab Cook gleich den Befehl, noch strenger als bisher auf Diebe zu achten. Und jeder, den man erwischt, soll umgehend ausgepeitscht und dann ins Wasser geworfen werden.

Sonntag, 12. September
Gestern besuchte uns der Inselkönig, der Oo-oorou oder so ähnlich heißt; er wurde von Oreo eingeführt. Heute machten wir den

Gegenbesuch, bei dem wir wieder Schauspiele bewundern durften, freilich dem Inhalt nach eher langweilige. Offensichtlich ist man hier stolz auf die eigene Theaterkultur, aber ein Südsee-Shakespeare muss wohl erst noch geboren werden. Zwei junge Tänzerinnen sahen allerdings entzückend aus; Gibson, wie immer in diesen Tagen als Dolmetscher neben mir, schnalzte genießerisch mit der Zunge und grinste ganz unverschämt, als ich ihm mit dem Finger drohte.

13. September
Andreas Sparrman möchte nicht noch einmal überfallen und beraubt werden. Darum hat er aus dem Diebestanz eine kluge Konsequenz gezogen: Wann immer er, mein Vater und ich einen botanischen Ausflug unternehmen, entrichten wir vorweg unsere Gebühr, indem wir mit den entsprechenden Geschenken drei vertrauenswürdig (oder genügend durchtrieben) aussehende junge Leute als Leibwächter engagieren. Bereits vorgestern unternahmen wir den ersten Versuch, mit bestem Ergebnis. Dem geübten Auge unserer Begleiter entgeht niemand, der sich mit böser Absicht nähert; der gerissenste Taschendieb wird rechtzeitig erkannt und mit Flüchen und Faustschlägen fortgejagt. Inzwischen erwartet uns das schützende Dreigestirn schon, wann immer wir an Land kommen.

Dienstag, 14. September
Im Haus des Häuptlings Oreo bewirtete heute der König die Offiziere und Herren beider Schiffe mit einem Festmahl. Als wir eintraten, war der Tisch bereits gedeckt, das heißt der Fußboden dicht mit grünen Blättern bestreut. Und sobald wir uns im Kreis gesetzt hatten, flog ein Ferkel über meinen Kopf hinweg in die Blätter, gleich darauf das zweite und beide so heiß, dass man sie kaum anfassen konnte. Warme Früchte wurden als Beilage und Kokosnüsse als Getränke gereicht. Alles war aufs sauberste zubereitet, und alles schmeckte vorzüglich. Als Gastgeschenk hatte ich Madeira mitgebracht. Nach den ersten, zögernden Trinkversuchen gefiel er dem König immer besser, und er wurde sehr vergnügt.

Wir aßen sozusagen öffentlich, denn das Haus hatte keine Wände, und eine große Menge versammelte sich zum Zuschauen. Als wir uns erhoben, stürzten die Leute herbei, um die Überbleibsel der Ferkel an sich zu bringen. Daraus muss man schließen, dass die Schweine, obwohl man viele sieht, nur den Mächtigen und den Reichen gehören. Dabei hungert niemand, weil es Früchte und Fische im Überfluss gibt.

Mittwoch, 15. September
Heute erlebten wir ein Beispiel für die Macht der Gerüchte. Der Strand war auf einmal menschenleer, niemand wartete mit Waren auf Handelsmöglichkeiten, kein Kanu näherte sich den Schiffen. Sogar Oreos Haus fanden wir verlassen. Die wenigen Leute, die wir aufgriffen, sprachen wirr und verängstigt von den Kanonenkugeln, mit denen wir geschossen hätten – und von den Toten und Verwundeten, die zu beklagen seien.

Dieses Gerade machte mich sehr besorgt. Denn am Vortag hatte ich Leutnant Pickersgill mit der Barkasse zur Nachbarinsel Otaha (Tahaa) geschickt, um auch dort Handel zu treiben. War er womöglich in einen Kampf verwickelt worden? Nach langem Suchen fanden wir den König inmitten einer großen Menschenmenge. Er brach in Tränen aus, als er mich sah, alle Frauen und viele Männer weinten; es entstand ein allgemeines Klagegeheul. Mit Mühe fanden wir schließlich heraus, worum es ging: Als die Barkasse bis zur Nacht nicht zurückgekehrt war, nahm wohl jemand an und brachte in Umlauf, dass Pickersgill und seine Leute desertiert seien, natürlich in einer Verschwörung mit Eingeborenen. Dafür, so die Schlussfolgerung, würde ich mich blutig rächen. Oder, auf der nächsten Stufe des Gerüchts und der Einbildung: Dafür hatte ich mich schon gerächt. »Rette sich, wer kann!«, hieß dann die Parole. Wegen der Sprachschwierigkeiten dauerte es einige Zeit, bis das Missverständnis aufgeklärt und der Friede wieder hergestellt war.

15. September
Die Tagesereignisse liefern Stoff fürs Abendgespräch. Unsere Offiziere finden die Panik der Eingeborenen nicht bloß sonderbar,

sondern komisch: »Was für verrückte Leute!« Cook dagegen zeigt sich nachdenklich: »Mag sein, meine Herren. Aber aus solchen Gerüchten entwickeln sich leicht Realitäten, die zu den schlimmsten Folgen führten.«

Mr. Wales meint: »Diese Südseemenschen sind sozusagen noch Kinder; sie haben noch zu viel Fantasie. Damit sie erwachsen und nüchtern werden, muss man ihnen erst einmal das Evangelium und die Aufklärung predigen, nicht wahr, Pastor Forster?« Ausnahmsweise aber lässt mein Vater sich nicht provozieren, sondern schüttelt nur stumm den Kopf.

Unversehens mischt der sonst immer schweigsame William Hodges sich ein: »Vielleicht ist der Fehler nicht, dass die Eingeborenen zu viel Fantasie haben, sondern dass es uns daran fehlt. Wissen wir überhaupt, was es für diese Leute bedeutet, wenn plötzlich unsere riesigen Schiffe auftauchen, samt Gewehren und Kanonen, also mit einer für sie unbegreifbaren magischen Macht zum Töten? Ich versuche mir vorzustellen, welche Ängste das auslösen muss.«

Hodges verschluckt sich, hustet und errötet, vom Ausbruch aus seiner Schüchternheit überrascht. Doch tapfer fährt er fort: »Fantasie, Fantasie! Ich male mir manchmal aus, dass bei London ein Schiff landet, das fliegen kann, mit Wesen aus dem Weltraum, vom Mars oder von der Venus, mit Kanonen, die viel weiter reichen und genauer treffen als alles, was wir kennen! Und mit gewaltigen Explosionen bei jedem Einschlag. Ein einziger Schuss, und der Tower liegt in Trümmern. Was würden Seine Majestät der König, die Regierung, das Parlament, die Menschen in London dann wohl sagen? Darf man sicher sein, dass sie nicht in Panik geraten? Was sollten sie, was könnten wir dann überhaupt noch tun?«

Charles Clerke weiß es: »Wir schicken Richard Pickersgill, damit er mit dem Handeln anfängt und fragt, wie viele Schafe und Hühner oder Mastochsen diese Mars- oder Venusmenschen für ihre Glasperlen haben wollen. Oder er bietet ihnen Bier, Sherry, Portwein und vor allem guten schottischen Whisky an und trinkt mit ihnen um die Wette, bis sie umfallen. Dann können wir sie einsammeln und gewinnen die Oberhand. Wir besetzen ihr Wunderschiff, fangen einen Krieg mit Frankreich an und fordern die Normandie zurück.«

Die Reaktion ist ein Gelächter, in das sich Betroffenheit mischt.

»George, was schlagen Sie vor?«, fragte Cook.

»Genau das Gleiche wie Leutnant Clerke, Sir.«

»Mit anderen Worten das, was die Leute hier tun, wenn sie uns begegnen?«

»Ja, Sir. Und ich frage mich oft, wie viel Angst hinter der Herzlichkeit, hinter den manchmal überraschenden Gastgeschenken und Angeboten steckt, mit denen wir überschüttet werden.«

Cook schaut mich durchdringend an, aber er sagt nichts weiter.

16. September
Mr. Forster hat sich – leider nicht zum ersten Mal – als ein Tölpel erwiesen. Bei den Eingeborenen sprach sich schnell herum, dass er seltene Pflanzen sammele und dafür bezahle. Aber natürlich nicht alle seien ihm Recht, nur die wirklich ausgefallenen. Also setzten sie mit viel Geschick Blüten, die wie Primeln aussahen, in Farne hinein, die Forster dann uns allen im Triumph vorwies. Etwas später entdeckte Dr. Sparrman den Betrug, und das Vergnügen auf Kosten unseres Naturgelehrten war groß. Besonders Mr. Wales schwelgt im Hohn, sodass ich ihn sogar bitten musste, sich zu mäßigen, damit nicht wieder solch ein Streit entstand, wie wir ihn schon früher erlebt haben.

Freitag, 17. September
Am Vormittag lichteten wir die Anker und verlassen nun die gastlichen Gesellschaftsinseln. Vorher kamen mit ihren Abschiedsgeschenken Massen von Menschen an Bord – an die drei- bis vierhundert auf jedes Schiff! Die »Adventure« bekam sogar Schlagseite. Zwischen all dem Vieh und den Stapeln von Früchten konnte man sich kaum noch bewegen. Noch mehr Leute winkten vom Ufer her, und unzählige Kanus begleiteten uns bis aufs Meer hinaus.

Einer, der zurückbleibt und seine kaum begonnene Weltreise beendet, ist Porero, der junge Mann aus Tahiti. Denn er hat hier seine Frau fürs Leben gefunden. Sehr intelligent war er ohnehin nicht und als Dolmetscher keine Hilfe; schon der hiesige Dialekt stellte ihn vor unlösbare Rätsel, und ich musste mich weiterhin auf Gibson verlassen. Der taugt inzwischen auch immer besser für sein Amt. Statt Porero hat nun Hitihti (oder Odiddy) angeheuert, ein noch jüngerer Mann von vielleicht 17 oder 18 Jahren, der schon, wie er sagt, »weit gereist« ist. Denn eigentlich stammt er aus Bora-Bora.

17. September
Unter denen, die uns noch eine Strecke weit im Kanu begleiten, erkenne ich die beiden Tänzerinnen, die uns – oder jedenfalls mir – am Königshof so gefielen. Dann erkenne ich, dass ihr tränenreiches Abschiedswinken Samuel Gibson gilt, und geselle mich zu ihm.

Er seufzt: »Was für Mädchen! Und was für wunderbar biegsame Körper! Sie federn unter der kleinsten Berührung. Ja, wirklich.« Noch ein Seufzen: »So etwas finde ich so leicht nicht wieder.«

Ich staune: »Wie hast du die denn aufgetan?«

Er lächelte überlegen: »Sehr einfach. Ich saß doch als Dolmetscher neben dem Kapitän und dem König. Das haben sie natürlich gesehen und es darum geglaubt, als ich ihnen bei unserem Aufbruch zuflüsterte: ›Ihr Täubchen, ich möchte euch treffen, ich bin der Sohn von dem großen Kapitän Cook.‹ So etwas imponiert. Und später hat ihnen gefallen, dass ich – na ja, ausdauernd genug gleich für zwei war.«

»Sam, du bist ein ganz schlimmer Bursche.«

»Warum nicht?«« Er schaut mich unschuldsvoll an: »Übrigens, gestern Abend wollte ich dich mitnehmen und hatte den Mädchen schon Wunderdinge von meinem Freund George erzählt. Leider konnte ich dich nicht finden.«

»Mein Vater meinte, dass wir den Tag ausnutzen sollten, und wir kamen erst spät in der Dämmerung, nein in der Dunkelheit zurück.« »Dieses blöde Botanisieren! Zu viert wäre es bestimmt noch schöner gewesen. Und später hätten wir dann etwas Gemeinsames zum Erinnern und Träumen gehabt.« Er seufzt noch einmal.

Wer weiß, ob ich mich und meinen Freund nicht blamiert hätte. Aber das ist wahr, dass wir in den langen und kalten Antarktiswochen, die uns bestimmt wieder bevorstehen, die Erinnerungen und die Träume so dringend brauchen werden wie das tägliche Sauerkraut. Immerhin, einen kleinen und kostbaren Vorrat habe ich mir seit Tahiti ja auch zugelegt.

18. September
Im Rückblick auf die Gesellschaftsinseln möchte ich meine Meinung zu zwei Fragen notieren, die besonders seit Bougainvilles Bericht immer wieder erörtert werden:

Erstens: Gibt es Menschenopfer? Mit Gibsons Hilfe habe ich Priester befragt, und die Antwort heißt Ja. Wer ein schweres Verbrechen, zum Beispiel einen Mord begangen hat, verfällt im Prinzip dem Gottesurteil – sofern er sich nicht loskaufen kann (was die reichen Leute freistellt). Es ist dann Sache eines obersten Priesters, darüber zu entscheiden, ob Gott ein Opfer fordert oder nicht. Dies lässt einen weiten Spielraum und öffnet – so scheint mir – der Willkür Tür und Tor. Wahrscheinlich ist die bloße Möglichkeit, die Androhung, noch wichtiger als der Vollzug. Politisch betrachtet handelt es sich um ein religiös verhülltes Herrschaftsmittel der Oberschichten gegenüber den Unterklassen: ein anderes Zeichen dafür, dass es in der Südsee nicht ganz so idyllisch zugeht, wie europäische Schwärmer sich das ausmalen.

Zweitens: Wie steht es mit der Moral in Liebesdingen? Auch da ist viel romantischer Unsinn im Spiel. Die Beobachter urteilen sozusagen aus der Matrosen- und Spelunkenperspektive. Und wie würde der Richterspruch über Englands Frauen (und Männer) wohl ausfallen, wenn man sie nur aus den Londoner Hafenvierteln und Hurenbezirken kennt? Nein, die Frauen der Südsee sind so ehrbar, so moralisch und unmoralisch wie überall auf der Welt. Der – allerdings wichtige – Unterschied besteht nur darin, dass man hier die Geschlechtdinge für so natürlich hält, wie sie es sind. Fast möchte ich sagen: Auf Tahiti und den benachbarten Inseln versteht man die Natur des Menschen sowie das Verhältnis von Frauen und Männer besser als im zivilisierten Europa. Daher werden die Prostituierten nicht geächtet, sondern gehören zur Gesellschaft wie andere Berufsgruppen. Und daher kann es auch vorkommen, dass man auf die Bedürfnisse weit gereister Freunde auf eine Weise eingeht, die uns überrascht.

28. September
Wir steuern jetzt auf eine Inselgruppe zu, die schon im 17. Jahrhundert entdeckt und zuletzt, 1767, von Kapitän Wallis besucht wurde. Aber für Cook bleibt noch die Aufgabe, ihre Lage genau zu vermessen, und mein Vater fiebert dem Besuch auf seine Weise entgegen: »Endlich Gebiete, die Banks und Solander nicht gesehen haben! Wir werden botanisches Neuland betreten.« Mit anderen Worten: Meine ganze Zeit wird für das Botanisieren und Zeichnen beschlagnahmt werden.

Sonnabend, 2. Oktober
Heute besuchten wir das von Abel Tasman so genannte Middleburg, das in der Sprache der Einheimischen Eua heißt. Wir fanden einen Ankerplatz, gingen an Land und wurden sehr freundlich empfangen. Die Insel scheint dicht bewohnt, fruchtbar und gut bebaut zu sein. Sehr zufrieden schifften wir uns wieder ein, um zur Nachbarinsel Amsterdam oder Tongatapu hinüberzusegeln.

2. Oktober
»Was soll ich bei einem Kapitän, der kein Verständnis für die Naturforschung hat? Warum gerade jetzt diese Eile? Später werden wir uns für endlose Wochen oder Monate wieder sinnlos in der Antarktis herumtreiben.« Mein Vater war halb wütend, halb verzweifelt. Es vergisst offenbar, dass es unser Auftrag ist, nach dem sagenhaften Südkontinent zu suchen – und dass er selbst noch vor kurzem an seine Existenz geglaubt hat.

Montag, 4. Oktober
Am Morgen gingen wir auf Tongatapu an Land. Ein junger Häuptling oder Häuptlingssohn, der uns auf dem Schiff besuchte, wurde zum ebenso angenehmen wie nützlichen Führer. Unter anderem zeigte er uns eine Tempel- und Begräbnisanlage, wie ich sie auf den Gesellschaftsinseln niemals zu sehen bekam, mit Steinwall und Brustwehr umschlossen. Im Übrigen erleben wir ein Land, wie es fruchtbarer und besser bestellt selbst in Europa kaum sein kann, nicht einmal in Yorkshire. Jeder Fußbreit Boden wird bearbeitet, die Wege sind so schmal wie möglich und sogar die Hecken zwischen den Feldern mit nutzbringenden Bäumen und Sträuchern bepflanzt. Unwillkürlich denke ich an meinen Vater, ich wünschte, er wäre hier und ich könnte mit ihm ein sachverständiges Gespräch über Gartenbau und Landwirtschaft führen. Nur zur Viehzucht fehlen die Schafe und Rinder; man müsste sie herbringen, um den Menschen etwas Nützliches zu bieten. Dass wir hier genügend Obst und Gemüse erhandeln, um für unsere nächste Reiseetappe versorgt zu sein, steht außer Frage.

Allerdings will man am liebsten »Andenken« verkaufen: Schmucksachen, Ziergeräte oder bemaltes Bastgeflecht, und unsere Leute sind heiß darauf, sie zu erwerben – und sei es auch nur, um sie mit Gewinn an Mr. Forster zu verschachern, der ganz verrückt danach ist. Wenn es so weitergeht, wird er in London ein Südseemuseum eröffnen können. Aber wer weiß? Womöglich ist er doch schlauer, als ich denke, und genau das sein Hintergedanke und Geschäftsprinzip.

5. Oktober
Alle amüsieren sich, die Offiziere bei Jagdausflügen, die Mannschaften mit Frauen. Nur ich renne vom Morgen bis zum Abend hinter meinen Vater her, um Pflanzen auszugraben oder Insekten zu fangen. (Dabei gab es die meisten schon auf den anderen Inseln.) Und bis spät in die Nacht sitze ich am Zeichentisch. Wie viel lieber würde ich mit meinem Freund Sam Streifzüge unternehmen! Wenn ich dann endlich im Bett liege, träume ich

von den Entdeckungen, die *er* wahrscheinlich wieder gemacht hat …

5. Oktober
Wir vermessen die Inseln zwischen 21 Grad 29 Minuten und 21 Grad 3 Minuten südlicher Breite, bei 174 Grad 40 Minuten und 175 Grad 15 Minuten westlicher Länge. Unser Chronometer ergibt eine Abweichung nach Westen um 34 Minuten; das ist nach 15 Monaten noch immer ein guter Wert.

6. Oktober
Wie überall gehört auch auf Tongatapu das Stibitzen zum Alltag. Vielmehr betreibt man es hier noch mit einer Steigerung, wie ein Spiel, als spannende Unterhaltung. Heute wurde uns ein herrliches Beispiel geboten. Nach einem Ausflug, den wir schon vor dem Frühstück unternahmen, kamen wir an den Strand zurück und fanden dort Mr. Wales, zur Bewegungslosigkeit verdammt wie eine Schildkröte, die man auf den Rücken gedreht hat. Er hatte sich vom Boot absetzen lassen und, weil es das Ufer nicht ganz erreichte, Stiefel und Strümpfe ausgezogen, um an Land zu waten. Als er sich setzte, um sie anzuziehen, waren sie bereits verschwunden. Unmöglich, den Dieb zu verfolgen, denn überall lag scharfkantiges Korallengestein, und jeder Schritt bedeutete schmerzhafte Schnitte in die Fußsohlen! Recht geschah's unserem Astronomen, der sich sonst immer durch seine scharfkantigen Bemerkungen auszeichnet.

Im gebührenden Abstand standen die Leute herum und lachten; ich lachte mit. Einige Kinder tanzten, barfuß natürlich, um zu zeigen, dass ihnen der Untergrund nichts ausmachte. Gleich darauf erschien Cook mit seiner Häuptlingsbegleitung sowie Gibson – und lachte auch. Sam, ans Barfußgehen gewöhnt, zog seine Stiefel aus, um sie Wales zu leihen, aber das war gar nicht nötig. Der Häuptling wandte sich mit einigen lauten Worten an die Menge, und schon tauchten wie von Zauberhand die gestohlenen Strümpfe und Stiefel wieder auf. Es war tatsächlich nur ein Spiel gewesen, vielleicht auch mit dem Hintersinn, die unheimlichen

Besucher als hilflos hinzustellen und damit sich selbst von Ängsten zu befreien, nach dem Motto: Wer nicht einmal barfuß gehen kann, wird schon nicht so gefährlich sein. Und notfalls laufen wir ihm einfach davon.

Donnerstag, 7. Oktober
Trotz manchen Murrens ließ ich um zehn Uhr die Segel setzen. Denn es wird Zeit, nach Neuseeland zurückzukehren, um im Charlottensund unsere nächste Reise in den Süden vorzubereiten.

7. Oktober
»Sam«, fragte ich, »was hast du diesmal erlebt?«

Er lächelte: »Nichts. Ich war zu sehr als Dolmetscher beschäftigt, und bei diesem armseligen Bauernhäuptling gab es keine Prinzessinnen oder Tänzerinnen. Nein, nichts was sich lohnte.«

15. Oktober
Bei durchweg gutem Wind kommen wir rasch voran; zeitweilig müssen wir sogar einige Segeln bergen, weil die »Adventure« nicht Schritt halten kann.

20. Oktober
»Land direkt voraus!« Mit diesem Ruf alarmiert uns der Ausguck. Aber bald stellt sich heraus, dass es sich nur um eine schwarze Regenwolke handelt, die tief über dem Meer hängt.

21. Oktober
Neuseeland – das heißt der östliche Vorsprung der Nordinsel – kommt in Sicht. Ich steuere in die südlich anschließende Bucht (die Hawke Bay) hinein, um mit den Eingeborenen Kontakt aufzunehmen. Mit Blick auf die Zukunft möchte ich sie von unseren guten Absichten überzeugen, indem ich sie mit Schweinen, Hühnern und einigem Saatgut ausstatte.

22. Oktober
Ich lasse beidrehen – aber die langsame »Adventure« weiterfahren –, weil einige Kanus auf uns zuhalten. Schnell wird klar, dass die Eingeborenen sich an den Besuch der »Endeavour« vor vier Jahren erinnern: »Mataou no te pow pow – Wir haben Angst vor dem Bum Bum!«, sind ihre ersten Worte. Ich beruhige sie und erkläre ihnen mit Gibsons Hilfe so gut wie möglich, was sie mit dem Vieh und dem Saatgut anfangen sollen. Der Anführer nickt, hält aber besonders begehrlich nach Nägeln Ausschau.
Kaum haben die Kanus angelegt, beginnt ein starker Sturm.

Montag, 25. Oktober
Mit kurzen Unterbrechungen, wie zum Atemholen, hat sich der Sturm immer mehr bis zur Orkanstärke gesteigert. Heute Mittag mussten wir in Eile die letzten Segeln bergen und beidrehen. Auch der Seegang ist mit dem jetzt schon viertägigen Sturm ständig gewachsen, sodass wir gegen gewaltige Wellen ankämpfen. Zum Glück ist die Sicht gut und auf der Leeseite kein Land zu erwarten.

25. Oktober
Viele Wochen mit meist gutem Wetter haben uns verwöhnt. Jetzt werden wir an die Macht der Elemente erinnert; der Vormast soll beschädigt sein, Gegenstände poltern über Deck, ich fürchte um unseren Viehbestand, mein Vater ist wieder einmal seekrank, und mir bleibt nur, auf dem Bett zu liegen und mich so gut wie möglich daran festzuklammern.

Sonnabend, 30. Oktober
Heute Nacht kam die »Adventure« außer Sicht.

2. November
Endlich sind wir in der Seestraße zwischen der Nord- und der Südinsel Neuseelands. An der Nordküste erkennen wir die Einfahrt in eine natürliche Hafenbucht. Ich hätte sie gern näher untersucht, aber die Sorge um die »Adventure« drängte mich

vorwärts. (In der Bucht, an der Cook vorüberfuhr, liegt heute Wellington, die Hauptstadt Neuseelands.)

Mittwoch, 3. November 1773
Mit Mühe laufen wir in den Charlottensund ein und ankern am vertrauten Platz. Doch die »Adventure« finden wir nicht.

5. November
Es gibt viel zu tun. Die »Resolution« muss gründlich überholt werden, wir brauchen Holzvorräte und Frischwasser, und die Plätze werden erkundet, auf denen man vor unserer Abreise Sellerie, Kresse und andere nützliche Kräuter einsammeln kann. Im Übrigen kommt natürlich wieder ein eifriger Tauschhandel mit den Eingeborenen in Gang – auch in dem Sinne, dass die Matrosen wie die Teufel hinter den Frauen her sind. »Vor einer langen Reise ist es die letzte Gelegenheit«, sagen sie.

Nur Sam zeigt sich ungewohnt enthaltsam: »Keine Prinzessinnen, Tänzerinnen oder sonstige Schönheiten weit und breit! Wenn es die gäbe, hätte ich sie bestimmt schon entdeckt. Nein, ich finde hier keine, die mir hübsch genug ist.«

Er ist jetzt sehr verwöhnt und offenbar zu einem Snob geworden – und darum der Versuch zum Necken unwiderstehlich: »Ich denke, die Prinzessin war so unbedarft?«

Mein Freund schaut mich sehr von oben herab an: »Ich muss doch bitten! Erstens entjungfert man nicht jeden Tag eine Prinzessin; das ist doch auch etwas. Zweitens war sie gelehrig genug, um meine Vorzüge zu entdecken und zu schätzen. Drittens kommt es nicht nur aufs Kurze und Grobe an, wie hier in Neuseeland, sondern auf die Verfeinerung, auf die Zärtlichkeit.«

»Ach, Sam«, sage ich kleinlaut. »Wie dumm von mir. Ich muss wohl noch viel lernen.«

Er lächelt: »Ja, George. Aber mach dir keine Sorgen. Du hast den besten Lehrer, den es gibt.«

Um auf die hiesigen Verhältnisse zurückzukommen: Der Kapitän hat die Mannschaft streng ermahnt. »Wer den Eingeborenen etwas wegnimmt, wird öffentlich ausgepeitscht – vor den Eingeborenen! Und wehe, wenn jemand eine Vergewaltigung versucht! Dann ist es mit zwölf Schlägen nicht getan.«

Sonnabend, 6. November
Heute zeigten die Eingeborenen große Neigung, meine Taschen zu plündern und mit der einen Hand den Fisch wegzunehmen, den sie mir mit der anderen gerade gegeben haben. Ihr Häuptling schimpfte darum mit ihnen. Eine Minute später stahl er selbst mein Taschentuch. Ich tat, als hätte ich nichts bemerkt, und begann es zu suchen. Er stellte sich ahnungslos und unschuldig, bis ich ihm in den Rock griff und das Tuch hervorzog. Da brach er in ein so herzliches Gelächter aus, dass ich ihm unmöglich böse sein konnte.

Ich mag die Neuseeländer, es sind selbstbewusste und kriegerische Leute. Man kommt gut mit ihnen aus, wenn man auf zwei Grundsätze achtet. Erstens müssen sie die Macht unserer Gewehre kennen, denn sie werden sich vor Übergriffen hüten, wenn sie wissen, dass sie den Kürzeren ziehen. Zweitens darf man ihren Stolz nicht verletzen; man muss sie anständig und gerecht behandeln. Wenn die Verbindung von beidem gelingt, hat man nichts zu befürchten und wird zuverlässige Freunde finden.

15. November
Wir unternahmen einen Ausflug und bestiegen einen Berg, von dem man aufs Meer hinausblicken konnte. Es war ein langer, ermüdender und leider auch vergeblicher Marsch: Vom Horizont her zog Nebel heran, sodass man keine zwei Meilen weit sehen konnte. Beim Rückweg herrschte eine gedrückte Stimmung – so als sei dies der endgültige Abschied von der »Adventure« gewesen. Nur Herr Forster schien bester Laune; er hatte einige neue Pflanzen entdeckt, von denen er behauptete, dass sie seinem Vorgänger Joseph Banks entgangen seien.

23. November
Pickersgill, unser Fachmann fürs Handeln, stieß auf den abgeschlagenen Kopf eines offenbar erst vor kurzem getöteten jungen

Mannes und kaufte ihn. Das brachte Charles Clerke auf einen makabren Einfall: Er schnitt die beiden Wangen und die Ohren ab, ließ sie braten und bot sie den Eingeborenen an, die gerade an Bord waren. Sie aßen mit gutem Appetit. Nein, mehr: Sie verschlangen das Menschenfleisch mit Gier.

Alle sahen es. Alle, außer Clerke und Pickersgill, waren entsetzt. Odiddy brach in lautes Weinen aus; mein Vater stürzte zur Reling und musste sich übergeben. Cook kehrte gerade von einem Ausflug zurück, rechtzeitig genug. Nun stand er auf dem Achterdeck und schaute zu, ohne einzugreifen. Ich rannte zu ihm hinauf und fragte: »Sir, wie können Sie so etwas dulden?«

Er sah mich kühl und beinahe abwesend an, aus unendlicher Ferne. Er sagte. »Wir haben bisher *vermutet*, dass die Neuseeländer Kannibalen sind. Aber es ist wichtig, einen Beweis zu finden, und jetzt haben wir ihn.«

Als ich wie Odiddy in Tränen ausbrach, erwachte er gewissermaßen und fügte hinzu: »George, ich verstehe Sie ja. Doch wer sich auf Entdeckungen einlässt, verkauft seine Seele; er stellt Fragen und gibt alles dafür, die Antworten zu finden.« Und als ich ihn noch immer entgeistert anstarrte: »Ich denke praktisch, statt Predigten zu halten. Ich versorge die Eingeborenen mit Vieh und mit Saatgut. Wenn die Leute erst einmal Bauern geworden sind, leben sie ganz von selbst in größeren und dauerhaften Gemeinschaften, statt dass sie ruhelos in kleinen Gruppen wandern, die übereinander herfallen. Und dann und nur dadurch werden ihre Sitten sich ändern.«

24. November
Was ist aus der »Adventure« geworden? Ist sie im Sturm gekentert? Nein, so etwas tut ein Whitby-Schiff nicht. Auf ein Riff gelaufen? Das Spekulieren bleibt müßig. Für alle Fälle, vielmehr für den besten Fall, lasse ich unter einem auffälligen Baum, auf dem Hügel über unserem Liegeplatz, eine Flaschenpost eingraben und auf dem Stamm ein Zeichen anbringen: »Hier unten nachsehen!« Ich teile meine Absichten mit, verabrede aber kein Treffen, weil es unmöglich ist, den Ort und den Zeitpunkt genau zu be-

stimmen. Furneaux muss dann selbstständig handeln, und Gott gebe, dass es ihm gelinge.

24. November
Mein Vater hat sich wieder einen Hund zugelegt – keinen eleganten wie »Terra«, sondern ein plumpes Exemplar von der hiesigen Kochtopfrasse. »Warum?«, frage ich.

»Wir fahren in die Kälte, immer weiter und weiter, da brauche ich etwas zum Wärmen«, heißt die Antwort.

Ich verstehe, dass das nicht nur im äußeren Sinne gemeint ist.

Wieder in der Antarktis

Donnerstag, 25. November 1773
Wir setzen Segel zur zweiten Reise in den tiefen Süden, und wir werden, denke ich, dem Wahn vom Südkontinent damit endgültig das Ende bereiten, das er verdient.

Zum Menschen gehört, dass er träumt: Von Liebe und Glück, von Reichtum und Ruhm, von der Macht. Ich habe ja auch geträumt, als ich jung war, und vielleicht tue ich es noch heute. Aber der Wahn sollte nicht sein. Man muss versuchen, ihn aus der Welt zu schaffen, und es ist mein Ehrgeiz und Stolz, dazu einen Beitrag zu leisten.

Die »Resolution« befindet sich in bestem Zustand, mit allen nötigen Vorräten versehen, und die Mannschaft ist gesund. Mit Genugtuung stelle ich fest, dass niemand sich niedergeschlagen zeigt, weil wir jetzt allein sind und womöglich die Gefahren sich vergrößern, auf die wir uns einstellen müssen. Ich selbst glaube sogar, dass wir es ohne die »Adventure« einfacher haben werden. Furneaux bekommt das Ernährungsproblem nicht in den Griff; früher oder später bricht bei seinen Leuten wieder der Skorbut aus und zwingt uns zum Abbruch der Entdeckungsfahrt, die ich mit der »Resolution« noch fortsetzen könnte. Nur um der Form zu genügen, lasse ich stündlich einen Signalschuss abfeuern, solange wir in Küstennähe sind. Aber ich erwarte nicht mehr, dass wir Antwort erhalten.

26. November 1773

Wie an den meisten Tagen, an denen sich wenig ereignet und das Abendgespräch bald versandet, gehen wir früh zu Bett. Doch nach ungefähr einer halben Stunde stiehlt sich auf einmal mein Freund zu mir in die Kabine, mit dem Finger auf den Lippen wie ein Verschwörer. Dabei wäre es kaum noch nötig, leise zu sein; nebenan hört man meinen Vater schon schnarchen.

»Sam, was ist?« Ich richte mich aus meinem Halbschlaf auf.

Er drückt mich aufs Bett zurück, setzt sich zu mir, lächelt, flüstert: »George, erinnerst du dich nicht? Heute vor einem Jahr habe ich dir meinen ersten Brief geschrieben. Ich möchte dir Glück wünschen.«

Mein Geburtstag! Wieder einmal hatte ich ihn vergessen, und wieder einmal hat niemand sonst daran gedacht – außer Sam.

Doch ehe ich mich versehe, ist er schon wieder bei der Tür.

Er schaut noch einmal zurück, lächelt wieder. »Schon gut, George. Träum schön.«

Verwirrt frage ich mich hinterher, ob ich tatsächlich geträumt habe.

Montag, 6. Dezember

Heute morgen waren wir nach den Berechnungen unseres Kapitäns, von Mr. Wales und der Kendall-Uhr an den Antipoden von London.

»Und was haben wir davon?« möchte mein missgelaunter Vater wissen.

»Sehr viel, Mr. Forster«, verkündet der Astronom. »Jetzt können wir unseren Leuten zu Hause verbindlich mitteilen, dass sie von ihrem Gegenüber nichts zu befürchten haben, falls jemand sich quer durch den Erdball bohrt. Nichts als Wasser und vielleicht ein paar Wale oder Albatrosse!«

Solche Hakeleien mit Worten zeigen an, dass einmal mehr und wie eine Krankheit die Langeweile sich ausbreitet. Cook hat mich vorgestern gefragt: »George, wie wäre es, wenn Sie sich in der seemännischen Vermessungskunst weiterbilden? Hier ist ein Buch, und vielleicht könnte dann Mr. Wales ... Nein, das ist wohl kein so guter Gedanke.«

Diese Aufmerksamkeit macht mich glücklich, und ich versuche mein Bestes. Leider bekomme ich es vor allem mit der Mathematik zu tun, und dafür fehlt mir die Vorbildung ebenso wie die Begabung. Oder das Interesse. Weitaus leichter ist es mit Sprachen und in diesem Fall mit dem Tahitischen. Wenn Sam und ich uns treffen, üben wir uns darin. Außerdem gibt es ja noch Odiddy. Niemand kümmert sich recht um ihn, er hat Heimweh und friert erbärmlich. Darum freut er sich über jede Frage, die man ihm stellt.

Sonnabend, 11. Dezember
Cook ist zufrieden, weil wir gut vorankommen. Das heißt mit anderen Worten: Es wird schnell kälter, und heute fiel das Thermometer auf den Gefrierpunkt. Oft stecken wir im Nebel, und wenn es aufklart, sehen wir zwar Sturmvögel und häufig auch Wale, aber nirgendwo Land. Mein Vater kann sich kaum noch bewegen; er leidet an der Gicht oder, wie Mr. Patten sagt, an Rheuma.

Sonntag, 12. Dezember
Um vier Uhr morgens sahen wir auf 62 Grad 10 Minuten südlicher Breite und 172 Grad westlicher Länge den ersten Eisberg. Das ist um mehr als elf Grad weiter südlich als im vorigen Jahr.

Mittwoch, 15. Dezember
Wir sichteten erst zwei, dann 15 Eisberge und gerieten ins Treibeis, das immer mehr zunahm. Mehrfach, oder vergeblich änderten wir den Kurs, um freies Fahrwasser zu erreichen. Nebel kam auf, die Gefahr wuchs. Am Abend rammten wir beinahe einen Eisberg; nach dem – verspäteten – Alarmruf des Wachoffiziers konnten wir gerade noch ausweichen. Eine »Beinahe«-Kollision, sagen die Seeleute, ist hinterher beinahe so gut wie der sicher bewahrte Abstand von einer Meile. Aber wirklich nur um Haaresbreite wurde der Zusammenstoß vermieden, nach dem niemand mehr vom Untergang der »Resolution«« hätte berichten können.

Weil ein weiteres Vordringen unmöglich ist, steuere ich erst einmal nach Norden, um dann weiter östlich einen neuen Anlauf zu nehmen.

Fortsetzung, 15. Dezember
Das »Beinahe« lässt mich noch immer nicht los. Zwar gehörte es zu den Dienstpflichten eines Kapitäns, dass er in jeder Situation einen klaren Kopf bewahrt und die Ruhe ausstrahlt, von der so viel, vielleicht alles abhängt. Über Jahre hin wird diese äußere Unbewegtheit antrainiert, bis sie zur zweiten Natur geworden ist, und nur langfristig baut sich das Vertrauen auf, das der Mannschaft sagt: Bei diesem Mann sind wir sicher. Im kritischen Augenblick schauen dann die Seeleute auf ihren Kapitän und lesen an seinem Auftreten ab, ob die Gefahr gebannt werden kann oder die Katastrophe bevorsteht. Aber gestern hatte mich für eine Minute oder vielleicht, wie ein Blitzschlag, nur für Sekunden das Entsetzen gepackt. Gottlob gab es genug zu tun, um es zu überspielen.

Selbst im Alltag, wenn nichts Dramatisches geschieht, wenn die Routine regiert, bleibt und bohrt in der Tiefe etwas wie Angst oder jedenfalls die Anspannung, eine innere Unruhe: Hüte dich, das Unheil liegt auf der Lauer; wehe, wenn du dich jemals in Sicherheit wiegst! Von dieser Last weiß niemand etwas, darf niemand wissen. Es ist das Vorrecht des Kapitäns, sie zu tragen. Doch je länger meine Reisen dauern, desto schwerer wiegt sie.

Das »Beinahe« grinst mich an; greift nach mir wie die Riesenkrake, von der die alten Seeleute erzählen, dass es sie gibt. Beinahe wäre die »Endeavour« gesunken, als sie vor der Küste von Neusüdwales auf ein Riff lief, beinahe hätten Stürme, beinahe Strömungen uns gegen Felsen geschmettert, beinahe die Eismassen uns eingeschlossen und zerdrückt. Beinahe, beinahe: Das heißt doch, mit anderen Worten: Ich habe Glück gehabt, in der Summe beinahe unvorstellbares Glück. Aber irgendwann einmal wird mein Glückskapital aufgezehrt sein. Manchmal denke ich: Es darf nach dieser zweiten Weltumseglung keine dritte mehr geben. Denn sie wird mich verschlingen.

Montag, 20. Dezember
Um sieben Uhr abends drangen wir bei 147 Grad 46 Minuten westlicher Länge zum zweiten Mal während dieser Reise in den Polarkreis ein.

Dienstag, 21. Dezember
67 Grad 5 Minuten südlicher Breite. Viele Eisberge und viel Treibeis. Ein Sturm kam auf, Nebel dazu: die schlimmste Wetterkombination, die sich denken lässt.

Donnerstag, 23. Dezember
Kein Sturm mehr und ruhige See. Wir nutzen die Gelegenheit, um durch das Aufnehmen von Eis unsere Frischwasservorräte zu ergänzen. Für die Seeleute war es eine harte Arbeit; sie holten sich Frostbeulen und blutige Hände. Die Kälte war fast unerträglich. Abwechselnd fielen Schnee und Hagel. Das Tauwerk gefror und machten die Seile zu Drähten, die Segel zu harten Platten, als wären sie aus Eisen.

Wir sahen, wie fast immer in den südlichen Breiten, zahlreiche Albatrosse. Wer will, mag daraus auf ein Land im Süden schließen. Denn wo sonst brüten diese Vögel? Aber es kann nur ein eisumpanzertes, lebensfeindliches Land sein, nicht der erträumte Südkontinent, den kultivierte Menschen bewohnen.

Unter den gegebenen Umständen entschließe ich mich, zunächst einmal wieder nach Norden zu steuern.

Freitag, 24. Dezember
Wir nehmen nochmals Eis auf.

Sonnabend, 25. Dezember
Zwischen Eisbergen begehen wir den Weihnachtstag. Zum Glück können wir bei klarem Wetter und ständigem Tageslicht den Gefahren ausweichen. Bei Dunkelheit oder bei Nebel würde nur ein Wunder uns vor dem Schiffbruch retten.

25. Dezember 1773

Was für Umstände für das Christfest: Überall regiert die Kälte und in den Kabinen dazu noch die Feuchtigkeit. Der Schiffsarzt hat alle Hände voll damit zu tun, Frostbeulen mit Salbe zu versorgen. Viele Leute sind erkältet, manche haben Fieber. Mein Vater, wieder von der Gicht oder vom Rheuma geplagt, schleppt sich mühsam vors Feuer in der Kajüte und hockt dort für Stunden regungslos im Sessel. Die Sonderrationen an Rum werden ausgegeben und eröffnen zusammen mit angesparten Vorräten den einzig gangbaren Fluchtwerg; schon am frühen Nachmittag hört man aus den Mannschaftsquartieren im Vorschiff das betrunkene Gröhlen.

Ich treffe Sam und er fragt: »Magst du das?«

»Nein.«

»Ich auch nicht. George, am Abend habe ich dienstfrei. Wie wär's wenn du mich in meiner Kammer besuchst? Als Korporal der Marinesoldaten habe ich doch eine für mich. Sie ist winzig, aber für uns beide hat sie Platz.

Ich kenne die stillschweigend geltende Regel, dass die mitreisenden Herren, die »Passagiere«, in den Quartieren der Unteroffiziere und Mannschaften nichts zu suchen haben. Aber wer fragt an diesem Tag danach? Außerdem befindet sich Sams Kammer im achteren Schiffsteil. Und unverhofft bietet sich die Aussicht, für ein paar Stunden dem Trübsinn zu entfliehen. Also heißt meine Antwort: »Ja, Sam, ich komme gern.«

Fortsetzung, am 26. Dezember

Gibsons Kammer liegt zwei Decks oder Stockwerke tiefer. Sie ist zwar, im Gegensatz zu unseren Kabinen, solide aus Bohlen gefügt und solide verschließbar, aber wirklich sehr eng. Die eine Längsseite nimmt ein Schrank mit Reservegewehren und der zugehörigen Munition ein; es gehört zu den Pflichten des Korporals, sie zu verwahren und zu pflegen. Auf der anderen Seite der Bettkasten. Nichts für dicke Leute: Die Breite zwischen dem Schrank und der gegenüberliegenden Wand beträgt kaum anderthalb Meter. Kein Tisch und kein Stuhl, nur hinter dem Bettende noch ein Regal für die Kleider. Und auch in dieser Kabine ist es kalt.

Wir haben eine Flasche Wein dabei, die Cook Sam geschenkt hat. Nach und nach wird uns wärmer, der Wein löst unsere Lippen, wir erzählen uns Geschichten, albern herum. Irgendwann denke ich, dass nun wenigstens doch ein bisschen fröhliche Weihnachtsstimmung aufkommt.

27. Dezember
Immerfort geht mir durch den Kopf, was für einen merkwürdigen Gegensatz Sam und ich bilden. Wir sind beide jung, er ungefähr zwei, drei oder vier Jahre älter als ich. Doch er ist kräftig und schön; im Vergleich zu ihm bin ich ein schwächliches und hässliches Entlein, von meinen Haaren vielleicht abgesehen. Er strotzt vor Selbstbewusstsein, vor Frauen- und Lebenserfahrungen, ich plage mich mit tausend Zweifeln und habe aus dem Bannkreis meines Vaters niemals herausgefunden. Er kann nur mit Mühe lesen und fehlerhaft schreiben; von Homer, von Cäsar und Augustus, von Shakespeares Romeo und Julia oder Hamlet hat er noch nie etwas gehört. Sogar die Bibel ist ihm fremd. Ich bin mit der Bildung aus Büchern aufgewachsen, und eigentlich viel zu früh über den Zeichen- und Schreibtischen gebeugt. Er hat sich schon als Kind, als Junge in den dunkelsten Winkeln herumgetrieben und mit seinen Fäusten Geltung verschafft. Mir wurde es eingeprägt (und auch eingeprügelt), auf die Vernunft, die Aufklärung zu setzen. Dabei ist er zu einer Zartheit fähig, die mich beschämt. Kann es größere Gegensätze geben?

Man sagt zwar, dass die sich anziehen. Ich bewundere Sam, und meine Fremdheit fasziniert ihn wahrscheinlich – wie meine Imiroa auf Tahiti. Aber was wären wir füreinander, wenn nicht der Zufall oder das Schicksal, die Traum- und Gefängniswelt der »Resolution«, uns zusammengeschmiedet hätte?

Sonnabend, 1. Januar 1774
Am Abend passieren wir auf 58 Grad 39 Minuten südlicher Breite zwei Eisberge, die hoffentlich letzten auf unserem nördlichen und nordöstlichen Kurs.

3. Januar
Der Fähnrich Charles Loggie wird ausgepeitscht, weil er, total betrunken, eine Messerstecherei angefangen hat. Ich schaue mit Schrecken zu, aber Sam ist tief befriedigt. »Typisch Cook«, erklärt er. »Dieser Loggie stammt erstens aus einer, wie man so sagt, ›guten‹ Familie, jedenfalls aus der Klasse der Vornehmtuer. Und darum ist er, zweitens, ein Offiziersanwärter – beides zusammen zwei handliche Gründe, um Gnade vor Recht ergehen zu lassen. Aber eben nicht bei Cook. Der hat nicht vergessen, woher er kommt, und behandelt alle gleich.«

8. Januar
Gestern sahen wir Sonne und Mond. Darum nahmen Wales, Gilbert, Clerke und ich Vermessungen vor. Die Ergebnisse reichten von genau 133 Grad bis zu meinen 133 Grad und 37 Minuten westlicher Länge, während unser Chronometer 133 Grad und 34 Minuten anzeigte. Heute wurde die Übereinstimmung noch einmal bestätigt. Ich bin sehr zufrieden, denn wir werden keinen nennenswerten Irrtümern unterliegen, solange wir einen so guten Führer wie die Uhr von Larcum Kendall haben.

8. Januar
Uhren im Allgemeinen und unser Chronometer im Besonderen bilden das Thema des Abendgesprächs. Mr. Wales platzt fast vor Stolz, sodass die Versuchung unwiderstehlich wird, ihn herauszufordern: »Sir, wem verdanken wir eigentlich dieses Wunderwerk der Technik?«

Der Herr Astronom holt tief Atem, setzt sich in Positur und grollt dann wie ein Vulkan vor dem Ausbruch: »Junger Mann, schon Ihre Frage disqualifiziert Sie! Jeder bessere Handwerksmeister kann eine gute Uhr bauen.« Mit beiden Fäusten trommelt er auf seine Brust. »Aber sie betreuen, beobachten, pflegen und ihr jeden Tag beim Aufziehen einen guten Tag wünschen: Darauf kommt es an, und das ist, weiß Gott, ein schweres Amt.«

Mit diesem Schauspiel bringt er natürlich die Lacher auf seine Seite. Charles Clerke fügt noch hinzu: »George, es ist zwecklos, sich mit Hexenmeistern anzulegen; Sie ziehen doch nur den Kürzeren. Ich habe selbst gesehen, wie er den Chronometer nicht mit Schlüsseln, sondern mit Beschwörungsformeln in Gang hält.«

11. Januar

Nach vielen Tagen erst auf Nord-, dann auf Nordostkurs lässt Cook wieder nach Süden wenden. Wir alle werden davon überrascht, und viele sind enttäuscht, weil sie glaubten, dass die Heimfahrt begonnen hatte. Sogar aus den Mannschaftsquartieren ist zwar nicht laut, aber doch deutlich ein Murren zu hören. Aber unser Kapitän ist nun einmal ein Mann der einsamen Entschlüsse.

Mein Vater stellt fest: »Es ist schlimm. Ich habe nichts dagegen, dass wir im Pazifik bleiben; es gibt ja so viel, was unser Studium lohnt. Aber nicht mehr in den Eiswüsten! Außerdem und noch schlimmer: Es zeugt von Menschenverachtung und nicht von Aufklärung, wenn man den Mitreisenden verschweigt, wie ihre Zukunft aussehen soll.«

Ich frage Sam nach seiner Meinung. Mit Stolz und unter dem Siegel der Verschwiegenheit vertraut er mir an, dass er schon vorher etwas wusste, womöglich als der Einzige an Bord: »Der Kapitän hat mich gefragt, was die Leute von einem neuen Vorstoß nach Süden halten. ›Sir‹, habe ich gesagt, ›ich fürchte nicht viel. Oder überhaupt nichts.‹

›Und was meinst du selbst, Sam?‹

›Dass Sie wissen, was Sie wollen, Sir, und die richtige Entscheidung treffen. Und dass jeder es mit mir zu tun bekommt, der etwas dagegen hat.‹

Cook hat geschmunzelt: ›Dann habe ich ja nichts zu befürchten.‹ Und er hat mir auf die Schulter geklopft.«

Doch wer ist nun im Recht, mein Vater mit seinem Republikanerstolz oder der Kapitän Seiner Majestät? Oder sein Korporal Samuel Gibson? Hätte Cook nicht wenigstens eine Art von Kriegsrat halten sollen, um danach erst seine eigenen Entscheidungen zu treffen? Oder sie jedenfalls zu begründen?

12. Januar
Sam und ich treffen uns so oft wie möglich. Und nachdem der Bann der Befangenheit gebrochen ist, haben wir uns immer viel zu erzählen. Er will alles von mir wissen und ich von ihm.

Er staunt: »Eine richtige Familie mit Vater und Mutter und Geschwistern! George, ich beneide dich.«

»Ja, aber eigentlich war ich immer bloß der Sohn meines Vaters. Von Anfang hat er auf mich gesetzt – nur auf mich. Ich bin sozusagen sein Betriebskapital, das sich rentieren muss. So einfach ist das auch nicht.«

»Nein, bestimmt nicht. Vielleicht sollte man die natürlichen Väter mit ihren unnatürlichen Ansprüchen überhaupt abschaffen und sie durch Wahlväter ersetzen.«

»Ein guter Vorschlag, aber nur schwer zu verwirklichen.«

Sam bildet sozusagen meinen Gegenpol. Von seinem Vater weiß er bloß gerüchteweise, dass er ein Seemann gewesen sein soll, der sich aus dem Staub machte, als seine Mutter schwanger war.

»Und wer will denn noch eine Frau mit einem unehelichen Kind? Als Wäscherin hat sie sich zu Tode geschuftet. Sie starb, ich glaube an der Lungenschwindsucht, als ich acht Jahre alt war. Ungefähr acht Jahre. Mein genaues Geburtsdatum kenne ich gar nicht – und daher, George, staune ich immer über die, die eins haben. Von da an habe ich mich ganz allein durchgeschlagen. Oder in Rudeln mit anderen Straßenkindern. Manchmal gab es hier oder dort eine Pfennigarbeit. Meistens hieß es: stehlen, was das Zeug hält, und sich nicht erwischen lassen. Oder: für einen Schilling pro Nacht – oder ein bis zwei Groschen die Stunde – mit Männern ins Bett gehen. Mit zwölf habe ich dann als Schiffsjunge angeheuert, bei einem Kapitän, der mich auch immer in seinem Bett haben wollte. Zum Ausgleich hat er mir die Brocken von Lesen und Schreiben und Rechnen beigebracht, die ich beherrsche.«

Ich schaudere: »Sam, was für eine Geschichte! Ich glaube, ich hätte das nicht überlebt.«

»Sei froh, dass du es nicht probieren musstest. Und dabei ist es in unserem schönen und so wunderbar fortschrittlichen Land eine typische Geschichte. Jemand sollte sie einmal aufschreiben, nicht bloß die von Lordschaften, aber keiner tut es. Allein im herrlichen London gibt es viele tausend solcher Straßenkinder, wie ich es war. Als ich fünfzehn und schon mit Frauenerfahrungen, außerdem mit Boxkenntnissen ausgerüstet war, habe ich den feinen Herrn Kapitän zusammengeschlagen, dass er Blut und Zähne spuckte, und bin dann schleunigst bei der Marine untergetaucht. Zwei Jahre später kam ich zu Cook. Auf Tahiti war ich 18 und bin ihm ausgerissen, aber er hat mich wieder eingefangen. Das war das Beste, was mir passieren konnte, die Chance meines Lebens, und ich schwöre dir, George: Ich werde sie nicht verspielen.«

»Wie war das, als du ausgepeitscht wurdest?«

»Schrecklich – das willst du doch hören, nicht wahr? Nein, eher verrückt. Ich habe nur gedacht: Hoffentlich bleiben keine Narben, du hast eine so schöne Haut, und sie ist dein Kapital. Cook stand übrigens dicht daneben und hat zugesehen. Nachher habe ich gesagt: ›Danke, Sir‹ Er hat genickt und gelächelt. Und da war auf einmal kein Schmerz mehr, sondern Glück. Ich wusste: Du gehörst zu ihm, und er lässt dich nicht fort.«

Früher oder später landen wir immer bei diesem Hauptthema, dem großen James Cook. Für Sam ist er die alles überragende Vaterfigur oder, wie er sagt: »Mein Polarstern und mein Kompass, nach dem ich steuere«. Wenn ich, bei aller Bewunderung, den leisesten Zweifel anmelde und zum Beispiel sage, dass er mir oft als unerbittlich hart erscheint und mich schon mehr als einmal mit seiner Kälte erschreckt hat, dann gerät Sam in Eifer: »Nein, George, nein, das stimmt überhaupt nicht! Das ist nur der Panzer, den ein Kapitän sich zulegen muss. Darunter ist so viel Herz. Und Güte und Geduld, wenn man ihn nur nicht enttäuscht. Zum Beispiel weiß er ganz genau, was für ein Windhund ich bei den Frauen bin. Aber es macht ihm nichts aus. Manchmal denke ich sogar: Ganz heimlich freut er sich über meine Erfolge, weil er sicher sein kann, dass ich ihn nicht blamiere, wenn er seinen Korporal an eine Prinzessin ausleiht.«

»Jedenfalls merkt man, dass er dich gern hat.«

Mittwoch, 26. Januar
Heute passierten wir bei 190 Grad 31 Minuten westlicher Länge den Polarkreis zum dritten Mal.

26. Januar
Was ist eigentlich dieser Polarkreis? Eine gedachte Linie, etwas völlig Abstraktes. Wenn man Reisebeschreibungen liest, regiert die Anschauung, zu der der Wechsel gehört; man sieht Landschaften, Berge und Täler, Wälder und Wiesen, Flüsse und Seen, die Äcker, einen Fuchs und Viehherden, hört Vogelrufe, durchwandert Dörfer und Städte, bewundert Schlösser und Dome oder Ruinen, begegnet Menschen, erfährt etwas von ihrer Lebensweise, ihren Ängsten und Hoffnungen, ihrer Geschichte. Aber wie beschreibt man das Nichts, das endlos Eintönige von grauem Himmel und grauem Meer? Oder eine ereignislos hinschleichende Zeit? Nicht einmal der Pulsschlag der Tageszeiten, von Dunkel und Licht, der sonst das Leben bestimmt, setzt Kontraste. Die Sonne geht weder auf noch unter, und ein fahles Dämmern herrscht am Mittag wie um die Mitternacht.

Nur das Negative bleibt. Die Gespräche sind verstummt; Charles Clerke fällt längst schon kein Witz mehr ein, Pickersgill trinkt wortlos vor sich hin, William Wales hat alle Spottpfeile verschossen, Odiddy zittert vor Kälte, mein Vater schleicht gichtgekrümmt wie ein Gespenst daher. Oder ich sehe William Hodges, wie er einsam an der Reling steht: Seine Schultern zucken, er weint. Und Cook? Sein unbeugsamer Wille treibt uns vorwärts. Aber auch er spricht nicht mehr, sein Gesicht ist blass und eingefallen, und er isst immer weniger. Wahrlich, wenn man einmal Bücher über unsere Reise schreibt, werden diese Tage und Wochen verschwinden, als hätte es sie gar nicht gegeben. Einzig das Abstrakte wird sich behaupten: der Polarkreis. Dazu dürre Angaben über Längen- und Breitengrade, Temperaturen, Eisbarrieren, Kurse, Windstärke und Windrichtung.

Sonntag, 30. Januar 1774

Schon früh am Morgen erkannten wir am weißen Widerschein in den Wolken, dass wir uns einem großen und geschlossenen Eisfeld näherten. Bald wurden seine Ausmaße sichtbar; es bedeckte den ganzen südlichen Horizont und verhinderte jedes weitere Vordringen. Wir zählen 97 Erhebungen, die sich übereinander schoben, bis die Spitzen der höchsten in den Wolken verschwanden. Solch gewaltige Eisberge sind, soviel ich weiß, in den Grönlandmeeren niemals beobachtet worden.

Wir befanden uns auf 71 Grad 10 Minuten südlicher Breite. So weit ist seit Beginn der Geschichte noch niemals ein Mensch gekommen, und es war mein Ehrgeiz, der erste zu sein, der bis an die Grenzen des Möglichen ging. Sie sind erreicht, und ich gebe zu, dass ich stolz darauf bin. Um so leichter fällt es mir, jetzt nach Norden zu wenden.

Tahiti, zweiter Teil

Sonntag, 6. Februar 1774
Ich muss eine schwerwiegende Entscheidung treffen. Ich kann entweder einen Ostkurs einschlagen, am Kap Horn vorbei in den Südatlantik steuern, ihn überqueren und Kapstadt anlaufen. Dort gäbe es Gelegenheit für die Überholung des Schiffs und die Erholung der Mannschaft. Nach ein paar Wochen würden wir dann die Weiterreise antreten und ungefähr im August England erreichen. Hierfür spricht, dass unser Auftrag erfüllt ist. Die Existenz des sagenumwobenen, von unbekanntem Leben und hoher Kultur erfüllten »Südkontinents« ist widerlegt; was davon als letzte Spukgestalt für den Südatlantik noch übrig bleibt, ließe sich sozusagen im Vorüberfahren verscheuchen. Vom Heimweh, das viele meiner Leute plagt und dem dieser Kurs entsprechen würde, will ich gar nicht erst reden.

Oder ich steuere strikt nach Norden, tiefer in den Pazifik hinein, und später wieder nach Westen, um erst die Gesellschaftsinseln und danach Neuseeland zu meinen Stützpunkt für weitere Forschungen und Entdeckungen zu machen. Wir sind hier, weil die Vermessungen rufen, und es bleibt noch viel zu tun. Im Übrigen ist das Schiff in gutem Zustand, mit Vorräten versehen, und die Mannschaft gesund. Müsste ich mir nicht einen Mangel an Urteils- und Tatkraft, ja an Pflichtbewusstsein vorwerfen, wenn ich diese Möglichkeit ausschlüge?

Ich entscheide mich für den Kurs nach Norden.

20. Februar
Wir passieren den 40. Grad südlicher Breite. Die Sonne scheint bei einer leichten Brise, und es ist angenehm warm. Man könnte vom ersten sommerlichen Tag seit unserer Abreise aus Neuseeland sprechen, und alle genießen ihn.

23. Februar
Allgemeines Entsetzen: Cook ist erkrankt und muss die Schiffsführung Leutnant Cooper übergeben. Und diesmal verbirgt auch unser Schiffsarzt nicht, dass es ernst ist. Einmal spricht er von Magengeschwüren und hartnäckiger Verdauungsstörung, dann wieder von einer Gallenblasenentzündung oder Nierenkolik. Bedenkliches Kopfschütteln: »Weder die Brechmittel noch die Einläufe schlagen an.« Hinzu kommt dann noch ein schrecklicher Schluckauf, der 24 Stunden andauert. Mit Schaudern denke ich: Die Vorzeichen waren längst erkennbar; Cooks Gesicht verfiel immer mehr, er hielt sich krumm, und schon seit Tagen hat er fast nichts mehr gegessen. Aber sein eiserner Wille verdrängte das Kranksein – und um so verheerender bricht es sich Bahn.

24. Februar
Sam ist völlig verstört. Doch ist er nicht der Einzige, der an Mr. Pattens Lippen hängt und Neues erfahren möchte. Spät am Abend heißt es: »Cook schläft endlich – ein gutes Zeichen.« Heiße Bäder und Magenumschläge haben die Besserung eingeleitet.

25. Februar
Meine Krankheit fesselt mich ans Bett. Das ist schwer zu ertragen.

26. Februar
Patten erscheint bei meinem Vater und sagt: »Der Kapitän darf auf keinen Fall das salzige Pökelfleisch essen. Was er jetzt unbedingt braucht, sind kräftige Brühen aus frischem Fleisch. Ihr Hund, Mr. Forster! Er ist das Einzige, was wir im Augenblick haben.«

Was bleibt meinem Vater anderes übrig, als das Opfer zu bringen? Doch dann weint er, und ich bekomme zu hören: »Auch ein solches Tier wird zum Freund.«

Übrigens ist die halbe Besatzung mit dem Angeln beschäftigt, und die ganze flucht, weil kein Fisch anbeißt. Jeder möchte dem Kapitän zu frischer Meeresnahrung verhelfen. Wenn er die vollkommene Unentbehrlichkeit, seine Vaterrolle hätte demonstrieren wollen, dann konnte es nicht wirksamer geschehen als mit dieser Krankheit.

27. Februar

Ich erhole mich, ich genieße die Fleischbrühe, die man mir einflößt, aber Patten verbietet das Aufstehen: »Wir brauchen Sie noch und dürfen keinen Rückfall riskieren.« Fast wie ein Heißhunger überkommt mich inzwischen das Bedürfnis nach einem persönlichen Gespräch. Doch mit wem? Die Offiziere, vielleicht Charles Clerke? Aber wenn ich einen vorziehe, kränke ich die anderen, und Vertraulichkeiten verquer zum dienstlichen Umgang sind allemal vom Übel. Mr. Wales oder Mr. Forster? Ich vertrage jetzt keine Spottakrobatik – und sauertöpfische Predigten schon gar nicht. Hodges ist zu schüchtern, der junge Forster zu philosophisch. Nein, ich brauche jetzt etwas Frisches und Handfestes; ich lasse Gibson rufen.

»Sir?«

»Sam, vergiss einmal den Korporal und die stramme Haltung, setz dich zu mir. Wie geht es dir?«

»Danke, gut ... Und Ihnen, Sir? Ich hatte so schreckliche Angst.« Die Tränen treten ihm in die Augen.

Ich nehme seine Hand: »Keine Sorge, mein Junge, so leicht lasse ich dich nicht im Stich.« Aber ich möchte jetzt nicht mehr vom Kranksein sprechen und lenke auf ein anderes Thema: »Sam, eigentlich könnten wir jetzt schon auf dem Weg nach Hause sein? Was hältst du davon, wenn wir stattdessen wieder nach Tahiti fahren?«

Er erstrahlt: »Das ist herrlich, Sir! Und mit Ihrer Erlaubnis: Es ist die richtige Entscheidung.«

»Vielen Dank für die Blumen. Nur leider gibt es da auch Probleme – du weißt, mit den Ansteckungen.«

Er schüttelt den Kopf: »Nicht bei mir, Sir. Ich bin wählerisch.«

»Unter Prinzessinnen tust du es wohl nicht mehr?«

»Doch, Sir, Tänzerinnen zum Beispiel sind auch nicht schlecht. Aber wenn ich das sagen darf: Nicht in den Ansteckungen liegt das Problem.«

»Worin denn sonst?«

»Diese Brutalität im Verkehr! Die Menschen und besonders die Frauen in der Südsee sind so wunderbar sanft. Was sie verdienen, ist unsere Zärtlichkeit, und was sie bekommen, ist Rohheit, die blanke Gier. Wir werden keinen sehr guten Eindruck hinterlassen.«

Ich staune: »Sam, wo hast du das denn her? Etwa von dem jungen Forster? Du steckst doch jetzt immer mit ihm zusammen, nicht wahr?«

»Ja, Sir. – Nein, nicht von ihm. Er versteht noch wenig von Frauen. Aber wenn man Augen im Kopf hat, dann sieht man doch, was geschieht.«

So reden wir weiter, kommen auf die Seefahrt im Allgemeinen und die »Resolution« im Besonderen, auf England und London. Ich erzähle von meinen jungen Jahren in Whitby. Und wieder zurück in die Gegenwart; ich frage: »Sam, was denkst du eigentlich von unserer Reise?«

Er strahlt schon wieder: »Sie ist wunderbar, Sir. Die schönste, die es bei der britischen Marine jemals gegeben hat.«

»Wieso das? Die meisten murren doch und meutern beinahe, weil ich sie so lange durch den Nebel, die Kälte und das Eis treibe.«

»Ja, Sir, aber für mich zählt nur, dass ich etwas für Sie tun kann – als Dolmetscher zum Beispiel. Wenn ich so sagen darf …«

»Nur zu, Sam.«

»Sir, ich habe mir eine Schatztruhe zugelegt, und sie füllt sich immer mehr.«

»Tatsächlich? Das musst du mir erklären.«

»Es ist … – Sir, Sie nehmen es mir wirklich nich übel?«

»Bestimmt nicht, Sam.«

»Es ist der Schatz, ein Vorrat von Erinnerungen, die mich mit Ihnen verbinden. Er wächst und wächst. Zahlreiche Leute sind darin, zum Beispiel meine Freundinnen auf Tahiti oder dieser König von Huahine. Bald werde ich anbauen müssen, weil meine Schatzkiste zu eng wird. Wirklich, Sir, eine schönere Reise kann es nicht geben.«

Ich staune: »Es ist mir ganz neu, dass man den Ertrag auch so sehen kann.«

»Sir, ich weiß selbstverständlich und sehr genau, was wirklich zählt. Aber für mich ist diese Truhe wichtig.« Er zaubert sein Lausbubenlächeln hervor. »Und keiner kann sie mir wegnehmen, kein Pirat oder sonst wer. Nein, niemand.«

Mehr als eine Stunde vergeht, und ich fühle mich eher erfrischt als ermüdet. Schließlich erscheint Mr. Patten und vertreibt meinen Gesprächspartner: »Korporal, der Kapitän braucht jetzt Ruhe.« Als ich protestiere, heißt es: »Sir, solange Sie mein Patient sind, entscheide ich, wann es Zeit ist zum Beidrehen.«

In dieser Nacht schlafe ich so gut wie seit langem nicht mehr.

1. März

Längst sind unsere Vorräte an Frischfleisch und Heilkräutern aufgebraucht; das Eingepökelte und modrig riechender Zwieback bilden wieder den Kern unserer Ernährung. Folgerichtig klopft zum zweiten Mal auf unserer Reise der Skorbut bei mir an; mit der täglichen Portion Sauerkraut allein ist es offenbar nicht getan. Das Zahnfleisch blutet, meine Beine schwellen und schmerzen; auf der Haut bilden sich schwarze Flecken. Mir fällt ein, dass man früher vom »schwarzen Tod« sprach, wenn man die Pest oder eine besonders schwere Form der Pocken meinte. Das Biermalz, das Mr. Patten zur Abwehr verordnet, vertrage ich nicht, und erbreche es gleich wieder. Daher erhalte ich täglich ein Glas Obstsaft – und noch ein zweites, weil Sam sich zu mir hereinstiehlt und es bringt. Weiß der Teufel, woher er es hat; die Vorräte sind streng rationiert. Hoffentlich nützt es. Aber vorerst fühle ich mich erbärmlich matt und rühre mich kaum aus dem Bett. Da hilft es wenig, wenn mir gesagt wird: Anderen ergeht es ähnlich oder noch schlechter.

1. März

Zum ersten Mal wieder an Deck. Mir wird etwas schwindlig, und ich muss mich an Gibson festhalten, der herbeispringt, als er das sieht. Die Leute winken und rufen, als sei ich der auferstandene Christus. Ich mag so etwas überhaupt nicht. Wer mir ins Gesicht hinein »Guter alter Cook!« schreit, wird bei anderer Gelegenheit auch »Nieder mit Cook!« rufen.

Später, in der Kajüte, erstattet Cooper Bericht: Keine besonderen Vorkommnisse. Ich bin mit seiner Schiffsführung sehr zufrieden und sage das auch. Dieser Robert Palliser Cooper mag ein etwas steifer Bursche sein, aber er versteht sein Handwerk und ist ein ausgezeichneter Navigator. Ich werde ihn zur Beförderung und für ein selbstständiges Kommando vorschlagen.

Dann besprechen wir den weiteren Kurs. Ich möchte zunächst die Insel anlaufen, die der Niederländer Jakob Roggeveen am Ostertag 1722 entdeckte. Hoffentlich verfehlen wir sie nicht; die damaligen Längen- und manchmal sogar die Breitenangaben waren erbärmlich ungenau. Zum Nutzen der künftigen Seefahrt ist es unsere Aufgabe, diese Ungenauigkeit durch die Präzision zu ersetzen.

7. März

Zitronen- und Orangensäfte scheinen beinahe so gut zu sein wie das Biermalz, auf das Mr. Patten schwört, und besser noch als Cooks Sauerkraut. Die Schmerzen klingen ab, die Schwellungen und die finsteren Unheilsflecken verschwinden. Nur Schwäche bleibt, Müdigkeit; ich könnte den ganzen Tag über schlafen und tue es auch. Welch eine Wohltat, sich ins Bett zu legen, das nicht mehr klamm, sondern trocken und an der Sonne gelüftet ist! Meinem Vater geht es ebenfalls besser.

Freitag, 11. März 1774
Um acht Uhr morgens wird vom Mastkorb aus im Westen Land gesichtet. Ich zweifle nicht daran, dass es sich um die Osterinsel handelt. Bei wenig Wind kommen wir nur langsam voran.

12. März
Meine Vermutung wird bestätigt. Mit dem Fernrohr erkennen wir die riesigen Steinfiguren, von denen Roggeveen berichtet hat.

13. März
Eine Hafenbucht gibt es nicht; nach einigem Suchen ankern wir vor einem Sandstrand.

14. März
Mehrere hundert Eingeborene erwarteten uns am Ufer – freundlich und so diebisch wie nur irgend ein Inselvolk in der Südsee. Kaum konnten wir die Hüte auf dem Kopf behalten. Odiddy und Gibson verstehen mit einiger Mühe die Sprache oder jedenfalls Brocken davon. Diese Verwandtschaft von Neuseeland bis hierher, über tausende Meilen, beweist den gemeinsamen Ursprung. Ich bewundere die kühnen Seefahrer, die in ihren offenen Booten lange vor uns Europäern in den Weiten des Pazifik navigierten.

15. März
Ich schickte Leutnant Pickersgill mit einer Abteilung Matrosen und Soldaten zu einem Streifzug aus. Die Herren Hodges, Wales, Forster und Sparrman schlossen sich an, mit Odiddy als Dolmetscher. Weil ich mich für einen längeren Fußmarsch noch zu schwach fühlte, blieb ich mit dem jungen Forster und Gibson am Strand. Wir sahen viel mehr Männer als Frauen; ich vermute, dass die meisten sich versteckt halten oder versteckt gehalten werden, um mit unseren Leuten nicht in Berührung zu kommen.

Die Erkundung ergab, dass es sich um eine baumlose und beinahe unfruchtbare Insel handelt. Wir sahen Pflanzungen von Kartoffeln, Pisangs und Zuckerrohr, Hühner und Ratten, keine Schweine. Aus einer Quelle strömt nur schlechtes Brackwasser.

Es gibt wenige Plätze, die noch weniger bieten. Kein sicherer Ankerplatz, kein Brennholz, kein Frischwasser: Um den Besitz dieser Insel brauchen die europäischen Nationen sich wahrlich nicht zu streiten.

15. März
Diese gewaltigen Standbilder aus Stein! Unser frommer Segelmacher und Figurenschnitzer, Richard Rollett, hat eigens Urlaub erbeten, um sie anzuschauen, und kommt von ihnen gar nicht mehr los. Unermüdlich umkreist er sie, und die Neugier treibt mich zu ihm. Erst nach einer Weile bemerkt er mich und fragt: »Junger Mann, was hältst du davon?«

»Sir, diese Figuren sehen barbarisch aus, so verzerrt und so hässlich. Die Ohren zum Beispiel …«

»Unsinn, du verstehst überhaupt nichts. Du hast nur unsere Vorstellungen im Kopf.«

»Ja, aber …«

Jetzt sieht mich »Sir Richard« mit seinen dunkel glühenden Augen an: »Barbarisch, hässlich, was heißt das denn? Kennst du den David von Michelangelo?«

»Bloß als Kopie.«

»Ach was. Die Originale, George, die Originale! Alles andere zählt nicht. Als ich so alt war wie du, habe ich in Genua angeheuert, nur um nach Florenz zu fahren und diesen David zu sehen. Das ist unser Ideal von Schönheit – ein hübscher Lümmel wie da drüben unser Samuel Gibson, vom verliebten Michelangelo irgendwo aus der Gosse gezogen.«

»Woran sehen Sie das?«

»An den kräftigen Händen zum Beispiel. Die sind von einem Straßenbengel, der zupacken kann, und bestimmt nicht von einem verwöhnten jungen Mann mit reichen und vornehmen Eltern. Wunderbar getroffen, besser geht es nicht. Übrigens bin ich dann auch noch nach Rom gewandert, in die Stadt des Antichrist. Dieser Moses von San Pietro in Vincoli – fabelhaft. Und sogar in die Sixtinische Kapelle habe ich mich mittels Priesterbestechung eingeschmuggelt. Was man da zu sehen bekommt, verschlägt einem den Atem. Aber von der Frömmigkeit erkennt man keine Spur.« Eine Pause folgt und dann das Urteil: »Ja, George, das sind unsere Ideale: wirklich sehr schön und ganz ohne Glauben.«

»Verzeihung, Sir, aber christlich sehen diese Figuren hier auch nicht aus.«

»Nein, natürlich nicht. Aber da sind Seelen drin: Geister und Götter, Engel und Teufel, Dämonen – und die Schrecken, die sie verursachen. Ich sehe all das, was wir Zivilisationsmenschen nicht mehr wahrhaben wollen. Und jetzt, George, lass mich gefälligst in Ruhe. Ich muss mich konzentrieren.«

15. März, Fortsetzung

Mein Vater kehrt empört zurück: »Was für Barbaren!« Damit meint er nicht die Eingeborenen, sondern unsere Leute. »Wie Bestien sind sie über die Weiber hergefallen, die sich für ein paar Nägel oder Glasperlen anboten!« Eine philosophische Betrachtung folgt: »Wozu taugen all unsere Träume von der Aufklärung, wenn das in ihrem Untergrund lauert? Und wie viel Schlimmes wird wohl noch geschehen, bevor die Menschen es lernen, miteinander in Freiheit und Frieden zu leben?«

16. März

Im Mittelpunkt des Gesprächs beim Abendessen stehen heute die Standbilder aus Stein, die Sir Richard so faszinieren und die es fast überall auf der Osterinsel gibt, teils noch aufrecht, teils schräg in den Boden gesunken, teils umgestürzt und zerborsten. Mr. Wales hat eine Figur mit fünfzehn Fuß (viereinhalb Meter) Länge und sechs Fuß (183 Zentimeter) Schulterbreite vermessen. Dazu noch tragen diese Figuren auf dem Kopf einen hohen runden Aufsatz, tonnenschwer.

Freilich geht es in unserem gebildeten Kreis nicht um Kunstauffassungen oder Vergleiche mit Michelangelo, sondern um praktische Fragen: Woher stammen die Figuren, wer hat sie errichtet und zu welchem Zweck? Wie sahen die Mittel aus? Besaß man Flaschenzüge? Die heutigen Inselbewohner wissen auf solche Fragen keine Antwort, und mit ihren armseligen Mitteln können sie unmöglich die Bildhauer und Baumeister gewesen sein. Wir vermuten, dass es hier einst eine andere, weit höher entwickelte Kultur gegeben hat und dass es sich um die Grabdenkmäler von Häuptlingen oder vornehmen Familien handelt, die sich verewigen wollten, ähnlich den ägyptischen Pharaonen. Aber warum verschwand diese Kultur? Da es nirgendwo sonst in der Südsee etwas Vergleichbares gibt, liegt zumindest die Annahme nahe, dass hier Menschen einer unbekannten Herkunft am Werk waren. Kamen sie vielleicht aus Amerika statt aus Asien? Müsste man etwa bei den Inka nach Vergleichen suchen? »Nautisch gesehen liegt jedenfalls Peru viel näher als Ostindien«, meint der Kapitän.

Weil so vieles denkbar und nicht bewiesen ist, bilden Mr. Wales schon eine asiatische und mein Vater eine amerikanische Partei, suchen Verbündete und rüsten zum Streit. Aber Cook beendet die Diskussion mit dem einzig klugen Vorschlag: »Meine Herren, lassen Sie uns zu Bett gehen. Wir werden die Rätsel dieser Welt heute Abend nicht mehr lösen, und künftige Forscher sollen auch noch etwas zu tun haben.«

Donnerstag, 17. März
Wir setzen Segel und steuern auf nordwestlichem Kurs zur Inselgruppe der Marquesas, die der Spanier Mendaña de Neyre bereits 1595 entdeckte. Das ist lange her, und eine neue Vermessung und Beschreibung sind dringend erforderlich. Wenn aber die alten Berichte nur halbwegs zutreffen, wird dort eine Versorgung mit Frischwasser, Früchten und Holz möglich sein.

6. April
Der Fähnrich Alexander Hood sichtet vom Mastkorb aus Land. Als wir uns nähern, erkennen wir einen großen Felsen, den wir seinem Entdecker zu Ehren Hood-Insel taufen.

7. April
Weitere Inseln kommen in Sicht, Mendañas San Pedro, La Dominica, Santa Christina und La Magdalena (Mohutane, Hiva Oa,

Tahuata und Fata Hiva; die Hoodinsel heißt Fata Huku.) Wir sehen schroff aufragende Felsen, steil abfallende Gebirgskämme, tiefe und waldreiche Schluchten: eine wild-romantische Landschaft.

8. April

Ich laufe in Mendañas Hafen Madre de Dios ein. Vielmehr, ich versuche es. Aber ein plötzlicher, heftiger Fallwind von einer Bergwand herab lässt die »Resolution« beinahe auf Riffe treiben. Daher ankere ich lieber vor der Einfahrt. Pickersgill wird zum Handel mit den Eingeborenen ausgeschickt, und wir erhalten, was wir am dringendsten brauchen: Früchte, etwas Schweinefleisch und vor allem Frischwasser.

Leider gab es gleich am Anfang einen blutigen Zwischenfall. Ich stieg gerade ins Boot, als man mir zurief, dass Eingeborene die Eisenstützen des Fallreeps an der anderen Bordwand gestohlen hätten und damit in ihrem Kanu flohen. Ich befahl, zur Warnung eine Kanone abzufeuern, aber niemanden zu verletzen und abzuwarten, bis ich zur Stelle sei. Aber die Eingeborenen machten solchen Lärm, dass man mich nicht verstand; ein Gewehrschuss tötete den Dieb. Es brauchte einige Zeit und viel Diplomatie, um die friedlichen Beziehungen wieder herzustellen.

Die Herren Forster und Sparrman bitten dringend um Zeit für ihre botanischen Erkundungen, aber ich kann ihnen nur drei Tage zugestehen. Ich traue unserem Ankerplatz nicht und dränge zur Weiterfahrt. Wir müssen die Matavai-Bucht auf Tahiti ansteuern, um das Schiff zu überholen. Und meine Mannschaft braucht die Erholung, die sie verdient hat.

Montag, 11. April 1774

Um drei Uhr nachmittags lichten wir die Anker. Vorher haben Mr. Wales und ich eine genaue Positionsbestimmung vorgenommen: der höchste weithin sichtbare Berggipfel von Santa Christina befindet sich auf 9 Grad 55 Minuten, 30 Sekunden südlicher Breite, 139 Grad, 8 Minuten, 40 Sekunden östlicher Länge – eine beträchtliche Abweichung von Mendañas Längenangaben.

Wahrscheinlich habe ich diese Inselgruppe nur gefunden, weil ich altmodisch navigierte. Ich habe erst einmal den halbwegs zuverlässigen Breitengrad angesteuert und bin dann an ihm entlang nach Westen gesegelt.

20. April
»Ja, Gibson, worum geht es?« Der Korporal bittet um eine Unterredung.

»Sir, wir kommen doch jetzt nach Tahiti. Und darum …«

»Lass mich raten. Und darum willst du die Nächte für dich und dafür Urlaub haben, um dein Liebesfieber abzukühlen. Du bist ja schon jetzt mitten darin, man sieht es dir an.«

»Jawohl, Sir, so ist es.«

Bei aller Durchtriebenheit steckt etwas Unschuldiges in diesem Jungen, in seiner treuherzigen Offenheit. »Also gut, Sam. Doch am Tage brauche ich dich.«

»Selbstverständlich Sir!«

»Aber wehe, wenn du dann vor Müdigkeit einschläfst. Falls das nur einmal passiert, lasse ich dich für den Rest unseres Aufenthalts vom Sonnenuntergang bis zum Sonnenaufgang in Ketten legen.«

»Natürlich, vielen Dank, Sir.«

Freitag, 22. April 1774
Morgens um acht Uhr gehen wir in der Matavai-Bucht vor Anker.

Dienstag, 26. April
Es ist unglaublich, welche Veränderungen Tahiti in den acht Monaten unserer Abwesenheit durchgemacht hat. Überall sieht man neue Häuser und viel mehr Menschen, wer weiß, woher. Offenbar sind die Folgen des Bürgerkriegs überwunden, der Wohlstand hat zugenommen, und nur das Borstenvieh ist immer noch ziemlich knapp.

Allerdings rüstet man im Bewusstsein neu gewonnener Kraft schon wieder zum Krieg, und heute wurde uns eine große Über-

raschung zuteil: Besichtigung der Armada von Tahiti! Sie war zu einer Parade versammelt, so als handelte es sich um die britische Flotte auf der Reede von Spithead am Geburtstag Seiner Majestät. Man zeigte uns 160 große Doppelkanus, voll ausgerüstet und bemannt, tadellos in Linienformation ausgerichtet. Die Waffen bestanden aus Steinschleudern, Keulen und Speeren. Die Kommandanten und die Kämpfer trugen dichte Kleidung sowie Brustpanzer, auf dem Kopf einen Turban oder Helme. Einige dieser Helme waren so hoch, dass sie für den Träger höchst lästig sein müssen. Überhaupt schien die ganze Aufmachung mehr zum Imponieren als zum Kampf geeignet zu sein. Aber jedenfalls bot sich ein prächtiger Anblick. Überall wehten Wimpel und Fahnen. Im Übrigen waren noch 170 Transportfahrzeuge aufgeboten, im Gegensatz zu den eigentlichen Kriegsschiffen mit Mast, Segel und jeweils einer kleinen Hütte auf dem Verdeck versehen. Wahrscheinlich soll damit eine Invasionsarmee befördert werden. Nach meiner Berechnung befanden sich an Bord dieser insgesamt 330 Schiffe 7760 Mann – eine schier unglaubliche Zahl. Aber die meisten meiner Offiziere und sonstigen Begleiter kamen zu einem noch höheren Ergebnis. So ungefähr, dachte ich, muss es ausgesehen haben, als im Jahr 1066 die Normannen in England landeten.

Und wozu der ganze Aufwand? Man sagt uns, dass es sich um eine Expedition gegen die Nachbarinsel Aimeo (Moorea) handelt. Die dortigen Herrscher haben die vorübergehende Schwäche Tahitis benutzt, um sich von ihrer Tributpflicht loszusagen, und sollen nun wieder unterworfen werden. (Vielleicht hat die Schweineknappheit auch etwas mit dieser ausbleibenden Zufuhr zu tun.)

Sonnabend, 30. April

Die Manöver gehen weiter. Heute wurde uns eine Landungsoperation vorgeführt. Was wir sehen, zeigt einmal mehr, dass es in der Südsee nicht so paradiesisch friedvoll zugeht, wie man es in Europa sich vorstellt.

Freitag, 13. Mai
Was hätte ich darum gegeben, als Kapitän der Königlichen Marine Zeuge einer pazifischen Seeschlacht zu werden! Dafür wäre ich auch noch für ein paar zusätzliche Tage in Tahiti geblieben. Aber es scheint, dass man den Krieg erst eröffnen will, wenn wir wieder abgereist sind. So gibt es keinen Grund mehr, die Zeit zu vertrödeln. Das Schiff wurde überholt, ist mit allem Nötigen versehen, die Mannschaft hat ihren Spaß gehabt, und sogar Gibsons Liebeshunger dürfte halbwegs gestillt sein.

Sonnabend, 14. Mai
Wir setzen die Segel und verlassen Tahiti.

Bei der Ausfahrt sprang einer unserer Leute, der Maat John Marra, über Bord und schwamm auf ein Kanu zu, das ihn erwartete. Er wusste, dass das Desertieren aussichtslos war, solange wir vor Anker lagen, und hoffte nun, dass wir nicht mehr umkehren würden. Aber das Boot, das wir sofort zu Wasser ließen, war schneller als er und brachte ihn zurück.

Marra stammt aus Irland und stand in niederländischen Diensten. Bei meiner ersten Weltreise mit der »Endeavour« musterte er in Batavia an, als Krankheit und Tod unsere Mannschaft dezimiert hatten. Seitdem blieb er bei mir. Ich habe manchmal mit ihm gesprochen und nie etwas von Bindungen gehört, die für ihn wichtig waren. Keine Verwandten irgendwo, keine Heimatgefühle; alle Nationen gelten ihm gleich. Dass solch ein Mensch auf Tahiti Wurzeln schlagen und sein Glück finden möchte, kann ich gut verstehen. Vielleicht hätte ich ihn sogar freigegeben, wenn er mich gefragt hätte. So aber blieb nur die umgehende und strenge Auspeitschung. Dazu befahl ich Gibson – im Bewusstsein, dass er wahrscheinlich mehr als jeder andere mit Marra fühlte. Für einen Augenblick sah er mich entgeistert an, dann nahm er das Tau. »Und mit voller Kraft, wenn ich bitten darf!« Leichenblass tat er seine Pflicht. Es war eine Probe, und der Junge hat sie bestanden. Unterdessen sah sein Freund George mit Entsetzen zu, womöglich noch blasser.

14. Mai
Endlich komme ich wieder zu Notizen. Um mit dem bitteren Ende zu beginnen: Diese Bestrafung des Deserteurs war schrecklich. Jeder Schlag schnitt eine Furche ins Fleisch, und das Blut lief ihm über den Rücken in die Hose hinunter. Zu seinem Glück wurde er am Ende ohnmächtig. Etwas später fragte ich Sam: »Würdest du mich auch auspeitschen, wenn dieser – wenn dein Cook es befiehlt?« Er sah mich abgründig an, schaute auf seine Hände und sagte schließlich, sehr leise: »Ja, George, das würde ich.« Und ich weiß, dass das die Wahrheit war.

Aber fort jetzt aus dem Alptraum und zurück in den Traum, damit er niemals aufhört!

Eigentlich sollte man vom Üblichen berichten, vom Botanisieren, von Häuptlingsbesuchen, dem Handel, den Diebstählen und anderen Zwischenfällen. Aber ist das noch wichtig? Ich habe es nur am Rande wahrgenommen, sozusagen durch einen Schleier hindurch.

Gleich am ersten Nachmittag wanderte ich zu Oradis Haus hinauf, mit dem schönsten Geschenk unter dem Arm, das ich finden konnte: einem leichten weißen Leinenhemd, das mir beim Abschied in London meine Schwester Victoria schenkte, auf der Brust mit einem Herzen bestickt. Ich wurde herzlich empfangen und umarmt. »Teori, wie schön, dich wiederzusehen!« Doch kein Vogel Eatua, keine Imiroa weit und breit; sie hat sich inzwischen verheiratet (oder wurde verheiratet), unerreichbar weit fort nach Klein-Tahiti hinüber. »Sei nicht traurig«, hieß es, aber natürlich war ich es doch. Man nötigte mich zu einem rasch bereiteten Essen. Nach dem Einerlei unserer Mahlzeiten an Bord hätte es ein Festmahl sein können; leider brachte ich kaum einen Bissen hinunter. Sobald wie möglich verabschiedete ich mich.

In der Dämmerung, auf halber Strecke zum Strand, traf ich Sam, der gerade zu »seiner« Familie unterwegs war. »Teori, was ist? Dein Liebesvogel ist fort, nicht wahr? Man sieht es dir an.«

Ich nickte, und mir kamen die Tränen.

»Ach was, wisch sie dir ab, komm mit mir! Es gibt da zwei Paradiesvögel, zwei Schwestern, die auf uns warten.«

»Nein, nein, ich kann doch nicht …«

»Keine Widerrede!« Er packte mich bei der Hand und zog mich mit sich fort.

Tatsächlich, es gibt diese Schwestern. Die eine, etwas ältere, fliegt Sam in die Arme, der anderen, allenfalls 17 Jahre alt, werde ich vorgestellt, als »mein Freund Teori, der dich lieb haben will«. Welcher Anblick: Sie ist bestimmt gerade aus einem Märchen entsprungen, als »die Schönste im ganzen Land«. Ich überreiche ihr das Hemd, das ich noch immer bei mir trage; sie zieht es an, und Sam hält ihr den Spiegel vor, der sein Gastgeschenk ist. Sie sieht sich, sie tanzt und lacht und tiriliert wie eine Lerche im Frühling. Dann belohnen mich ihre Küsse.

Nahe bei der Hütte beginnt der Wald; wunderbar weiches Moos polstert den Boden. Dunkel zu blond, deine Haare zu meinen. Atmen; die Luft geht so warm und so würzig über uns. Gib mir deinen Mund.

»Teori, du zauberst. Wir sind geflogen.«

»Ja, aber mit deinen Flügeln.«

Wie herb der Schweiß einer Frau sein kann. Wie süß, ihn auf den Lippen zu spüren und mit der Zunge zu sammeln. Warte noch ein wenig, meine Hände wollen erst ihre Wege suchen. Sie wollen so zärtlich wie deine sein. Dann fester. Noch fester. Ja, jetzt! Gleich fliegen wir wieder, noch höher zur Sonne, noch weiter hinaus. Und das Meer fängt uns auf.

Wer ist da? Ach, Sam und seine Braut. Zu viert halten, umarmen, streicheln, küssen wir uns, flüstern, was keiner versteht, Zärtliches, Unanständiges, kichern, lachen. Küssen uns wieder.

»George, war es nicht schön? Habe ich dir zu viel versprochen?«, fragt Sam, als wir zum Strand hinunterwandern.

»Nein, bestimmt nicht. Aber du irrst dich trotzdem. Es war noch viel schöner.« Nach einer Weile fällt mir die Frage ein, die ich längst schon stellen wollte: »Wie heißen unsere Freundinnen eigentlich? Ich war am Anfang so aufgeregt und habe die Namen gar nicht richtig verstanden.«

»Ach, du Botaniker, ist das denn wichtig?«

»Nein, überhaupt nicht.«

Wir schweigen miteinander, bis wir den Fährmannsjungen erreichen und wecken, der uns zur »Resolution« bringt.

»Und wann geht es weiter?«, möchte ich wissen.

»Gleich morgen natürlich.« Sam lacht. »George, ich erkenne dich nicht wieder, du bist ja mein Bruder und beinahe so unersättlich wie ich.« Zum Abschied flüstert er mir zu: »Ich freue mich so. Ich wollte immer einen Bruder haben.«

Am dritten oder vierten Abend vertritt mir mein Vater den Weg: »Halt, keinen Schritt weiter! Ich will nicht, dass du dich mit diesem Hurenknecht Gibson herumtreibst und dass er dich in seinen Schmutz zieht.

Ich antworte so ruhig wie möglich: »Gibson ist kein Hurenknecht, sondern mein Freund. Und er zieht mich nicht in den Schmutz, sondern ins Glück.«

Ich sehe, wie Wut in ihm aufsteigt. Die Stirnader schwillt, sein Gesicht läuft bläulich an. Er knurrt, er zischt: »Du wagst es, deinem Vater zu widersprechen? Es ist ja noch schlimmer, als ich dachte. Dieser – dieser Kerl hat dich aufgehetzt. Ich werde mich beim Kapitän über ihn beschweren.«

»Warum nicht gleich beim König?«

Er ist sprachlos, tritt auf mich zu, ballt die Fäuste. Aber ich hebe sie auch und höre mich sagen: »Wenn du mich jetzt schlägst, schlage ich zurück. Und ich warne dich; bei Gibson habe ich auch etwas Boxen gelernt.«

Unversehens springt seine Wut ins Weinerliche um: »Georg, ich brauche dich doch. Unsere Arbeit wartet, sie ist wichtig, und du vernachlässigst sie.«

»Nein, überhaupt nicht – wenn sie sinnvoll ist. Aber auf Tahiti? Du machst dich bloß lächerlich. Banks und Solander waren für Monate hier; für sie gab es genug Zeit, um alles abzugrasen.« Ich rede mich in die Erregung hinein, lange Aufgestautes bricht plötzlich hervor: »Immer hast du mich gebraucht, immer mich ausgenutzt und deinen Namen über meine Arbeit gesetzt. Aber wenn du mir jetzt mein Glück zerstörst, dann ist alles zu Ende. Dann, ich schwöre es, dann sage ich mich feierlich von dir los, wenn wir wieder in London sind. Dann sieh zu, wo du bleibst.«

»Du, du – Verräter!«

Ich lasse ihn stehen und laufe fort; Sam wartet schon.

»Was ist?«, heißt sofort seine Frage, als er mich sieht. »Du bist ganz blass und außer Atem«.

Ich berichte ihm, was geschehen ist. Er legt den Arm um meine Schulter: »George, einmal musste es so kommen. Sei froh, dass das heraus ist. Du hast ein Recht auf dein eigenes Leben und Glück, und jeder soll für sich seinen Weg finden und flügge werden.«

»Wirklich, Sam? Und was ist mit dir und deinem Cook?«

»Das ist etwas anderes. Er ist mein Wahlvater, und ich habe mich entschieden, ihm zu gehören und zu gehorchen, ein für allemal. Aber es war meine eigene Entscheidung.«

»Ich konnte mir meinen Vater nicht aussuchen.«

»Nein, natürlich nicht. Genau darum musst du fort von ihm. Vertrau deinem Freund. Ich helfe dir, so gut ich es kann. Komm jetzt, unsere Täubchen warten.«

»Sam, sei mir bitte nicht böse. Ich kann heute nicht. Alles ist so aufgerührt und durcheinander, ich würde uns nur den Abend verderben. Es ist besser, ich laufe hier am Strand entlang, bis ich mich beruhigt habe, wenn es sein muss, die halbe Nacht. Entschuldige mich bei unserem Glück, es wird dir schon etwas einfallen.«

Er schaut mich prüfend an und nickt dann: »Also gut. Aber morgen bestimmt wieder!

»Ja, ganz bestimmt.«

Für drei Stunden oder noch länger wandere ich umher. Ich sehe die Sterne an und höre dem Meer, dem Nachtwind zu. Schließlich gehe ich zu unserem Kanu und lege mich neben den Fährjungen. Ich schlafe gleich ein und schlafe ganz fest, bis Sam uns weckt.

Drei Wochen und ein Tag sind im Traum verflogen. Nein: als der Traum, der Wirklichkeit war. Halte ihn fest, halte ihn fest! sage ich mir, und darum lege ich die Feder nicht aus der Hand, obwohl mir vor Müdigkeit fast schon die Augen zufallen.

Genau vier Abende habe ich nicht mit Sam bei unseren Freundinnen verbracht. Vom einen war gerade die Rede, am zweiten brach ein tropischer Gewitterregen nieder, am dritten und vierten wurde Sam als Dolmetscher zu lange vom Kapitän in Anspruch genommen, weil ein Gastmahl mit Häuptlingen erst am Abend begann. Ich gestehe, dass ich diese Unterbrechungen dankbar zum Schlafen genutzt habe; vier bis fünf Stunden mussten uns genügen. Und ab und zu einmal eine Nachmittagsruhe, wenn Hitze die botanischen Streifzüge unterbrach. Mein Verbündeter war dann immer Andreas Sparrman, der – so nehme ich an – auch die Nächte kaum in seiner Kabine verbrachte. (Schließlich ist er nur sechs Jahre älter als ich.) Ich bewundere Sam, für den es solche Aushilfen nicht gab und der doch am Ende fast noch so frisch war wie am ersten Tag.

18 Abende: Jeder gehörte der Liebe, und keiner war wie der andere. Es gab Festessen bei der Familie, Spaziergänge, Gespräche. Und immer die Zärtlichkeit. Einmal sagt Sam auf unserem Heimweg zu mir: „Weißt du was, Teori? Manchmal denke ich, die Liebe ist am schönsten, wenn wir wissen, dass ihre Tage gezählt sind. Das macht sie so kostbar. Kannst du dir vorstellen, auf die Dauer verheiratet zu sein, ›bis dass der Tod euch scheidet‹?«

»Nun ja, vielleicht …«

»Nein, ich nicht. Ein Freund wie du oder ein Wahlvater wie Cook, das ist was fürs Leben. Aber eine einzige Frau?«

Tiefes Seufzen folgt: »Es gibt doch so viele, die unsere Liebe verdienen. Sollen wir sie alle enttäuschen?«

Ich muss lachen: »Sam, das ist eine Casanova-Moral, die wunderbar zu dir passt.«

Doch er bleibt ganz ernst: »Es ist meine eigene Moral, dafür brauche ich keinen Casanova. Und wer ist das überhaupt? Wahrscheinlich ein Wichtigtuer und Lügenerzähler. Ich kenne ihn nicht, und er kann mir gestohlen bleiben.«

Die Mädchen sehen ihre Zukunft anders und sehr realistisch: Sie werden heiraten und viele Kinder haben. »Vielleicht ist das erste ja schon von dir, liebster Teori«, höre ich von meiner Freundin. »Und meine Schwester wünscht sich sehr einen Sohn von

Sam. Von ihm ist doch auch der älteste Junge von unserer älteren Schwester (Sams großer Liebe beim Besuch der »Endeavour«, die ihn desertieren ließ). Ein so hübsches Kind!« – »Weiß ihr Mann davon?« – »Ja, natürlich.« – »Und es macht ihm nichts aus?« – »Nein, warum sollte es?«

Der Abschied war herzzerreißend. Die beiden Mädchen haben sehr geweint, ich mit ihnen. Sam rettete sich erst in den Spott: »Was seid ihr für Heulsusen?« Doch dann, Gott sei Dank, weinte er mit.

Jetzt versinkt unser Traum hinter dem Horizont. Lebe wohl, meine Freundin! Lebe wohl, Tahiti! Und Gott schütze dich vor der Gier aus Europa.

Inselsprünge

15. Mai

Am Morgen steuern wir den Hafen von Huahine an. »Nun, was ist?«, frage ich Sam. »Wirst du deine Prinzessin wieder beglücken?«

Er grinst: »Nein, bestimmt nicht. Aber natürlich muss ich in Paradeuniform als ›Cooks Sohn‹ auftreten, als ein vornehmer Herr oder besser gesagt als einer dieser Nichtsnutze, die noch nie etwas Ordentliches mit ihren eigenen Händen getan haben, außer vielleicht mit dem Cricketschläger oder um das Glas zu heben und ›cheers!‹ zu sagen. Natürlich gibt es Ausnahmen von der Regel. In London gab es mal einen jungen Lord, den Sohn eines Earls, der wollte von mir das Boxen lernen, und es hat ihm nichts ausgemacht, eins auf die Nase zu bekommen. Dafür habe ich ihn dann bei meiner Frau Kapitän eingeführt, und ...«

»Halt, Sam, halt! Wir waren oder sind bei der Prinzessin von Huahine.«

»Ja, leider. Weil ich hier ein vornehmer Herr bin, mindestens so gut wie ein Lord, darf ich nicht aus der Rolle fallen. Cook hat mir strenge Enthaltsamkeit verordnet.«

»Eine Pause tut dir vielleicht ganz gut.«

Sam seufzt: »Mag sein ...« Doch hoffnungsvoll fügt er hinzu: »Warte nur bis Ulietea. Diese Tänzerinnen – du wirst ein Wunder erleben.«

Sonntag, 15. Mai 1774
Um ein Uhr Mittag gingen wir vor Anker. Sogleich kam der König an Bord und begrüßte mich als seinen alten Freund. Ich empfing ihn mit allen denkbaren Ehren und einem kleinen Festmahl. Meinen »Sohn« dagegen beachtete er kaum. Was vergangen ist, ist vergangen, schien Oree ausdrücken zu wollen, und nebenher erfuhr ich, dass seine Tochter (oder Nichte) jetzt mit einem einheimischen Häuptlingssohn verheiratet ist und in Kürze ein Kind erwartet. Allerdings muss man nach meiner Berechnung beinahe annehmen, dass dieses Kind von einem gewissen Samuel Gibson gezeugt wurde.

Freitag, 20. Mai
Unser Aufenthalt verläuft leider nicht ohne Zwischenfälle. Gestern sind einige Maate, heute sogar unsere Offiziere beraubt worden, als sie einen Jagdausflug unternahmen. Zwar sind die wichtigsten Gegenstände – Äxte und Gewehre – nach dem Eingreifen von Häuptlingen wieder aufgetaucht. Aber es ist ärgerlich, wenn man sich nicht sicher bewegen kann. Von Odiddy höre ich, dass Oree weinte, als er von diesen Zwischenfällen erfuhr.

Sonnabend, 21. Mai
Auf Vorschlag Orees unternahmen wir eine Expedition in die Berge, um dort die Banditen zu ergreifen und zu bestrafen. Es gibt junge Leute, heißt es, die sich verschworen haben, uns, wo immer möglich, zu verprügeln und auszuplündern, und denen muss das Handwerk gelegt werden. Ich landete mit einer Streitmacht von 48 Mann. Der König schloss sich uns mit wenigen, übrigens kaum bewaffneten Männern an.

Nach einem Marsch von mehreren Meilen geriet Odiddy immer mehr in Furcht. Er behauptete, dass man uns in eine Falle locken wolle. Darum ließ ich halten und umkehren, als wir eine enge Schlucht erreichten, in der wir gegen einen Steinhagel von den Felsen herab praktisch wehrlos gewesen wären. Auf dem Rückmarsch sahen wir mehrfach und in wachsender Zahl Burschen, die uns folgten – mit Keulen und Steinschleudern gerüstet, die sie hinter dem Rücken versteckten. Ich spürte, wie meine Soldaten und Matrosen allmählich die Furcht befiel. »Ruhig, Leute, ruhig!«, rief Gibson mehrfach der Gruppe von Soldaten zu, die unter seinem Kommando die Nachhut bildeten. Aber es klang eher unruhig. Als wir endlich, aufatmend, unsere Boote erreichten, ließ ich als Demonstration unserer Stärke drei Salven in die Luft feuern. »Sir, sollten wir nicht besser auf die Kerle dort drüben zwischen den Büschen schießen?«, fragte Gibson, und es kostete mich einige Überwindung, um Nein zu sagen.

Ich kann nicht glauben, dass Oree in böser Absicht handelte. Schließlich war er ja bei uns, und wir hätten ihn jederzeit als Geisel nehmen können. Später, unter vier Augen, fragte ich Gibson nach seiner Meinung. Die Antwort war bündig: »Sir, dieser König ist ein alter Mann, und er hat seine Untertanen nicht so im Griff, wie er sollte.«

»Dann können wir ja froh sein, dass wir uns nicht mit ihm verschwägert haben.«

»Und wie, Sir!«

Unsere Spannung entlud sich im Gelächter. Aber dann stelle ich noch eine Frage: »Angenommen, Sam, dass du doch der Kronprinz und der König von Huahine geworden wärst: »Was würdest du tun?«

Das weiß der Korporal ganz genau: »Als Erstes würde ich eine ordentliche Polizeitruppe aufstellen, mit Schlagstöcken bewaffnet, wie bei uns in London. Und ich würde den Leuten das britische Boxen beibringen.«

Dennoch, im Rückblick auf diesen Besuch in Huahine bleibt ein schaler Nachgeschmack.

23. Mai
Frühmorgens lichten wir die Anker und sind um acht Uhr in See.

24. Mai
Wir erreichen Ulietea.

27. Mai
Wir sind zum Inselhäuptling Oreo geladen, und wie wir es schon beim letzten Besuch erlebten, wurden wir mit Tanzdamen unterhalten. Eines zeigte die Geburt eines Kindes – von jungen kräftigen Burschen und einem Knaben vorgeführt. Vieles wiederholte sich, und es wurde bald langweilig.

27. Mai
Zum Theaterbesuch hat unser Kapitän wohl wirklich keine Begabung. Mehrfach schaute er auf seine Uhr, und sein Gesicht sagte deutlich genug: Was für eine Zeitverschwendung!

Die beiden Tänzerinnen traten übrigens nicht auf, aber Sam hat sie ausfindig gemacht und für heute abend eine Verabredung getroffen.

2. Juni
Ein älterer Mann kam zu mir und erzählte eine erstaunliche Geschichte: Gestern seien vor Huahine zwei Schiffe angekommen, das eine von Furneaux und das andere von Joseph Banks kommandiert. So unwahrscheinlich es klang, er beschrieb Furneaux, die »Adventure« und auch Banks so genau, dass kaum noch ein Zweifel möglich schien. Ehrlich gesagt: Ich wollte schon Pickersgill mit einem Boot und mit Anweisungen für Furneaux nach Huahine hinüberschicken. Etwas später erfuhr ich von anderen Besuchern: Es handelte sich um ein Lügengespinst, um einen Spaß auf unsere, meine Kosten. Um so mehr muss man das Talent zum Märchenerzählen bewundern, mit dem sich ein genaues Gedächtnis verbindet. Es ist immerhin vier Jahre her, seit dieser Mann Banks gesehen hat, als einen unter anderen.

Als wir hinterher über den Vorfall sprachen, entwickelte Charles Clerke eine glänzende Idee: Die Admiralität sollte einmal ein Schiff hersenden, nicht mit Astronomen und Naturforschern, sondern mit Schriftstellern befrachtet, um alles aufzuschreiben, was da erzählt wird. Womöglich entstünde dann ein Buch, das es zu ähnlichem Ruhm bringen könnte wie »Tausendundeine Nacht«.

3. Juni
Dreimal haben Sam und ich die Tänzerinnen besucht, und das Ergebnis übertraf die kühnsten Erwartungen. Welche Anmut! Was für schlanke, schmiegsame Körper! Und was für Zauberkünste! Einladung zu jeder nur denkbaren – oder für mich bisher undenkbaren – Stellung und Form von Genuss. Am Anfang ein Verführungstanz der beiden, der uns unwiderstehlich in den Kampf ruft. Ganz am Ende wieder einer – und nach meinem Eindruck ein versteckter Triumph: »Seht, ihr angeblich starken Männer, seht her, wie schön und wie leicht wir uns noch immer bewegen. Und ihr liegt erschöpft am Boden, besiegt ...«

Und doch fehlt etwas, das Wichtigste, das Geheimnis, das Gefühl, das uns in der Tiefe ergreift, die Liebe. Als ich Sam das sage, lächelt er: »Mag sein. Aber du musst zugeben, es war Kunst in Vollendung.«

»Ja, die berühmtesten, raffiniertesten, teuersten Kurtisanen von Paris hätten es nicht besser machen können.«

»Warst du schon einmal in Paris?«

»Nein, Sam. Aber es heißt: Da schlägt das Herz aller Zivilisation.«

»Siehst du, aber auch auf Ulietea gibt es eine Zivilisation, und wir haben sie erlebt.« Ein Seufzen folgt: »George, ich fürchte, dass wir die Zivilisation jetzt verlassen und in die Kultur fahren. (Sam hat meinen Vater von der »Kultur der Eingeborenen« reden hören und legt das auf seine Weise aus.)

4. Juni
Abschied von Ulietea – und Abschied von Odiddy. Sein Weltreisebedarf ist gedeckt. Aber es war ein herzzerreißender Abschied. Jeder von uns, der ihm in den Weg kam, wurde mit einem Strom von Tränen bedacht und umarmt, sogar der Kapitän. Übrigens war er (Odiddy, nicht der Kapitän) stockbetrunken.

Sonnabend, 4. Juni 1774
Um sieben Uhr abends gingen wir in See. Odiddy begleitete uns so lange wie möglich. Zu seiner größten Freude durfte er einige

Kanonen abfeuern und verstand das als persönliche Ehrung. In Wahrheit handelte es sich um den Geburtstagssalut zu Ehren seiner Majestät König Georgs III.

Dienstag, 21. Juni
Wir entdeckten eine Insel, und da wir Menschen sahen und das Landen als leicht erschien, ließ ich beidrehen und zwei Boote aussetzen. Von einigen Soldaten gesichert, ging ich mit meinen Herren ans Ufer. Herr Forster begann sogleich mit dem Sammeln von Pflanzen. Wir waren noch nicht weit gekommen, als wir Stimmen der Eingeborenen hörten. Bald darauf sahen wir sie, zum Kampf gerüstet. Unsere Freundschaftszeichen nützten nichts. Sie drohten und riefen etwas wie »Fort, fort mit euch fremden Ungeheuern!«. Dann warfen sie mit Steinen. Einer traf Sparrman am Arm. Flintenschüsse trieben diese durch unser Erscheinen wohl tief verstörten Leute zurück.

Wir fuhren weiter an der Küste entlang und entdeckten einige Kanus. Als ich sie besichtigen wollte, wurden wir angegriffen. Ein Speer flog hart an meiner Schulter vorbei. Erst einige Gewehrsalven setzten dem Spuk ein Ende.

Es ist zum ersten Mal, dass ein friedlicher Kontakt völlig misslingt. Der passende Name wird bald gefunden: Insel der Wilden / Savage-Island (Niue).

27. Juni
Wir durchfuhren eine ganze Inselkette und landeten auf Rotterdam oder Nomuka. [Nördliche Gruppe der Tonga- oder Freundschaftsinseln.] Hier wurden wir freundlich empfangen und konnten uns mit Frischwasser und Früchten versorgen. Allerdings gerieten die Diebstähle bald außer Kontrolle. Unter anderem wurden zwei Gewehre entwendet, vielmehr ihren Trägern entrissen. Ich ließ sofort zwei große Kanus, die in der Bucht lagen, beschlagnahmen. Als ein Bursche Widerstand leistete, schoss ich ihn mit Schrot an, und er hinkte schreiend davon. Wenig später tauchten die verlorenen Flinten wieder auf und wurden vor mir auf den Strand gelegt. Im Gegenzug gab ich die Kanus sofort zu-

rück. Sogar der Angeschossene fand sich ein; wie tot auf einer Bahre liegend wurde er herbeigetragen. Wahrscheinlich wollte er die gehörige Schmerzens- oder Bestattungsgebühr kassieren, beziehungsweise sie von den trauernden Hinterbliebenen kassieren lassen. Aber Mr. Patten stellte fest, dass er nur ganz leicht am Schenkel und an der Hand getroffen worden war, und hielt ihm ein Riechsalz vor. Dieser ungewohnte Nasenreiz ließ den Scheintoten aufspringen und hakenschlagend wie einen Hasen um sein wiedergewonnenes Leben rennen, übrigens zum Gelächter auch der Eingeborenen.

27. Juni
Sozusagen zur Krönung dieses turbulenten Tages gehörte ein köstlicher Zwischenfall. Ein verhutzeltes Weib bot dem Kapitän ein hübsches junges Mädchen an und machte durch eindeutige Gesten klar, was er mit ihm tun solle. Er schützte Armut vor, aber das half ihm nicht. Die Alte sah sehr wohl, dass es sich um einen vornehmen Herrn, unseren Häuptling handelte. Darum war sie bereit, ihm Kredit zu gewähren. Als er sich weiterhin spröde zeigte, begann sie zu keifen und ihn auszulachen: »Was bis du für ein Mann, dass du mein Angebot ausschlägst? Kannst du es nicht mehr?« Und Ähnliches, bis zum Obszönen. Sam, wie immer als Dolmetscher an Cooks Seite, übersetzte ungerührt, was er verstand. Es war auch nicht misszuverstehen. Dann flüsterte Sam dem Kapitän etwas ins Ohr, aber der schüttelte den Kopf. Schließlich, als das Weib nicht aufhörte, verließ Cook beinahe fluchtartig den Schauplatz.

»Nun Sam«, frotzelte ich am Abend, »du hast dich wieder als Liebeshelfer angeboten, nicht wahr? Doch diesmal leider vergeblich.«

Er schaute mir unschuldsvoll in die Augen: »Aber George, was denkst du von mir? Könnte dein Freund so etwas tun? Nein, natürlich nicht. Ich habe nur gefragt, ob ich diese Hexe mit einem Boxhieb zum Schweigen bringen solle.«

27. Juni, Fortsetzung
Noch etwas hat sich heute ereignet. Charles Clerke und William Wales interessierten sich wie alle anderen brennend für das Geschehen an Land und waren mit den Übrigen mit der Positionsvermessung beschäftigt. Darüber wurde der Chronometer vergessen. Niemand zog ihn rechtzeitig auf, und das Uhrwerk lief ab. Ich gönnte es dem sonst immer göttergleich auf seiner Spottwolke thronenden Herrn Astronomen, dass er in Verzweiflung geriet, die deutlich genug zu spüren war, obwohl er sie theatralisch überspielte: »Zwei Jahre, Miss Kendall, haben Sie uns treu begleitet! Und ich habe Sie gehütet wie ein eifersüchtiger Bruder seine einzige Schwester und mir geschworen, Sie als Jungfrau nach Hause zu bringen. Wehe mir, wehe! Können Sie mir die Sorglosigkeit verzeihen, durch die Sie geschändet wurden? Nein, nein, es ist unverzeihlich.«

»Beruhigen Sie sich, Mr. Wales«, sagte Cook. »Wir kennen unsere exakte Position, die Uhr läuft schon wieder mit der richtigen Zeit, und darum ist kein Schaden entstanden.«

»Äußerlich, Sir, äußerlich. Aber was ist mit der Seele?«

»Und das alles nur, weil gewisse Leute unbedingt bei gewissen Liebesverhandlungen zuschauen wollten«, platzte Pickersgill heraus und fügt hinzu: »Mr. Wales, Sie werden Vergebung finden, wenn sie uns erstens zur Buße jetzt eine gehörige Portion Madeira spendieren und zweitens Miss Kendall ewige Treue schwören.« Der Astronom verbeugte sich tief vor dem Uhrenkasten und hob dann die Hand: »Ewige Treue! Ich schwöre es, so wahr mir Gott helfe.«

Mit dem zugehörigen Madeira endete der Abend höchst vergnüglich.

28. Juni
Wieder ein Tag voller Geschäftigkeit. Leutnant Cooper hütet die »Resolution«, Master Gilbert überwacht die Einlagerung der Vorräte, die Leutnant Pickersgill herbeischafft. Leutnant Clerke und Mr. Wales wiederholen noch einmal ihre Messungen, damit Miss Kendall nur ja nicht falsch informiert wird. William Hodges malt.

Die Zimmerleute und die Segelmacher bessern aus, was es auszubessern gibt. Mr. Patten, von Eingeborenen gefährlich umdrängt, hält ihnen als unheimliche Waffe einen Behälter für Zahnstocher entgegen und hält sie damit in Schach.

Matrosen rudern zwischen dem Schiff und dem Strand hin und her. Sie wechseln sich mit denen ab, die ihr Ziel schon erreicht haben: Im Vorübergehen sehe ich die Alte, die gestern am standhaften Kapitän scheiterte. Jetzt hat sie nicht nur ein, sondern mehrere Mädchen zur Verfügung, verhandelt mit den gewöhnlichen Seeleuten und macht das Geschäft ihres Lebens. Sam kommandiert seine Gruppe von Soldaten, flucht über Gewehre, die nicht losgehen, wenn sie sollen, trägt »für alle Fälle« ein scharf geschliffenes Messer im Stiefelschaft, leistet Dolmetscherdienste. Cook ist überall.

Sparrman und mein Vater sammeln Pflanzen, sind vom Morgengrauen bis in die Dämmerung unterwegs, kümmern sich um keine Gefahren und häufen schließlich ihre Ausbeute auf meinen Zeichentisch. Ein triumphierender Ton ist in der Stimme meines Vaters: »Endlich, endlich sind wir im Neuland, das noch kein Banks entweiht hat!« Und zugleich ein Ausdruck von Verzweiflung: »Warum gönnt dieser schreckliche Cook uns nicht die Zeit, die wir brauchen?«

29. Juni
Bei Tagesanbruch lichten wir die Anker.

30. Juni
Bei kaum spürbarem Wind machen wir nur wenig Fahrt. Von der Morgendämmerung an umschwärmen uns Kanus, und der Handel geht weiter, zum Teil noch günstiger als an den Vortagen, weil man bemerkt, dass dies die letzte Gelegenheit ist, uns etwas anzubieten. Sogar zwei der hier seltenen Schweine kommen an Bord.

Ich steuere auf zwei Inseln zu, die im Nordwesten zu sehen sind. Die Eingeborenen nennen sie Amattafoa [Tofua] und Oghao [Kao]. Auf Amattafoa scheint es einen Vulkan zu geben; jedenfalls steht über dem Gipfel eine Rauchwolke.

1. Juli
Wir steuern zwischen den beiden Inseln hindurch. Leider hängen Wolken über Amattafoa, sodass sich nicht mit Sicherheit sagen lässt, ob es sich tatsächlich um einen Vulkan handelt.

Die Kanus der Freundschaftsinseln sind ausgezeichnet und seetüchtig gebaut, besser als irgendwo sonst. Wir begegnen einem besonders großen unter vollem Segel. Bei seinem Anblick kann man sich vorstellen, dass die Menschen der Südsee hervorragende Seeleute sind – oder es einmal waren. Denn vielfach scheinen die alten Kenntnisse des Navigierens auf offenem Meer verloren zu sein. Hier aber, sagt zumindest der Augenschein, hier gibt es sie noch.

Ich setze den Kurs jetzt nach Westen, auf eine Inselgruppe zu [die Neuen Hebriden], die Pedro Fernández de Quiros im Jahre 1606 entdeckt hat. Quiros war ein Missionar der Seefahrt, aber schwerlich ein Mann der Präzision – wie leider lange nach ihm auch Bougainville nicht. So kann ich nur hoffen, dass wenigstens seine Angaben der Breitengrade halbwegs zutreffen.

11. Juli 1774
Ein Tag, ein Abend, eine Nacht, wie es wenige gibt. Es ist warm, aber nicht heiß, und es bleibt warm. Eine stetige Brise weht, alle Segel sind gesetzt; mit der Dünung im Einklang zieht das Schiff seine Bahn. Wie winzig muss es sich in der Weite des Ozeans ausnehmen, wenn man es aus einiger Höhe betrachtet! Und doch ist es für sich eine ganze Welt, voll von Ängsten und Mut, Zuversicht und Zweifeln, Gedanken, Träumen, Hoffnungen, Aberglauben, Härte, Gewalt, der Liebe.

Die Sonne steigt herab, das Meer verschlingt sie in glühendem Glanz. Dicht, immer dichter zieht die Dämmerung ihr Netz, ein erster Stern funkelt, ein zweiter, viele, unzählbare. »Wenn ich sehe die Himmel, deiner Finger Werk, den Mond und die Sterne, die du bereitet hast: Was ist der Mensch, dass du seiner gedenkst, und des Menschen Kind, dass du dich seiner annimmst?« So fragt ein Psalm.

Auf dem Vorschiff hebt der Shantyman seine Stimme, der

Chor fällt ein. Sam hat mir den Arm um die Schultern gelegt, wir sitzen dicht beieinander und schauen in die Weite hinaus.

»Als Kind, als Junge, habe ich im Dunst von London nie solch einen Himmel gesehen«, sagt mein Freund.

»Bei uns in Nassenhuben hat es ihn wahrscheinlich gegeben, besonders im Winter über dem Schnee. Aber ich erinnere mich kaum daran. Immer war ich, wurde ich bis zum Einschlafen mit Büchern beschäftigt.«

»Aber an diesen Himmel hier werden wir uns erinnern, nicht wahr, George?«

»Ja, Sam, ganz bestimmt.«

11. Juli

»Rolling home, rolling home, rolling home to dear Old England« – wie dunkel, wie schwerblütig, wie heimwehkrank das klingt, hier, am anderen Ende der Welt. Aber so singen die Seeleute nur, wenn sie gesund und zufrieden sind.

Unter mir auf dem Deck erkenne ich im letzten Licht Samuel Gibson und George Forster. Merkwürdig, die zwei sind so verschieden wie möglich und haben sich doch gefunden. George könnte mir nahekommen – stünde da bloß nicht dieser Vater im Weg. Und Sam? Ich glaube, ich kenne ihn durch und durch, weit besser als meine eigenen Kinder, die so fern sind, so fremd. Ein Ersatz? Jedenfalls weiß ich: Er ist mir ans Herz gewachsen, ich liebe ihn wie einen Sohn. Ach, ihr beiden da unten, welche Stürme, welche Riffe mögen auf eurem Lebenskurs lauern!

Mich fröstelt, obwohl es warm ist. Ich fühle, dass ich nicht mehr gesund bin wie früher. Nicht mehr so zuversichtlich trotz aller Erfolge, anfälliger für die Ängste des Versagens. Langsam, aber unerbittlich vertrocknen die Träume, und nur noch der Ehrgeiz bleibt, die Schaumkrone des Ruhms.

Also hinunter in die Kabine. Auch solche Nächte sind nichts mehr für mich, sie machen sogar einen alten Seemann sentimental.

Sonnabend, 16. Juli 1774
Der Wind kommt unregelmäßig in heftigen Böen, von Regenschauern begleitet. In diesen subtropischen Breiten wird nach meiner Erfahrung damit die Nähe von Land signalisiert.

20. Juli
In der Morgendämmerung sichten wir voraus eine Insel (Maewo), die wir Aurora nennen. Vom Ufer bis zu den Bergen scheint sie vollständig bewaldet zu sein, und schöne Flüsse mit hell blinkendem Wasser strömen ins Tal.

21. Juli
Wir entdecken weitere Inseln, und es kann kein Zweifel mehr sein, dass wir Quiros' Austrial del Espiritu Santo oder Bougainvilles Große Zykladen erreicht haben. [Nach Cooks bis heute gültiger Benennung handelte es sich um die Neuen Hebriden.] Am Abend ankern wir vor Ambrim.

22. Juli
Schon am Morgen umschwärmten uns die Eingeborenen, teils in Kanus, teils schwimmend. Ein Wagemutiger kletterte an Bord, und bald folgten ihm andere. Der freundschaftliche Verkehr schien eingeleitet, aber es folgte ein Zwischenfall. Jemand wollte von seinem Kanu aus unser Boot besteigen, das an der Bordwand lag. Doch der Matrose, der darin saß, geriet in Panik und verwehrte es ihm. Darauf spannte der Mann seinen Bogen und zielte mit einem – womöglich vergifteten – Pfeil auf den Matrosen. Ein Geschrei und Getümmel entstand, ich brannte ihm eine Ladung Schrot auf – und noch eine zweite, als die erste wenig Wirkung zeigte. Schlag folgte nun auf Schlag: Pfeile aus den Kanus – ein Kanonenschuss – allgemeine Flucht – Trommeldröhnen an Land, das wohl zum Kampf rief. Es dauerte einige Zeit, bis es mir gelang, den Frieden wiederherzustellen. Dann wurde uns erlaubt, das Holz zu fällen, das wir dringend benötigten. Zur Vorsicht ließ ich Seesoldaten am Strand aufmarschieren. Am Abend schifften wir uns wieder ein.

Es wäre wahrscheinlich gelungen, gute Beziehungen zu entwickeln, wenn wir länger geblieben wären. Die Menschen, denen wir hier begegneten, sind völlig verschieden von denen, die wir bisher im ganzen Pazifik zwischen Neuseeland und der Osterinsel getroffen haben. Sie sind klein, sehr dunkelhäutig und sehr hässlich, mit platten Nasen und äffischen Bewegungen. Auch die Sprache ist unverständlich. Zu allem Übel schnüren sie mit einem Strick ihre Taille so sehr ein, dass sie wie Ameisen aussehen.

Womöglich noch hässlicher sind die Frauen. Ich fragte den fachkundigen Gibson nach seinem Eindruck, und er schauderte.

2. August
Die gemächliche »Resolution« wird zur Eile getrieben, denn Cook ist in seinem Element. Wie besessen eilt, hetzt er kreuz und quer durch das Insellabyrinth der Neuen Hebriden; von der Morgendämmerung bis zum letzten Tageslicht sind er, Wales, Clerke und »Miss Kendall« mit Vermessungen beschäftigt. Das bedeutet zugleich, dass wir nur selten und allenfalls für ein paar Stunden an Land kommen. Selbst dann sehen wir uns durchweg auf eine schmale Strandzone beschränkt, weil viel zu wenig Zeit bleibt, um mit den Eingeborenen ein Einverständnis herzustellen, das halbwegs sichere Ausflüge erlaubt.

Entsprechend staut sich bei meinem Vater die Enttäuschung, die Wut auf, die sich schließlich an mir entlädt. »Dieser schreckliche Kapitän hat bloß noch seine Interessen im Auge«, grollt er. »Warum wirft er uns nicht gleich über Bord? Dann hätte er ein paar unnütze Esser weniger.«

Ich gebe zu bedenken, dass unsere Reise in erster Linie mit der Herstellung von Seekarten und nur am Rande mit der Botanik zu tun hat.

»Natürlich, du verteidigst den Kerl auch noch und verrätst deinen Vater, weil du dann faulenzen kannst! Und was für Steuergelder werden damit verschwendet!«

»Ein Grund mehr, dich beim König zu beschweren«, fauche ich zurück und entziehe mich schließlich durch die Flucht, bevor es zu Handgreiflichkeiten kommt.

3. August
Am Abend ankerten wir vor Eromanga.

4. August
Früh am Morgen ließen wir zwei Boote zu Wasser und ruderten aufs Ufer zu. Die Eingeborenen gaben uns durch Zeichen zu verstehen, dass hinter einem Felsvorsprung, etwas weiter nach Süden, eine Bucht liegt, wo wir an Land gehen könnten. Jedenfalls deuteten wir es so. Am Strand erwartete uns schon eine große Menschenmenge. Ich betrat das Ufer, nur mit Gibson neben mir. In einiger Entfernung bildeten die Männer – denn Frauen waren nicht zu sehen – um uns einen Halbkreis. Alle waren bewaffnet. Einer, offenbar der Häuptling, bedeutete uns durch sein Winken und Rufen, dass wir die Boote an Land bringen sollten. Aber obwohl ich die Hand ausstreckte, kam er nicht näher, um mich zu begrüßen. Ich spürte Gefahr. »Zurück ins Boot«, flüsterte ich Gibson zu. Als wir abstoßen wollten, stürzten plötzlich diese Krieger auf uns los, versuchten, das Boot an Land zu ziehen, und begannen, den Matrosen die Ruder zu entreißen. Ich zielte auf den verräterischen Häuptling, aber wieder einmal versagte meine Flinte. »Feuer, Leute, Feuer!«, rief Gibson, heiser vor Erregung, und schoss selbst. Ich glaube, dass er – wie ich – auf den Häuptling zielte und traf. Eine zweite Salve folgte gleich darauf vom anderen Boot aus, das Leutnant Clerke kommandierte. Im Nu leerte sich der Strand, aber vier Eingeborene lagen am Boden, zwei davon tot. Es hätte noch mehr Opfer gegeben, wenn alle Gewehre losgegangen wären. »Das war knapp, Sir«, sagte Clerke später zu mir, und das war es wohl auch. Ich taufte den Ort Verräterbucht [heute Cook Bay].

4. August
Ich habe nichts gesehen, weil in den Booten nur Offiziere, Soldaten und Matrosen saßen und die »Verräterbucht« sich von der »Resolution« aus nicht einsehen ließ. Aber natürlich bildete das blutige Ereignis unser Tagesgespräch, und es war interessant zu hören, wie unterschiedlich die Augenzeugen berichteten.

Am Abend muss Sam, noch immer aufgewühlt, loswerden, was ihn bedrückt: »George, ich habe einen Menschen getötet. Ich zielte und schoss, und der Mann, den ich traf, sah mich an, wie ich ihn. Kein Schmerz und kein Schrei, nur etwas wie Erstaunen trat in das Gesicht. Es war so nahe. Dann knickte er ein und fiel auf den Boden und rührte sich nicht mehr.«

Ich nehme Sams Hand: »Du bist Soldat, und es war Notwehr. Du darfst dir keine Vorwürfe machen.«

»Ja, und mein Kapitän … Cook war in Gefahr.« Doch dann schüttelt Sam den Kopf: »Das meine ich nicht. Nein, George, es war anders, schlimmer. Da war auf einmal eine Hitze, über mir, in mir, ein wilder Sturm, der Triumph. Eine Explosion der Macht. Und für einen Augenblick, zwei drei Sekunden vielleicht, habe ich verstanden, warum ein Kannibale seinen getöteten Feind auffrisst. Jetzt, hinterher, kann ich es selbst kaum glauben … ›Und sie werden sein ein Fleisch‹: Hast du das nicht gesagt?«

»Das steht in der Bibel. Aber gemeint ist die Liebe.«

»Ja, eben: Liebe und Tod.«

Freitag, 5. August 1774
Wir warfen vor der südlich gelegenen Insel Anker. An verschiedenen Stellen sammelten sich Gruppen von Eingeborenen, sämtlich bewaffnet. Ich landete mit einer starken Abteilung. Die Leute hielten sich auf Steinwurfweite zurück, aber allem Anschein nach mehr aus Scheu als in Feindschaft. Ein Häuptling war nicht zu erkennen. Es gelang mir, an ältere Männer Geschenke zu verteilen. Ein Anfang war gemacht, auch mit Gesprächen, obwohl wir wenig voneinander verstanden. Mit der gebührenden Vorsicht und Freundlichkeit – wofür ich strenge Befehle erlasse – werden wir, so hoffe ich, miteinander auskommen. Die Menschen hier sind größer und sehen etwas besser aus als die, denen wir in diesem Archipel zuerst begegnet sind.

Auf der Insel gibt es einen sehr aktiven Vulkan, etwa vier Meilen entfernt. Er speit Feuer, glühende Gesteinsbrocken, Asche und Rauch und bietet besonders in der Nacht einen imponierenden Anblick.

6. August
Endlich, endlich sollen wir für eine, vielleicht sogar für zwei Wochen bleiben und können hoffen, unsere Exkursionen von Tag zu Tag weiter auszudehnen. Ich bezweifle allerdings, ob Cook ein Einsehen hat und auf unsere Bedürfnisse Rücksicht nimmt; es handelt sich wohl mehr um handfeste Gründe: Das Schiff braucht dringend neue Vorräte an Frischwasser und Holz, wenn möglich auch an frischem Obst und Heilkräutern. Meinem Vater wird jedenfalls eingeschärft, danach Ausschau zu halten.

9. August
Wir erfahren von den Eingeborenen, dass die Insel Tanna oder Tana heißt.

17. August
Wir entdecken heiße, schwefelhaltige Quellen. Sie scheinen mit dem Vulkan in Verbindung zu stehen, denn immer dann, wenn er besonders heftig Feuer speit, sprudeln auch sie stärker. Wir messen Temperaturen knapp unter dem Siedepunkt.

Übrigens stellen wir fest, dass die Menschen hier weit weniger diebisch (und handelstüchtig) sind als anderswo. Sogar Dinge, die jemand von uns irgendwo verloren hat, werden zurückgebracht.

Freitag, 19. August 1774
Es ist unser voraussichtlich letzter Tag auf Tana, wir warten nur noch auf günstigen Wind, alles hat sich zur Zufriedenheit entwickelt, mit kaum einem ernsthaften Zwischenfall – und nun dies, die Untat eines einzigen Feiglings und Schurken, die alles verdirbt!

Es war an unserem Landeplatz, und nichts schien ungewöhnlich. Wie üblich waren einige Wachen aufgestellt, wie üblich herrschte ringsum ein dichtes Drängen und Treiben. Ein Eingeborener wollte sich von unserem Wachtposten nicht aufhalten lassen; der stieß ihn zurück. Der Eingeborene, so behauptete Wedgeborough (unser Mann) hinterher, drohte und zielte mit Pfeil und Bogen auf ihn. Das hatte kaum etwas zu bedeuten, das ist täglich mehrmals geschehen; man muss es als ein Zeichen der Selbstachtung verstehen: »Seht her, ihr Fremden, wir sind auch nicht wehrlos!« Aber Wedgeborough legte an, zielte, schoss und tötete. Die Menschen stoben auseinander und liefen schreiend davon.

Ich stand in der Nähe und eilte sofort herbei. Zu spät! Auch Mr. Patten konnte nur noch den Tod des Eingeborenen feststellen. Ich gestehe, dass ich außer mir war.

19. August
Diesmal bin ich zum Augenzeugen geworden. Cook war im Nu zur Stelle. Er tobte und schrie, weiß vor Wut; noch niemals habe ich ihn so erlebt. Den Schützen ließ er sofort verhaften, an Bord schaffen und in Ketten legen.

Wenn ich über den Vorfall nachdenke, frage ich mich, ob den Kapitän nicht eine Mitschuld trifft – oder uns alle. Wie kommt er, wie kommen wir eigentlich dazu, auf fremden Boden einen Bannkreis zu ziehen, den die Einheimischen nicht mehr betreten dürfen? Sie werden um ihr Einverständnis gar nicht erst gefragt; es regiert das Recht des Stärkeren. Man stelle sich vor, wie wir in Europa reagieren würden, wenn Fremde uns Ähnliches zumuten wollten! Aber die Bildung des Bannkreises ist von Cook angeordnet worden, und der Sündenbock William Wedgeborough hat im Grunde nichts anderes getan, als ihn zu verteidigen, und dabei leider die Nerven verloren.

Noch mehr geht mir durch den Kopf, und ich finde Argumente sogar für die »Verräter« auf Eromanga. Mit welchen Gefühlen müssen die Eingeborenen die unheimlichen Wesen betrachten, die plötzlich, aus dem Nichts, vom Himmel herab oder geradewegs aus der Hölle empor bei ihnen auftauchen, mit einer unbegreiflichen Macht ausgestattet, gegen die sie kaum etwas ausrichten können! Handelt es sich überhaupt um Menschen? Oder um Götter, böse Geister, Dämonen? Was wollen sie, etwa erobern, versklaven, töten? Welch ein für unsere dürftige Vorstellungskraft kaum noch fassbarer Mut – über einen Abgrund von Ängsten – gehört wohl dazu, diese fremden Wesen gastfreundlich zu empfangen, statt mit allen Mitteln zu versuchen, sie abzuwehren!

Als ich Sam von meinen Grübeleien erzähle, schüttelt er den Kopf: »George, das sind deine Bücherklugheiten, die für die Praxis nichts taugen.« Hier geraten wir gegenseitig an Grenzen. Für meinen Freund gibt es eine einzige Grundregel, und die heißt: Was Cook tut, das ist wohlgetan.

Fortsetzung, 20. August
Es heißt, dass es zwischen Cook und seinen Offizieren eine harte Auseinandersetzung gegeben habe. Die Offiziere, heißt es weiter, seien dafür eingetreten, dass William Wedgeborough nicht ausgepeitscht werden dürfe, weil er, wie unglücklich auch immer, nur dem Befehl gehorcht und seine Pflicht erfüllt hat. Nach langem Widerstreben soll Cook nachgegeben haben.

Sonnabend, 20. August
Vielleicht darf man die Einheimischen wirklich nicht verurteilen, wenn sie sich gegen uns nicht so verhalten, wie wir es wünschen. Man muss bedenken, wie sie uns sehen. Sie wissen nicht, was wir vorhaben; wir laufen in ihre Häfen ein, und sie können es nicht wagen, Widerstand zu leisten. Es ist gut, wenn es uns gelingt, friedlich zu landen. Wenn nicht, landen wir trotzdem und setzen uns, wenn nötig, mit der Überlegenheit unserer Waffen durch. Die Menschen hier müssen uns als Eindringlinge betrachten, die ihr Land überfallen. Wenn es Zeit zu näherer Bekanntschaft gibt, lassen sich die Befürchtungen vielleicht zerstreuen. Aber diese Zeit haben wir meist nicht.

24. August
Schon seit einer Weile und immer häufiger tauchen an Bord »Andenken« auf: Werkzeuge, Waffen und Schmuckstücke, aber auch Figuren von Menschen und Tieren, die die Seeleute angeblich während all der Wochen unseres Inselspringens von den Eingeborenen erworben haben. Ich sage angeblich, denn manche mögen echt sein, doch bei anderen bin ich mir keineswegs sicher. Es hat sich herumgesprochen, dass mein Vater ganz wild hinter diesen Gegenständen her ist und dafür gute – und oft auch über-

höhte – Preise bezahlt. Darum befürchte ich, dass einige der schönsten Stücke aus der Schnitzerwerkstatt von Richard Rollett stammen und durch seine Mittelsleute an den Mann gebracht werden. Frömmigkeit schützt ja vor Fälschungen nicht – und erst recht nicht, wenn sie sich mit bestem Gewissen gegen »die da oben« richten, gegen tölpelhafte Sammler, die ihr Eifer mit Blindheit schlägt. Zwar wirkt alles irgendwie gealtert, mit Staub oder mit Spielarten von Firnis überzogen. Aber meine Nase sagt mir: Das Holz riecht verdächtig frisch.

Das allerschönste Stück, ein wahres (oder vielmehr unwahres) Prachtexemplar, soll von der Osterinsel stammen: eine getreue Nachbildung der Steinfiguren, die wir gesehen haben. Aber erstens gab es dort nicht das passende Holz, zweitens schwerlich das Schnitzwerkzeug, drittens kein Interesse der Eingeborenen an einer auch ihnen unverständlichen Vorwelt.

Mein Vater will davon nichts wissen und erklärt: »Davon verstehst du nichts. Ich habe meine Erfahrungen. Erinnerst du dich an unsere russische Reise? Schon damals, in der Wolgasteppe, habe ich viele und wertvolle Gegenstände erworben.« Ja, aber da gab es auch keine so durchtriebenen Leute wie Sir Richard und seine Helfershelfer.

27. August
Ich treffe Rollett und nutze die Gelegenheit, um auf den Busch zu klopfen: »Sir, ich möchte Ihnen gratulieren.«

Ein misstrauischer Blick trifft mich: »Wozu denn das, junger Mann?«

»Zu der Holzfigur nach dem Modell der Osterinsel. Sie ist großartig gelungen.«

Ein Feuerpfeil aus den Kohlenaugen, durchbohrt mich geradezu: »Willst du etwa sagen, dass es sich um eine Fälschung handelt? Aber das stimmt überhaupt nicht! Sie ist ein Original, sie stammt von einem Mann, der sein Handwerk versteht.«

»Ja, natürlich, Sir.«

Was folgt, verbindet sich – beinahe – mit der Andeutung eines Lächelns: »Ich gebe dir einen guten Rat. Hebe die Figur auf, wenn du sie einmal von deinem Vater erbst. Denn wenn du selber alt bist, wird sie wertvoll sein. Dann fragt niemand mehr nach dem Ursprung. Und auf deinem Totenbett kannst du zu deinen Enkeln sagen, was in der Bibel geschrieben steht: »Kommt her und schaut die Werke des Herrn.«

29. August
Noch immer durchkreuzt Cook die Inselwelt der Neuen Hebriden. Heute fand ich Gelegenheit, ihn zu fragen: Warum? Er mustert mich kritisch und sagt dann:

»George, Sie kennen doch den Reisebericht des Herrn von Bougainville? Natürlich, Sie haben ihn ja selbst übersetzt, nicht wahr? Ein schönes Buch, gut zu lesen. Aber für den Seemann fehlt darin das Wichtigste: die Präzision der Vermessungen. Merken Sie sich das, George: Die wahre Leistung des Entdeckers besteht nicht aus Romantik und ein paar Geniestreichen, sondern aus der unscheinbaren und mühseligen Arbeit am Detail, und dafür war dieser vornehme Herr Graf sich leider zu schade. Wir haben gearbeitet! Wir haben in den letzten Wochen Hunderte von Messungen vorgenommen, und wenn die erst einmal ordentlich zusammengestellt und veröffentlicht sind, wird jeder Seefahrer sich in diesem Labyrinth zurechtfinden. Unsere oder jedenfalls meine Aufgabe ist es nicht, die Träume von Bücherlesern zu erfüllen, sondern ein nüchterner Wegbereiter der Zukunft zu sein.«

In bewusster Zuspitzung könnte man womöglich sagen: James Cook ist das Genie oder sogar ein Romantiker der Ernüchterung. Was ihn treibt, ist der Ehrgeiz, als der große Traumzerstörer in die Geschichte einzugehen. »Negative Entdeckungen verändern die Welt«, hat er mir schon einmal gesagt, und mehr und mehr begreife ich, was das bedeutet. Daher die Hartnäckigkeit, die Besessenheit, mit der er uns in die Kälte, in Eiswüsten treibt, um die Legende vom Südkontinent aus der Welt zu schaffen. Und darum denke ich: Was immer die erste Fahrt mit der »Endeavour« bedeutet hat und was auch noch kommen mag, im Rückblick wird man erkennen, dass nur unsere jetzige Reise mit der »Resolution« wirklich enthüllt, was Kapitän Cook so groß und so unheimlich macht.

Donnerstag, 1. September 1774
Ich wollte, ich hätte noch einige Wochen zur Verfügung. Aber die Zeit wird allmählich knapp; wir müssen unseren »Heimathafen« im neuseeländischen Charlottensund anlaufen. Denn die »Resolution« bedarf einer gründlichen Überholung, und die Vorräte müssen für die bevorstehende große Winterreise aufgefüllt werden. Darum ließ ich gestern den Kurs nach Südwesten setzen, und heute morgen war kein Land mehr zu sehen.

Sonntag, 4. September
Heute früh um acht Uhr, während wir nach Süden steuerten, wurde Land im Südsüdwesten gemeldet.

5. September
Unversehens gerät unser Kapitän in ein Dilemma. Einerseits drängt es ihn weiter nach Neuseeland. Andererseits liegt eine Insel oder Inselwelt vor ihm, die noch kein Quiros, Tasman, Bougainville oder sonst ein Europäer betreten hat; sein positiver Entdeckerehrgeiz ist geweckt, den es ja auch gibt. Fast möchte ich darauf wetten, dass er alle Bedenken zurückstellt und sich in das Unbekannte verbeißt wie ein Bullterrier in seine Beute. Doch wie immer Cook entscheidet, eines scheint sicher: Er schlägt uns in einen Bann, der nicht nur Sam, sondern auch mich, uns alle bezwingt und mitreißt, als hätten wir keinen eigenen Willen.

5. September, Fortsetzung
Der Mann im Ausguck, der das Land meldete, war der Kadett James Colnett – derselbe, der sich bald nach dem Beginn unserer Reise den Spott seiner Kameraden zuzog, weil er den tauchenden Seehund mit einem ertrinkenden Matrosen verwechselte. Den Unglücksraben tröstete damals der Kapitän mit dem Versprechen, die Landspitze, die er vielleicht einmal entdecken würde, nach ihm zu benennen.

Jetzt zeigt sich, dass ein Cook so etwas nicht vergisst. Am Abend wurde der Kadett an die Kapitänstafel geladen und feierlich das Glas auf ihn und sein »Kap Colnett« geleert. Wieder ein mal bewunderte ich Cooks Zauberkunst der Menschenführung. Der junge Mann, inzwischen 18 Jahre alt, wusste sich vor Stolz kaum zu fassen. Ich bin sicher: Wenn es künftig darum geht, dem Kapitän bedingungslos zu folgen, hat Samuel Gibson heute einen Konkurrenten bekommen.

7. September
Gestern wurde eine Sonnenfinsternis beobachtet. Heute Nacht stürzte der Schlachter Simon Monk so unglücklich eine Treppe hinunter, dass er nach wenigen Stunden starb: das dritte Todesopfer, das wir zu beklagen haben.

Ich begegnete Richard Rollett, und obwohl ich im Voraus schon weiß, dass ich gegen ihn den Kürzeren ziehe, reizte es mich, ihn wieder herauszufordern. »Sir«, fragte ich, »können Sie mir sagen, ob es zwischen der Sonnenfinsternis und diesem Unfall einen Zusammenhang gibt, wie zwischen den Albatrossen und den toten Kapitänen?«

Seine Antwort hieß: »George, in der Offenbarung steht geschrieben: ›Und er hatte sieben Sterne in seiner rechten Hand, und aus seinem Mund ging ein scharfes, zweischneidiges Schwert, und sein Angesicht leuchtete, wie die Sonne scheint in ihrer Macht. Und als ich ihn sah, fiel ich zu seinen Füßen wie ein Toter.‹ Aber keine Sorge, Simon Monk war ein guter Mann und kein Menschenschinder. Darum steht weiter geschrieben: ›Fürchte dich nicht! Ich bin der Erste und der Letzte.‹«

Nach dieser Rede strich Sir Richard mir unversehens mit der Hand übers Haar, ging fort und ließ mich so klug wie zuvor, doch vor allem beschämt zurück.

8. September
Gestern kauften wir bei Eingeborenen einen Fisch mit großem, hässlichem Kopf. Er sollte unser Abendessen sein. Aber weil es sich um eine unbekannte Art handelte, wurde er von Mr. Forster sozusagen beschlagnahmt, damit sein Sohn ihn zeichnete, und danach waren – glücklicherweise – nur noch die Leber und der

Rogen brauchbar. In der Nacht erwachten wir mit Lähmungen in allen Gliedern. Ich hatte fast jedes Gefühl verloren. Es war unmöglich, noch Gewichte zu unterscheiden; ein Glas Wasser und eine Feder wogen in meiner Hand gleich schwer. Brechmittel und ein Schwitzbad schafften Erleichterung. Aber noch jetzt weicht die Nervenlähmung nur langsam.

Der Vorfall liefert ein Beispiel für die Zufälle und Gefahren, denen man bei einer Entdeckungsreise ausgesetzt ist. Was wäre gewesen, wenn wir den ganzen Fisch gegessen hätten?

30. September

Wie es kaum anderes zu erwarten war, schlägt die neuentdeckte Inselwelt Cook in ihren Bann. Dabei streckt sie sich mit jedem Schritt der Erforschung länger und länger; es scheint sich nach Neuseeland um eine der größten Inseln des ganzen Pazifik zu handeln. Zu allem Übel lässt sie sich oft nur aus der Ferne beobachten, weil sie wie mit einem Festungswall ringsum von Korallengriffen umgeben ist. Mehr als einmal haben wir uns in Gefahr befunden, weil der Wind uns verließ und wir näher, immer näher auf die Brecher der Brandung zutrieben.

In meiner Angst klammerte ich mich an Sam, der ja schon bei der Reise der »Endeavour« mit Cook Bekanntschaft mit einem Rifflabyrinth bemacht hat und mir ruhig erklärt: »Unser Kapitän weiß, was er tut.« Ja, hoffentlich! Aber darf man sicher sein? Bereits die »Endeavour« *ist* auf ein Riff geraten und wäre um ein Haar gesunken.

Montag, 3. Oktober 1774

In das Hochgefühl der Entdeckung mischt sich die Bitterkeit der Niederlage. Es ist mir nicht gelungen, Neukaledonien – wie ich dieses Land getauft habe – ganz zu umrunden und so genau zu vermessen, wie es notwendig gewesen wäre. Außerdem steht der Wind schon seit Tagen sehr ungünstig, sodass an ein Vorwärtskommen kaum zu denken ist. Und die Zeit, die verfluchte Zeit tickt unerbittlich dahin; bald beginnt der antarktische Sommer, den ich nutzen muss; es wäre unverantwortlich, eine weite, alle

Voraussicht nach entbehrungsreiche Reise ohne genügend Vorbereitung anzutreten.

Oder soll ich hier noch ein weiteres Jahr verbringen? Ich selbst wäre dazu bereit. Ich habe mich auf ein Spiel eingelassen, das ans Ende gebracht sein will. Aber ich fürchte, dass ich das weder meinem Schiff noch der Besatzung zumuten kann. Und auch nicht der Ungeduld der Admiralität.

Eher mit Resignation als mit Freude nehme ich daher Kurs auf unseren »Heimathafen« im Charlottensund.

Von Neuseeland nach Kapstadt

Dienstag, 18. Oktober 1774
Um elf Uhr gingen wir im Charlottensund vor Anker. Das Erste was ich tat, war natürlich, nach der Flaschenpost zu sehen, die ich bei unserer Abreise für Furneaux hinterlassen hatte. Sie war nicht mehr da. Aber wer hat sie an sich genommen? Man darf nicht ausschließen, dass Eingeborene sie fanden und als »Andenken« forttrugen; womöglich hatte einer uns heimlich beim Eingraben zugeschaut.

Als am Nachmittag Mr. Wales sein Beobachtungszelt aufschlagen wollte, entdeckte er, dass einige Bäume, die bei unserem letzten Aufenthalt noch standen, mit europäischen Sägen und Äxten gefällt worden sind. Damit scheint kein Zweifel mehr möglich: Die »Adventure« war nicht im Sturm gesunken oder an einem Riff zerschellt; sie ist hier gewesen.

Soweit die gute Nachricht. Aber eine ärgerliche Feststellung folgt auf dem Fuße: Warum wurde für uns keine Flaschenpost hinterlassen, für den Fall, dass wir zurückkehrten? Was war inzwischen geschehen, und mit welchem Ziel ist man abgereist? Typisch Furneaux! Es fehlt ihm einfach die Fantasie, die man für das Abenteuer einer Weltreise unbedingt braucht.

Es ist seltsam, dass die Eingeborenen sich nicht blicken lassen. Wohin sind sie verschwunden? Wir sind doch alte Bekannte, und ich hätte erwartet, dass sie uns sofort mit Freude begrüßen würden.

19. Oktober
Schon vor dem Einlaufen habe ich mit meinen Offizieren die Arbeitspläne besprochen, und alle sind beschäftigt, wie sie es sein sollte. Die Schmiede und Zimmerleute haben an Land ihre Zelte aufgebaut, Bäume werden gefällt und im Sund Schleppnetze ausgebracht. An frisch gebratenen und geräucherten Fischdelikatessen wird es uns vorläufig nicht fehlen – und von Arten, vor denen wir uns nicht fürchten müssen, weil wir sie kennen. In ein paar Tagen werden wir mit dem Einsammeln von Sellerie, Kresse und allem Übrigen beginnen, das geeignet ist, uns vor dem Skorbut zu schützen. Charles Clerke widmet sich dem Bierbrauen. Sogar Mr. Forster darf sich nicht beklagen. Er kann nach Herzenslust seinen Forschungen nachgehen – freilich, wie ich befürchte, auf einem Gebiet, in dem schon seit den Tagen von Joseph Banks nicht mehr viel Neues zu finden ist.

20. Oktober
Sam kam zu mir und tat sehr geheimnisvoll: »George, ich habe einen Plan, und du musst mir bei der Ausführung helfen.«

»Um Himmels willen, willst du etwa wieder desertieren und den Rest deines Lebens damit verbringen, als Kannibale deine Feinde zu verspeisen?«

»Unsinn, es ist ernst. Wir haben bestimmt noch einmal sehr langweilige Wochen oder Monate vor uns. Ich will sie nutzen, ich möchte mich im Schreiben, Lesen und Rechnen verbessern. Das ist doch wichtig für mein Vorwärtskommen bei der Marine. Außerdem werde ich dann Cook als seine »rechte Hand« zur Seite stehen können – wenn seine Augen ihm einmal den Dienst versagen … Ja, und dazu brauche ich dich, als mein Lehrer.«

Spontan umarme ich den Freund: »Sam, das ist wunderbar! Und ich werde mir gleich überlegen, wie ich unsere Schule am besten vorbereite.«

22. Oktober
Ich besuchte den Garten, den wir angelegt hatten. Vieles ist überwuchert, aber einiges erstaunlich gut gediehen. Ein fruchtbarer

Boden und ein gutes Klima. Und wenn auch noch Schafe hier weiden, vielleicht eines Tages Millionen von Schafen, dann wird es für Neuseeland eine Zukunft geben.

23. Oktober
Ich passe Cook ab: »Sir, darf ich Sie für einen Augenblick sprechen?«

»Ja, natürlich, Mr. Forster. Um was geht es denn?«

Ich erzähle vom Plan des Korporals Gibson. Er freut sich und fragt: »Ja, aber was kann ich dafür tun?«

»Sir, Sams – ich meine Gibsons Kammer ist so eng und so dunkel. Es gibt da keinen Tisch zum Schreiben. Darum möchte ich um die Erlaubnis bitten, dass er zu mir in die Kabine kommen darf.«

»Ausgezeichnet, genehmigt! Übrigens gehe ich mit ähnlichen Plänen um. Ich möchte unsere Kadetten und Fähnriche regelmäßig in der Kajüte versammeln, um sie mit der Hilfe von Leutnant Clerke und Mr. Wales in der Nautik und Vermessungskunst weiterzubilden. Wenn die Köpfe rauchen, werden die jungen Leute sich nicht in dumme Gedanken verlieren. Auch um auf Gibson zurückzukommen: Warum eigentlich will er sich im Lesen und Schreiben verbessern? Haben Sie ihm das in den Kopf gesetzt?«

»Nein, Sir, überhaupt nicht. Es hängt mit seinen eigenen Zukunftsträumen zusammen.«

»Und wovon träumt er?« Wenn erst einmal sein Interesse geweckt ist, lässt Cook sich so leicht nicht mehr abschütteln.

Ich zögere. »Sir, es geht um sehr persönliche Dinge, die Sam mir anvertraut hat. Wenn er zu hören bekommt, dass ich etwas ausplaudere, erwürgt er mich.«

»Dann eine ganz andere Frage unter uns, George. Überfordert Sam Sie womöglich? Geht er manchmal zu hart mit Ihnen um? Zwingt er sie zu etwas, was Sie nicht wollen? Auf langen Seereisen kommt das leider oft vor; jeder Schiffsjunge kann ein Lied davon singen. Ein böses Lied. Und Sam ist Ihnen doch weit überlegen, körperlich gesehen, nicht wahr? Ich meine die Monate, in denen er keine Frauen hat … Sie verstehen?

»Ja. Nein, Sir, überhaupt nicht. Sam und ich verstehen uns einfach prächtig.«

»Dann ist es gut. George, denken Sie daran: Ich bin für Sie da, wenn Sie mich brauchen.«

»Vielen Dank, Sir.«

Montag, 24. Oktober
Eingeborene tauchen endlich auf; sie fuhren in zwei Kanus den Sund herunter. Aber als Sie das Schiff sahen, zogen sie sich schleunigst zurück. Nach dem Frühstück ließ ich ein Boot klarmachen, um nach ihnen Ausschau zu halten. Als wir uns ihren Behausungen näherten, flohen alle in den Wald, bis auf zwei oder drei mutige Männer. Doch als wir anlegten, erkannten sie uns. Freude siegte über die Furcht, auch die Übrigen stürzten herbei. Alle umarmten uns, immer wieder; alle sangen und tanzten beinahe wie Besessene herum. Gibson verstand genug, um den Kehrreim des Gesangs zu übersetzen: »Cook ist wieder da! Cook ist wieder da!« Heimlich allerdings dachte ich: Welch ein Schrecken muss ihnen widerfahren sein, was für eine Angst hat über diesen guten Leuten gelegen, dass sie nun so aus dem Häuschen sind?

25. Oktober
Wo bekomme ich eine Fibel her? In ganz Neuseeland und sogar auf der »Resolution« dürfte es so etwas nicht geben. Aber womöglich könnte die Bibel aushelfen. Nein, nicht aushelfen; sie sollte der wahre Lehrmeister sein. Wie viele spannende Geschichten werden da erzählt! Überhaupt wird es Sam nicht schaden, wenn er mit dem Buch der Bücher Bekanntschaft schließt. Aber ich habe nur den Luther-Text, an dem ich mein Deutsch übe.

Sir Richard fällt mir ein. Ich besuche ihn an Land unter dem Zeltdach, wo er Segel näht.

Er schaut mich scharf an: »Junger Mann, wozu brauchst du denn eine Bibel? Hast du etwa keine – du, der Sohn eines Predigers?«

»Doch, aber eine deutsche, und ich brauche eine englische. Ich will sie jemandem geben und ihn darin unterrichten.«

»Sieh an, ein heimlicher Bekehrer! Auf unserm Schiff, wie überall in der christlichen Seefahrt, gibt es zwar nur verlorene Seelen – den Kapitän eingeschlossen …«

»Ich denke, er wäre nicht dazu verdammt, sich in einen Albatros zu verwandeln?«

»Das wohl nicht. Aber er glaubt nicht an Jesus Christus, die Auferstehung und das Ewige Leben. Das ist schlimm genug.«

»Um auf die Bibel zurückzukommen …«

Richard Rollett wiegt den Kopf: »Nun ja, für den Notfall, um eine Seele zu retten, habe ich immer eine in Reserve. Ich gebe Sie dir.«

»Es genügt, wenn ich sie bei unserer Abfahrt bekomme.«

»Nein, noch heute. Wer weiß, was in dieser Nacht, was morgen geschieht, und mit einem guten Werk kann man nie früh genug anfangen. Wenn einer von Bord fällt, wartet man ja auch nicht damit, ihm die Rettungsleine zuzuwerfen. Und es steht geschrieben: ›Gedenke, dass der Tod nicht säumt.‹«

»Vielen Dank, Sir.«

Nachtrag zum Thema, 26. Oktober

Der Kabinensteward klopft bei mir an. Er bringt zwei leere Hefte und zwei Schreibstifte, »mit einer Empfehlung vom Kapitän, Sir«.

Mittwoch, 26. Oktober

Unsere eingeborenen Freunde besuchten uns und brachten die herrlichsten Fische mit. Später erzählten sie jedem, der es hören wollte und sie halbwegs verstehen konnte, dass ein Schiff wie das unsere kürzlich in der Seestraße zwischen der Süd- und Nordinsel gesunken sei. Die Überlebenden seien im Norden an Land gegangen. Dort seien sie bestohlen und angegriffen und schließlich, als ihnen die Munition ausging, erschlagen und gefressen worden. Einer behauptete, es sei »zwei Monde« her, ein anderer zählte an den Fingern zwanzig bis dreißig Tage.

Diese Geschichte lässt viele Deutungen zu. Erstens kann es sich um ein französisches, spanisches oder sonst ein fremdes Schiff gehandelt haben. Zweitens mag alles erfunden sein; wir haben ja schon anderswo Proben von Lügengeschichten bekommen, mit denen sich die Leute nur interessant machen wollen. Drittens ist fraglich, ob man hier erfährt, was auf der Nordinsel vor sich geht. Viertens darf man leider nicht ausschließen, dass von der »Adventure« die Rede ist. Das wäre schrecklich, und die Fantasie unserer Seeleute neigt natürlich in diese Richtung.

Noch etwas wäre denkbar, falls man unterstellt, dass sich unter allen Ausschmückungen und Verdrehungen ein Kern von Wahrheit verbirgt: Es hat Streit, einen Kampf gegeben, und einige unserer Leute sind tatsächlich erschlagen und verspeist worden. Daraufhin ist die »Adventure« Hals über Kopf abgereist; das würde sich übrigens auf die fehlende Flaschenpost reimen – und auf das anfängliche Versteckspiel der Eingeborenen aus Angst vor Vergeltung. Andererseits würden die jetzt wieder so zutraulichen Menschen uns schwerlich diese Geschichte erzählen, wenn sie selbst beteiligt gewesen wären. Aber was hilft das Spekulieren? Wir müssen abwarten – und uns auf Schlimmes gefasst machen.

Donnerstag, 10. November
Wir setzen die Segel. Das Schiff wurde so gründlich wie möglich überholt, die Wasserfässer sind gefüllt, Holz zum Heizen ist reichlich vorhanden und die Mannschaft gesund. In der ersten Zeit können wir noch Räucherfische und Salate essen, und Mr. Patten hat sich mit den Heilkräutern und Säften versorgt, die er braucht. Allerdings werden wir uns bald wieder aufs Gepökelte einrichten müssen; nur wenige Schweine und Hunde sind noch an Bord.

Meine Absicht ist es, zunächst nach Südosten und dann etwa am 54. bis 55. Breitengrad entlang nach Osten zu steuern, auf Kap Horn zu. Auf diese Weise erkunden wir noch einmal einen unbekannten Teil des südlichen Pazifik, ohne uns mit Eisbergen herumschlagen zu müssen. Ich bezweifle, dass wir Inseln finden werden, aber man kann es nicht ausschließen. Schon als Zwischenstation zur Ergänzung unserer Vorräte wären sie sehr willkommen. Zu Beginn des Jahres 1775 werden wir uns dann dem Südatlantik widmen und zum hoffentlich guten Ende Kapstadt anlaufen.

10. November

Es ist ein merkwürdig zwiespältiges Gefühl, mit dem wir uns vom »Heimathafen« verabschieden. Freude ist dabei: Wir fahren, endlich, nach Hause! Und Wehmut zugleich: Das ist der Anfang vom Ende einer denkwürdigen Reise.

Sam meint mit Zuversicht: »In spätestens zwei Jahren bin ich mit meinem Kapitän wieder hier. Und du, George?«

»Nein, für mich wird es wohl keine Rückkehr mehr geben. Nicht in den Charlottensund und nicht nach Tahiti. Ich weiß schon, dass mein Vater mich am Schreibtisch festnageln wird.«

»Zum Teufel mit ihm! Du sagst dich von ihm los und kommst mit uns.«

»Ach Sam, wenn das nur so einfach wäre.«

11. November

»Am Anfang schuf Gott Himmel und Erde …« Ich lese vor, was im ersten Buch Moses, im ersten Kapitel, Vers eins bis zehn, geschrieben steht.

Sam macht große Augen: »Was für eine merkwürdige Geschichte!«

»Ja, nicht wahr? Und jetzt liest du.« Er versucht es, langsam und holprig, mit dem Finger an den Zeilen entlang.

»Und noch einmal … Siehst du, das war schon etwas besser. Und nun nimm das Heft. Ich diktiere dir den Text, und du schreibst ihn auf.«

Das Ergebnis ist voller Fehler. »Wie viel einfacher ist es, Frauen zu buchstabieren als Worte«, seufzte Sam. »Es sieht schlimm aus, nicht wahr?«

»Nein, überhaupt nicht, und bald wirst du über deine Fortschritte staunen. Übrigens, das Schönste, was jemals über die Liebe geschrieben worden ist, steht auch in der Bibel.«

»Tatsächlich?«

»Willst du etwas davon hören?«

»Ja, natürlich.«

»Ich beschwöre euch, ihr Töchter Jerusalems, findet ihr meinen Freund, so sagt ihm, dass ich vor Liebe krank liege. – Was ist dein Freund vor anderen Freunden, o du schönste unter den Weibern? Was ist dein Freund vor anderen Freunden, dass du uns so beschworen hast? – Mein Freund ist weiß und rot, auserkoren unter vielen Tausenden. – Sein Haupt ist das feinste Gold. Seine Locken sind kraus, schwarz wie ein Rabe. – Seine Augen sind wie Augen der Tauben an den Wasserbächen, mit Milch gewaschen und stehen in Fülle. – Seine Backen sind wie Würzgärtlein, da Balsamkräuter wachsen. Seine Lippen sind wie Rosen, die von fließender Myrrhe triefen. – Seine Hände sind wie goldene Ringe, voll Türkise. Sein Leib ist wie reines Elfenbein, mit Saphiren geschmückt. – Seine Beine sind wie der Libanon, auserwählt mit Zedern. – Seine Kehle ist süß, und er ist ganz lieblich. Ein solcher ist mein Freund; mein Freund ist ein solcher, ihr Töchter Jerusalems!«

»Lass mich das sehen und lesen«, sagt Sam.

Ich weiß nicht, ob jemals ein Schulunterricht ähnlich begonnen hat, aber dies war jedenfalls unsere erste Stunde.

12. November

Unser Kapitän erweist sich wie so oft als ein Geheimniskrämer, und der Kurs, den wir nach Südosten steuern, weckt schlimme Befürchtungen; auf einer ähnlichen Route sind wir auch vor einem Jahr gesegelt. Müssen wir uns etwa die Heimreise noch einmal durch endlose Wochen in Kälte, Nebel und Eis erkaufen? Mein Vater meint melancholisch: »Du wirst sehen, George, dass dieser Cook uns wieder und ganz sinnlos in die Finsternis treibt. Ich spüre jetzt schon das Rheuma in allen Gliedern.«

Kapitäne sind gewiss die Könige ihrer Schiffe – und zwar Könige, die sich nicht, wie der englische, mit mächtigen Parlamenten herumschlagen müssen, sondern die als absolute Herrscher regieren, wie der berühmte Friedrich von Preußen. Aber was schadet es ihnen, wenn sie ihren Untertanen – oder wenigstens ihrem Hofstaat – mitteilen, was sie vorhaben? Oder weiß Seine Majestät das selbst noch nicht? Das kann ich nicht glauben. Auf jeden Fall würde etwas mehr Offenheit der Unruhe und Missstimmung vorbeugen, so wie das Sauerkraut dem Skorbut.

14. November
Allgemeines Aufatmen: Cook hat den Kurs von Südosten nach Osten geändert. Natürlich ist es kälter geworden, aber mit der entsprechenden Bekleidung ist die Temperatur durchaus noch zu ertragen. Ich glaube beinahe, dass mein Vater sozusagen nur im vorbeugenden Protest sein Rheuma beklagt hat.

26. November
Nach dem Frühstück finde ich auf meinem Bett ein Blatt Papier, auf dem geschrieben steht: »Liber Gorge, zu deinem Geburttag wünscht dir alles gute dein Freund Sam.« Das sind noch genug Schreibfehler in einem Satz. Aber ich bin zu Tränen gerührt und werde das Blatt sorgfältig aufbewahren.

Übrigens machen wir wirklich gute Fortschritte. Sam ist ja ein heller Kopf; er hat das schon früher durch die Meisterschaft bewiesen, die er in der Beherrschung des Tahitischen erreichte. Noch immer ist er mir darin voraus. Gestern fragte mich Cook: »Wie geht es?« Er war erstaunt, als er hörte, dass wir die Bibel als Lehrbuch benutzen, aber sehr befriedigt, als ich ihm den Fortschritt in Zahlen vorrechnen konnte: »Am Anfang waren es zehn Verse pro Tag, und jetzt sind es schon dreißig ganze Kapitel oder noch mehr. Und die Fehlerquote beim Schreiben hat sich beinahe halbiert.«

Zum Glück hat Sam jetzt, wie fast alle, wenig zu tun. Exerzieren mit den Soldaten, ein paar Kontrollgänge, Pflege der Waffen: Mehr als drei oder vier Stunden nimmt das nicht in Anspruch. Entsprechend dehnen wir unsere Schulstunden aus. Dabei nimmt Sam beim Wort, was er liest, und will es diskutieren. Bei der Geschichte von Kain und Abel schüttelte er den Kopf.

»Das ist doch unmöglich, wie dieser Gott sich benimmt! Der trägt doch selbst die Schuld an dem Unheil, das folgt.«

»Wieso er und nicht Kain?««

»George, siehst du das nicht? Warte, es heißt da: ›Kain brachte dem Herrn Opfer von den Früchten des Feldes; und Abel brachte auch von Erstlingen ihrer Herde und von ihrem Fett. Und der Herr sah gnädig an Abel und sein Opfer; aber Kain und sein Opfer sah er nicht gnädig an.‹ Was folgt daraus?«

»Nun, natürlich der Neid und schließlich der Brudermord.«

»Ja, aber warum? Die Sache wird sofort klar, wenn wir sie übertragen: Dort ist der Herr – Kapitän Cook –, und hier sind die Leutnants Charles Clerke und Richard Pickersgill. Beide tun ihre Pflicht, beide geben sich Mühe, die Befehle des Kapitäns gut auszuführen. Doch was tut der? Er lobt Clerke über den grünen Klee, vor versammelter Mannschaft, aber an dem armen Pickersgill lässt er kein gutes Haar. An ihm nörgelt er immer nur herum, auch öffentlich. Der betrinkt sich, nimmt sein Messer und ersticht Clerke in Eifersucht und Verzweiflung. Also wer trägt die Schuld? Etwa Pickersgill? Nein, in Wahrheit doch Cook. Nur: Der würde so etwas niemals tun.«

»Mit anderen Worten: Cook ist viel klüger und gerechter als Gott.«

»Ja, allerdings.«

Das dürfte eine Deutung sein, auf die noch kein Theologe gekommen ist, und auch Sir Richard werde ich sie lieber nicht erzählen. Erst recht nicht die Geschichte von der Sintflut:

»Also, das stimmt hinten und vorne nicht. Noah machte ›einen Kasten aus Tannenholz‹. Zur Not mochte er ja schwimmfähig sein – auf einem Teich. Aber auf hoher See, im Sturm? Oder war Noah etwa ein Werftfachmann, der so gute Schiffe baute wie die Leute in Whitby? Nein, bestimmt nicht. Und dann: Dreihundert Ellen Länge! Das sind mehr tausend Fuß [nach englischem Ellenmaß 343 Meter]. Das Zehnfache von der ›Resolution‹! Und so ein Seeungeheuer bloß aus Tannenholz! Ich sage dir, George: Das Ding, diese Arche, kracht auseinander und sinkt schon beim Stapellauf.«

»Vielleicht sollte man die Angaben nicht so genau nehmen …«

»Doch, George, das muss man. Ohne Genauigkeit taugt alles nichts, das habe ich bei Cook gelernt.«

Ich nehme mir vor, mit Sam als nächstes Salomos Hohes Lied der Liebe zu lesen. Da gibt es bestimmt nichts auszusetzen.

27. November
Schon seit Tagen segeln wir mit einem stetigen und starken achterlichen Wind. In 24 Stunden haben wir 183 Meilen zurückgelegt. So schnell war die »Resolution« noch nie. Und nicht die geringsten Anzeichen deuten auf die Nähe von Land hin. Die See läuft mit einer so langen und starken Dünung, wie sie das nur tun kann, wenn sie sich nirgendwo bricht.

10. Dezember
Ein Monat ist seit unserer Abreise in Neuseeland vergangen, und wer es verstünde, müsste einmal mehr von der Ereignislosigkeit, der Leere, vom Nichts erzählen, das es auf dem Lande selbst bei großer Einförmigkeit kaum geben kann – und das für Seereisen wie die unsere so charakteristisch ist. Diesmal aber übertrifft die Ereignislosigkeit sozusagen sich selbst. Einmal eine Gruppe von Walen, die vorüberzieht, dann eine heftige Schlägerei im Mannschaftsquartier, die über das Normalmaß hinausgeht und nach der die beiden Anführer mit der Peitsche bestraft werden: Mehr gibt es aus dreißig Tagen nicht zu berichten. Einförmiger Tagesablauf und einförmige Ernährung. Kein Sturm von Format, der plötzlich aufkommt und uns beutelt, kaum eine Windstille. Kein Licht, kein Glockengeläut und kein Hundebellen irgendwo aus der Ferne, wie noch im verlorensten nassenhubischen Winter. Keine Gefahren von Eisbergen und nicht einmal Nebel – nichts. Für Landlebewesen, wie wir Menschen es von Hause aus sind, ist das schwer zu ertragen. Daher die verstummten Gespräche, die mürrischen Mienen, die Bereitschaft zum Zank. Daher die Einsamkeit, sie regiert noch viel härter als jemals ein Kapitän Cook.

Und daher das Klagen über hartnäckige Leibesbeschwerden, das oft nur der Einbildung entspringt. Oder – wahrscheinlicher – der verdüsterten Seele. (Sam allerdings, der meine Anfälligkeit für den Skorbut kennt, und wie immer aufs Praktische eingestellt ist, bringt mir seit einiger Zeit vorsorglich das tägliche Glas Obstsaft, das er Mr. Patten abschwatzt.)

Es gibt von der schwarzen Regel nur drei Ausnahmen. Die erste ist James Cook. Er ist zufrieden, weil er so gut vorankommt, und wahrscheinlich auch, weil sich seine Erwartung bestätigt, dass wir hier das Nichts durchfahren. Im Übrigens ist er beschäftigt: mit Standortbestimmungen, mit den Offiziersanwärtern, die so schwer begreifen, was ihm selbstverständlich ist, und vor allem wohl mit seinem Reisetagebuch. »Abel« in Sams Umdeutung der biblischen Geschichte vom Brudermord, also Charles Clerke, hat mir verraten, dass der Kapitän in seiner Kabine Blatt um Blatt füllt, allerdings beinahe so mühsam wie sein Korporal Gibson, mit vielem Durchstreichen und Wegwerfen. Doch trotz aller Schwierigkeiten scheint es voranzugehen; selten habe ich ihn so entspannt gesehen. Vergnügt, beinahe wie ein Spaziergänger, schlendert er auf dem Deck umher und unterhält sich mit dem Wachoffizier, dem Rudergänger oder anderen Leuten, wie sie ihm gerade in den Weg kommen.

Einmal klopft er unversehens bei unserem Unterricht an. »Bleibt bitte sitzen, Jungens«, sagt er, als wir aufspringen, und setzt sich selbst bescheiden auf den Bettrand. Er lächelt: »Ich bin nur neugierig. Macht ihr auch solche Fahrt wie die ›Resolution‹?«

»Jawohl, Sir«, erwidert Sam, und weist stolz das zuletzt geschriebene Diktat vor. »Es sind schon viel weniger Fehler als am Anfang.« Und dann liest mein Schüler, nach der ersten Verlegenheit beinahe ohne Stolpern, die Geschichte vom hochgerüsteten Riesen Goliath und dem Hirtenjungen David mit der Steinschleuder, die uns gerade beschäftigt.

Cook wendet sich zu mir: »George, wenn das so weiter geht, werde ich noch eifersüchtig werden, wie später König Saul auf diesen David. Mit meiner Rechtschreibung ist auch nicht viel los.«

Als Cook gegangen ist, schwärmt Sam ihm hinterher: »Was für ein Mann ist unser Kapitän, dass er das einfach so zugeben kann!«

»Ja, Sam. Nur einfach, das ist er bestimmt nicht.«

Sonnabend, 17. Dezember 1774

Bei frischem Wind aus Westnordwest steuerten wir den ganzen Tag über unter vollen Segeln nach Nordosten, in der Erwartung, die Küste von Feuerland, Tierra del Fuego, noch vor der Nacht zu erreichen. Gegen Mittag kam sie in Sicht.

Dies war die erste Fahrt, die so weit im Süden quer durch den Pazifik unternommen worden ist. Dabei hat es kaum einmal eine Seereise gegeben, nicht einmal eine bedeutend kürzere, bei der sich so wenig ereignet hat. Ein paar Kompassabweichungen, auch sie nicht dramatisch: sonst wüsste ich nichts, was Erwähnung verdiente.

Mit dem südlichen Pazifik bin ich nun fertig. Niemand wird sagen dürfen, ich hätte ihn in bedeutenden Teilen unerforscht gelassen, und ich schmeichle mir, dass dafür bei einer einzigen Reise nicht mehr getan werden konnte, als tatsächlich getan worden ist.

Montag, 19. Dezember

Wir segelten an der Küste entlang nach Ostsüdosten und kamen an einem Kap vorbei, das ich Desolation [Trostlosigkeit] nannte, weil hier das ödeste und unfruchtbarste Land begann, das ich jemals gesehen habe. Wohin man auch blickte: schroffe Felsen, zu Gebirgen emporsteigend, Furcht erregende Abstürze, nirgends auch nur die geringste Spur von Vegetation.

Als eine Brise aufsprang, nutzte ich die Gelegenheit, um auf das Land zuzuhalten. Ich wollte in eine der zahlreichen Buchten einlaufen, die es hier gibt, in der Hoffnung, einen sicheren Ankerplatz zu finden und dort unsere Wasser- und Holzvorräte zu ergänzen, die beide schon knapp geworden sind. Zunächst fanden wir beim Loten keinen Grund und hätten des kaum beachtet, wenn nur der Wind uns nicht im Stich gelassen hätte. Aber zur Unzeit trat eine Flaute ein, und wir gerieten in eine ziemlich gefährliche Lage. Selbst unsere Boote hätten beim Schleppen wenig ausrichten können.

Zum Glück dauerte die Windstille nicht sehr lange an. Eine neu aufkommende Brise ließ mir die Wahl, entweder vom Land abzuhalten oder in die Bucht einzufahren. Zum Ersteren riet die Vorsicht, aber der Wunsch, einen Hafen zu erreichen und dieses abweisende Land zu erkunden, gewann die Oberhand.

Die Wagnis ist belohnt geworden. Wir haben einen guten Ankerplatz gefunden, im Schutz der Berge gibt es sogar Bäume, die wir fällen können, und quellklares Wasser rieselt überall zu Tal.

21. Dezember
Seit unserer Ankunft zeigt sich das Wetter keineswegs stürmisch und eisig, sondern so ruhig und angenehm, wie man es hier nach allen Berichten und Erfahrungen kaum erwarten darf. Um so eifriger wird das Auffüllen unserer Vorräte betrieben, und zu unserer Überraschung entdecken wir einen Bestand an wildem Sellerie, der hochwillkommen ist. Auch sonst gibt es viele Pflanzen, auch unbekannte, und unsere Botaniker bekommen zu tun. Mit den Booten unternehmen wir Erkundungsfahrten zu den umliegenden Inseln und in den Kanal hinein, der sich vor uns auftut [später als Beaglekanal benannt nach dem Schiff, mit dem Charles Darwin reiste].

Leider trübt ein Unfall diesen Tag. Der Seesoldat William Wedgeborough ist seit Mitternacht verschwunden, und es bleibt nur der Schluss, dass er – stockbetrunken, wie leider oft in den letzten Monaten – über Bord fiel und im eisigen Wasser den Tod fand. Es war der Mann, der ohne Not einen Eingeborenen erschoss und dessen Bestrafung meine Offiziere mir ausredeten. Ist er womöglich darum dem Alkohol verfallen, weil ich – sozusagen als Strafersatz – ihn zu lange und zu sehr meine Verachtung spüren ließ? Wäre eine harte Auspeitschung besser gewesen, hätte sie für ihn und für mich eine Wendung zum Guten bewirkt? Nein, wahrscheinlich nicht; Wedgeborough ist kein Gibson. Und doch bleiben und bohren die Fragen; sie erweisen sich als hartnäckig und lassen sich nicht abschütteln.

23. Dezember
Wir haben Eingeborene kennen gelernt, und unsere Leute haben sie »die Pesseräs« getauft. Denn als sie in ihren dürftigen Rindenkanus langsam heranruderten, ließen sie als einzigen Laut manchmal ein lang gezogenes, klagendes »Pesseräh!« hören. Nach vielem Zuwinken kamen einige an Bord, aber ihre Züge zeigten nichts als Stumpfheit. Weder Neugier noch Furcht oder Freude ließen sich erkennen. Sie waren klein, hatten große Köpfe, breite Gesichter und sehr platte Nasen. Alles an diesen Menschen sprach von Armseligkeit, ja von tiefstem Elend. Ihr einziges Klei-

dungsstück bestand aus einem abgetragenen Seehundsfell, das mit einer Schnur um den Hals befestigt war. Sonst gingen sie nackend, und man sah, dass sie trotz des guten Wetters vor Kälte zitterten. Wie muss es ihnen erst im antarktischen Winter ergehen! Die Glaskorallen und anderen Kleinigkeiten, die man ihnen anbot, nahmen sie ganz gleichgültig entgegen. Und so langsam und traurig, wie sie gekommen waren, ruderten sie nach einiger Zeit wieder fort. Wer in Europa davon redet, dass die Wilden unter allen Lebensumständen die wahren und glücklichen Menschen seien, sofern sie nur mit der Natur im Einklang leben, unverdorben von aller Zivilisation, der sollte einmal diese feuerländischen »Pesserähs« besuchen.

Sonnabend, 24. Dezember
Wir haben eine Gänseinsel entdeckt. Die Tiere befinden sich gerade in der Mauser, und darum können die meisten nicht fliegen. Insgesamt haben wir 76 erbeutet, sodass am morgigen Weihnachtstag die ganze Mannschaft einen Festbraten genießen kann. Andernfalls hätten wir uns mit dem gepökelten Rind- und Schweinefleisch begnügen müssen, dass jeder bloß noch aus Pflichtbewusstsein hinunterwürgt. Dazu wird die Mannschaft den Rum bekommen, den sie sich wünscht, und wir werden an unserer Tafel den Madeira genießen. Unter allen Vorräten, die wir mitführen, ist der der einzige, der mit der Dauer seiner Lagerung nicht schlechter, sondern immer besser schmeckt. Unser Festtag wird also ebenso fröhlich sein wie der unserer Lieben in England. Oder noch fröhlicher. Denn sie sorgen sich um uns und wissen nicht, wie behütet wir sind. Die rechtzeitige Ankunft in diesem Sund gehört zu den Glücksfällen, die ein Seefahrer braucht, und darum soll er Weihnachtssund heißen.

26. Dezember
Sogar gestern, am Festtag, haben Sam und ich eine »Schulstunde« gehalten und miteinander die Weihnachtsgeschichte gelesen. Am Abend, nach dem Festmahl, verabschiedete ich mich so früh wie möglich. Aber der Kapitän kam mir in den Vorraum nach, gab mir

eine Flasche Madeira und flüsterte: »Mit schönen Grüßen an unseren Sam.« Diese Fürsorge trieb mir beinahe Tränen in die Augen. Ich stammelte, was mir gerade einfiel, weil es schon vom Morgen an sozusagen die Tageslosung war: »Fröhliche Weihnachten, Sir!«

Auch Sam war sehr ergriffen, als ich ihm erzählte, was gerade geschehen war. Aber der Madeira machte uns bald wieder fröhlich. Ich sang sogar ein Weihnachtslied, und Sam summte mit:

»Es ist ein Ros entsprungen
aus einer Wurzel zart,
wie uns die Alten sungen;
von Jesse kam die Art.
Uns ist ein Blümlein bracht
mitten im kalten Winter
wohl zu der halben Nacht.«

Mittwoch, 28. Dezember 1774
Wir lichten die Anker.

29. Dezember
Ohne ernsthafte Schwierigkeiten umrunden wir Kap Horn und gelangen in den Atlantischen Ozean.

Sonnabend, 31. Dezember
Wir steuern auf Staten Island zu. Da wir Seehunde sahen, warfen wir Anker, um auf die Jagd zu gehen und unsere Fleischvorräte zu ergänzen. Wie wir feststellten, handelte es sich um eine den Seehunden nur verwandte Art, die wir Löwen nannten, weil die Männchen so aussahen. Es wimmelte von ihnen, und sie brüllten wie Herden von Kühen und Kälbern. Da sie Menschen nicht kannten, machten wir reiche Beute.

13. Januar 1775
Wir sehen Pinguine und einen Schneesturmvogel: Zeichen für die Nähe von Eis. Die Temperatur fällt sehr stark.

17. Januar:
Wir haben verschiedene Inseln entdeckt und sie im Namen Seiner Majestät mit Flaggenhissen und Salutschüssen in Besitz genommen.

Überall gab es Eismassive, und immerfort brachen Stücke davon los und trieben ins Meer.

22. Januar
Meist haben wir jetzt nebliges Wetter.

30. Januar
Wir passierten den größten Eisberg, den wir auf unserer ganzen Reise gesehen haben.

Montag, 6. Februar
Wir haben eine Gruppen von Felsinseln durchfahren und in Besitz genommen, die ich zu Ehren des Ersten Lords der Admiralität das Sandwich-Land nenne.

Heute fielen solche Schneemassen, dass wir mehrmals wenden mussten, um sie aus den Rahen und Segeln herauszuschütteln, die sonst zu brechen drohten. Die Risiken, die wir bei dieser Fahrt durchs Unbekannte eingehen, sind so groß wie die Strapazen, die wir auf uns nehmen. Dichter Nebel, Schneestürme, strenge Kälte, Eisberge, vielleicht unvermutet auftauchende Felsen: Überall lauern Gefahren. Aber ich bin entschlossen, nicht nach Norden auszuweichen, sondern meinen generell östlichen Kurs durch den ganzen Südatlantik beizubehalten. Nicht die kleinste Zuflucht soll für die Fantasien vom bewohnbaren Südkontinent bleiben!

7. Februar
Ein schlimmer Monat liegt hinter mir. Bald nach unserer Umrundung von Kap Horn wurde ich krank, ohne dass der Schiffsarzt sagen konnte, was mir eigentlich fehlte. Mattigkeit, Appetitlosigkeit, Kopfweh und Schmerzen in allen Gliedern. Dabei bin ich noch magerer geworden, als ich ohnehin schon war. Und zu nichts

habe ich mehr Lust; nur mit Mühe überstehe ich den täglichen Unterricht und bin danach ganz erschöpft.

Beinahe alles ärgert mich. So finde ich das Flaggenhissen und Salutschießen auf eisigen, gottverlassenen Felsinseln höchst albern. Sollte jemals ein anderes Schiff sich in diese Gegend verirren, ein französisches, niederländisches oder spanisches, so wird sich das gleiche Zeremoniell wiederholen – zu niemandes Nutzen. Ich kann mir nicht einmal vorstellen, dass der edle Lebensgenießer, der Earl of Sandwich, sehr erfreut wäre, wenn man ihm statt eines Südseetraums mit lieblichen Frauen lebensfeindliche Einöden widmet.

Die Nächte bringen keine Erholung, sondern nur Alpträume. Zum Beispiel sehe ich meinen Vater, seinen »schwarzen Hund« zur Seite, der sich zu einem riesigen Wolf ausgewachsen hat. Mein Vater sagt: »Der Georg ist durch und durch verdorben, friss ihn!« Und gierig, geifernd, mit aufgerissenem Rachen stürzt sich die Bestie auf mich zu.

Die Diagnose muss wohl lauten, dass ich in Depressionen geraten bin. Aber warum? Weil Cook uns wieder einmal und unabsehbar durch Nebel, Kälte, Stürme, Eiswüsten schleppt? Oder weil eine denkwürdige Reise langsam aber unerbittlich zu Ende geht? Oder handelt es sich um eine widersprüchliche Mischung aus beidem? Ich weiß es nicht, ich finde in allem Loten und Grübeln keinen Grund.

Am schlimmsten ist, dass ich Sam mit meiner Traurigkeit anstecke und mich dafür schuldig fühle. Er pflegt mich mit Hingabe, liest mir jeden Wunsch von den Augen ab. Ich aber lese beständig in seinen Augen, was er in Worte fasst: »George, Teori, was ist? Was fehlt dir?«

»Nichts, nichts, was ich in Worte fassen könnte. Manchmal denke ich, ich sollte mich an die Reling schleppen und über Bord springen.«

Darüber kommen ihm die Tränen, und ich werde noch trauriger.

Übrigens habe ich Cook in all diesen Wochen nicht gesehen. Nie hat er einen Blick in meine Kabine geworfen, und ich verstehe das sogar. Er will von gesunden, kräftigen, optimistischen Menschen umgeben sein, die ihn bestätigen, statt von Elendsgestalten, die ihn belasten.

Montag, 13. März 1775
Ich habe jetzt den ganzen Erdball in hohen Breiten umrundet, und ich darf mir nicht ohne Stolz sagen, dass der Zweck dieser Reise erreicht ist. Soweit es menschenmöglich war, habe ich die südliche Hemisphäre erforscht. Die Legende vom Südkontinent, die die Seemächte durch zwei Jahrhunderte und die Geographen durch alle Zeitalter beschäftigte, ist aus ihrem letzten Schlupfwinkel vertrieben. Darum wäre es grausam, die Mühsale und Entbehrungen, denen meine Mannschaft so lange ausgesetzt war und die sie vorbildlich getragen hat, noch länger auszudehnen.

Ich weiß ohnehin, dass alle sich nach der Ankunft in Kapstadt sehnen, und es ist verständlich genug. Seit langer Zeit leben wir nur noch von salzigen und scheußlich schmeckenden Vorräten, kaum gut genug, um Leib und Seele halbwegs zusammenzuhalten, und ich will den Skorbut nicht herausfordern, von dem wir bisher bis auf geringe Anzeichen verschont geblieben sind. Ich gebe daher bekannt, dass wir auf den Hafen zusteuern.

14. März
Die gestrige gute Nachricht hat wie ein Zaubermittel gewirkt. Meine düsteren Gedanken, alle schwarzen Hunde sind verschwunden, und ich esse wieder mit Heißhunger.

15. März
Unter den Seeleuten gibt es einen Poeten, Tom Perry. Er hat ein umfangreiches Gedicht verfasst, das umgehend in die Kapitänskajüte gelangt ist und dem Autor zu einer Extraportion Rum verhalf. Es trägt den Titel »Die Antarktische Muse« « und mag nicht unbedingt mit einem Sonett von Shakespeare oder, im Deutschen, mit den »Messias«-Gesängen von Klopstock zu vergleichen sein. Aber ganz vortrefflich drückt es aus, was mit mir die Mannschaft der »Resolution« empfindet. Die erste Strophe lautet so:

»Freut euch, ihr Jungen, wir sind noch am Leben,
Das Eis hat – endlich! – uns freigegeben.
Auch aus der Kälte sind wir gottlob heraus,
Wir steuern nach Kapstadt und dann nach Haus.«

16. März
Zum ersten Mal seit Jahren begegnen uns europäische Schiffe. Der Kapitän lässt jetzt, befehlsmäßig, wie er sagt, von der gesamten Mannschaft – nicht von uns, den »gentlemen« – die Notiz- und Tagebücher einsammeln und versiegeln, die während der Weltreise entstanden sind. Sie sollen erst wieder ausgeliefert werden, wenn die Admiralität sie geprüft und – wie ich annehme – zensiert hat. Warum eigentlich? Unsere Reise kann sich sehen lassen, und nach meiner Ansicht gibt es nichts, was verborgen werden müsste. Aber die Wichtigtuerei mit Geheimnissen gehört offenbar zu den Berufskrankheiten der Politiker und Militärs; nichts Unerwünschtes soll nach draußen dringen. Und schon gar nichts, was fremden Mächten womöglich dazu verhelfen könnte, dort ihre Fahne zu hissen, wo nur die britische wehen soll. Ich frage mich: Gehören die Inselwelten, die wir entdeckt oder jedenfalls besucht und vermessen haben, nicht in erster Linie den Menschen, die dort leben – und dann der Menschheit, statt irgendwelchen europäischen Mächten?

Dass wir vom Einsammeln der Papiere verschont bleiben, erkläre ich mir daraus, dass man uns Pflanzensammler für so harmlos hält wie Weidetiere, die bloß Gras fressen. Oder vielleicht sind wir dazu nützlich, der Welt zu zeigen, dass die Entdeckungsfahrten der Königlichen Marine einzig der Vermehrung des Wissens und nicht auch der Vermehrung britischer Macht dienen.

Als ich Sam von meinen Überlegungen erzähle, schüttelt er verständnislos den Kopf: »George, das sind noch immer deine schwarzen Gedanken! Wirf sie fort, sie taugen nichts, sei wieder gesund! In ein paar Tagen erreichen wir Kapstadt, und dann müssen wir uns um die Mädchen kümmern, die es dort gibt.«

18. März
Bei Windstille setze ich ein Boot aus und schicke es zu dem Schiff hinüber, das in unserer Sichtweite ist. Es kommt mit guter und schrecklicher Nachricht zurück. Die »Adventure« ist schon vor einem Jahr in Kapstadt eingetroffen und inzwischen längst wohlbehalten zu Hause. Aber in Neuseeland, im Charlottensund, kehrten zehn Mann, die mit einem Boot eine Erkundungsfahrt unternahmen, nicht mehr wieder. Bei der Nachsuche fand man nur noch die Überreste der Leute, die von den Eingeborenen erschlagen und bei einem Siegesmahl verspeist worden waren. So enthüllt sich der grässliche Kern der Erzählungen, die wir bei unserem letzten Aufenthalt zu hören bekamen.

Irgendetwas ist da verquer gelaufen. Nach meinen Erfahrungen musste man von den Menschen in Neuseeland nie etwas befürchten, wenn man sie gut behandelte und ihren Stolz nicht verletzte. Furneaux, Furneaux! Wahrscheinlich trägt er an dem Unheil keine Schuld – aber es verfolgt ihn, es saugt sich an ihm fest, und zu jedem guten Kapitän gehört eben auch ein Vorrat an Glück.

19. März
Die »True Briton«, aus China mit Kapitän Broadly, kam zu uns heran. Wir erhielten einen Stoß alter Zeitungen, die für uns neu waren, und frischen Tee, beides höchst willkommen. Da Broadly ohne Aufenthalt am Kap direkt nach England segelt, gab ich ihm einen Brief an die Admiralität mit.

20. März
Natürlich bildet unseren Gesprächstoff, was in den Zeitungen steht. In den letzten drei Jahren ging es recht ruhig zu. In Europa herrscht Frieden. Nur in den nordamerikanischen Kolonien Seiner Majestät scheint sich Ärger anzubahnen. In großer Aufmachung ist von der »Boston Tea Party« die Rede, die am 16. Dezember 1773 stattfand: Im Hafen von Boston wurde ein Teefrachter erstürmt und seine Ladung über Bord geworfen. Damit protestierten die Bürger von Neuengland gegen die Zölle, die die britische Regierung neuerdings auf solche Einfuhren erhebt.

»Warum sollen diese Leute in Amerika nicht protestieren? Warum sollen sie sich von einer fernen Regierung in London schikanieren lassen?«, fragt mein Vater.

»Nun ja, Mr. Forster«, wirft Wales sich ihm sogleich entgegen, »Sie als Pole müssen wohl so reden.«

»Das Gebiet, aus dem ich stamme, gehört jetzt zu Preußen und nicht mehr zu Polen! Das stand auch in der Zeitung.«

»George, was meinen Sie?«, möchte Cook wissen.

»Sir, ich denke, dass die Siedler dort drüben ebenso Briten sind wie die Menschen in England und dass sie ebenso stolz auf die ererbte Freiheit sind. Darum haben sie ein Recht darauf, im Parlament vertreten zu sein, wenn sie zahlen sollen. Aber bisher gibt es das nicht. Wahrscheinlich wäre es klug, ein größeres Großbritannien zu schaffen und die amerikanischen Kolonien einzubeziehen.«

»Sieh da, unser künftiger Staatsmann!«, spottet Wales, aber Cook kommt mir zu Hilfe: »Das wäre immerhin zu bedenken. Ein guter Kapitän beugt vor, ehe die Mannschaft meutert.«

Mittwoch, 22. März 1775
Wir laufen in Kapstadt ein. Dabei werden wir diesen Tag gleich noch einmal erleben. Denn weil wir gegen den Lauf der Sonne die Erde umrundeten, treffen wir sozusagen um 24 Stunden zu früh ein. Hier und nach der europäischen Kalenderrechnung schreibt man erst Dienstag, den 21. März. Für einige unserer Leute ist das höchst überraschend. Aber als ich ihnen erkläre, dass ich diesen Extra-Mittwoch eigens zu ihrer Erholung eingeführt habe und dass er dienstfrei sein wird, dafür mit einer Sonderportion Rum versehen, sind sie zufrieden und reden vom »guten alten Cook«.

Abschiede

Mittwoch, 22 März (nach dem hiesigen, jetzt auch für uns wieder gültigen Kalender)
Der Erste, der sich verabschiedet, ist Andreas Sparrman. In der langen Zeit unserer gemeinsamen Reise sind wir zwar keine Freunde, aber gute Bekannte geworden. Immer mit Höflichkeit und Bestimmtheit, oft mit einem undurchdringlichen Lächeln, das er sich wohl bei seinem Aufenthalt in China zugelegt hat, wahrte er Abstand. Eben darum gab er niemals Anlass zum Streit, und sogar mein Vater ist mit ihm ausgekommen. Ohne viele Worte war er zur Stelle, wenn man ihn brauchte. Es wird etwas fehlen, wenn er nicht mehr da ist, und ich werde ihn vermissen.

»Andreas, warum fährst du nicht mit uns nach England?«, frage ich ihn.

Wieder dieses Lächeln: »Das wäre nicht gut. Ich würde dem Ansehen oder Aufsehen nur im Wege sein, das dein Vater sich erhofft.«

»Wird es das überhaupt geben?«

»Ich weiß nicht. Alles in allem bringen wir weniger Neues mit als erwartet. Im Übrigen werden Joseph Banks und mein Landsmann Daniel Solander inzwischen veröffentlicht haben, was sie während der Reise mit der ›Endeavour‹ auf Tahiti oder in Neuseeland entdeckten. So sehr viel bleibt dann nicht mehr.«

»Aber was hält dich noch in Kapstadt?«

»Ich will hier meine Arbeit zu Ende bringen, eine wirklich lückenlose Beschreibung der südafrikanischen Flora und Fauna, die ich nur unterbrochen habe, um euch zu begleiten. Dann begebe ich mich nach Hause und bin der mit Abstand am weitesten gereiste und ein ziemlich bekannter Schwede. Ich werde Professor an der Universität von Uppsala, außerdem in Stockholm Mitglied der Königlichen Akademie der Wissenschaften. Von da an reise ich nur noch zwischen den beiden Orten hin und her, die ungefähr so weit voneinander entfernt liegen wie Oxford und London. Ich schaffe mir ein Haus, Frau und Kinder, einen Bauch und zwei Hunde an und lasse es mir wohl sein bis an das Ende meiner Tage.«

»Wunderbare Aussichten!«

»Ja, nicht wahr?« Und noch einmal das Chinalächeln.

26. März

Offenbar sind wir jetzt berühmt. Die Leute von der »Adventure« waren schon hier und haben, so scheint es, mit unerhörten Begebenheiten und Schauergeschichten den Mund reichlich voll genommen. Also will jeder nur hören, was wir erlebt haben; es muss ja noch viel mehr gewesen sein. Wir geraten in einen Wirbel von Einladungen und Festmahlen, um nicht zu sagen von Gelagen, und ich darf darauf hoffen, bald wieder das Dutzend Pfunde zurückzugewinnen, das ich in den letzten Monaten verlor. Botanische Ausflüge, die wir auch noch unternehmen, dienen eher als Verdauungsspaziergänge. Gottlob führt mein Vater das große Worte (und keines mehr über sinnloses Umherirren in Kälte und Nebel), sodass ich mich aufs Essen und Trinken konzentrieren kann. Vortreffliche Suppen und Salate, Gazellenkeule, Lammrücken, Haifischflossen, Gänse- oder Truthahnbraten, alles mit den würzigsten Kräutersoßen serviert, vom durchweg ausgezeichneten Kapwein gekrönt, dabei von schwerbusigen Gastgeberinnen mütterlich umhegt und zum Nachlegen genötigt, weil ich doch so mager bin: Wir sind im Schlaraffenland vor Anker gegangen.

27. März:
Sam erscheint und trägt ein Kummergesicht zur Schau, wie ich es bei ihm noch niemals gesehen habe. Besorgt frage ich: »Sam, was ist, was fehlt dir?«

»Na was wohl? Es ist zum Auswachsen: Beim letzten Besuch habe ich gleich das richtige Mädchen gefunden, und jetzt sind sie alle verschwunden, ausgerottet, wie die Leute in Sodom, von denen wir gelesen haben, dass der Herr sie vertilgte. Natürlich, es wimmelt von Hafenhuren, in allen Schattierungen von hellweiß bis pechschwarz. Aber erstens bezahlt Sam Gibson nicht für eine Frau; er lässt sich höchstens bezahlen. Zweitens sind die bestimmt alle krank, bei dem Seeverkehr, der hier herrscht. Nein, nichts für uns, George.«

»Es gibt doch bestimmt noch andere Mädchen in Kapstadt.«

»Mag sein. Aber vom Hafenbetrieb abgesehen leben in diesem Kaff lauter ehrbare und entsetzlich fromme Bürgerfamilien. Die Töchter werden ängstlich gehütet bis zur Ehe und zum Kinderkriegen; man hält sie künstlich dumm, und sie verstehen nichts von der Liebe. Finsterste Kultur, himmelweit entfernt von der Zivilisation auf Tahiti oder Ulietea!«

Sam seufzt tief, dann sieht er mich an: »Und du, George? Du siehst so zufrieden aus wie die Katze, die gerade den Vogel gefressen hat.«

»Jedenfalls den Truthahn.« Ich erzählte von den Festgelagen, und Sam seufzt wieder: »Wenigstens etwas, und du kannst es gebrauchen, so klapperdürr, wie du zuletzt gewesen bist.« Zum Abschluss dieser denkwürdigen Unterredung ballt er die Fäuste und droht zur Stadt hinüber: »Wartet nur, ich kriege euch noch, so etwas lässt Cooks Korporal sich nicht bieten. Sonst … George, wie heißt es doch gleich? Sonst wird es regnen Schwefel und Feuer vom Himmel herab.«

30. März
Mein Vater und ich wohnen sehr angenehm in einem Gasthof etwas oberhalb vom Hafen. Heute Abend, als wir von unserem Festmahl zurückkehren, finde ich auf meinem Bett eine Nachricht:

»Mein lieber George! Mach dir keine Sorgen wegen dem Feuer vom Himmel. Ich habe etwas gefunden. Leider nur für mich. Ich hoffe, du bist bitte, bitte nicht traurig. Iss weiter gut, du brauchst es sehr dringend. Dein stets getreuer Sam.« Noch immer ein Schreibfehler, aber nur einer.

20. April
Man hat mir das Buch von John Hawkesworth gegeben, einem angeblich erfahrenen Journalisten, der – mit Unterstützung der Admiralität oder sogar in ihrem Auftrag! – meine Reise mit der »Endeavour« beschreibt. Je genauer ich lese, desto mehr bin ich entsetzt. Der Mann hat offenbar keine Ahnung von der Seefahrt, und von Entdeckungsreisen versteht er erst recht nichts; es geht ihm einzig um Sensationen, um seine Wirkung auf den Leser statt um die Wahrheit. Dauernd lässt er mich in der »Ich«-Form reden und den größten Unsinn verkünden. So etwas darf nie wieder vorkommen! Mit vieler Mühe habe ich mir einen Namen gemacht, dafür all meine Kraft, mein Leben, meine Gesundheit eingesetzt, und ich gebe gerne zu, dass ich ehrgeizig bin. Darum will ich mir mein teuer erworbenes Ansehen nicht durch solche Schmierfinken ruinieren lassen. Das bedeutet, leider: Ich werde meinen nächsten Reisebericht selber schreiben müssen, und wenn es mir noch so schwer fällt, allenfalls mit einem Formulierungsgehilfen. Mit Sam Gibson als Schildwache vor der Tür, damit niemand uns stört, könnte George Forster zu taugen – wenn nur dieser Vater nicht wäre.

25. April
Mit Sparrmans Hilfe hat mein Vater Tiere eingekauft, die er nach England mitnehmen will: einen Springbock, ein Erdhündchen oder Schnarrtier (Suricata suricata), zwei Adler und andere Vögel, darunter eine Taube, von der er behauptet, dass sie eine Muskatnussfresserin von der Insel Tana sei. Mr. Wales allerdings spottet darüber und leider wohl aus guten Gründen: Wie soll überhaupt ein Vogel vom weit entlegenen Tana nach Südafrika gekommen sein – es sei denn mit der »Resolution«?

Cook ist über diese Menagerie durchaus nicht begeistert. Aber mein Vater will die Tiere Seiner Majestät dem König oder Ihrer Majestät der Königin zum Geschenk machen, und dagegen lässt sich wenig sagen.

26. April
Wir gehen wieder an Bord, denn morgen sollen wir in See stechen. Die »Resolution« sieht nach ihrer Überholung fast wie neu aus und ist mit allen Vorräten versehen, die sie für ihren letzten Reiseabschnitt braucht.

Andreas kommt, um uns Lebewohl zu sagen. Der Abschied von meinem Vater fällt eher korrekt als herzlich aus. Cook sagt: »Alles Gute, Mr. Sparrman, Sie waren ein angenehmer Reisebegleiter.« – »Ja«, fügt Mr. Wales hinzu, »mit *Ihnen* ließ es sich aushalten.« Bei mir versteigt sich der kühle Schwede sogar zu einer Umarmung, die mich sehr rührt.

27. April
Wir setzen die Segel. Weil wir so berühmt sind, haben sich viele Menschen zum Abschiedswinken eingefunden, eine Kapelle spielt und Salutschüsse dröhnen.

Am Abend erzählt mir Sam, wie er die passende Braut gefunden hat. Es wird ein langer und in jedem Sinne ausschweifender Bericht. Knapp zusammengefasst sieht er so aus:

»Ich habe mir überlegt: Wo triffst du die ehrbaren Hausfrauen von Kapstadt? Natürlich beim Einkaufen auf dem Wochenmarkt! Und bestimmt finden sich einige, die nicht ganz so ehrbar sind, Ladies zum Beispiel, die ihre Gemahle unter die Erde gebracht und glücklich beerbt haben. Oder Witwen auf Zeit, von Kapitänen, Handelsherren, Spekulanten, die nach Indien oder nach Europa verreisten. Also spazierte ich über diesen Wochenmarkt, in meiner besten Aufmachung: mit den engsten Hosen, die ich habe, und dem kürzesten, bis zum Bauchnabel offenem Hemd … Lach nicht, George, so etwas will genau bedacht sein … Also, irgendwann blitzte ein Augenkontakt, eine Sekunde Lächeln hin und her mit einer durchaus noch appetitlichen Dame. Ich schlenderte näher, ich blieb in der Nähe. Sie besah sich Früchte, ich auch. Beiläufig, im Weggehen, sprach sie mich an: ›Ich kenne Sie nicht. Sind Sie neu hier?‹ – ›Milady, ich bin der Leibwächter von Kapitän Cook.‹ Da war das Eis fast schon gebrochen – und erst recht, als ich anbot, ihre Einkäufe zu tragen. ›Dann kann es ja noch etwas mehr sein – wenn Sie die Sachen bis zu meinem Haus schleppen.‹ – ›Mit Vergnügen, Milady.‹«

»Ach, Sam, wie ich dich beneide! Ich meine nicht um diese Dame, sondern um deine Freiheit. So etwas würde ich nie fertigbringen.«

»Leider, George. Wenn man dich nicht an die Hand nimmt, stolperst du immerfort und kommst nie ans Ziel. Bestimmt haben dir bei deinen vielen Einladungen einige Haustöchter schöne Augen gemacht. Du siehst es bloß nicht. Oder wenn doch, verfängst du dich in Gedanken und Bedenken, statt Verabredungen zu treffen. Was soll ohne Samuel Gibson nur aus dir werden?

Aber was ich sagen wollte: Ich habe eine der wohlhabendsten Witwen von Kapstadt erwischt. Etwas spätreif vielleicht schon, doch das sind die heißesten. Ich habe sie verwöhnt, wie sie noch niemals verwöhnt worden ist, und ich wurde verwöhnt. Stell dir das vor! Abgesehen vom täglichen Wachdienst auf der ›Resolution‹ vier Wochen in einem herrlichen Haus mit wunderbarem Ausblick auf die Tafelbucht und die ein- und auslaufenden Spielzeugschiffe. Mit einer ebenso wunderbaren Köchin; ich habe bestimmt nicht schlechter gegessen als du. Dazu noch mit einer dunkelhäutigen Dienerin. Also die war vielleicht knusprig – und hat mir jeden Wunsch von den Augen abgelesen. Als dann Milady für drei Tage fort musste, um auf ihrer glücklich ererbten Plantage nach dem Rechten zu sehen …«

»Hör auf, Sam, hör auf!«

»Entschuldige, George. Ich wollte dich nicht neidisch machen. Oft oder jedenfalls manchmal habe ich gedacht: Wenn du nur dabei sein könntest!«

»Nein, ich bin nicht neidisch. Ich staune nur über meinen Freund, der so abgründig verrucht ist – und wie er mich genau damit zur Bewunderung hinreißt.«

»Nur eins noch, schau her: diese goldene Taschenuhr. Milady hat sie mir zum Abschied geschenkt und gesagt: ›Mein Verstorbener – Gott hab' ihn selig – hat sich nie von ihr getrennt, ein Meisterwerk aus Deutschland, aus Nürnberg. Mein süßer Sam, du hast sie dir verdient.‹ Und nun soll ich sie zur Erinnerung tragen.«

»Wirst du das tun?«

»Nein, bestimmt nicht. Die passt zu einem reichen Herrn mit dickem Bauch, aber nicht zum Korporal Gibson. Ich denke, dass ich sie in London teuer verkaufen kann.«

Sam lässt das Schlagwerk erklingen, und ich erkenne hinter der Melodie den deutschen Text:

»Üb immer Treu' und Redlichkeit
Bis an dein kühles Grab
und weiche keinen Finger breit
Von Gottes Wegen ab!«

10. Mai 1775
Mein Vater arbeitet an der Aufstellung seiner Forschungsergebnisse und an einem vielseitigen lateinischen Brief an den großen Linnaeus. Darin verzeichnet er 270 neu entdeckte Pflanzenarten und 241 Tiere, verteilt auf 13 Säuger, 139 Vögel, 72 Fische, acht Amphibien und neun Schnecken. Und bereits im Herbst soll ein Bericht über 80 unbekannte Pflanzen erscheinen, mit meinen Zeichnungen versehen. Übrigens seit langem schon und jetzt erst recht sieht seine Kabine wie ein überfülltes Warenlager aus, in dem man sich kaum noch bewegen kann. Auch Cook scheint an seinem Abschlussbericht zu arbeiten; man sieht ihn nur selten. Und weil wir uns jetzt auf bekannten Seefahrtswegen befinden, überlässt er die Führung der »Resolution« fast völlig seinen Wachoffizieren.

15. Mai
Wir sind gut vorangekommen, und wenn es halbwegs so weiter geht, könnten wir ohne Aufenthalt bis nach England segeln, ähnlich wie wir es von Neuseeland bis Feuerland gemacht haben.

Aber St. Helena ist schon in Sicht, und wir legen noch einmal eine Zwischenstation ein. »Frischwasser und frisches Obst, George«, sagt der Kapitän, als ich ihn nach dem Warum frage. »Davon kann man gar nicht genug haben. Man weiß ja nie, was uns noch bevorsteht, vielleicht Tage oder Wochen der Flaute.«

17. Mai
Wir erleben einen sehr angenehmen Aufenthalt – und nicht nur, weil wir unerwartet Farbe in das Inseleinerlei bringen. John Skottowe, der Gouverneur, bewirtet uns mit herzlicher Gastfreundschaft. Es stellt sich heraus, dass er der Sohn von Thomas Skottowe ist, meinem ersten Gönner, der mir einst in Great Ayton den Schulbesuch ermöglichte. So ergeben sich beinahe familiäre Verbindungen und viele gemeinsame Erinnerungen an das gute alte Yorkshire.

Leider hat der elende Hawkesworth seinen Weg sogar bis nach St. Helena gefunden. Grausame Behandlung der Sklaven? Keine Fahrzeuge mit Rädern? Demonstrativ versammelt sich eine ganze Kolonne davon vor dem Haus, in dem ich untergebracht bin, und es kostet mich einige Mühe, um zu klären, dass ich gar nicht geschrieben oder gesagt habe, was dieser Schmierenschreiber mir in den Mund legt.

18. Mai
Weil mein Vater erkältet war (oder einen Vorwand suchte, um bei seinen Schularbeiten zu bleiben), unternahmen Sam und ich einen langen und schönen Ausflug. Zwar wurden wir von einem heftigen Regenguss tüchtig durchnässt, aber von der Sonne im Nu wieder getrocknet. Unterwegs fragte ich jeden Sklaven, den wir trafen, wie er von seinem Herrn behandelt werde. Denn ich wollte herausfinden, ob die gedruckten Nachrichten von einer grausamen Behandlung zutreffen. Doch das scheint eine haltlose Behauptung zu sein; niemand beklagte sich, und oft wurden die Herren sogar gelobt. Freilich: Dass selbst die mildeste Fremdherrschaft immer noch Sklaverei ist, steht auf einem anderen Blatt.

Bei unserer Rückkehr sahen wir Rebhühner, Fasanen, Perlhühner und Kaninchen. Der jetzige Gouverneur hat sie eingeführt, und sie sind ein Zeichen dafür, wie viel sich mit geringen Mitteln erreichen lässt. Bisher wird das Schießen von Fasanen mit einer Geldstrafe von fünf Pfund belegt, aber bei rascher Vermehrung kann das Verbot wohl bald aufgehoben werden.

21. Mai
Wir verlassen St. Helena, doch es heißt, dass wir bald wieder, in Ascension, Station machen werden. Jetzt geht es angeblich darum, Schildkröten zu sammeln.

3. Juni
Zum Teufel, was ist eigentlich los? Wir haben nur wenige Schildkröten gefunden, und nun steuern wir keineswegs nach Norden, wie wir sollten, sondern nach Westen, quer über den Atlantik auf Südamerika zu. Diesmal heißt es, dass wir die Lage einer portugiesischen Festungsinsel vor der brasilianischen Küste, Fernando de Noronha, im Vorbeifahren vermessen wollen.

Was soll das? Steht etwa ein Krieg mit Portugal bevor? Hat Cook darüber in Kapstadt oder in St. Helena eine Geheimbotschaft erhalten? Unsinn, die letzten Nachrichten bestätigten, was wir schon in den älteren Zeitungen gelesen haben: Es entwickelt sich ein Konflikt mit den britischen Kolonien in Nordamerika, und da wird man sich hüten, anderswo einen Krieg anzufangen. Im Übrigen könnte jedes gewöhnliche Kriegsschiff Seiner Majestät, mit einem Astronomen und einer »Miss Kendall« gerüstet, bei einer Routinefahrt in den Südatlanik die Vermessung vornehmen. Womöglich ist das längst geschehen, und wir wissen es nur nicht, weil wir so lange fort waren.

5. Juni
Die Leute schütteln die Köpfe, tuscheln und verstehen mich nicht. Aber alles, was zur Verbesserung der Geographie und der Navigation beiträgt, ist es wert, dass man dafür einen Umweg von zweitausend Meilen und vielleicht zwei Wochen in Kauf nimmt.

Nicht sehr oft gibt es solche Gelegenheiten, und wenn es sich bieten, dann werden sie viel zu selten genutzt.

9. Juni
Heute haben wir dieses gottverlassene Fernando de Noronha passiert. Aber die Sache lässt mir keine Ruhe – obwohl ich fast sicher bin, dass künftige Historiker unserer Reise oder Biographen von James Cook sie kaum oder gar nicht beachten werden, weil sie so unscheinbar aussieht. Könnte es nicht sein, dass sie einen Schlüssel zum Verständnis des Kapitäns bietet?

Schon seit unserer Abreise aus Kapstadt habe ich den Eindruck, dass Cook jede Gelegenheit, jeden Vorwand nutzt – sei es bewusst oder unbewusst –, um die Ankunft in England hinauszuzögern. Die Übernahme von Frischwasser und Obst in St. Helena hätte sich in viel kürzerer Zeit erledigen lassen. Der Aufenthalt in Ascension war vollkommen überflüssig – und dafür nahmen wir sogar die Trennung von dem Ostindienfahrer »Dutton« in Kauf, der uns seit Kapstadt begleitete. Und nun diese Vermessung ... Es ist die Häufung von Kleinigkeiten, die mich stutzig und neugierig macht.

Warum dieses Verzögern und Hakenschlagen? Schon seit unserem Empfang in Kapstadt kann kein Zweifel sein: Zu Hause warten der Ruhm und die Ehrungen auf Cook – und mein Vater wird schwerlich die Rolle von Banks ausfüllen, um sie ihm streitig zu machen. Jeder, der ein Begleiter war, mag allenfalls hoffen, dass ein paar Krümel des Ruhms auch auf ihn abfallen. Kein siegreicher Feldherr, den die Geschichte kennt, und kein Märchenheld hätte in solch einer Lage gezögert, schleunigst nach Hause zu eilen, um die Ehrungen zu genießen und die Prinzessin in die Arme zu schließen, die ihn sehnsüchtig erwartet.

Für Cooks Verhalten fallen mir nur zwei Erklärungen ein; vielleicht ergänzen sie sich. Erstens: Mit unserer Ankunft in England kommt dem Kapitän die Schicksalsrolle abhanden, die ihm im Laufe vieler Jahre – die Reise mit der »Endeavour« und vielleicht schon, vorbereitend, die Aufenthalte in den kanadischen Gewässern eingerechnet – nicht zur zweiten, sondern zur ersten Natur geworden ist. Er wird nicht mehr der Entdecker und Vermesser, der von Gefahr zu Gefahr angespannte Befehlshaber sein; vor allem nicht mehr der allmächtige Herr seines Schiffs und seiner Besatzung. Vor diesem Verlust des Gewohnten, um nicht zu sagen seiner Existenz, fürchtet er sich; vielleicht (oder wahrscheinlich) wird er nie mehr eine große Reise unternehmen.

Zweitens: Cook muss sich in eine *neue* Rolle hineinfinden, die ihm vollkommen fremd oder nie richtig vertraut geworden ist: die Rolle als Ehemann und Vater von Kindern, die er nicht kennt. Womöglich fürchtet er sich auch davor. Er ist ein Meister im Umgang mit seinen Offizieren und der Besatzung, und er mag sogar etwas wie väterliche Gefühle für Samuel Gibson oder andere entwickelt haben. Doch dabei bleibt er stets auf gesichertem Boden; vom Persönlichen und Privaten kann er sich jederzeit in die Autorität des Vorgesetzten zurückziehen – und tut das auch. Aber Frau und Familie verbieten den Rückzug; er wird der neue Rolle sozusagen auf Gedeih und Verderb ausgeliefert sein und fühlt sich in ihr so hilflos wie die Fliege im Spinnennetz. Vielleicht wird es ja einmal anders, wenn seine Kinder erwachsen sind und seine Frau keine Ansprüche mehr stellt. Aber das liegt noch weit entfernt in der Zukunft, und bis dahin führt die Lebensreise durch schwierige Gewässer mit Riffen und Eiswüsten.

10. Juli

Der Steward klopft an: »Sir, der Kapitän lässt fragen, ob Sie etwas Zeit für ihn haben und ihn in seiner Kabine besuchen wollen.«

»Ja, selbstverständlich.«

Zum ersten Mal, nicht ohne Herzklopfen, betrete ich das Heiligtum und schaue mich um: kein Vergleich mit unseren armseligen Kammern. Cooks Arbeitszimmer, getrennt vom Schlaf- und vom Vorratsraum, wirkt gediegen von der Täfelung über die Messingbeschläge bis zum großen Schreibtisch und den bequemen Stühlen.

»Danke, George, dass sie gekommen sind. Setzen Sie sich. Mögen Sie einen Sherry?« Die Gesprächseröffnung verzögert sich; umständlich und beinahe verlegen räumt Cook erst einmal Papiere beiseite. Schließlich hebt er den Kopf: »George, unsere Reise geht zu Ende, und wenn es Ihnen nichts ausmacht, möchte ich Sie nach Ihren Eindrücken fragen.«

»Sir, mein Vater ...«

Eine ungeduldige Handbewegung: »Lassen wir diesmal ihren Vater beiseite.«

»Es war eine Reise, wie es sie noch nie gegeben hat. Sie wird in die Geschichte eingehen.«

Wieder diese Handbewegung: »So ungefähr wird es auch in den Zeitungen stehen. Ich meine Ihre eigenen Eindrücke, das ganz Persönliche.«

»Sir, da gab es so vieles, ich weiß gar nicht, womit ich anfangen soll.«

»Am besten mit dem Wichtigsten.«

»Das war die Freundschaft mit Sam – mit Korporal Gibson. Ich verdanke ihm so viel, eigentlich alles. Er hat mir geholfen, meinen Traum vom Glück zu finden ...«

Ein ganz kurzes Lächeln huscht über Cooks Gesicht: »Ja, unsere Träume ...« Und gleich wieder der Ernst: »Was bedeuten sie schon?«

Ich nehme all meinen Mut zusammen: »Sam hat mir geholfen, zum Mann zu werden und mein Glück bei den Frauen zu finden.«

»Gut, gut. Aber muss man dafür um die Welt fahren? Unsere Aufenthalte zum Beispiel in Tahiti oder Huahine waren sehr kurz, an der ganzen Reise gemessen. Von Mann zu Mann, George: Hat Sam Sie in irgendeiner Weise benutzt?«

»Nein Sir, ich würde es anders ausdrücken. Nicht er hat mich benutzt oder ich ihn, sondern in all den Monaten der Langeweile oder des Schreckens im Nebel, in der Kälte, im Eis haben wir unsere Freundschaft zur Festung gemacht: gegen die Kälte von innen, das Eis in den Herzen. Gegen die Einsamkeit.«

Cook sieht mich lange und eindringlich an: »Eis in den Herzen, Einsamkeit? George, das klingt seltsam. Wo doch so viele Leute hier so eng zusammen sind?«

»Vielleicht gerade darum. Sir, Sie haben mich nach meinen Eindrücken gefragt. Einsamkeit gehört zu den wichtigsten – und zu denen, die ich am wenigsten erwartet habe. Alle sind einsam, viele verbergen es nur, wie zum Beispiel Mr. Walers hinter seinem Spott. Oder mein Vater hinter schlechter Laune und Grobheit. Oder die Offiziere, die Mannschaft hinter ihrem Dienst. Oder sie überdecken die Einsamkeit mit Trinken. Sir, Sie haben den Skorbut besiegt, und das wird für immer zu Ihrem Ruhm gehören. Aber es gibt diese andere und schlimmere, wahrscheinlich unbesiegbare Krankheit. Und plagt sie denn nicht auch den Kapitän, ihn vielleicht am allerschlimmsten, weil er zu allen Abstand halten muss? Ich bitte um Verzeihung, Sir, aber wir waren bei den Herzensdingen und da läuft mir der Mund über, wie er nicht sollte.«

»Schon gut, George.« Eine Pause entsteht; Cook schaut aus dem Fenster.

Wieder eine Pause. Dann weist der Kapitän auf die Karte, die vor ihm liegt: »Ich habe die Meere vermessen, und ich bin stolz darauf. Womöglich müsste man noch andere Karten entwerfen, mit allen Inseln, Strömungen, Untiefen, Korallenlabyrinthen und Eisberggefahren – Seekarten des Herzens. Aber wer soll sie vermessen? Die sind viel komplizierter, und kaum ein Stern, kein Kompass oder Chronometer zeigt uns den Weg … Noch einen Sherry?«

Cook verabschiedet mich mit den Worten: »George, ich wünsche Ihnen alles Gute. Und ich danke Ihnen sehr.«

Fortsetzung, 11. Juli

Seekarten des Herzens. Das Gespräch mit Cook geht mir nicht aus dem Kopf. Was für verschiedene Karten müsste man zeichnen! Die von Sam zum Beispiel fasziniert mich, weil sie so einfach ist. Da gibt es eine langgezogene Inselkette – Frauen –, ein Südseeatoll – den Freund – und das Festland, den Kontinent Cook. Und eigentlich nichts außerdem.

Aber Cook selbst? An ihm ist nichts einfach und übersichtlich: ein Ozean, um im Bild zu bleiben, der erst noch entdeckt und vermessen werden will. Drei Jahre habe ich unseren Kapitän aus der Nähe beobachtet, und er ist mir immer rätselhafter geworden. Ich habe ihn gefürchtet, verflucht, bewundert, verehrt. Gerade habe ich noch über seine heimlichen Ängste spekuliert, und nun diese Aussprache zum Abschied: so freundlich, so ruhig, so souverän. Nein, ich finde mich mit diesem Mann noch längst nicht zurecht. Ich versuche, seine Herzenskarte zu zeichnen, zerreiße sie, weil sie nichts taugt, beginne eine neue und werfe sie wieder weg. Wahrscheinlich wird es mir nie gelingen, die Längen- und Breitengrade so zuverlässig zu bestimmen, wie Cook es mit Recht verlangt.

Werden künftige Generationen zu Klarheit finden? Vielleicht, aber nur, falls sie sich auf ein Bild einigen, das dann so falsch ist wie alle Heldengemälde.

11. Juli
Jedes »Zu spät« ist ärgerlich. Warum habe ich Sparrman nicht befragt, bevor er sich verabschiedete? In seiner Zurückhaltung war er bestimmt ein guter Beobachter. Jetzt ist die Auswahl nicht mehr groß, und von Mr. Wales oder dem Vater Forster verspreche ich mir wenig. Der eine wird sich hinter seinem Spott und der andere hinter seiner Steifheit verstecken.

Heute habe ich William Hodges zu mir gebeten, aber er starb fast vor Verlegenheit und brachte kaum einen zusammenhängenden Satz heraus. Als ich das Stichwort »Einsamkeit« erwähnte, verstummte er völlig und geriet fast in Tränen – sprechend genug.

Bleibt noch Gibson …

17. Juli
»Setz dich, Sam. In ein paar Tagen geht unsere Reise zu Ende …«

»Ja, leider, Sir.«

»Wieso leider? Ich denke, dass alle sich freuen, wieder nach Hause zu kommen?«

»Verzeihung, Sir, wenn Sie mir etwas zu sagen erlauben …«

»Nur zu, Sam, dazu bist du hier. Bitte nimm kein Blatt vor den Mund.«

»Jawohl, Sir. Also: Sie und ich, wir beide, wir sind nicht ›alle‹. Wir unterscheiden uns von den Anderen. Für uns war es die schönste Weltreise, die es jemals gegeben hat. Die erste mit der

›Endeavour‹ war wichtig, aber nur als Vorbereitung. Diese war die Erfüllung, fast wie ein Traum, der niemals mehr aufhören sollte.«

»Und in all den Monaten in der Kälte hast du dich niemals einsam gefühlt?«

»Nein, Sir, niemals. Oder wenn doch, dann bloß ein bisschen, nur am Anfang. Ich hatte doch Sie. Und dann gab es auch noch George. Wir haben viel voneinander gelernt.«

»Sam, du weißt, dass eure Wege sich jetzt trennen.«

»Ja, Sir. Es wird uns sicherlich nicht leicht fallen. Aber was wirklich zählt, ist doch nur, dass ich bei Ihnen bleiben darf. Nicht wahr, Sir, das wird doch möglich sein?«

»Bestimmt, Sam. Wie sollte ich ohne dich denn das Alleinsein ertragen? Du bist für mich wie ein Sohn, und nicht nur beim König von Huahine, sondern für immer ... Also, nun heule nicht gleich wieder! Hier, nimm mein Taschentuch. Und schaff dir für die Zukunft gefälligst ein eigenes an.«

20. Juli
Ich möchte »Sir Richard« die geliehene Bibel zurückgeben und entschuldige mich für die vielen Anstreichungen, die darin entstanden sind.

»Das macht nichts«, heißt die Antwort, »da solltest du erst einmal meine eigene sehen.« Er lächelt unverhofft: »Mit Unterstreichungen kann man sogar ein Tagebuch führen, das keiner kontrolliert und beschlagnahmt ... Hat die Arbeit denn geholfen?«

»Ja Sir, sehr sogar.»

»Dann behalte die Bibel und schenke sie deinem Freund. Vielleicht hilft das Buch ihm, wie der Apostel Petrus sagt, ›dass er hinfort die noch übrige Zeit im Fleisch nicht des Menschen Lüsten, sondern dem Willen Gottes lebe‹. Allerdings steht auch geschrieben: ›Samuel kannte den Herrn noch nicht, und das Wort des Herrn war ihm noch nicht offenbart.‹ Dein Samuel kennt vorläufig nur seinen Abgott Cook, und der wird für ihn das Verhängnis sein. Nun, wir wollen es abwarten und das Beste hoffen. Mach es gut, junger Mann.«

»Danke, Sir, vielen Dank.«

Noch ein Lächeln: »Und gib Acht auf mein Schnitzwerk!«

»Ja, Mr. Rollet.«

21. Juli
Ich überreiche Sam unser Lehrbuch und ermahne ihn: »Du musst dich immer weiter im Lesen und Schreiben üben, wenn nicht alles umsonst gewesen sein soll.«

»Ganz bestimmt, George, ich verspreche es. Aber jetzt musst du mir noch etwas hineinschreiben.«

»Ja, aber was?«

»Das Einfachste ist am besten.«

Also schreibe ich: »Für Sam in Liebe von seinem Freund George.«

29. Juli
Heute, so heißt es, soll England in Sicht kommen. Die Unruhe des Abschieds, des Aufräumens und Verpackens hat längst begonnen. Am meisten fürchte ich mich vor den Verlust des einzigen Freundes, den ich je hatte. Wie hätte ich diese Reise nur ohne ihn überstanden? So waren es wunderbare drei Jahre. Werde ich je wieder einen solchen Freund finden? Die Zukunft – und die erneut drohende Einsamkeit – ängstigen mich.

Sonnabend, 29. Juli 1775
Nach drei Jahren und 18 Tagen geht eine große Reise zu Ende. Ihren Ertrag für die Kenntnis unserer Welt mögen andere beurteilen. Ich möchte jetzt nur zwei Dinge festhalten:

Erstens hat der Chronometer von Larcum Kendall sich als ein Wunderwerk der Präzision erwiesen. Und wo es erst einen gibt, wird es auch möglich sein, viele zu bauen. Künftige Kapitäne werden zuverlässig ihr Ziel finden. Ein neues Zeitalter der Seefahrt ist damit eröffnet.

Zweitens habe ich bei dieser langen Reise unter besonders schwierigen Umständen nur vier Mann verloren, drei durch Unfall und einen durch Krankheit, aber keinen durch Skorbut. Auch diese Tatsache eröffnet ein neues Zeitalter der Seefahrt.

Sonntag, 30 Juli 1775

Am Morgen geht die »Resolution« auf der Reede von Spithead vor Anker, und der Rest des Tages versinkt in Geschäftigkeit. Alle haben es eilig oder sind verlegen: »Leben Sie wohl, leben Sie wohl«. Ein paar rasche Händedrücke, kaum eine Umarmung. Am Nachmittag geht James Cook von Bord – wiederum eilig, denn die Extrapost der Admiralität wartet bereits –, gefolgt von Mr. William Wales, der »Miss Kendall« in den Armen hält, und von Korporal Samuel Gibson, der sich noch einmal umschaut. Er trägt die Schatztruhe der Reise –, nein, nicht mit Träumen und Erinnerungen, sondern mit Seekarten und Logbüchern gefüllt.

Ich möchte winken und rufen, aber meine Hand schein gelähmt zu sein. Und eine andere, fremde, viel stärkere, schnürt mir die Kehle zu.

James Cook und Georg Forster nach 1775

Zurück in London

Im Sommer des Jahres 1775 lag politische Spannung, eine Ahnung von drohendem Unheil über Großbritannien: Der Abfall der amerikanischen Kolonien warf seinen Schatten voraus. Seit dem Sieg über die Franzosen in Kanada und dem Ende des Siebenjährigen Krieges 1763, mussten die englischen Siedler jenseits des Atlantiks einerseits keine fremde Macht mehr fürchten; andererseits versuchte die Regierung in London, ihnen einen Teil der Kriegskosten aufzuerlegen, ohne dafür eine Mitsprache zu gewähren. Schon war es zu Unruhen und Steuerverweigerungen, zu ersten Kämpfen gekommen. Schon war Blut geflossen. Die Regierung entsandte Truppen, immer mehr Truppen, und bemühte sich um Söldner aus Deutschland.

Das harte Vorgehen war keineswegs unumstritten; im Unterhaus kämpfte eine liberale Opposition gegen den beginnenden Krieg. Am 22. März 1775 hielt der große Parlamentarier Edmund Burke eine flammende Rede, die mit glühender Rhetorik zum Kern der Auseinandersetzung vorstieß. Es gehe, sagte Burke einleitend, um Frieden – nicht um den Frieden durch Krieg oder durch endlose feindselige Verhandlungen, sondern schlicht um Frieden. Fundament des Friedens aber könne nur die Freiheit sein, denn sie allein bilde das einigende Band des Empire. Burke rief der Regierung zu:

»Solange ihr klug genug seid, die souveräne Macht dieses Landes als ein Heiligtum der Freiheit zu bewahren, als einen Tempel, der unserem gemeinsamen Glauben geweiht ist, solange werden die auserwählten Söhne Englands, wo immer sie die Freiheit verehren, sich euch zuwenden. Je stärker sie sich vermehren, desto zahlreicher werden eure Freunde sein; je inniger sie die Freiheit lieben, desto bereitwilliger werden sie euch Gehorsam leisten. Sklaverei können sie überall haben. Das ist ein Unkraut, das in jedem Boden gedeiht. Sklaverei können sie von Spanien haben, und sie können sie von Preußen haben. Aber solange ihr nicht jedes Gefühl für eure wahren Interessen und eure natürliche Würde völlig verliert, können sie Freiheit bei niemandem als bei euch finden. Freiheit ist die unschätzbare Ware, die euer Monopol bildet ... Wenn ihr also den Kolonien ihren Anteil an der Freiheit verweigert, dann brecht ihr das eine und einzige Band, das den Zusammenhalt des Empire begründet.[1]

Von solch unerbetenen Ratschlägen wollten indessen weder die Regierung noch der König etwas wissen. Und je lauter die Opposition sich gebärdete, desto straffer versuchten sie, die Zügel anzuziehen.[2]

In dieser Situation kam die Rückkehr der »Resolution« genau zum richtigen Zeitpunkt. England konnte überparteilich seinen Helden feiern, der die Vorstellungen von der Welt veränderte und das Zeitalter ruhmreich abschloss, das im 15. Jahrhundert mit Heinrich dem Seefahrer begann. (Das 19. Jahrhundert gehörte dann Männern wie Humboldt, Livingstone und Stanley, den innerkontinentalen Entdeckern.) Zugleich aber eröffnete James Cook mit seinem Sieg über den Skorbut und mit der Präzision seiner Vermessungen ein neues Zeitalter des Seeverkehrs; man ahnte, man erkannte, dass er mit dieser doppelten Leistung in den Rang des größten Seefahrers aller Zeit aufstieg.

Die Rückkehr der »Adventure« ein Jahr zuvor, am 12. Juli 1774, hatte mit Berichten von schrecklichen Entbehrungen und grässlichen Kannibalen den Erwartungen bereits vorgearbeitet. Dazu noch hatte Tobias Furneaux Omai mitgebracht, einen leibhaftigen Südseemenschen, der zur Sensation der Londoner Gesellschaft wurde. Er mochte kein heller Kopf wie der leider vorzeitig verstorbene Tupaia sein, doch bestach er durch sein liebenswürdiges

Auftreten und seinen tolpatschigen Charme. Als der König ihn empfing, begrüßte er Seine Majestät mit den Worten: »How do, King Tosh?« (Tosh, wie Teori, für Georg.) Zu denen, die Omai unter ihre Fittiche nahmen, gehörte neben dem Earl of Sandwich natürlich Sir Joseph Banks. Mit seiner Hilfe fand sich der junge Mann nach anfänglichen Schwierigkeiten bald in der Weltstadt London und in den gehobenen Kreisen zurecht, entwickelte eine Vorliebe für Opernbesuche und fürs Schlittschuhlaufen, allerdings nicht fürs Reiten, wurde von bekannten Malern porträtiert und entzückte als ein Musterexemplar des »edlen Wilden« Herzoginnen und andere Ladies. »Er hat wunderbare Manieren und beschämt unsere Erziehung«, notierte Miss Burney. »Er ist so höflich, so aufmerksam und dabei so ungezwungen; man möchte denken, dass er geradewegs aus einem fremden Königshaus stammt.«[3] Freilich: Sensationen nutzen sich ab; im Jahr 1775 begann man bereits darüber nachzudenken, wie man diesen Omai mit Anstand wieder loswerden und nach Hause schicken könnte.

Die Wissbegier, mit der Cook erwartet wurde, spiegelt sich in einer Notiz von Daniel Solander an Joseph Banks vom 31. Juli 1775: »Heute Mittag ist Kapitän Cook in der Admiralität angekommen. Ich hatte noch keine Gelegenheit, ihn zu sprechen … Aber ich hoffe, bald mehr sagen zu können.«[4] Banks befand sich mit Sandwich gerade auf einer Segeltour, und der Erste Lord kehrte auf die Neuigkeit hin schleunigst nach London zurück.

Da allerdings die Admiralität und Cook selbst sich als wortkarg erwiesen, erfand die Presse publikumswirksam, was sie nicht wusste. So hieß es in der »Morning Post« vom 11. August: »Wie wir aus zuverlässiger Quelle erfahren, hat Kapitän Cook, der kürzlich mit Seiner Majestät Schiff ›Endeavour‹ (!) aus der Südsee heimkam, im Pazifischen Ozean zwischen Juan Fernandez und China eine große und gut bewaldete Insel entdeckt. Diese Insel, so heißt es, wird von einer Menschenrasse bewohnt, die einzigartig in ihrer Lebensweise ist und höchst werkwürdig aussieht.«

Zu den »zuverlässigen Quellen« zählten wahrscheinlich Matrosen, die sich ein Vergnügen daraus machten, für gutes Geld vor Journalisten ihr Seemannsgarn zu spinnen; womöglich waren sogar Leute darunter, die nur behaupteten, mit dem berühmten Kapitän unterwegs gewesen zu sein. Einer, der wirklich etwas zu erzählen hatte, war der Maat John Marra, der auf Tahiti zu desertieren versucht hatte. Als vor Kapstadt alle Aufzeichnungen beschlagnahmt wurden, gelang es ihm, sein Tagebuch zu verstecken und es bis nach England durchzuschmuggeln. Daraus entstand die erste Veröffentlichung, die erschien. Es handelte sich um eine kleine, literarisch kaum anspruchsvolle Schrift mit höchst umständlichem Titel. Dennoch verbuchte sie einen bemerkenswerten Erfolg. In Dublin erschein ein Raubdruck, und es gab eine französische und eine deutsche Übersetzung.[5] Dieser Erfolg zeigt, wie groß das Bedürfnis nach Informationen nicht nur in England, sondern in ganz Europa war.

Seine Majestät der König empfing Cook bereits am 9. August und überreichte ihm, der bisher nur Commander gewesen war, feierlich seine Ernennungsurkunde zum Kapitän.[6] Andere Ehrungen folgten, so die Mitgliedschaft des Autodikakten in der gelehrten Royal Society. Praktisch am wichtigsten war die Ernennung zum Kapitän beim Marinehospital von Greenwich. Das war ein Ehrenamt mit wenig Pflichten, ein Versorgungsposten, lebenslang verbunden mit dem Gehalt von 230 Pfund pro Jahr, plus freier Wohnung mit Licht und Heizung, dazu noch mit einem täglichen Taschengeld von einem Schilling und zwei Groschen. Um seine Zukunft und seine Alterssicherung musste sich Cook also keine Sorgen mehr machen. Er selbst hatte sich übrigens um diese Ernennung beworben – und reagierte höchst zwiespältig, als sie ausgesprochen wurde. Das bezeugt ein Brief an seinen alten Freund John Walker in Whitby, in dem es hieß:

»Ich darf Ihnen mitteilen, dass die ›Resolution‹ sich über jedes Erwarten bewährt hat. Sogar nach dieser Reise ist sie in so gutem Zustand, dass sie bald wieder auslaufen wird. Nur ich werde sie nicht mehr führen. Mein Schicksal treibt mich von einem Extrem ins andere. Noch vor wenigen Monaten war die südliche Hemisphäre für mich kaum groß genug, und nun soll ich mich auf das Hospital von Greenwich beschränken, das für einen aktiven Geist wie mich viel zu klein ist. Natürlich handelt es sich um einen angenehmen Rückzug mit einem guten Einkommen. Aber ob ich mich an das Nichtstun und meine Pensionierung gewöhnen kann, muss erst die Zeit erweisen.«[7]

Inzwischen sahen sich auch Vater und Sohn Forster geehrt und umdrängt. Sie wurden am 16. August 1775 dem König vorgestellt – übrigens einem Mann mit botanischen Interessen – und von Seiner Majestät mit freundlichen Worten bedacht. Ein paar Tage später folgte die Audienz bei der Königin, der Reinhold Forster die in Kapstadt erworbenen Tiere übergab. Die Doktorwürde der Universität Oxfort schloss sich an.

Dank der Fürsorge des Amtsbruders Karl Gottfried Woide hatten Frau und Kinder die lange Abwesenheit des Familienoberhauptes zwar in ärmlichen Verhältnissen, aber sonst unbeschadet überstanden. Jetzt zog die Familie erst einmal um, in ein besseres Haus in der Percy Street, nahe dem Britischen Museum. Leider wurde beim Umzug ein Teil des Hausrats gestohlen, und gleich darauf überfielen Straßenräuber Reinhold Forster, weitaus gewalttätiger als die vergleichsweise liebenswürdigen Taschendiebe der Südsee. Er verlor seine goldene Taschenuhr und die 25 Guineen, die er leichtfertig bei sich trug.[8]

Immerhin, es fehlte nicht an Besuchern und Bewunderern, hauptsächlich aus Deutschland. Zu ihnen gehört Fürst Franz von Anhalt-Dessau, das Musterexemplar eines aufgeklärten und menschenfreundlichen Regenten, der nicht nur für sich, sondern auch für seine Untertanen die noch heute sehenswerte Parkanlage von Wörlitz schuf. Welchen Eindruck Reinhold Forster machte, geht aus einem Brief des sonst eher scharfzüngigen als leichthin begeisterten Physikprofessors aus Göttingen, Georg Christoph Lichtenberg hervor, der an den Geheimen Kanzleisekretär in Hannover, Schemhagen, aus London schrieb:

»Nun etwas von Freund Forster, und zwar erst von seinem Charakter. Er ist ein Mann in seinen besten Jahren, voller Feuer und Mut. Er würde glaube ich den Jupiter umsegeln, sein Gedächtniß ist ausserordentlich, und ebenso all seine Stärcke in der Naturgeschichte. Gegen seine Freunde ist er dienstfertig und bescheiden, aber unversöhnlich, wenn man ihn beleidigt, und seine

Feinde behandelt er mit einer eigenen Art von Witz, der am besten durchdringt, nämlich er schlägt ihnen hinter die Ohren … Seine Liebe zur Wissenschaft und sein Eifer für die Wahrheit sind ebenso ausserordentlich, und um alles im kurze zu ziehen, muß ich sagen, dass der außerordentlichste Mann, den ich in England gesehen habe, ein Deutscher und zwar Herr Forster ist. Hätte er das Schiff selbst kommandieren können und bey seinen grossen Talenten Cook's Erfahrung besessen, so würden wir jetzt dreymal mehr wissen – obgleich die Reise, wie sie ist, schwerlich vergessen wird. – Sein Sohn von 21 Jahren, ein vortrefflicher Zeichner, war mit ihm. Sie haben eine große Menge von Neuen Thier- und Pflantzenarten und -Gattungen entdeckt und theils in Zeichnungen, theils in Natur mitgebracht, um von anderen Naturalien und Artefackten der Völcker, die sie besuchten, nicht zu gedencken.«[9]

Einen kommandierenden Kapitän Forster möchte man sich aber lieber nicht vorstellen; wahrscheinlich wäre dann aus der »Resolution« bald die »Revolution« geworden. Und vermutlich hörte Lichtenberg von seinem Gastgeber das strophenreiche Klagelied über sinnlose Monate im Eis und die mangelnde Rücksichtnahme auf natur- und völkerkundliche Interessen. Aber es kommt hier weniger auf die Wahrheit als auf den Eindruck an, den Forster auf den Besucher aus Deutschland machte.

Freilich sprach sich bis nach Berlin herum, dass wohl nicht alles zum besten stand. Der Verleger Karl Philipp Spener, an einem Bericht über die Weltreise interessiert, schickte besorgt und mit der Bitte um Stellungnahme die Meldung, die in den »Wöchentlichen Nachrichten von neuen Landecharten« am 24. Juli 1775 erschienen war. Darin hieß es: »Man hat nun gewisse Nachrichten empfangen, dass der Hauptmann Cook am 22. März dieses Jahres beim Vorgebirge der Guten Hoffnung vor Anker gegangen ist und gegen Ende des Augustmonats in die Themse einzulaufen hofft. Dem Verlaut nach hat er Ursache gehabt, mit Herrn Forster, dem Vater, sehr unzufrieden zu sein … Man muss hoffen, dass diese unangenehme Nachricht nicht begründet, oder wenigstens, dass das Missverständnis zwischen beiden Männern ihren beiderseitigen Untersuchungen nicht nachteilig gewesen ist.«

Reinhold Forster dementierte eilig und mit wenig Rücksicht auf die volle Wahrheit: »Kapitän Cook und ich sind gute Freunde. Er hat der Admiralität von mir eine vorteilhafte Schilderung gemacht. Dadurch ist Lord Sandwich bewogen worden, mich dem König nachdrücklich zu empfehlen und selbst vorzustellen. Ich habe jetzt Kapitän Cooks Journal in meinen Händen und werde daraus und aus meinem eigenen auf Befehl der Regierung die Geschichte der Reise schreiben – ein Vorteil, den keine Reise vorher gehabt hat, dass einer der Teilnehmer zum Geschichtsschreiber derselben wird.«[10] Über den Franzosen Bougainville sah Reinhold Forster hier großzügig hinweg, um von Marco Polo nicht erst zu reden.

Auch Georg Forster versuchte, den Verleger zu beruhigen, fügte aber etwas zweideutig hinzu: »Sie fragen nach meiner Aussicht in London; soll ichs Ihnen sagen, sie ist ziemlich *luftig*. Ich sehe nämlich aus meinem Fenster über Tottenham Courtroad hinweg sogleich in die grünen Felder und Wiesen … Auf der einen Seite des Prospekts ein Waisenhaus, auf der anderem ein Hospital! … Ohne länger im Labyrinth der Gleichnisse zu verharren, so hat sich noch nichts gezeigt, das mich an London binden könnte. Ihre Majestäten haben zwar auf die allergnädigste Weise sowohl mit meinem Vater als mit mir gesprochen, allein wer darauf Rechnung macht, kann sich nur gar zu leicht betrügen.«[11]

Wie wahr! Außer den allergnädigsten Worten folgte nichts Handfestes, weder Geld noch eine Anstellung. Man kann sogar sagen, dass das exotische Geschenk an die Königin sich als ein diplomatischer Missgriff erwies. Denn Miss Ray, die Mätresse von Lord Sandwich, hätte die in Südafrika erworbenen Tiere gar zu gerne gehabt. Dass sie leer ausging, bedeutete: eine Feindin mehr. Und eine auf ihre Weise aktive und einflussreiche noch dazu.

Alles spitzte sich nun auf die »Geschichtsschreibung« der Reise zu, und das galt zunächst einmal finanziell. Sein Honorar von 4000 Pfund hatte Reinhold Forster mit vollen Händen ausgegeben. Er konnte nun einmal nicht wirtschaften, und schon kündigte sich in seiner Kasse die Ebbe an. Was noch blieb, wurde mit vergeblichen Hoffnungen vertan. Es kostete 500 Pfund, eine – lateinische – Beschreibung neu entdeckter Pflanzen, mit 78 Kupferradierungen nach Georgs Zeichnungen versehen, zum Druck zu bringen. Diese Beschreibung wurde dem König gewidmet, doch ein verwertbarer Dank blieb wiederum aus. Nicht besser ging es weiteren, auf kostbarem Pergament gedruckten Gemälden, die nochmals 100 Guineen verschlangen. Aber der große Reisebericht, so die Erwartung, würde alles wettmachen. Hatte nicht John Hawkesworth für sein Machwerk die kolossale Summe von 6000 Pfund erhalten?[12] Und das nur für die englische Ausgabe, während jetzt der Ruhm von James Cook auch noch Übersetzungen verhieß oder beinahe schon garantierte!

Reinhold Forster hoffte, erwartete, bestand darauf, dass er, er allein, die offizielle, mit Illustrationen geschmückte Beschreibung liefern würde. War in den Verhandlungen mit der Admiralität vor Beginn der Reise etwa nicht von einem Bericht die Rede gewesen, den er schreiben sollte? Ja, gewiss – oder vielleicht. Aber was für einen Bericht? Mr. Daines Barrington, der nach der Absage von Joseph Banks Reinhold Forster in aller Eile auf die »Resolution« vermittelt hatte, mochte gesprächsweise manches angedeutet oder gesagt haben. Aber er war keine Amtsperson der Admiralität, und nichts war genauer verabredet oder gar schriftlich festgelegt worden.

Auf der anderen Seite wollte die Admiralität ein Ärgernis wie mit John Hawkesworth nicht noch einmal riskieren. Ihr Vorzeigekapitän hatte ein Anrecht auf seinen eigenen Bericht, und die Öffentlichkeit wollte lesen, was nicht ein zufällig Mitreisender, sondern der berühmte James Cook zu sagen hatte. Nach vielem Hin und Her wurde am 13. April 1776 ein förmlicher Vertrag geschlossen, unterschrieben von James Cook, Reinhold Forster und, für die Admiralität, von Lord Sandwich und Sir Philip Stephens.[13] Er lief darauf hinaus, dass zwei einander ergänzende Bücher erscheinen sollten, das erste von Cook und das zweite von Forster verfasst. Auch die Druckplatten für die Illustrationen sollten geteilt werden.

Doch von Anfang an war das Übereinkommen brüchig und längst schon hatte Sandwich sich innerlich anders entschieden.

Bereits ein halbes Jahr vor dem Abschluss des Vertrages, am 28. Oktober 1775, schrieb er an Barrington, er beginne zu befürchten, dass Dr. Forster ein vollkommen unpraktischer Mensch, ein Querkopf sei, mit dem sich nichts anfangen lasse. Am selben Tag schrieb der Lord mit wohlberechneter Bosheit an Forster selber: »Sie erwähnen es als Genugtuung, dass Sie von der Mühe erlöst worden sind, Kapitän Cooks Tagebuch von seinen Ungenauigkeiten und vulgären Ausdrücken zu säubern. Ich behaupte nicht, als Kritiker ein Fachmann zu sein, aber ich muss Ihnen sagen, dass ich in diesem Tagebuch sehr wenig Vulgäres oder Ungenauigkeiten gefunden habe. Dagegen stelle ich fest, dass Sie falsche Zitate und vulgäre Wendungen hineingebracht haben, die es vorher nicht gab.«[14]

Die Admiralität forderte dann, dass Forster den von ihm geschriebenen Text zur Prüfung vorlegen sollte, mit der Begründung, dass seine Sprache verbessert werden müsse. Das war nicht abwegig, denn Forster blieb im Englischen stets ein Stümper. Aber sich wie ein Schuljunge korrigieren lassen? Nein, niemals! Der gekränkte Autor witterte Zensur und stellte sich störrisch – aber nachvollziehbar. Denn er wollte nicht nur einen natur- und völkerkundlichen Bericht, sondern zugleich eine »philosophische« Betrachtung mit politischen Untertönen liefern. Die Freiheit und die Gleichheit aller Menschen waren dem Aufklärer so heilig wie die Ansprüche der europäischen Mächte auf fernen Kolonialbesitz verdächtig. Doch damit tappte Forster, vielleicht ohne es zu ahnen, in den Parteienkampf hinein, der England erschütterte. Angesichts des Konflikts mit den amerikanischen Kolonien war der Anspruch auf Selbstbestimmung das Letzte, wovon die Regierung etwas hören wollte.

So kam, was kommen musste. Der ohnmächtige Forster zog gegenüber der mächtigen Admiralität den Kürzeren. Am Ende aller Auseinandersetzungen stand das strikte Verbot, überhaupt noch einen Reisebericht zu veröffentlichen.

Man kann den Streit und seinen Ausgang sehr verschieden beurteilen, und es lässt sich manches zu Forsters Verteidigung vorbringen. Aber man muss auch sagen, dass er seine Möglichkeiten durch Starrsinn überzog. Als »Zensor« war der ihm wohlgesinnte Daines Barrington vorgesehen, mit dem bei gutem Willen eine Zusammenarbeit hätte gelingen sollen. Mit einigem Recht schrieb darum Sandwich an Barrington: »Ich bin aufrichtig darüber bekümmert, dass Dr. Forster seine wahren Freunde nicht kennt und dass er seine eigenen Interessen oder seine Talente als englischer Schriftsteller nicht richtig beurteilt. Der von mir bezeugte Vertrag mit Kapitän Cook ist von gewissen Voraussetzungen abhängig und wird nichtig, wenn Forster sich nicht den Bedingungen fügt. Es ist mir unmöglich, noch unparteiischer zu sein, als Ihnen, die Sie sein bester Freund sind und ihn mir empfohlen haben, die Entscheidung zu überlassen.«[15]

Hinzuzufügen wäre noch, dass in Forsters starrsinnigem Stolz ein Charakterzug zutage tritt, der ihm schon einmal zum Verhängnis geworden war. Es sei daran erinnert, dass ihm nach seiner russischen Reise statt der geforderten 2000 nur 1000 Rubel angeboten wurden, worauf er wenigstens eine symbolträchtige Kopeke mehr forderte und folgerichtig gar nichts erhielt. So ließen eben ein Graf Orlow und nun ein Lord Sandwich nicht mit sich umspringen. Ohne die Kopeke oder jetzt mit einem Eingehen auf die Forderungen der Admiralität hätte er seine Chancen gewahrt, und der etablierte Autor hätte später immer noch eine »philosophische« Betrachtung folgen lassen können. Er tat das ohnehin, doch dann als ein Verfemter, der auf Gehör nicht mehr rechnen durfte.[16]

In verzweifelter Gegenwehr entstand ein langer und wütender öffentlicher Brief an Sandwich, den der Vater seinem Sohn in die Feder diktierte und in dem es unter anderem hieß: »Ja, mein Lord, wir haben wiederholt versucht, unser Elend zu Füßen des Thrones zu legen; wir haben um Genugtuung gebettelt, nein: um schlichtes Gehör. Aber man hat uns nie ein Ohr geliehen; unsere Bittschriften kamen ungeöffnet zurück. Unmöglich! wird jeder ehrliche Brite sagen; unmöglich, dass der König eines freien Volkes sich weigern sollte, die Klagen seiner Untertanen anzuhören und so seine Pflicht verletzt, deren Befolgung der eigentliche Kern und die Bedingung seiner Würde ist. Aber wenn so etwas unmöglich ist, dann haben unsere Bittschriften ganz offensichtlich den Herrscher niemals erreicht. Männer, die vor der Macht eines jeden Ministers zittern, die von seinem Lächeln leben und die ein Stirnrunzeln vernichtet, Männer, die es nicht wagen, mit einem Blick und noch viel weniger mit einem Wort oder einer Tat sein Missfallen zu erregen, wollten es niemals dulden, dass die einfache Wahrheit in ihrem schäbigen Gewand über die heilige Schwelle tritt und sich über Sie beklagt.«[17]

»I vil tel de Kinck of you«: Die Drohung, mit der Forster sich schon auf der »Resolution« zum Gespött der Matrosen gemacht hatte, erlebte eine groteske Neuauflage. Aber diesmal handelte es sich um mehr, gewissermaßen um eine Form von Selbstmord. In England mochte es einen größeren Spielraum für skurrile Außenseiter geben als anderswo. Dennoch bestanden unsichtbare Grenzlinien, hinter denen der Absturz um so unerbittlicher drohte. Wer sich das Urteil zuzog, kein Gentlemen zu sein, verfiel sozusagen bei lebendigem Leibe dem gesellschaftlichen Tod.[18]

Wer den Schaden hat, braucht im Übrigen für den Spott nicht zu sorgen; eine Karikatur zeigt Reinhold, verkehrt auf einem Esel sitzend, gefolgt von Sohn Georg, der Ehefrau und zerlumpten Kindern. Die Unterschrift sprach vom »deutschen Doktor mit seiner Familie auf seiner englischen Reise, geführt von Mynher Shinder Knecht«. Als Sprechblase wurde Forster der längst auch in London in Umlauf gekommene Matrosenspruch in den Mund gelegt.

Der deutsche Doktor glaubte dennoch, einen Ausweg gefunden zu haben. Das Schreibverbot betraf ihn, aber nicht seinen Sohn; also sollte der nun den Reisebericht verfassen. Eine merkwürdige Situation: Die beiden Hauptpersonen unserer Erzählung, James Cook hier und Georg Forster dort, sahen sich beide an den Schreibtisch gebannt und beide zu einer Art von Wettrennen um die Erstveröffentlichung gezwungen.

Cook fiel das Schreiben schwer. Er »kämpft verbissen mit den eigenhändigen Kopien seines Tagebuchs, kämpft mit gnadenloser Entschlossenheit, streicht, unterstreicht, fügt etwas hinzu, nimmt Fußnoten in den Texten auf, füllt Lücken, entwirft Sätze und Absätze auf Handzetteln, die er an die Seiten anklebt. Wenn schließlich alles in Verwirrung zu geraten droht oder wiederum Korrekturen sich als notwendig erweisen, behilft er sich mit roter Tinte. Er, der denkbar unliterarischste Mensch, durchleidet die Schwangerschaftsnöte eines Autors. Dabei hat er durchaus sein Publikum im Blick: Wendungen wie ›Ich werde versuchen, dem Leser Folgendes zu erklären ...‹ zeigen das deutlich genug.«[19] Immerhin, die Admiralität stellte einen Helfer zur Verfügung, den Prediger und Domherrn zu Windsor, John Douglas. Der erwies sich als ebenso fähig wie taktvoll, und es entstand eine gute Zusammenarbeit.

Georg Forster arbeitete unterdessen Tag und Nacht, bis zur völligen Erschöpfung und halb verhungert, weil kein Geld mehr fürs Essen da war. Hart am Rand der Verzweiflung verfasste er ein umfangreiches Werk – in der heutigen, eng gedruckten deutschen Ausgabe an die 90 Seiten.[20] An den Berliner Verleger Spener schrieb er am 17. September 1776: »Ich bin wieder einmal erbärmlich krank gewesen ... Mein armer Magen ist von Pökelfleisch und verfaultem Zwieback bis auf den Grund verdorben ... Gott! was wird daraus werden? Wenn ich den Mut sinken ließe, welches eben kein Wunder wäre, und auch wenn ich wirklich bei Leib und Seelenkräften gesund bliebe, welches wohl nach den jetzigen Aussichten sonderbar genug wäre, sagen Sie, was soll daraus werden? Ich fürchte wahrlich, nach dem, was mein Vater mir schreibt, daß wir an keine französische Übersetzung denken dürfen; und dann – bis das englische Original herauskommt, sollten wir doch solidere Speise als Geister brauchen? Auch hiervon schweige ich, weil ich im voraus sehe, dergleichen Gedanken müssten mich zur Arbeit unfähig machen. Gewiss, gewiss, mit einer dumpfen, finsteren Gleichgültigkeit, die mir keineswegs eigen ist, sollte ich jetzt mehr als jemals – ganz wüst und gedankenlos in den Tag hinein leben – Leben! Kein Leben ist das; so etwas Leeres ist ärger – ja vielleicht als der Tod.«[21]

Trotz allem gewann Georg Forster das Wettrennen gegen den bewunderten Kapitän[22]; sein Buch erschien im März 1777, sechs Wochen vor dem von Cook. Aber es half nicht, es kostete, notgedrungen ohne Illustrationen, so viel wie das amtlich beglaubigte, das 63 Kupferstiche enthielt. Nach einem Jahr waren von 1000 Exemplaren noch immer 570 unverkauft. In England nahm ohnehin jeder an, dass es um das Werk des verfemten Vaters ging, der sich hinter seinem Sohn versteckte, um das Verbot der Admiralität zu umgehen. Vergleiche des Stils, der temperamentvollen, farbigen Darstellung, auch der Längen und der manchmal altklugen Urteile zeigen indessen sehr deutlich, dass es sich tatsächlich um Georgs eigene Arbeit handelte.[23]

Sozusagen den Todesstoß führte dann die vernichtende Kritik des Reisegefährten William Wales, selbst ein kleines Buch, gegen das Georg Forster sich mit einer Gegenschrift vergeblich zur Wehr setzte.[24] Um eine Probe zu liefern:

»Durch schieren Zufall oder durch ein Glück, wie es größer nicht sein kann, wurden Dr. Forster und sein Sohn zu Reiseteilnehmern, und zwar für ein beispiellos hohes Honorar … Vorher bewarb sich Dr. Forster – vergeblich – als Assistent bei Banks und hätte sich, wie er selbst erzählte, auch mit einer Summe zufrieden gegeben, die sehr viel bescheidener war. Mit seinem plötzlichen Glück schwoll ihm derart der Kamm, dass er mit nichts zufrieden war, als er in Plymouth an Bord der ›Resolution‹ kam, weder mit der Beachtung, die er fand, noch mit seiner Unterbringung. Er sah sich die Kabinen der Offiziere und der anderen Mitreisenden an, die schon vorher ernannt worden waren; er meinte, dass sie bequemer seien als seine und dass ihm eine bessere zustünde. Für einen Tausch wollte er sogar Geld zahlen. So bot er dem Ersten Leutnant, Mr. Cooper, 100 Pfund an, und auch mich behelligte er mit einer solchen Zumutung. Mit dem Master, Mr. Gilbert, stritt er sich, kaum dass wir auf See waren, weil er ihm nicht einen Teil seines Raumes abtreten wollte; er verstieg sich zu der verrückten Drohung, sich nach unserer Rückkehr beim König über Mr. Gilbert zu beschweren und ihn damit für immer aus dem Dienst zu entfernen. Allen, die es hören wollten, erklärte er, dass er bei Seiner Majestät genug Einfluss habe, um das zu erreichen. Früher oder später stieß er diese Drohung gegen fast jeden an Bord aus, sodass sie bei der Besatzung zum geflügelten Wort wurde und die

Matrosen sie untereinander bei den albernsten Anlässen benutzten.«[25]

Und so geht es weiter und weiter über insgesamt mehr als 100 Seiten; ein während der Reise lange aufgestauter Groll, auch wohl der Geldneid[26], brach da hervor, und der Hohn gegenüber einem praktisch schon vernichteten Gegner war billig zu haben. Doch wie immer man den Sachverhalt beurteilen mag: William Wales trug einen vollständigen und dauerhaften Sieg davon. Für die ganze englisch sprechende Welt hat der Astronom das Bild von Reinhold Forster bis heute geprägt; er erscheint als der deutsche, immerfort zwischen Überheblichkeit und Weinerlichkeit schwankende Querulant und als beinahe nichts außerdem.[27] Die Figur des Sohnes aber verliert sich im Schatten des Vaters.

James Cooks letzte Reise

Am Abend des 9. Januar 1776 bewirteten drei Herrn der Admiralität – Lord Sandwich, Sir Philip Stephens und Hugh Palliser – einen einzigen Gast: James Cook. Zielsicher, unter dem Vorwand, sich beraten zu lassen, steuerten sie das Gespräch in den Pazifik, einer dritten Entdeckungsreise entgegen. Erstens musste Omai nach Hause geschafft werden; nach anderthalben Jahren eines Aufenthalts in London erwies er sich wirklich als Last. Im Übrigen konnte seine Heimreise vortrefflich als Vorwand dienen, um anderes zu tarnen. Denn natürlich lohnte ein sei es noch so edler Wilder allein nicht den Aufwand. Zwar ließ sich südlich des Äquators kaum noch Neues erwarten. Aber was war mit den nördlichen Breiten?

Vor allem ging es um die so genannte Nordwestpassage, um Kanada herum in den Pazifik hinein. Gab es sie, ließ sie sich wenigstens in den Sommermonaten befahren? Angesichts der Unterbrechung des Handels mit den amerikanischen Kolonien – oder sogar ihres drohenden Abfalls – stellte sich um so dringender die Frage nach einem Ersatz, zum Beispiel durch den Chinahandel, und mit Hilfe der Nordwestpassage würde sich der Seeweg nach China um viele tausend Seemeilen verkürzen. Darum war auch schon eine Belohnung von 20 000 Pfund für den Entdecker dieses Seewegs ausgesetzt worden. Es lag nun nahe, die Erkundung sozusagen als Nordostpassage vom anderen Ende her voranzutreiben, entweder über die Beringstraße oder über einen

Weg durch das nordwestliche Kanada hindurch. Man wusste so wenig; vielleicht gab es irgendwo etwas Ähnliches wie im Süden die Magellanstraße.

Wie früher bei den Träumen vom Südkontinent spielten wohl auch, zumindest unbewusst, naheliegende Erfahrungen eine Rolle. Ohne Schwierigkeiten konnte man im Sommer bis nach Spitzbergen fahren, und das lag höher im Norden als die vermutete Nordküste Kanadas. Nur zu leicht formen Wunschbilder die menschlichen Vorstellungen; die besondere Bedeutung des Golfstroms geriet darüber in Vergessenheit.

Doch wer sollte die Expedition führen? Die britische Marine verfügte über vortreffliche Kapitäne, aber über kaum einen, der auf solch eine Aufgabe vorbereitet war. Im Grunde kamen nur Offiziere in Frage, die bei Cook Erfahrungen gesammelt hatten. Wen von ihnen sollte man wählen, etwa Tobias Furneaux? Nein, ihn nicht. Robert Palliser Cooper? Ein guter und zuverlässiger Mann, vielleicht etwas farblos. Doch noch nie hatte er ein selbstständiges Kommando geführt. Gleiches galt für den handelstüchtigen Richard Pickersgill. Charles Clerke? Ausgezeichnet, der beste von allen, dazu noch mit Vermessungskünsten vertraut wie keiner sonst. Nur, leider, auch er hatte sich noch nicht als sein eigener Kapitän bewährt. Lassen wir einen englischen Biographen berichten, was weiter geschah:

»Der Weinkrug kreiste schon seit einiger Zeit, aber daran lag es nicht, auch nicht an den Schmeicheleien besonders von Sandwich, dass Cook einen für ihn durchaus nicht typischen plötzlichen Entschluss fasste. Er stand auf, sah die drei anderen Männer nacheinander an, als wenn er ihnen zutrinken wollte, und erklärte dann, nach einer dramatischen Pause und mit fester Stimme: ›*Ich selbst* werde die Führung übernehmen, falls man mich auswählt.‹ – Es heißt, dass die drei Herren, die ranghöchsten und wichtigsten in der Königlichen Marine, jubelten und ihre Gläser erhoben, um einen Toast auf Cook und seine Gesundheit auszubringen.«[28]

Der Vorgang wirft viele Fragen auf. Zunächst: Tappte Cook in die Falle, die man ihm gestellt hatte? Ja, aber nur zu gern. War es denn dann tatsächlich ein untypisch plötzlicher Entschluss? Nein, wohl kaum. Man kann wohl unterstellen, dass er sich vom Schreibtisch, aus der Tatenlosigkeit von Greenwich und auch aus der Enge der Familie fortsehnte in eine neue Aufgabe und Bewährung hinein, die allein ihn noch ausfüllen konnte. Er wollte nicht zum bestaunten und allmählich verwitternden Denkmal seiner selbst werden; es war ihm klar, oder er ahnte zumindest, dass pensionierte Heroen, die immerfort ihre längst überlebten Geschichten erzählen, keinen sehr erhebenden Anblick bieten.

Aber wie soll man die drei Herren der Admiralität beurteilen? Warum wagten sie es nicht, Cook das neue Kommando geradeheraus anzutragen? Plagte sie ein schlechtes Gewissen, weil sie wussten, dass ihr Kapitän Ruhe nicht nur verdient hatte, sondern auch brauchte? Ja, offenbar. Cook war jetzt 47 Jahre alt, nach damaligen Maßstäben beinahe schon ein alter Mann, und die entbehrungsreichen sechs Weltreisejahre mit der »Endeavour« und der »Resolution« zählten doppelt. Es war bekannt, dass er während der letzten Reise gefährlich erkrankt war; man hätte James Patten, den mitreisenden Arzt, befragen oder einen anderen, besonders erfahrenen, mit einer gründlichen Untersuchung beauftragen können. Warum tat man es nicht? Gingen die Interessen der Admiralität allem anderen vor, sogar der Fürsorgepflicht von Vorgesetzten für den Untergebenen? Es sieht beinahe so aus.

Wie immer man urteilen mag, die Entscheidung war jedenfalls gefallen. Wie so oft, offenbarte sich Cook seinem frühen Förderer John Walker in Whitby, indem er ihm schrieb:

»Verehrter Freund, ich sollte schon früher auf Ihren Brief geantwortet haben, aber ich wollte erst abwarten, ob das Greenwich Hospital oder die Südsee mein Ziel sein würde. Jetzt steht fest, dass es um das Letztere geht … Ich weiß nicht, wie Sie über meinen Entschluss denken. Ganz gewiss habe ich statt der Bequemlichkeit das Aktivsein und möglicherweise die Gefahr gewählt. Doch dafür sprechen meine Gefühle, und ich gehe mit guten Aussichten in See. Falls ich das Glück habe, wieder nach Hause zu kommen, wird das für mich bestimmt von größtem Vorteil sein … Ihr aufrichtiger Freund und untertäniger Diener James Cook.«[29]

Der Vorteil lag zunächst einmal in der Fahrt selbst, in der Heimkehr zur Verantwortung und der Macht zum Befehlen, die mit ihr verbunden war. Und danach: im weiter vermehrten Ruhm. Trotz aller demonstrativ zur Schau gestellten Nüchternheit und Bescheidenheit war James Cook eben kein einfacher, sondern ein abgründig komplizierter Mann, vom Ehrgeiz getrieben, sich unsterblich zu machen.

Die dritte Weltreise sollte so bald wie möglich beginnen, und Cook geriet zunächst einmal in arge Zeitnot. Er war mit seinem Bericht über die zweite Reise beschäftigt und musste ihn in höchster Eile so weit fördern, dass der Gehilfe John Douglas die Herausgabe des Buches selbstständig übernehmen konnte, die dann im Mai 1777 erfolgte, als der Autor sich längst wieder in der Südsee befand. Schon zehn Monate zuvor, am 25. Juli 1776, setzte die »Resolution« Segel.

Zu den Veteranen, die bereits die beiden ersten Weltreisen mitgemacht hatten, gehörte nur noch ein halbes Dutzend Männer. Unter ihnen befanden sich Samuel Gibson, jetzt vom Korporal zum Sergeanten (Feldwebel) befördert, und Charles Clerke, nun als Kommandant des neuen Begleitschiffes »Discovery«. Unter den neu hinzugekommenen Offizieren verdient besonders der junge und schneidige William Bligh Beachtung, ein hervorragender Navigator, immer umstritten und später berühmt als Kapitän der »Bounty«, den die Südseemeuterer von Bord stießen und der dann mit seiner Ozeanfahrt im offenen Boot eine seemännische Glanzleistung vollbrachte.[30] Eine problematische Figur war John Williamson, der Richard Pickersgill als dritten Leutnant ablöste. Der Schiffsarzt hieß William Anderson, wurde von allen gemocht und hatte während der letzten Reise als Gehilfe von James Patten Erfahrung gesammelt.

Es gab diesmal nur zwei Passagiere: zuerst und sozusagen als Hauptperson natürlich Omai, der so viel Gepäck mitschleppte, als sei er ein Joseph Banks, darunter eine mittelalterliche Ritterrüstung, eine Prachtausgabe der Bibel und englische Stilmöbel für die Einrichtung seines künftigen Südseehauses. Dann, als Ersatz für William Hodges, den jungen und begabten Landschaftsmaler

John Webber. Er kam nach eiliger Begutachtung durch die offenbar sachverständigen Herrn der Admiralität, der Royal Society sowie durch Cook im letzten Augenblick an Bord und erwies sich als Gewinn. Leichten Herzens verzichtete Cook nach den Erfahrungen, die er mit ihnen gemacht hatte, auf Botaniker oder sonstige Naturforscher, ebenso auf einen Astronomen; gewissermaßen siegreich nahm der Chronometer seinen Platz ein. Dagegen war auf der »Discovery« wiederum William Bayly an Bord, der schon mit der »Adventure« gereist war, sowie David Nelson, ein Gartenexperte.

Von Anfang stand die dritte Entdeckungsreise unter keinem guten Stern. Weil er mit seinem Buch beschäftigt war, überwachte Cook die Überholung und Ausrüstung der »Resolution« nicht so, wie er es sonst zu tun pflegte, und schon in der ersten Schlechtwetterzone stellte sich heraus, dass die Werft schlampig gearbeitet hatte. Überall troff Wasser ins Schiff, und mühsam musste die Mannschaft mit Bordmitteln nachkalfatern. Auch der spätere Bruch eines Mastes, der zu fatalen Folgen führte, wäre wahrscheinlich vermieden worden, wenn man nach genügender Inspektion den alten durch einen neuen ersetzt hätte. Oder wäre es nicht überhaupt besser gewesen, die schon reichlich strapazierte »Resolution« durch einen Neubau zu ersetzen?

Im Übrigen blieb die begleitende »Discovery« zunächst einmal im Hafen zurück. Denn ihr Kommandant sass im Gefängnis. Zwar nicht ehrenrührig, aber leichtfertig hatte er für die Schulden seines Bruders gebürgt. Der machte sich als Westindienfahrer davon; die Gläubiger hielten sich an Charles Clerke, der über kein ausreichendes Vermögen verfügte, und ließen ihn einsperren. Alle Bemühungen der Admiralität und sogar des Sprechers des Unterhauses um seine Befreiung halfen nicht. Schließlich schwindelte oder stahl er selbst sich aus der Haft heraus und jagte nach Plymouth, den nachsetzenden Häschern knapp vorweg. »Hussa, Jungens, Anker auf!«, soll er gerufen haben, als er an Bord kam. Aber als Andenken an das Gefängnis brachte er eine Lungentuberkulose mit, die ihn ausgerechnet dann niederwarf, als er nach dem Tod von Cook am dringendsten gebraucht wurde.

Ein anderer, der, fatal genug, der gleichen Krankheit zum Opfer fiel, war der Schiffsarzt Anderson.

Immerhin, Cook wählte den schon gewohnten Weg nach Kapstadt, und dort holte Clerke ihn ein. Im Blick auf die Weltkarte und das eigentliche Ziel der Reise stellt sich allerdings die Frage, ob es sich nicht um einen allzu weiten Umweg handelte. Die Route nach Westen statt nach Osten, um Kap Horn herum und dann an der amerikanischen Westküste hinauf nach Norden lag buchstäblich näher. Erwiesen sich die schlechten Erfahrungen für die Dauer als abschreckend, die Cook einst in Rio de Janeiro gemacht hatte? Hätten diplomatische Bemühungen nicht Abhilfe schaffen können? Schließlich erreichte das Ansehen des Entdeckers inzwischen einen eigenen Rang jenseits aller politischen Konflikte; die Amerikaner und nach ihrem Kriegseintritt im Jahre 1778 auch die Franzosen ordneten an, dass er unbehelligt bleiben solle. Aber die Alternative wurde nicht einmal oder jedenfalls nicht ernsthaft erwogen. Ihr großer Vorteil wäre die Zeitersparnis gewesen; statt überhastet hätten sie um Monate, wenn nicht gar um ein Jahr später aufbrechen können; tatsächlich wurde die Beringstraße erst im Sommer 1778 erreicht, volle zwei Jahre nach der Abreise aus England. Omai hätte die »Resolution« während der Rückfahrt immer noch in seiner Heimat absetzen können.

Warum also nicht der Weg nach Westen? Es kam wohl wirklich eine Art von Weltreiseroutine ins Spiel. Ein anderer und eher verschwiegener Teil der Antwort muss wahrscheinlich lauten: In der Ahnung, dass dies seine letzte große Fahrt war, machte sich in dem allmählich alternden Cook der Junge vom Lande bemerkbar, der er einmal gewesen war. Jedenfalls schien es mehr denn je sein Ehrgeiz zu sein, in Neuseeland und anderen Inselwelten ein Ahnherr von Viehherden zu werden. Zum Glück nahm Seine Majestät der König an diesem Ehrgeiz lebhaften Anteil und stellte einen großen Teil des Viehs zur Verfügung. Die „Resolution« verwandelte sich mit Hühnern, Gänsen, Enten, Fasanen, Kühen, Schafen, Ziegen und sogar Pferden zu einer Arche Noah; die ohnehin üblichen Hunde und Katzen kamen noch hinzu. Und wie gleich zu zeigen sein wird, brachte den Landwirtschaftskapitän der Diebstahl einer einzigen geheiligten Ziege völlig aus der Fassung. Dabei war es ohnehin schwierig genug, möglichst viele Tiere während der Monate auf See am Leben zu erhalten, und natürlich verschmutzten sie das Schiff, auf dessen Reinlichkeit Cook so sehr bedacht war.

Seltsam genug, im scharfen Kontrast zu dem eiligen Aufbruch in England begann in Kapstadt eine Bummeltour. Am 18. Oktober 1776 lief die »Resolution« in die Tafelbucht ein und blieb für lange sechs Wochen. Erst am 1. Dezember erfolgte die Weiterreise, jetzt zusammen mit der »Discovery«. Am 12. Februar 1777 wurde der neuseeländische Charlottensund erreicht. Hier ereignete sich eine merkwürdige Episode. Cook lernte den Häuptling Kahura kennen, der ihm freimütig gestand, dass er es gewesen war, der zusammen mit seinen Männern eine Bootsbesatzung der »Adventure« erschlagen und verspeist hatte. Natürlich forderten andere eine exemplarische Bestrafung, den Tod dieses Kannibalen. Aber der Kapitän unternahm nichts. Im Gegenteil, er notierte: »Ich muss gestehen, dass ich seinen [Kahuras] Mut bewunderte und ein wenig geschmeichelt war durch das Vertrauen, das er in mich setzte.«[31] Gleich darauf heißt es im Blick auf die mögliche Strafe: »Ich wollte nicht weiter daran denken, weil die Sache schon lange her war und in meiner Abwesenheit geschah.« Offenbar hätte es anders ausgesehen, wenn es bei dieser »Sache« um die eigenen Leute gegangen wäre. Aber warum denn für einen Tobias Furneaux den Rächer spielen?

Cook verließ Neuseeland am 25. Februar. In der Folgezeit bewegte er sich von Tonga bis Tahiti in längst bekannten Inselwelten der Südsee – und zwar für Monate. Erst am 8. Dezember nahm er in Bora-Bora Abschied von der Südsee, steuerte nach Norden und passierte in der Nacht vom 22. zum 23. Dezember 1777 den Äquator. Fast ein ganzes Jahr war für den eigentlichen Auftrag verloren. Warum? Was füllte die Zwischenzeit? Der Nebenauftrag, Omai nach Hause zu bringen, ließ sich fast im Vorübergehen erledigen, ebenso wie das Vieh an Land zu lassen, was hauptsächlich auf Tahiti erfolgte. Das Tagebuch vermerkte dazu:

»Als ich so über diese Passagiere verfügt hatte, fühlte ich mich von einer schweren Last befreit. Und die Freude, die ich darüber empfand, Seiner Majestät menschenfreundlichen Wunsch erfüllt zu haben, indem ich den dafür würdigen Völkern die wertvollen Tiere überbrachte, entschädigte mich für die vielen sorgenvollen Stunden, die es mich gekostet hatte, diese Nebenabsicht unserer Reise zu erfüllen.«[32]

Wer aber gehörte zu den »würdigen« Völkern, wer nicht? Die Auswahl traf James Cook, und man schaudert beinahe vor der gottähnlichen Rolle, die er sich damit anmaß – und die ihm offenbar keinerlei Qualen bereitete.

Warum jetzt das lange Zögern vor der Weiterfahrt? Handelte es sich um die Ahnung, dass ein Abschied ohne Wiederkehr bevorstand, dehnte darum Cook, sei es mit Vorsatz oder unbewusst, seine Reise so lange wie möglich aus? Wie immer die Antwort lauten mag, es gehört zu diesen letzten Südseemonaten noch eine andere und dunkle Seite. Man glaubt, den Kapitän von seinen ersten beiden Reisen her zu kennen und begegnet mit Erschrecken einem anderen, unbekannten Mann, dessen Härte sich zur Grausamkeit verkehrt und der in furchtbarer Wut maßlose Strafen verhängt. Um zunächst die Ziegengeschichte zu erzählen, die sich auf Eimeo (Moorea) erreignete, etwas verkürzt in Cooks eigenen Worten:

»Wir hatten tagsüber unsere Ziegen zum Weiden an Land geschickt, mit zwei Mann zur Aufsicht. Trotzdem brachten es die Eingeborenen fertig, eine zu stehlen … Am nächsten Tag erfuhr ich, dass sie zum König Maheine gebracht worden war … Ich sandte darum eine Drohung an Maheine für den Fall, dass mir die Ziege und der Dieb nicht unverzüglich zurückgegeben würden.« Die Forderung wurde erfüllt, aber sozusagen zum Ersatz gleich wieder eine Ziege entwendet.

»Jetzt schien kein Zweifel mehr möglich, dass man stehlen wollte, was man nicht geschenkt bekam. Zu allem Übel handelte es sich um ein trächtiges Muttertier; ich war daher entschlossen, es nicht zuzulassen.« Auf der Suche nach dem Tier »rief ich einige Leute zusammen und ließ ihnen durch Omai erklären, dass ich auf der Auslieferung bestünde; andernfalls würde ich ihre Häuser und Kanus verbrennen. Da sie hartnäckig behaupteten, keine Kenntnis von der Sache zu haben, ließ ich sechs bis acht Häuser und zwei oder drei Kanus anzünden. Dann zog ich weiter und verbrannte noch sechs Kanus ... Früh am nächsten Morgen ließ ich Maheine ausrichten, dass ich nicht ein einziges Boot auf der ganzen Insel übrig lassen würde, wenn das gestohlene Tier in seinem Besitz bliebe. Danach zerschlugen wir in der nächsten Bucht drei oder vier Kanus und verbrannten ebensoviele. Bei meiner Rückkehr stellte ich fest, dass die Ziege eine halbe Stunde zuvor zurückgebracht worden war.«[33]

Man könnte diese Geschichte noch als eine Kuriosität abtun, obwohl hinzuzufügen ist, dass die Eingeborenen auf ihre Boote angewiesen waren, schon zum Fischfang, der eine Hauptquelle ihrer Ernährung bildete. Die Zerstörung eines Kanus stellte darum für den Besitzer einen schweren Verlust dar. Aber es handelt sich bloß um ein Beispiel aus einer Serie finsterer Vorkommnisse. Längst nicht alle hat Cook selbst verzeichnet, und daher sind sie vielen Beobachtern und Biographen entgangen. Man kann auf weniger bekannte Quellen zurückgreifen, etwa auf die Notizen des Masters der »Discovery«, Thomas Edgar:

»13. Juni: Wegen Diebstahls wird ein Eingeborener mit drei Dutzend Hieben bestraft. – 14. Juni: Am Morgen wurde ein Dieb mit zwei Dutzend, am Nachmittag einer mit drei Dutzend Hieben bestraft. – 17. Juni: Mittags schießt Cook einem vom Schiff flüchtenden Dieb eine Ladung Schrot in den Leib. – 24. Juni: Ein Dieb erhält fünf Dutzend Hiebe. – 28. Juni: Am Morgen wurden Leute gefangen genommen, die unsere Wachen und Holzfäller mit Steinen beworfen hatten. Der eine erhielt drei Dutzend, der zweite vier Dutzend, der dritte sechs Dutzend Hiebe ... Anschließend wurde der Mann, der schon die sechs Dutzend Hiebe erhalten hatte, um ihn und andere abzuschrecken, noch dadurch bestraft, dass man ihm mit einem gewöhnlichen Seemannsmesser Kreuzzeichen in die Arme schnitt, tief bis auf den Knochen hinein.«[34]

In einem weiteren Fall wurden dem Dieb beide Ohren abgeschnitten, wie Cook selbst notiert.[35] Hiervon abgesehen bedeuten drei, fünf oder gar sechs Dutzend Hiebe eine exzessive Bestrafung; gerade einmal zwölf Hiebe stellten nach den ohnehin schon harten Maßstäben der Marine die Regel dar. Der Schiffsarzt William Anderson nahm an anderem Anstoß:

»Ich halte es durchaus nicht für ungerecht, wenn Diebstähle bestraft werden. Denn wie wohl würden sie sonst sich entwickeln? Aber wenn man jemanden noch Stunden nach seiner Bestrafung schmerzhaft gefesselt hält und von ihm zusätzlich ein Lösegeld fordert, dann weiß ich beim besten Willen nicht, wie man das mit den Prinzipien der Gerechtigkeit oder der Menschlichkeit in Einklang bringen will.«[36]

Bei alledem verwundert es kaum, dass unter den sonst so friedlichen Eingeborenen die Feindseligkeit wuchs und sogar Verschwörungen entstanden, mit dem Ziel, Cook zu überfallen, zu entführen und womöglich zu töten. In einem Fall wurde die Ausführung des Plans nur dadurch verhindert, dass eine Frau ihn verriet, die dann besonders geschützt werden musste, weil ihr die Rache der enttäuschten Verschwörer drohte.[37]

Wie sollen wir unsere Vorstellungen vom großen und gerechten Entdecker Cook mit diesen Grausamkeiten in Einklang bringen? Gananath Obeyesekere, ein Gelehrter, der aus der Welt der ehemaligen Kolonien stammt und den europäischen »Mythos Cook« zerstören will, hat eine komplizierte völkerkundliche und psychoanalytische Deutung versucht und damit eine heftige Kontroverse ausgelöst.[38] Diese Deutung stößt jedoch an Grenzen, weil sie praktisch nur Cooks dritte Reise untersucht und unberücksichtigt lässt, was vorher war und sich mit der späteren Strafraserei keineswegs deckt.

Ein anderer Cook? Ja, in dem Sinne, dass er zuletzt nicht mehr ein gesunder, sondern ein offensichtlich kranker Mann war. Dabei sind im Einzelnen viele Diagnosen möglich, von Magengeschwüren bis zur chronischen Lungenentzündung und Gallenkoliken: Erkrankungen, deren Zusammenhang mit den Anspannungen und Entbehrungen, der oft schlechten Ernährung in den Jahren auf See ebenso nahe liegt wie eine Wechselwirkung zwischen dem leiblichen und dem seelischen Befinden. Damit wird Cooks Größe nicht beschädigt, sondern nur daran erinnert, dass er wie jeder Mensch den Möglichkeiten des Verfalls preisgegeben war.

Auf ihrem Weg nach Norden erreichten die »Resolution« und die »Discovery« am 24. Dezember ein Atoll, das passend zum Datum die Weihnachtsinsel genannt wurde. Das dringend benötigte Frischwasser gab es hier nicht, doch dafür eine köstliche Speise. Befriedigt notierte Cook: »Donnerstag, 1. Januar 1778. Wir erbeuteten auf dieser Insel etwa 300 Schildkröten mit einem Durchschnittsgewicht von 90 bis 100 Pfund. Sie gehören alle zur grünen Art und schmecken so gut wie vielleicht nirgendwo sonst auf der Welt.«

»Land voraus!«, hieß vollkommen unerwartet der Ruf des Ausgucks am 18. Januar, und diesmal handelte es sich um eine hochragende, vulkanische Inselgruppe. Noch einmal bescherte das Schicksal – oder sein Glück – Cook eine bedeutende Entdeckung: Hawaii. Die nächste und angenehme Überraschung war, dass man sich noch immer in Polynesien befand; die Sprache der Eingeborenen ähnelte der von Tahiti, und es bereitete Samuel Gibson oder anderen Südseeveteranen wenig Mühe, sie zu verstehen. Nur die Urteile über das Aussehen der Frauen ging unter den Experten weit auseinander.[39]

Leider stand fast am Anfang der Begegnung ein unglücklicher Zwischenfall. Leutnant Williamson, mit dem Boot ausgeschickt, um einen Ankerplatz zu erkunden, von Kanus mit aufgeregten Menschen umringt, verlor die Nerven und erschoss einen Mann – vollkommen überflüssig, wie alle Augenzeugen meinten. Der Korporal Bill Griffin sprach gar von einer »feigen und heimtückischen Aktion««, und Cook, nachdem er – erst mit einiger Verspätung – von ihr erfuhr, geriet in »einen seiner schrecklichen Wutanfälle«.[40]

Dennoch, die Schiffe fanden einen Liegeplatz in der Bucht von Waimea vor Kauai, und bald entstand ein freundschaftlicher Verkehr; man erhielt neben Obst und Fleisch ausgezeichnetes Frischwasser. Cook notierte: »Sobald die Schiffe vor Anker lagen, ging ich mit drei Booten an Land, um mich nach einer Wasserquelle umzusehen und festzustellen, wie die Eingeborenen sich verhielten. Mehrere hundert waren vor ihrem Dorf am Strand versammelt. In dem Augenblick, in dem ich an Land ging, fielen sie alle vor mir nieder, mit den Gesichtern auf den Boden, und verharrten in dieser demütigen Stellung, bis ich ihnen Zeichen gab, sich zu erheben.[41]

Es hat nicht den Anschein, als ob sich der Kapitän über diese Form der Begrüßung viele Gedanken machte. Er war überhaupt nur halb bei der Sache. Denn inzwischen fühlte er sich zur Eile gedrängt. Vorerst hatte er genug gesehen, um zu wissen, was wichtig war: Hier konnte er bei seiner Rückkehr aus dem hohen Norden einen Stützpunkt finden wie im Charlottensund von Neuseeland oder in der Matavaibucht von Tahiti und dann immer noch diesen Teil Polynesiens mit mehr Ruhe erkunden und vermessen. Nach einem kurzen und wenig ereignisreichen Zwischenaufenthalt vor Nihau verließ er schon am 2. Februar seine Neuentdeckung und steuerte nach Nordosten, auf die amerikanische Küste zu, natürlich nicht ohne eine Namensgebung zu hinterlassen: Sandwichinseln. Das war für den Ersten Lord der Admiralität gewiss ein angemesseneres Geschenk als ein paar öde Felsennester in den Eisstürmen des Südatlantik, ein recht dauerhaftes dazu; noch gegen Ende des 18. Jahrhunderts findet man in Atlanten diese Bezeichnung.

Beim Auslaufen aus der Bucht von Waimea fiel der Sergeant Samuel Gibson über Bord. Er hatte sich auf der Gangway zum Schlafen niedergelegt, offenbar erschöpft von Landabenteuern und »etwas im Alkohol«. Zu seinem Glück machte die »Resolution« noch wenig Fahrt, und er wurde gerettet.[42] Doch man darf annehmen, dass der Kapitän ihm gehörig den Kopf wusch.

Das Wetter war meist schlecht und wurde zunehmend schlechter; der kranke Charles Clerke zitterte vor Kälte. Aber man kam voran, und am 6. März sichtete man die amerikanische Küste, etwa auf halber Strecke zwischen San Francisco und Vancouver. Die nächsten Wochen und Monate waren dann gefüllt mit angestrengter Arbeit. Langsam drangen die Schiffe nach Norden vor, wurde von widrigen Winden zurückgetrieben, drangen wieder vor, fuhren in Buchten hinein, landeten, um die Vorräte an Wasser und Holz aufzufüllen, fuhren weiter. Bisweilen irritierte Cook seine Offiziere, wenn er einmal einen übervorsichtig weiten Abstand von der Küste hielt und dann wieder Kopf und Kragen riskierte, indem er bei Nacht und Nebel, in unbekannten Gewässern und unter vollen Segeln, ganz nahe an den Klippen entlangfuhr. »Ausgezeichnete Lotsenarbeit«, hieß der sarkastische Kommentar, als sich im Morgengrauen herausstellte, wie knapp sie einer Katastrophe entgangen waren. Indessen wurden alle Hoffnungen enttäuscht, dass eine der erkundeten Buchten sich als der Anfang eines Seeweges an die Nord- oder gar die Nordostküste Kanadas erweisen könnte. Schließlich passierten sie die Inselkette der Aleuten und hielten auf die Beringstraße zu.

Mit zunehmender Kälte und immer häufigerem Nebel verschlechterte sich der Zustand des kranken Schiffsarztes William Anderson rapide; er starb am 3. August 1778, allgemein betrauert. Cook sprach in seinem Tagebuch von dem »klugen jungen Mann, angenehmen Gefährten und guten Arzt«. Der ebenfalls kranke Charles Clerke rühmte neben den ärztlichen Fähigkeiten seine »grenzenlose Menschlichkeit«, und Leutnant James King notierte, dass es »absehen von unserem Kapitän keinen schlimmeren Verlust« hätte geben können.[43] Zwei Wochen später kam jenseits des Polarkreises eine massive Eisbarriere in Sicht, und am 18. August stellte sich auf einer nördlichen Breite von 70 Grad 44 Minuten heraus, dass es kein Weiterkommen mehr gab, sondern nur noch die Umkehr.

In Alaska, südlich der Beringstraße, wurden mehrfach Stationen eingelegt. Immer wieder ging es um die Aufnahme von Frischwasser und Holz, und in der niemals ermüdenden Vorsorge gegen den Skorbut wurden die Matrosen abwechselnd an Land geschickt, um Beeren zu essen und zu sammeln, die der nordamerikanische Herbst reichlich anbot. Einen Aufenthalt von drei Wochen gab es auf der Aleuteninsel Unalaska. Die Schiffe brauchten eine gründliche Überholung, besonders die »Resolution«. Sie schien anzudeuten, dass sie sich den Grenzen ihrer Leistungsfähigkeit näherte. Wasser drang ein, und ständig mussten die Pumpen bedient werden.

Am 26. Oktober 1778 stach Cook wieder in See und steuerte nach Süden, auf die Sandwichinseln zu. Einen Tag später beging er seinen 50. Geburtstag. Am 26. November kam Maui in Sicht.

Wir überspringen die ersten Wochen des Winteraufenthalts. Nach längerer Suche entdeckten sie am 16. Januar 1779 auf der östlichen Hauptinsel Hawaii die Bucht von Kealakekua und liefen dort ein. Die Ankunft übertraf die höchsten oder, wenn man so will, die schlimmsten Erwartungen. »Die ›Resolution‹ und die ›Discovery‹ erlebten eine Masseninvasion wie noch niemals zuvor. Männer und Frauen aller Altersgruppen schwärmten in solcher Menge an Bord, dass die ›Discovery‹ sogar Schlagseite bekam. Die Wünsche der Haiwaiianer wurden sogleich klar: Handeln und Stehlen bei den Männern, Liebeserlebnisse bei den Frauen. Alles vollzog sich in einer Atmosphäre, die an Hysterie grenzte. Die Decks beider Schiffe glichen einer babylonischen Szenerie, gemischt aus Geschlechtsverkehr und Bereicherung.«[44]

Indessen gab es eine andere und ernsthafte Seite. Wie schon bei seiner ersten Landung auf Kauai wurde Cook mit Ehrfurcht empfangen; ständig und auch bei Begegnungen mit dem Oberpriester Koa oder dem König Terreeoboo wurde er als *Orono* angeredet. Aber was bedeutet das? Der Legende nach war Orono eine geheiligte Figur, ein gewissermaßen überirdischer König, der Hawaii einst verlassen hatte und von dessen Wiederkehr als ein Gott oder in gottähnlicher Gestalt die Verheißung erzählte. Wurde also Cook als ein Gott oder als göttergleich angesehen? Wir werden uns davor hüten, in den Streit der Ethnologen und sonstiger Fachleute einzugreifen, der darüber entbrannt ist.[45] Das weitere Geschehen kann auch ohne eine eindeutige Festlegung erklärt werden. Angemerkt sei nur, dass der Glaube an Entrückung und Wiederkehr keineswegs einzigartig ist. Dem Spanier Cortés wurde die Eroberung Mexikos zumindest erleichtert, weil die Azteken ihn zunächst für den verheißenen Gott Quetzalcoatl hielten. Und wie ist das eigentlich mit dem gekreuzigten Christus, »gestorben und begraben, niedergefahren zur Hölle, am dritten Tag wieder auferstanden von den Toten, aufgefahren gen Himmel, sitzend zur Rechten Gottes, des allmächtigen Vaters, von dannen er kommen wird, zu richten die Lebendigen und die Toten?«

Cook selbst notierte am 17. Januar mit offensichtlichem Stolz: »Um 11 Uhr vormittags ankerten wir in der Bucht, die bei den Eingeborenen Kealakekua heißt. Der Anblick überraschte uns, und wahrscheinlich gibt es an Bord nur wenige, die noch bedauerten, dass unsere Versuche des letzten Sommers gescheitert waren, eine nördliche Durchfahrt zur Heimat zu finden. Diesem Fehlschlag verdanken wir die Möglichkeit, die Sandwichinseln noch einmal zu besuchen und unsere Reise mit einer Entdeckung zu krönen, die, wenn auch die letzte, dann doch in mancher Hinsicht die wichtigste sein dürfte, die im ganzen Gebiet des Pazifik bisher gemacht worden ist.«[46] Offenbar wollte er mit der gewohnten Gründlichkeit die ganze Inselgruppe erkunden und vermessen; bis zu einem zweiten Sommervorstoß in die Arktis blieb dafür genug Zeit.

Unter den Eingeborenen bahnte sich indessen langsam aber unverkennbar ein Stimmungswandel an. Dass die Fremden sich nicht gerade wie Götter benahmen, sondern sehr irdische Interessen und Begierden entwickelten, war ohnehin unverkennbar. Mehr noch wirkte sich wahrscheinlich aus, dass sie für ihren Brennholzbedarf den Zaun um ein Heiligtum abrissen. Gewiss, er mochte etwas verfallen sein. Außerdem hatte man den Koa, den Oberpriester, um seine Zustimmung gefragt, und er hatte nicht widersprochen. Aber vermied er den Einspruch vielleicht nur darum, weil er sich, ob nun berechtigt oder nicht, vor den Folgen des Neinsagens fürchtete? Oder wie wirkte sich der Vorgang auf Menschen aus, die wussten, was ein Tabubruch war? Mit zunehmender Dringlichkeit wurde jedenfalls die Frage gestellt, wann die Besucher denn abreisen würden.

Ähnlich zweideutig wie die Zaunzerstörung nimmt sich im Rückblick das Abschiedsgeschenk aus, das durch den König und den Priester überreicht wurde. Es überraschte mit der Masse der Früchte und Schweine, wie James King, der zweite Leutnant der »Resolution« schrieb: »Wir waren erstaunt über den Wert und die Menge der Gaben. Damit wurde weit übertroffen, was wir jemals auf den Freundschafts- oder den Gesellschaftsinseln erhalten hatten.«[47] Aber womöglich verbarg sich hinter der Großzügigkeit etwas anderes. Etwa dies: »Wir wollen euch so versorgen, dass ihr weit fort segeln könnt, dahin, woher ihr gekommen seid. Denn wir wollen in Ruhe wieder unser eigenes Leben führen.«

Die Anker wurden am 4. Februar gelichtet. Bald darauf gerieten die Schiffe in einen schweren Sturm. Am 8. Februar brach in einer Orkanbö der Vormast der »Resolution«. Was tun? Nach einigem Zögern entschied sich Cook für die Rückkehr in die Bucht von Kealakekua. Denn das war der einzige halbwegs sichere Liegeplatz, den sie bisher kannten, und es gab dort die für den Ersatzmast tauglichen Bäume.

Sie trafen auf eine nun gründlich veränderte Stimmung der Eingeborenen. Die frühere Freundlichkeit schlug zunehmend in Feindschaft um; immer häufiger, in immer größerer Zahl sah man bewaffnete Männer, Krieger in voller Ausrüstung. Mehr als einmal wurden Steine geworfen. Schüsse antworteten; es kam zu ersten Scharmützeln. Mehrfach und stets häufiger hörten sie ein unheimliches Summen, offenbar von Kriegsgesängen.

Dieser Wandel lässt verschiedene Deutungen zu. Ein Gott, der seinen eigenen Entschluss zur Abreise widerruft und umkehrt, dazu noch gewissermaßen verkrüppelt und hilfsbedürftig, ist keiner mehr, könnte die eine heißen. Oder eine andere, praktische: Wir haben schon so viel von unseren Vorräten weggegeben, das wir selbst in Not geraten. Sind diese Eindringlinge denn unersättlich und niemals zufrieden? Werden sie uns vollkommen ausplündern, falls wir sie nicht vertreiben? Wahrscheinlich handelte es sich um eine Mischung aus den verschiedenen Motiven, die einander stützten und verstärkten.

Der Morgen des 14. Februar 1779 dämmerte herauf. Man entdeckte, dass während der Nacht das Hauptboot der »Discovery« gestohlen worden war. Daraufhin wurde die Bucht so gut wie möglich abgeriegelt. Cook selbst fasste einen schnellen Entschluss: Er wollte den König als Geisel nehmen, um damit die Herausgabe des Bootes zu erzwingen. Das war sein schon oft erprobtes und bisher stets erfolgreiches Mittel, zum Beispiel wenn es um die Auslieferung von Deserteuren ging. Cook landete also zwischen den Felsen, von denen aus der Weg zum Haus des Königs führte und machte sich auf den Weg, nur von einer Handvoll Marinesoldaten begleitet. Angesichts der gespannten Lage war das höchst leichtfertig; im explodierenden Ärger über den Bootsdiebstahl handelte Cook impulsiv, aber kaum überlegt. Schon fielen auf der anderen Seiten der Bucht Schüsse, schon war wieder und mächtiger denn je das unheimliche Summen zu hören. Eine kampfkräftige Abteilung, die notfalls eingreifen konnte, hätte am Landeplatz aufgestellt werden sollen, aufgestellt werden müssen.

Zunächst schien der Plan zu gelingen. Der König, aus dem Schlaf geweckt und hastig angekleidet, willigt ein, Cook zum Schiff zu begleiten. Er war ein alter und hinfälliger Mann; zwei seiner Söhne stützten ihn. Mit Mühe bahnten die Soldaten einen Weg durch die rasch wachsende Menge, meist bewaffnete Männer. Und schon kam der Strand in Sicht.

Doch jetzt stürzten aus Kanus heraus plötzlich schreiende Leute herbei. Sie riefen, dass auf der anderen Seite der Bucht der Häuptling Kalimu getötet worden sei. Womöglich noch lauter schrie eine Frau, die sich vor die Füße des Königs warf, um ihn am Weitergehen zu hindern. Andere griffen nach seinen Armen. Der alte Mann schwankte und fiel. Jemand zielte mit dem Speer auf Cook; er schoss, traf aber den falschen Mann und wirkungslos nur mit Schrot. Sergeant Gibson sah es und erschoss den richtigen. Für einen Moment wich die Menge zurück und antwortete dann mit einem Steinhagel. Die Marinesoldaten feuerten eine Salve. Doch danach brauchten sie die Zeit zum Nachladen, die sie nicht hatten. Die Hawaiianer erkannten ihren Vorteil und stürzten vorwärts. Alles war verloren; Cook selbst rief: »Zu den Booten!« Die Männer warfen die Gewehre fort, die ihnen nichts mehr nützten, und liefen um ihr Leben. Aber vier wurden erschlagen.

Cook, noch aufrecht, lief nicht, sondern ging langsam weiter. Für einen Augenblick schien es, als schützte ihn die Aura des Orono. Dann traf ihn ein Keulenschlag auf den Kopf. Er taumelte, machte zwei oder drei Schritte, sank auf Hände und Knie. Als er sich wieder aufrichtete, folgte ein Dolchstoß in den Rücken. Er erreichte den Strand und geriet ins seichte Wasser. Die Menge versuchte, seinen Kopf unter Wasser zu drücken. Er kämpfte sich noch einmal empor, bis ihn der Schmetterschlag einer Keule traf. Der Tote wurde zwischen die Felsen gezogen, wo die Sieger, in einer Raserei des Tabubruchs, weiter auf ihn einschlugen und einstachen.[48]

Verwirrung, Betäubung, Entsetzen und die Rufe nach Rache: Fast alle hatten von den Schiffen oder den Booten aus gesehen, was geschah. Verachtung traf Leutnant Williamson, dessen Boot am nächsten gewesen war und der, statt zu Hilfe zu eilen, seine Männer davonrudern ließ. Die nächsten Stunden und Tage vergingen im Hin und Her zwischen Rache und Verhandlungen. Das Dorf der Eingeborenen wurde bombardiert und nahezu dem Erdboden gleichgemacht. William Bligh führte Patrouillen durch und erschoss jeden, den er traf. Ein jüngerer Priester übernahm die Vermittlung; zunächst brachte er ein Stück Fleisch, stark verkohlt. Später folgte, was nach der Verbrennung des Leichnams von Cooks Schädel und Knochen geblieben war, alles sauber geschabt; nur die Hände waren mittels Salz konserviert worden und ermöglichten dank einer Narbe an der rechten Hand die Identifizierung. Wiederum etwas später folgten noch die Kieferknochen und die Füße. Am 21. Februar wurde die feierliche Seebestattung vollzogen; niemand scheint an eine Rückführung in die Heimat gedacht zu haben. Inzwischen wurde in höchster Eile der neue Vormast hergerichtet und mit vieler Mühe eingesetzt. Am Abend des 22. verließen die Schiffe die Bucht von Kealakekua, an der übrigens noch heute ein Ort »Captain Cook« heißt.

Alle Verantwortung lag nun auf dem sterbenskranken Commander Clerke, der auf die »Resolution« übersiedelte, während Leutnant Gore die Führung der »Discovery« übernahm. Clerke traf eine kluge Entscheidung. Er wusste, dass William Bligh, was immer sonst man von ihm halten mochte, ein begnadeter Navigator war. Daher überließ er ihm die seemännische Leitung, die er bis zur Heimkehr nach England ohne Tadel ausübte.

Nach einigen kurzen und weniger ergiebigen Aufenthalten auf

anderen Sandwichinseln steuerten die Schiffe nach Nordwesten, auf Kamtschatka zu. Am 29. April erreichte die »Resolution« eine Bucht bei Petropawlowsk; die »Discovery« folgte zwei Tage später. Die Russen gewährten eine freundliche Aufnahme. Mitte Juni begann der zweite Vorstoß durch die Beringstraße hindurch nach Norden, aber wiederum setzten Eisbarrieren eine unüberwindbare Grenze. Kurz vor der Rückkehr nach Petropawlowsk, am 22. August 1779, starb Charles Clerke, 38 Jahre alt. Zehn Tage zuvor diktierte er einen Abschiedsbrief an Joseph Banks:

»Mein treuer verehrter Freund, die Krankheit, die mich im Gefängnis befiel, hat sich als übermächtig erwiesen. Ich habe mit wechselndem Erfolg gegen sie angekämpft, aber niemals mehr bin ich gesund gewesen, seit ich in der Burlington Street von Ihnen Abschied nahm. Es ist nun so weit gekommen, dass ich mich nicht einmal mehr im Bett umdrehen kann, sodass mein Aufenthalt in dieser Welt nur noch von kurzer Dauer sein wird … Mein lieber und verehrter Freund, ich muss Ihnen also Adieu sagen. Mögen Sie noch viele Jahre leben und den Ruhm ernten, den sie so sehr verdienen. Dies sind die aufrichtigen und herzlichen Wünsche Ihres ergebenen, Sie liebenden und fortreisenden Dieners Charles Clerke.«[49]

Der Commander wurde in russischer Erde begraben.

Die Rückreise führte über Macao und Kapstadt. Wegen des Kriegszustandes mit Frankreich und inzwischen auch mit Spanien vermieden sie die Biscaya, und Stürme trieben die Schiffe um Irland und Schottland herum weit nach Norden; ein längerer Aufenthalt wurde noch einmal auf den Orkneyinseln erforderlich. Am 4. Oktober 1780, nach einer Abwesenheit von mehr als vier Jahren, liefen die »Resolution« und die »Discovery« in die Themse ein.

Die letzte Etappe, an der Küste der Nordsee entlang, die dem jungen James Cook so vertraut war, an Whitby vorüber, forderte ein letztes Opfer. Es starb der Sergeant Samuel Gibson; ob durch Krankheit, Unfall oder weil er den Tod suchte, der ihm an der Seite seines geliebten Kapitäns nicht vergönnt gewesen war, wissen wir nicht. Aber Vermutungen drängen sich auf. In Stromness, dem

Ankerplatz auf den Orkneys, hatte der Sergeant noch geheiratet, allem Anschein nach überhastet, auf der verzweifelten Suche nach dem verlorenen Halt. Offenbar nützte das nichts, und so blieb als Ausweg einzig der Tod.

Dem Ansehen Cooks hat sein schreckensvolles Ende nicht geschadet. Im Gegenteil, es hat ihn zur Legende entrückt. Ohnehin gehört zur Dramaturgie der Legendenbildung das dramatische Finale, sei es im Triumph, wie mit Horatio Nelsons Schlachtensieg bei Trafalgar, sei es im Untergang, von dem das Lied der Nibelungen an seinem Ende erzählt.

Als Schlusswort mag gelten, was die Encyclopaedia Britannica sagt: »James Cook hat auf seinen drei Reisen durch alle Weltmeere mehr entdeckt als alle Seefahrer in den zweieinhalb Jahrhunderten vor ihm. Er besiegte den Skorbut, machte das genaue Navigieren zum Allgemeingut und verwandelte den Pazifik aus einem Reich der Geheimnisse und Mythen in das Gebiet, das wir heute kennen ... Auf friedliche Weise hat er die Erdkarte mehr verändert als jemals ein anderer Mensch in der Geschichte.«[50]

Georg Forsters unstetes Leben

Wenn nicht England, dann Deutschland. Oder zunächst einmal und genauer: die deutsche Sprache. Georg Forster entdeckt sie wie der Schiffsjunge im Mastkorb der »Resolution« das Unbekannte. Und fast scheint es sich um den einst erträumten Südkontinent zu handeln. An den Berliner Verleger schreibt der Heimkehrer schon im September 1775: »Sie wundern sich, mein wertester Spener, dass ich mich in der deutschen Literatur umsehe.« Aber ihre Sprache ist »reich, harmonisch und männlich«, dass Klopstock die deutsche gegen die englische Muse zu einem Wettlauf antreten lässt, mit allen Aussichten auf den Sieg, sei wunderbar. »Und hätte dieser große Dichter sonst keinen andern Verdienst, so würde dieser Gedanke ihn allein verewigen können.« Dann werden die deutschen Bücher aufgezählt, die der junge Mann in seinem Mastkorb schon gelesen hat oder gerade liest. Am Ende heißt es: »Ich bitte um Göthens Götze von Berlichingen und jungen Werther. Was ist von Claudius?«[51]

Ein Jahr später klingt es noch weitaus entschiedener: »Eins bitte ich, bemerken Sie. Englische Großmut, edle Denkungsart, Gastfreiheit, Menschenliebe, kurz was bewundert wird, nach den Idealen im Grandison, der Clarisse und den nachahmenden deutschen Romanen, alles das ist nicht mehr. Ich bin ein Deutscher, und so wahr ich ein Deutscher, das ist ein ehrlicher Mann bin, so ist auch nicht mehr, nicht mehr Ehre, Großmut, keine Tugend mehr in England.«[52]

Gewiss, eine gehörige oder auch ungehörige Portion Opportunismus kommt da ins Spiel; je mehr die Aussichten in London sich verfinstern, desto dringender wird die Hoffnung, sich aus dem englischen Schiffbruch ans deutsche Ufer zu retten. Und doch geht es um mehr, um eine Selbstentdeckung als Schriftsteller. Dabei kommt der junge Mann gerade zur rechten Zeit. Lange genug hatte es seit der Katastrophe des Dreißigjährigen Krieges der deutschen Dichtung gewissermaßen die Sprache verschlagen, sofern man von Reservaten wie dem Kirchenlied absieht, und die Herrschenden, nicht nur Friedrich der Große, redeten, lasen und schrieben französisch. Jetzt aber, in der zweiten Hälfte des 18. Jahrhunderts, begann um so mächtiger ein Aufbruch, und Georg Forster gewann daran seinen Anteil.

Ironie gehört indessen zur Sache. Bereits als Kind hatte Forster den deutschen Sprachraum verlassen, und seit langem war ihm das Englische wenn schon nicht zur Mutter-, dann doch zu seiner Umgangssprache geworden. Es fiel ihm schwer, die eigenen Reiseerzählungen ins Deutsche zu übertragen; er brauchte Hilfe und fand sie bei einem zweifelhaften Ehrenmann, Rudolf Erich Raspe (1737–1794). Der war in Kassel Professor, Bibliothekar und Verwalter des Münzkabinetts gewesen, beging aber Unterschlagungen und flüchtete nach London. Höchst angemessen machte er sich später als Lügendichter einen Namen; er veröffentlichte »Baron Münchhausens Erzählungen seiner wunderbaren Reisen und Feldzüge in Russland«.[53] Übrigens und wiederum angemessen wurde in dieser frühen Fassung die Kanone, auf deren Kugel der Baron seinen berühmten Ritt unternahm, nicht im Türkenkrieg, sondern in der Südsee abgefeuert.

Nur zu gern ließ Forster sich von Raspe überreden und den wahren Bösewicht vorführen: »Ich kann Ihnen versichern, nichts hat mich so wahrhaftig erfreut als überzeugt zu werden, dass er unschuldig und ein rechtschaffender Mann sei ... Der Landgraf von Hessen-Kassel hat ihn auch auf die niederträchtigste Art behandelt; die Brust wird einem zu eng, wenn ich alle menschlichen Laster in einem Punkt konzentriert sehe und dabei herrschend, tyrannisierend, unangefochten sehe.« Dieser Fürst ist »das Untier, das jetzt den abscheulichen Handel mit Soldaten treibt und an England den Schweiß, das Blut, die Freiheit seiner Untertanen verkauft, um seinen infamen Gelüsten ein Genüge zu leisten«.[54]

Kaum war die Übersetzung beendet, fuhr Forster nach Paris, um die Möglichkeit einer französischen Ausgabe zu erkunden. Der Erfolg blieb aus; allenfalls die Reisekosten wurden durch den Verkauf einiger Südseeandenken gedeckt. Aber es kam zu interessanten Begegnungen, zum Beispiel mit dem damals berühmtesten Amerikaner, Benjamin Franklin: »Sein silbernes Haar und seine hohe Stirn sicherten ihm Ehrfurcht und Hochachtung. Überzeugungskraft und Güte wohnten auf seinen Lippen, und die huldvolle Art seiner ganzen Erscheinung war bewundernswert. Er sprach wenig und meist über philosophische Gegenstände, trug einen einfachen guten Anzug und weiße Seidensocken, scherzte mit Madam le Roy und erzählte bei Tisch eine Reihe launiger Geschichten. Nach dem Diner machte er ein Schläfchen, vielleicht als Folge einer französischen Sitte, die gegen uns in Anwendung gebracht wurde und mich davon überzeugte, dass die Franzosen keine schlechteren Trinker sind als andere Völker ... Ich war so glücklich, wie man es nur sein kann, ich fühlte mich rundum wohl, ganz wie zu Hause.« Welch ein Kontrast ohnehin zum heimischen Elend in London! Dafür nahm der staunende Georg sogar das Lästige gerne in Kauf: »Eine Dame, anscheinend ein weiblicher Philosoph, fing an, mir Fragen über Tahiti und meine Reise zu stellen, und kam bald auf Geschlechtskrankheiten, auf Quecksilberkuren, Speichelfluss und so weiter. Einem Philosophen ist alles erlaubt!«[55]

1778 erschien die Übersetzung des Reiseberichts, wohlversehen mit einer Widmung an Friedrich den Großen: »Allergnädigster, großmächtigster König und Herr! Ich wagte mich nicht an den Thron des siegreichen Helden und tiefschauenden Regenten, wenn ich nicht zugleich in Ihm den Menschenfreund und Weisen verehrte. Von diesem großen Charakter Eurer Majestät hoffe ich, dass auch jene entfernten Völker, die noch in der Kindheit der Kultur sind, nicht ganz unwürdige Gegenstände für Höchst-Dero Betrachtung sein werden. – Mit tiefster Ehrfurcht lege ich also

Eurer Majestät diese Reisebeschreibung zu Füßen. Sie ist die Geschichte und Arbeit eines Deutschen, der stolz auf sein Vaterland ist, und den Augenblick segnet, welcher ihm gestattet, *den* Monarchen vor aller Welt zu bewundern, dem dies Vaterland seinen jetzigen Geist zu verdanken hat.«[56]

Ob Friedrich von solchen nationalen Tönen etwas hielt oder ob er überhaupt nur ansah, was deutsch statt französisch geschrieben war, steht dahin. Immerhin empfing Friedrich später den Vater Forster, der ihm mit seiner Art von Charme sagte: »Sire, ich habe bereits fünf Könige gesehen, drei wilde, zwei zahme, aber wie Eure Majestät keinen.«

Der Verleger Spener lud Georg Forster nach Deutschland ein, und der antwortete: »Stellen Sie sich vor, welch einen Kampf in meiner zerschlagenen Brust Ihr letzter Brief erregt hat – einen Kampf zwischen dem Prinzip, das über meine Selbsterhaltung wacht, und der Liebe gegen meine Eltern und Geschwister. Großer Gott! in welcher schrecklichen Lage soll ich diese Unglücklichen verlassen! Es ist wahr, ich bin hier ganz müßig und unnütz; allein ich kenne meinen Vater; er wird mir zuverlässig vorwerfen, daß ich ihn im Unglück verlassen will, und was der Beschuldigungen mehr sind, die den Unglücklichen niemals fehlen. Übrigens werde ich meine Mutter und Geschwister ganz und gar seiner üblen Laune überlassen, und es wird keiner sein, der ein tröstliches Wort spräche, um ihr Leiden zu erleichtern. Werden sie nicht endlich selbst auf die Vermutung fallen, dass ich weggegangen bin, um mich dem Elend zu entreißen, ohne für ihre Erhaltung Sorge zu tragen und oh! wie weh wird dieser Verdacht mir tun müssen, da ich unschuldig bin?«[57]

Georg Forster ahnte, dass es eine Frage auf Leben und Tod war, sich vom Vater zu trennen, für den er in England nichts mehr, aber vielleicht in Deutschland etwas tun konnte. Der Vater war im übrigen zur Bewegungslosigkeit verurteilt, weil seine Gläubiger ihn festhielten. Der Sohn reiste also am 23. Oktober 1778 aus London ab, aber er tat es nicht wirklich befreit, sondern mit denkbar schlechtem Gewissen und mit den schrecklichen Vorwürfen, die er selbst sich machte.

In Deutschland erwartete ihn die Überraschung seines Lebens: Er war berühmt; das literarische und das gelehrte, das ganze gebildete Deutschland huldigte ihm. In Düsseldorf zum Beispiel, nach den Niederlanden seine erste Station, entstand beinahe ein Aufruhr, als man erfahr, dass er angekommen sei. Friedrich Jacobi schrieb in Eile: »Ich höre, Sie sind hier, verehrungswürdiger Mann, und ich soll die Freude haben, Sie zu sehen. Mein Ungeduld ist unaussprechlich. Ich bin nicht angezogen und kann also nicht zu Ihnen fliegen –, auch fürcht' ich, Sie etwa zu stören. Soll ich *Sie* erwarten oder wollen Sie *mich* erwarten? Bey mir speisen heute mittag und heute abend müßen Sie durchaus, und mit niemand ein Wort reden, daß ich nicht höre. Beschleunigen Sie, ich bitte! den Augenblick unserer Bekanntschaft, und verzeihen Sie den Taumel worin ich dieses schreibe.«[58]

Die Botschaft ist vom 24. November datiert; zwei Tage später beging der »verehrungswürdige Mann« gerade einmal seinen 24. Geburtstag. Jacobi, der mit allen Verbindung hielt, die in Deutschland Rang und Namen hatten, schrieb dann Empfehlungsbriefe an Goethe, Wieland und Herder, die kaum noch nötig waren.

In Kassel trommelte ein Professor seinen Kollegen mit den Worten aus dem Bett: »Wie können Sie sich dem Schlaf überlassen, da Georg Forster hier ist!« Ebenso umschwärmten ihn die Gelehrten in Göttingen, Lichtenberg vorweg. In Berlin gab es in fünf Wochen fünfzig bis sechzig Einladungen zu Mittags- und Abendgesellschaften. Manchmal gewinnt man fast den Eindruck: Was der liebenswürdige Wilde Omai als Sensation der Saison für die Londoner Gesellschaft bedeutete, stellt nun Georg Forster für die deutsche dar.

Zu diesem unerwarteten Ergebnis hat zweierlei beigetragen. Erstens traf Forster im Miteinander von Realismus und Romantik, von Bericht und Botschaft, Anschauung und Urteil sehr genau die Erwartungen seiner deutschen Zeitgenossen, obwohl er sie gar nicht kannte. Er hat damit den Reisebericht als eine Literaturgattung begründet, die es so vorher nicht gab und die dann in verschiedenartigen Formen wie Goethes »Italienische Reise«,

Seumes »Spaziergang nach Syrakus« und Chamissos »Bemerkungen und Ansichten auf einer Entdeckungsreise« auszweigte.

Zweitens gehörten die Deutschen nicht zu den Nationen, die das Zeitalter der Entdeckungen prägten. Sie waren und blieben in kleinräumigen Verhältnissen eingeschlossen. Das alte Österreich und das brandneue Preußen mochten zwar Großmächte sein, aber einzig zu Lande. Überdies war das Bildungsbürgertum, das allmählich entstand, durchweg zu arm, um sich das Reisen leisten zu könnten. Sehnsüchtig umfasste man die Welt, doch bloß in Gedanken und Träumen. Um ein Beispiel zu geben: Die populärsten Vorlesungen des berühmten Immanuel Kant, die nicht nur von Studenten, sondern auch von Herren der Königsberger Gesellschaft besucht wurden, galten der Anthropologie und Geographie; wir würden von Völker- und Länderkunde sprechen. Aber alles war angelesen und Kant selbst über Ostpreußen niemals hinausgekommen. Und jetzt taucht jemand auf, der die Welt leibhaftig umrundet und an der vielleicht größten aller Entdeckungsfahrten teilgenommen hatte!

Forsters deutscher Triumph führte noch auf andere Weise ans Ziel. In Kassel traf er den Staatsminister und General Martin Ernst von Schlieffen, den er schon in London kennen gelernt hatte, als er hessische Soldaten zum Einsatz in Amerika nach Großbritannien verkaufte. Schlieffen wiederum vermittelte eine Audienz beim Landgrafen, dem »Untier« höchstpersönlich. Und ehe er sich's versah, war der junge Feuerkopf Forster zum landgräflich-hessischen Professor für Naturkunde bestellt. »Ich sprach umsonst, dass man meinen Vater herbeirufen sollte; man konnte für mich eine neue Stelle erschaffen, aber nicht für einen Mann mit Familie, der wenigstens dreimal mehr zum Leben brauchte als ein lediger Mensch.«[59]

Dabei erwies sich das Gehalt mit 450 Talern im Monat als durchaus ansehnlich. Zur Erinnerung: Georg Forster war 24 Jahre alt, und nur sehr wenige junge Leute verdienten so viel wie er. Kant musste bis zu seinem 46. Lebensjahr warten, ehe er eine Professur und damit ein vergleichbares Gehalt erreichte; vorher war er ausschließlich auf die Kolleggelder seiner Hörer und – als

Unterbibliothekar – auf 62 Taler *jährlich* angewiesen. Bei halbwegs sparsamen Wirtschaften hätte also auch eine Familie ihr Auskommen gefunden. Schon nach einem Jahr kamen übrigens weitere hundert Taler hinzu, als Entgelt für die Aufsicht über die Naturaliensammlung des Landgrafen. Und bis 1781 hatte sich das Geld fast verdoppelt, auf 800 Taler pro Monat. Nein, am Geld fehlte es – dank des Soldatenverkaufs – in der Fürsten- oder Staatskasse nicht. Aber man wollte in Kassel eben den Sohn haben und nicht den Vater.

Übrigens stellten auch die Ehrungen sich ein, fast in Serie. Georg Forster wurde ernannt: zum Ehrenmitglied der Gesellschaft Naturforschender Freunde in Berlin (1776), zum Fellow der Royal Society in London (1777), zum Mitglied der Königlichen Akademie der Wissenschaften in Göttingen (1777), zum Mitglied der Königlich-Dänischen Gesellschaft der Wissenschaften (1778), zum Ehrenmitglied der Société des Antiquités zu Kassel (1778), zum Magister der Universität Göttingen (1778), zum Mitglied der Kaiserlichen Akademie der Naturforscher in Halle (Leopoldina, 1780) und noch zu einigen mehr.[60] Es gab nicht viele Gelehrte, und bestimmt keinen in seinem Alter, die eine vergleichbare List vorweisen konnten.

Natürlich verfluchte der Vater Forster seinen verräterischen Sohn, oft weinerlich und mehr noch im abgründigen Zorn; natürlich forderte er immer neue Überweisungen und ließ es nicht zu, dass der Sohn jemals die innere Freiheit zu einem eigenen und sicher begründeten Leben gewann. Mit Recht hat der Biograph Klaus Harpprecht gesagt:

»Schlimmer als die materielle Ausbeutung war die moralische Deformation, die Georg durch die tägliche Konfrontierung mit der Brutalität und Servilität, Arroganz und Kleinmütigkeit, Verschwendungssucht und Knauserei des Alten erlitten hatte. Der einstige Pastor Forster mochte geneigt sein, sich selbst als Vorkämpfer und Märtyrer des bürgerlichen Anspruchs auf die Gestaltung der öffentlichen Dinge zu erkennen. Das hinderte ihn später nicht, die Revolution und den Sohn in Grund und Boden zu verdammen. Die Fähigkeit und den Willen zur Gestaltung des eigenen Geschicks aber blieb er der Umwelt und vor allem Georg schuldig. Vielmehr bedrängte er den Sohn mit einer fatalen Mischung aus tyrannischer Autorität und würdeloser Schwäche. Sosehr Georg sich bemühte, sein Leben durch ein Kontrastprogramm gegen den Vater zu formen: es gelang ihm niemals ganz. Immer wieder unterlag er einem schrecklichen Wiederholungszwang, dessen psychische Mechanik er nicht völlig durchschaute. Wahrhaftig, sein Leben war nicht lang genug, sich von diesem Vater jemals ganz zu befreien.«[61]

Dabei vollbrachte George das beinahe Unmögliche. Er erreichte, dass der Vater auf einen Lehrstuhl an der preußischen Universität Halle berufen wurde, und als Freimaurer gelang es ihm schließlich durch eine Sammlung bei seinen Logenbrüdern – vorab bei ihrem Großmeister, dem Herzog Ferdinand von Braunschweig –, dass der Vater seine Schulden bezahlen konnte und aus England ausreisen durfte. Als zwar schwieriger Kollege, aber durchaus angesehener Gelehrter hat Reinhold Forster dann bis zu seinem Tode im Jahr 1798 im Halle gelebt. Er jedenfalls hatte das rettende Ufer erreicht: dank seines Sohnes, dem er keinen Dank wusste.

Der schreckliche Wiederholungszwang, von dem Harpprecht spricht, zeigte sich zunächst einmal in Georgs Unfähigkeit, mit seinem Gehalt auszukommen. Wie bitter hatte er das Elend durchlitten und beklagt, das sein Vater durch die Unfähigkeit zum halbwegs sparsamen Wirtschaften heraufbeschwor! Aber trotz aller Aufbesserungen gab er selbst immer mehr aus, als er einnahm, und geriet ständig tiefer in die Schulden hinein.

Wie gut hätte jetzt alles sein können: Der Unterricht am Collegium Carolinum, einem Mittelding zwischen Gymnasium und Akademie oder Universität, stellte nach heutigen Begriffen sehr geringe Anforderungen. Auf 25 Studenten kamen 21 Lehrkräfte. Und was es in Kassel nicht gab, bot das nahe Göttingen: die damals modernste Universität nicht nur Deutschlands, sondern Europas, mit einer ausgezeichneten Bibliothek und erstrangigen Professoren.

Aber es ging nicht gut. Sollte der jugendliche Feuerkopf, der so viel schon gesehen hatte, etwa den Rest seines Lebens in einer engen Residenzstadt verbringen, in der die Armut der Bürger im schneidenden Kontrast zur prunkvollen – und eben darum insgeheim stets verachteten – Hofhaltung stand? Sollte es seine Aufgabe sein, sich mit eher dumpfen als wissbegierigen Schülern oder Studenten zu plagen? Oder mit der Naturkunde? Georg Forster beherrschte ihre Regeln, aber äußerlich, vom Vater her angelernt und als Fron auferlegt. Eine eigene Leidenschaft konnte daraus schwerlich entstehen. Gewiss, solange der Weltreiseruhm noch frisch war, stellten auch berühmte Besucher sich ein, zum Beispiel am 14. September 1779 Goethe in Begleitung eines Kammerherrn und eines Oberforstmeisters von Wedel, der in Wahrheit Herzog Karl August von Sachsen-Weimar war.[62] Doch wie lange wohl noch?

Muße für literarische und wissenschaftliche Arbeiten? Vielleicht. Lichtenberg erbat, erzwang fast die Mithilfe und die Mitherausgabe für das »Göttingische Magazin der Wissenschaften und Literatur«. Aber Forster wurde dieser Aufgabe bald müde. Was bedeuteten im Übrigen nachgetragene Gelegenheitsarbeiten wie die »Beschreibung des rothen Baumläufers von der Insel O-Waihi«? Sieht man insgesamt das Werksregister[63] kritisch durch, so bleibt im Grunde nicht viel – mit zwei Ausnahmen, die kaum zufällig beide an die »Reise um die Welt« anschließen: der große Essay »Cook der Entdecker. Versuch eines Denkmals« aus dem Jahre 1787[64] und der zweite Reisebericht »Ansichten vom Niederrhein, von Brabant, Flandern, Holland, England und Frankreich im April, Mai und Junius 1790«.[65] Georg Forster war seinem Wesen nach eben kein Fachgelehrter, sondern ein Pionier der Reisebeschreibung. Zugespitzt: Er hatte seinen Beruf verfehlt; man hätte ihn fürs Reisen statt für die Stubenhockerei bezahlen sollen. Nur fand sich dafür niemand.

Nein, es war und es ging nicht gut. Es entstand keine Lebensaufgabe, für die sich die Hingabe lohnte. Unter der äußerlich erreichten Sicherheit lauerten die Langeweile, die Sinnleere, die Verzweiflung. Um ihnen zu entrinnen, warf sich Forster zusammen mit seinem beinahe gleichaltrigen Kollegen und Freund

Samuel Thomas Soemmerring[66] in die Arme der Rosenkreuzer, einer Sekte oder Bewegung, die in dieser Zeit der Höhe ihres Einflusses zustrebte und vielfach die Logen der Freimauer unterwanderte.[67] Man versank miteinander im inbrünstigem Gebet, in Mystik, nächtelangen Geisterbeschwörungen, Alchemie, tauschte Umarmungen, innige Bruderküsse – oder vielleicht noch mehr.[68] Am Ende half auch das nicht. Die wirklich wichtige und für Forster bestimmende Bewegung des Zeitalters blieb die Aufklärung. Sie kam der verzweifelten Glaubenssuche in den Weg und blockierte sie. Was dann noch blieb, waren ein schaler Nachgeschmack, wie der Rausch ihn nach sich zieht, ein bitteres Gefühl der Beschämung – und eine panische Furcht vor den geheimen Verschwörungsmächten der Rosenkreuzer, die an dem Abtrünnigen womöglich Rache nehmen würden.

In dieser materiell wie seelisch verfahrenen Situation kam das Angebot gerade recht, das unter anderen Umständen wohl nur mit Kopfschütteln oder Gelächter quittiert worden wäre: eine Berufung an die polnische Universität in Wilna. Wo lag das überhaupt? Jedenfalls exotisch weit fort, und eben das gehörte zu den Vorzügen. Kurzum: Forster sagte zu. Sein Gehalt sollte 400 Dukaten (etwa 1200 Reichstaler) betragen, bei frei zur Verfügung gestellter Wohnung. Vorweg tilgte ein Darlehen von 500 Dukaten die Kasseler Schulden; später wurde dieses Darlehen sogar in ein Geschenk umgewandelt, unter der Bedingung, dass der Herr Professor sich für mindestens acht Jahre nach Wilna verpflichtete.

Zum historischen Hintergrund gehörte die erste Polnische Teilung von 1772, die fast ein Drittel des Staatsgebietes gekostet hatte. Sie löste unter der Führung des aufgeklärten Königs Stanislaw-August Poniatowski Reformbestrebungen aus; unter anderem wurde mit einer »Erziehungskommission« die erste rein weltliche Behörde dieser Art in Europa geschaffen, und die Entwicklung moderner Universitäten gehörte zu ihrem Programm. Letztlich führten die Reformen allerdings zum erbitterten Kampf mit reaktionären Kräften und zum Eingreifen der benachbarten, konservativen Großmächte. Mit der zweiten und der dritten Teilung von 1793 und 1795 verschwand dann Polen für mehr als ein Jahrhundert von der politischen Landkarte.

Vom Landgrafen gnädig entlassen, von Soemmerring bis München begleitet und dort tränenreich verabschiedet, trat Forster am 23. April 1784 seine weite Reise an – und auf weiten Umwegen. Von Dresden fuhr er nicht etwa nach Osten auf Breslau und Krakau zu, sondern bog nach Prag und nach Wien ab, so als wollte er vor der Wildnis noch einmal die Zivilisation genießen; erst am 18. November erreichte er Wilna.[69] Über die Wechselfälle und Wechselgefühle der Reise unterrichtet ein intimes Tagebuch.[70] Um nur ein Detail anzuführen, Ausschnitte aus einem Gespräch mit dem (noch nicht österreichischen, sondern deutschen) Kaiser Joseph I., der wissen wollte, was Forster nach Polen zog und sagte:

»›Ich kenne die Polen, sie werden viele Worte machen; aber vom Halten ist nicht die Rede. Sie bleiben gewiss nicht lange da; wenn Sie arbeiten wollen, werden Sie's dort nicht können, das glauben Sie mir. Sie waren auf der großen Reise?‹

›Ja, Eure Majestät.‹

›Was war Cook für ein Mann, bloß guter Seemann oder auch sonst ein Mann von Kenntnissen?‹

›Er war ein herrlicher Seemann, der sich von unten aufgeschwungen und an Kenntnissen durch anhaltende Lektüre vieles erworben hatte; ich glaube, dass es in der englischen Marine verschiedene tapfere Offiziere und gute Seeleute gibt, aber keinen, der wie er mit dem Entdeckungsgeist geboren wäre; so ein Mann erscheint alle 100 Jahre einmal.‹

›Jetzt werden Sie nicht nötig haben zur See nach Otaheiti zu fahren. Jetzt werden Sie zu Lande hinkommen.‹

›Es wäre mir doch lieb, Eure Majestät, wenn ich eine so sanfte Nation fände wie die Otaheiter.‹

›Das nicht; die Polen sind eigensinnig und dumm.‹«

Im sommerlichen heiteren Wien blieb Forster für volle sieben Wochen, der Geselligkeit und nicht zuletzt auch den Liebeleien hingegeben, erstaunlich genug. Denn vor seiner Abreise aus Kassel hatte er noch etwas anderes auf den Weg gebracht: seine Verlobung mit Therese, Tochter des Göttinger Hofrats, Bibliothekars und Professors für alte Sprachen Christian Gottlob Heyne.[71] Es war ein Schritt, zu dem er sich sowohl aus nüchterner Überlegung als auch aus der verzweifelten Suche nach einem Halt heraus entschlossen hatte:

»Ich erwarte nichts Vollkommenes in der Ehe. Ich kenne, was sie Unangenehmes, Kettendes, Drückendes haben kann; empfinde die Vorzüge des ledigen Standes gar wohl. Allein einmal habe ich mir den Umgang mit Frauenzimmern außer der Ehe nie erlauben wollen und können, und doch fühle ich, dass zu meiner Ruhe, zur Besänftigung meines Bluts ein Weib ein notwendiges Übel ist. Auch kann ich, um unparteiisch zu sein, mir nicht verschweigen, dass ein gutes teilnehmendes Weib manche Stunde versüßen kann, die sonst trüb und finster verstreicht. Ich kenne mein Temperament; hätte ich ein gutes Weib, – ich suchte nichts mehr in der Welt. Ich bin ohnehin kein Liebhaber von Gesellschaft; nur der Geschlechtstrieb verschlägt mich jetzt zu oft in Gesellschaft (ich sage Geschlechtstrieb, denn so verkappt er auch ist, und so speziös die Argumente sind, die ich selbst mir zum Vorwand anführe, warum ich hier oder dort hingehen will, so bemerke ich doch mehrenteils, dass der Hauptgrund eine innere Unruhe und Unstetigkeit war, die mich nicht zu Hause sitzen ließen; Fleisch und Blut mit einem Wort!), aus der ich auch oft mit Unwillen über mich selbst und über die verschwendete Zeit zurückkehre.«[72]

Noch etwas kam hinzu, was Forster sich schwerlich eingestand: Seine Werbung um die Tochter Therese war zugleich eine Werbung um den Vater Heyne, die Suche nach einem väterlichen Freund, nach dem Ersatzvater, der vom leibhaftigen befreite. Das ist sogar gelungen; je länger desto mehr sah Heyne in Georg einen eigenen Sohn. Aber bildete das die Voraussetzung für eine glücklich Ehe?

Therese war zehn Jahre jünger als Forster und keine Schönheit; sie schielte ein wenig. Aber sie war eine Frau von Geist, mit Willenskraft, Temperament und Wortgewandtheit gerüstet; später ist sie zur Schriftstellerin und zu einer der ersten deutschen Journalistinnen geworden. Im Rückblick auf ihre erste Eheschließung hat sie geschrieben:

»Forsters Persönlichkeit vermehrte das Interesse, dass seine unerhörte Eigenschaft eines Weltumseglers einflößte; nicht weil er hübsch war – seine ursprünglich regelmäßigen Züge waren durch die Kinderblattern eingeschrumpft und mit Narben bedeckt; der heftige Skorbut, den er auf seiner Seereise erlitten und von der die Masse seiner Säfte für immer angesteckt war, hatte das Weiße seiner Augen gefärbt und seine Zähne gänzlich verdorben; aber sobald er durch das Gespräch belebt ward, erhielten seine Züge den mannigfachsten Ausdruck, und kaum sah ich je ein Gesicht, das durch den Geist und die Empfindung einer größeren Verschönerung, und eben auch des Gegenteils, fähig gewesen wäre. Ein Ausdruck von Bescheidenheit und Sicherheit zugleich gab ihm den Anstand der besten Gesellschaft, sodass er in dem geistvollsten Zirkel gefiel und im vornehmsten seinen Platz fand. Bei diesem höchst gebildeten Betragen bezeigte er die gütevollste Teilnahme an fremden Schicksalen, wurde leicht heimisch im engern Kreise und machte keine Art von gesellschaftlichen Ansprüchen. Dafür hatte er aber auch das Glück einer Art unschöner Männer; dass ihm die Frauen auf halbem Wege entgegenkamen, was ihm bei seinem sehr weichen Herzen stets den Genuß einer sehr gesteigerten Freundschaft gewährte.«[73]

Ein interessanter und gefühlvoller Mensch, ein guter Gesellschafter – und hart daneben der Mann mit der Hitze oder wohl eher der Gefühlskälte seiner sexuellen Bedürfnisse: Wiederum stellt sich die skeptische Frage nach den Voraussetzungen einer glücklichen Ehe.

Mit dem Beginn der Sommerferien 1785 wollte Forster nach Göttingen reisen, um zu heiraten. Aber es war, als ob uneingestandene Ängste ihm in den Leib fuhren; er erkrankte schwer und schrieb an Soemmerring: »Ich kann Dir nicht leugnen, dass ich diesmal mit Vergnügen gestorben wären. Gott! es wäre so still, so sanft, so unvermerkt geschehen!«[74] Für einen jungen Mann, der seiner Braut entgegenfiebert, nimmt sich das sonderbar aus. Doch trotz aller Hindernisse wurde die Ehe am 4. September in Göttingen geschlossen, und die Hochzeitsreise führte zurück nach Wien.

Da befand man sich in der Zeit des Herbstregens, der die Wege grundlos machte, und erst recht vom frühen Einbruch des Winters bis in den April oder Mai hinein beinahe am Ende der Welt, sozusagen im polnischen Sibirien. Gewiss, die Wohnung war inzwischen eingerichtet, die Kollegen bemühten sich um einen herzlichen Empfang, und sogar an Geselligkeit fehlte es nicht. Aber sonst an beinahe allem, in der Universität zum Beispiel, so sehr der Rektor, Abbé Poczobut, sich mühte: an Büchern, Gerätschaften, Räumen oder halbwegs vorgebildeten und lernwilligen Studenten. Die ersehnten Bücherpakete aus Berlin und Leipzig kamen nicht an, und nach einem Buchhändler suchte man vergebens. Die Stadt hatte sich von ihrem frühen Glanz als Königsresidenz weit entfernt und beherbergte bloß noch einen Bruchteil der einstigen Einwohnerschaft. Die Masse der Bürger und erst recht der Bauern ringsum auf dem Lande führten ein elendes Leben, indessen der Adel Feste feierte und es dem Fürstbischof wenig ausmachte, wenn er in einer einzigen Nacht am Spieltisch ein paar tausend Dukaten verlor.

Freilich sollte man hinzufügen, dass Forster, mit deutschem Hochmut geschlagen, sich auf seine neue Umgebung kaum einließ, weder auf die Sprache noch auf eine botanische Bestandsaufnahme Litauens. Zu den Menschen und ihrer Lebensweise gab es nur abfällige Bemerkungen über den Schmutz oder die »polnische Wirtschaft«. Kaum etwas, so schien es, war noch von der Wissbegier auf Tahiti geblieben. Es entging dem Herrn Professor auch, dass Wilna im 18. Jahrhundert eine Hochburg der jüdischen Gelehrsamkeit war.

Und hier, in dieser Verbannung, sollte man es für acht Jahre aushalten? Nein, der Ruhm der Reise mit James Cook erwies sich noch einmal als wundertätig: Im Frühsommer 1787 erschien als Kurier der Zarin ein junger, gebildeter und noch dazu gut aussehender Marinekapitän, Grigory Ivanowitsch Mulowsky, und trug Georg Forster die wissenschaftliche Leitung einer Welt- und Südseeexpedition an, die auf Geheiß Ihrer Majestät Katharinas II. im Frühjahr 1788 beginnen sollte und großzügig gleich auf vier Jahre berechnet war. 4000 Rubel wurden für die Grundausstattung angeboten, dazu 2000 Rubel pro Jahr. Weitere 1000 Rubel sollten inzwischen für Thereses Unterhalt gezahlt werden, 1500 Rubel als Pension im Falle von Georgs Tod.[75] Die Ablösung der in Polen eingegangenen Verpflichtungen? Kein Problem, die würde der Baron Stackelberg übernehmen, Gesandter Ihrer Majestät in Warschau und dort ohnehin fast allmächtig.

Der unvermutet aus seiner Verbannung erlöste Professor war glücklich und griff mit beiden Händen zu. Schon sechs Wochen später traf aus St. Petersburg die Bestätigung aller Abmachungen ein. In Eile wurde der Haushalt aufgelöst, und mit der bereits 1786 geborenen Tochter[76] traten Georg und Therese die Heimreise nach Göttingen an. Dabei wurde Halle mit Vorsatz gemieden und Reinhold Forster nicht eingeweiht; wohl mit Recht fürchtete Georg, dass der Vater sich einmischen, seine Mitreise verlangen und sich dann wieder als Tyrann aufführen würde. In Göttingen mietete er ein Haus und wartete mit Zuversicht auf die weiteren Nachrichten aus St. Petersburg.

Die Zeit verrann, und nichts geschah. Schließlich traf eine niederschmetternde Botschaft ein: Statt auf friedliche Entdeckungen zu setzen, wollte die große Katharina ihr Reich lieber durch Eroberungen erweitern; ein Krieg gegen die Türkei begann und verschlang alles Geld. Die kostspielige Expedition wurde vorerst abgesagt und praktisch auf Nimmerwiedersehen vertagt.[77] Für Forster blieb nur – oder immerhin – eine Abfindung von 1500 Talern.

Während man noch voller Hoffnungen war, fand sich ein Hausfreund ein: Friedrich Ludwig Wilhelm Meyer (1759–1840), Unterbibliothekar beim Vater Heyne, der schon früher für Therese geschwärmt hatte. Treuherzig schrieb Forster an Herder: »Meyer ist unser täglicher Mittagsgesellschafter, weil wir uns von einem Gastwirt speisen lassen. Er ist unser Bruder und unzertrennlicher Freund. Unser kleiner Bund heißt Dreieinigkeit, und er heißt Assad. Wir suchen des Lebens froh zu werden und den gegenwärtigen Augenblick nicht ungenossen zu entlassen. Gestern ward ich 33 Jahre alt und fühlte, dass ich noch, bei allem und trotz allem, was mir Bitteres und Widerwärtiges widerfuhr und was mein Herz betäuben und stumpfen wollte, mich glücklich dünken könne, in diesem kleinen engen Kreise.«[78]

Wie intim die Beziehungen zwischen Therese und Meyer wirklich gerieten, wissen wir nicht.[79] An ihren Vater, offenbar in der Verteidigung gegen seine Vorwürfe und die umlaufenden Gerüchte, schrieb Therese vielleicht etwas weniger treuherzig: »Ich freute mich, Meyer wieder zu sehn, weil ich vollkommene Achtung für ihn hatte, und ich bis jetzt wusste, dass meine Freundschaft für ihn meinem Glück in der Ehe mehr Vorteil als Schaden gethan hatte ... Wie ich merkte, was Forsters Ruhe störte, bot ich ihm gleich an, meinen Umgang mit Meyer abzubrechen oder Göttingen zu verlassen. Ich bot es ihm bei jeder Heftigkeit von seiner Seite an, und er schwor und versicherte mir, Meyer stand ihm nicht im Wege, sondern nur mein Kaltsinn, der doch durch sein sultansmäßiges Betragen ebensowohl wie durch meine Gesinnungen gegen einen Mann veranlasst wurde, der mir meine Pflicht gegen meinen Gatten immer eingeschärft hat, sie nie hat schwächen wollen. Forster wollte meine Anerbieten, mich von Meyer zu entfernen, nicht annehmen, und noch vier Wochen oder kürzer vor der traurigen eklatanten Scene, Meyers eigenes Anerbieten nicht, sondern behauptete, er sei nicht eifersüchtig. Ich habe geirrt, gefehlt, aber nie betrogen.«[80]

Der Traum von einer zweiten großen Weltreise verflogen, die Beziehung zu Therese jedenfalls schwer gestört: Was nun? Den Ausweg bot schließlich, 1788, der Posten eines Bibliothekars in Mainz, mit wenig Arbeit verbunden und mit 1800 Gulden pro Jahr (gleich 1130 Reichstalern) wohl dotiert. Wie groß Forsters Erleichterung war, zeigt der ungewohnte witzige Aufsatz »Über Leckereien«, den er für Lichtenbergs »Göttinger Taschen-Kalender vom Jahr 1789« schrieb.[81]

Welch ein Unterschied zu Wilna: Ein mildes Klima herrschte in Mainz, und das galt auch geistig. Zwar handelte es sich um ein Krummstabsland, neben Trier und Köln eines der linksrheinischen und urkatholischen Erzbistümer. Aber der Fürstbischof, Freiherr von Erthal, war ein alter und toleranter Mann, dem es nichts ausmachte, auch Protestanten in seinen Dienst zu berufen.

»Ich fand an diesem Mann«, schrieb Forster an Therese, »einen siebzigjährigen Greis, der noch munter genug aussieht und beständig mit uns im Zimmer auf- und abging. Er hat gute politische Kenntnisse, hauptsächlich was die Verhältnisse der Höfe betrifft; das übrige mag oberflächlich sein. Doch er spricht gut, deutlich, mit Sammlung, ohne Verlegenheit und sogar freimütig. Wie ich erzählte, welche Religionsbegriffe die Otaheiter hatten, fing er an, uns etwas daher zu freigeistern, wozu wir stille schwiegen und uns hernach mächtig darüber wunderten, dass er sich doch so viel – es war allerdings wenig genug – zu sagen getraut hätte. Er hat eine gescheute Nase, einen ehrlichen Mund und sanfte Augen. Sein Ton ist ernst, aber nicht steif, doch habe ich ihn in einer Stunde ein paarmal lächeln sehen.«[82]

Mainz war eine morsche Säule des zum Untergang bestimmten alten Reiches und ihr Bischof als erster Kurfürst sozusagen dessen Zeremonienmeister – ein Amt, das der Freiherr von Erthal nur zu gerne ausübte. Freilich herrschten auch die Stagnation uralter Verhältnisse, strenge Standes- und Zunftordnungen sowie für die Masse armer Bürger und Bauern drückende Abgaben lasten.

Die Forsters bezogen ein Haus, richteten sich ein. Und nur zu bald fand sich auch wieder ein Hausfreund, Ludwig Ferdinand Huber, 1764 geboren, als Legationssekretär der diplomatische Vertreter von Sachsen beim Kurfürsten von Mainz und ein Mann mit schriftstellerischem Ehrgeiz. Wie kam es dazu? Hatte Forster aus der Göttinger Affäre nichts gelernt? Fürchtete er keine Wiederholung? Die Antwort ist kompliziert. Zur bitteren Wahrheit gehörte, dass die Eheleute sich nichts mehr zu sagen hatten; sie lebten miteinander im Käfig ihrer Einsamkeit zu zweit. Davon entlastete der Hausfreund und bildete gewissermaßen den Puffer; zu dritt ließ es sich plaudern und sogar lachen. In einem Rückblick, der die Episode in Göttingen ebenso betrifft wie die Zeit in Mainz, hat Therese geschrieben:

»Nun begann die fürchterlichste Epoche meines Lebens. – Ich kann sie keinem Mann schildern, und kein Weib wird sie begreifen – ich ... lebte in der Ehe wie eine der Unglücklichen, die ihren

Körper preisgibt, um nicht Hungers zu sterben – so gab ich mich hin, um nicht den Qualen der Eifersucht, der Qual, einen Mann, dessen Glück ich doch beschworen hatte, elend zu sehen, zu erliegen. – Ich lebte zwei Jahre der fürchterlichsten Erbitterung, wäre damals die Revolution gewesen, ich wäre an die Blutstätten geeilt, ich hätte in den Reihen der Streiter gekämpft, ich hätte gemordet – um ein Gefühl zu genießen, das die starre Verzweiflung meiner Brust belebte. – Und so, mit einem kalten Lächeln auf den Lippen, errieth niemand, was in mir wie ein Krebsschaden mich vergiftete.«[83] Unter solchen Umständen wurde 1789 Klara Forster geboren, die zweite Tochter.

Für Georg Forster mochte die mehr als dreimonatige Reise, die er am 25. März 1790 antrat, eine Art von Flucht bedeuten. Aber sie brachte ihre eigene Art von Erfüllung mit sich. Sein Reisegefährte war der junge, gerade einmal zwanzig Jahre alte Alexander von Humboldt, der später, ein James Cook zu Lande, als »der zweite Entdecker« Süd- und Mittelamerikas berühmt werden sollte. Die beiden verstanden sich, schärften einander den Blick, schlossen Freundschaft. Als ihre Frucht entstand Forsters zweiter großer Reisebericht.[84] Die Fahrt führte über den Niederrhein, durch Belgien, die Niederlande und England nach Paris.[85] Hier kamen sie gerade zurecht, um die Französische Revolution sozusagen in ihrer Traumphase von Freiheit, Gleichheit und Brüderlichkeit zu erleben.

Am ersten Jahrestag des Sturms auf die Bastille vom 14. Juli 1789 wurde auf dem Marsfeld von Paris ein großes Verbrüderungsfest gefeiert. Forster war schon wieder in Mainz, aber Humboldt erlebte es, ließ sich vom Jubel mitreißen und erstattete seinem Reisegefährten den entsprechenden Bericht. Später hat man von den »schönen Tagen« der Revolution gesprochen, und überall in Europa, nicht zuletzt in Deutschland, lösten sie Anteilnahme, um nicht zu sagen Begeisterung aus.

Indessen hatte im noch stillen Mainz eine andere, für Forsters Gefühle, nein für die Grundlagen seiner Existenz nicht weniger einschneidende Revolution begonnen, von der etwas später Therese einer Freundin berichtete: »Nun fingen wir an uns zu lieben, Huber und ich – denn ehe Forster nach England ging, hatten wir nie in irgend einem Verhältnis gestanden – der Zufall entdeckte unsern Herzen, wie nahe sie waren, und Forsters häusliche Ruhe war dahin. Er wird dir ja wohl viel erzählt haben … Er war unendlich edel, gut und menschlich – aber vor dem Unglück, was ihn traf, konnte ihn nichts hüten – lieben konnte ich ihn nicht, und lieben – nun zum ersten Mal aus Herz und Sinnen und Verstand – lieben musste das liebevollste Herz, das jetzt nicht mit dem Ungestüm erster Jugend, aber der unabänderlichen Innigkeit eines gebildeten Gefühls liebte.«[86]

Was muss das für Georg Forster bedeutet haben! Er klammerte sich trotz allem an Therese; sie war der Halt, den er brauchte, und er liebte seine Kinder. Übrigens wurde im Sommer 1791 noch eine dritte Tochter geboren, die allerdings schon nach wenigen Monaten starb.

Die Welt blieb darüber nicht stehen. 1792 erließ der alliierte Oberbefehlshaber, der Herzog von Braunschweig, ein töricht drohendes Manifest. Die Antwort war die Radikalisierung der Revolution. Am 10. August erstürmten aufgebrachte Massen die Tuilerien und metzelten die Schweizergarde des Königs nieder; der König selbst geriet in Gefangenschaft. Anfang September wurden in einer Mordserie 1600 Menschen getötet. Am 20. September brachte die Kanonade von Valmy eine Kriegswende. Der Rückzug der Alliierten begann, anhaltender Herbstregen weichte die Wege auf, Krankheiten wie die Ruhr und die Cholera griffen um sich; aus dem Rückzug wurde Flucht, eine militärische Katastrophe. Entsprechend rückten die Revolutionsarmeen vor, drangen ins Rheinland ein, näherten sich Mainz. Forster notierte:

»Gestern ist alles, was laufen konnte, von hier geflüchtet; alle französischen Emigrierten, besonders die Frauenzimmer, zu Wagen, zu Pferd, zu Fuß. Der Domschatz, die Archive, die Möbel aus dem kurfürstlichen Schloß, alles ist fort; alle Domherren haben ihre Sachen gerettet und alle Vornehmen desgleichen. Der Kurfürst kam gestern abend selbst von Frankfurt, um bei dem Einpacken gegenwärtig zu sein, und um halb zehn Uhr abends fuhr er wieder in aller Stille zum Tor hinaus, nachdem er die Wappen hatte von seinen Kutschen abkratzen lassen, um nicht erkannt (und aufgehalten?) zu werden.«[87] Am Abend des 21. Oktober hielten die Franzosen ihren Einzug.

Georg Forster war gewiß kein politischer Kopf, jedenfalls nicht in dem Sinne, dass er von den Kunstgriffen der Macht etwas verstand. Er war ein Idealist, der Träumer von einer schöneren Welt; um so mehr sprachen die Proklamation der Bürger- und Menschenrechte, die Prinzipien der Freiheit, Gleichheit und Brüderlichkeit ihn an. Zwar übte er zunächst noch Zurückhaltung, und der Hofrat Heyne beschwor seinen Schwiegersohn: »Brauchen Sie um Himmels willen Mäßigung, Vorsicht und Klugheit, dass Sie nicht einmal, wenn die Sachen wieder auf den vorigen Fuß kommen, sich und Ihre Familie unglücklich machen und gemacht haben. Die Heftigkeit Ihrer letzten Briefe erschreckt mich ... Jetzt hilft Warnen etwas; haben Sie sich unglücklich gemacht, wer kann dann helfen?«[88]

Nein, niemand, und ohnehin war es schon zu spät. Bereits am 27. Oktober 1792 schrieb Forster: »Ich habe mit mehreren gutgesinnten Männern vor allem mich zurückgehalten; allein diese Neutralität ist misslich, die Krisis naht, und man wird Partei ergreifen müssen.« Und dann folgte ein schicksalsschwerer Satz: »Der Rhein ist jetzt zum Glück für Deutschland da; er muss die Grenze sein, die das Land der Republikaner von Deutschland absondert.«[89]

Es ist hier nicht der Ort, um die Revolutionsgeschichte der Rheinlande und von Mainz nachzuerzählen; dazu gibt es eine eigene Literatur.[90] Nur von Forster soll die Rede sein. Am 7. November 1792 trat er in den neu gegründeten Jakobinerklub ein; eine Woche später hielt er dort eine glühende Rede, in der er das alte Reich mit einer Polterkammer verglich. »In dieser Polterkammer spukt jetzt ein lügenhaftes Gespenst, das sich für den Geist der deutschen Freiheit ausgibt; es ist aber der Teufel der feudalischen Knechtschaft, wie man solches deutlich in den ungeheuren Aktenstößen erkennen kann, womit es sich herumschleppt, und an den Ketten, die überall klirren, wohin es sich wendet. Dieses scheußliche Gespenst, das von Titulaturen, Formalitäten, Pergamenten spricht, wenn vernünftige Leute von Wahrheit, Freiheit, Natur und Menschenrecht reden, kann nur auf eine Art gebannt werden, nämlich, wenn man mit dem Degen in der Faust auf dasselbe eindringt.« In der Hinwendung nach Frankreich und als Vision für die Zukunft hieß es dann: »Der Rhein ist die natürliche Grenze eines großen Freistaates, der keine Eroberung zu machen verlangt, sondern nur die Nationen, die sich ihm freiwillig anschließen, aufnimmt.«[91]

Vier Monate später, am 21. März 1793, fasste der »rheinisch-deutsche Nationalkonvent«, der in Mainz zusammengetreten war, einen denkwürdigen Beschluss: »Das rheinische-deutsche Volk wünscht seinen Anschluss an die französische Republik und beantragt ihn bei ihr.« Neun Tage später trat Forster, zusammen mit zwei anderen Delegierten, vor den Konvent in Paris und verlas die Botschaft, die ohne Abstimmung mit Beifall aufgenommen wurde.

Jeder Rückweg war damit abgeschnitten. Denn inzwischen waren wieder die Preußen und die Österreicher am Zuge; Mainz wurde belagert, zur Kapitulation gezwungen und damit der kurzlebigen rheinischen Republik ein Ende gemacht. Die Rache der Gegenrevolution traf jeden, der sich als Jakobiner hervorgetan hatte.[92] Georg Forster, der bekannteste von allen, wurde als exemplarischer Vaterlandsverräter mit der Reichsacht belegt.

Nichts blieb ihm mehr, außer der Zuflucht in Paris, um dort in einer dürftigen Dachkammer zu hausen. Unerbittlich zerbrach sein letzter großer Traum. Freiheit, Gleichheit und Brüderlichkeit? Ach, nein: Was jetzt ringsum regierte, waren das Misstrauen, die Verhaftungen und Hinrichtungen, der Bürgerkrieg und der Krieg. Auch Therese hatte sich längst schon davongestohlen; sie wich mit den Kindern zunächst nach Straßburg und dann in die Schweiz aus, wo sie sich mit Huber vereinigte. Forster schrieb Briefe, etwa diesen:

»Meine liebe Tochter, ich schicke dir durch Mamsell Boulanger ein Halstuch, ein Taschentuch und einen Fingerhut. Das Halstuch tust du des Abends um, wenn du im Kühlen spazieren gehst; das Taschentuch brauchst du, wenn du bei deiner Mutter nähst, denn es ist eine Schere, ein kleines Federmesser, eine Schnürnadel und ein Ohrlöffel darin, auch ein Fleckchen Tuch um Nähnadeln drauf zu stecken, und eine Tasche um Zwirn drin aufzuheben. Es ist auch ein kleiner Spiegel drin; ich rate dir aber, dass du niemals hineinguckst, ausgenommen des Morgens, um zu sehen, ob du auch rein gewaschen bist. – Ich wäre so gern bei dir und deiner Schwester und deiner Mutter; aber ich kann nicht zu euch kommen, und ihr könnt nicht zu mir, weil es nun ein schlimmer Krieg ist und wir alle kein Geld zum Reisen haben. – Lebt wohl, meine lieben Kinder, und habt euch lieb untereinander. Ich bin euer treuer und zärtlicher Vater Forster.«[93]

Therese teilte mit, dass sie Huber liebe, ihn heiraten wolle, und die Scheidung verlange. Forster antwortete: »Ich habe Deinen Brief, meine teuerste Therese, worin Dein schönes Herz so ganz darliegt. Es hat das schmerzliche Gefühl meines grenzenlosen, unheilbaren Elends nur noch geschärft. Ich kann nicht mit Dir leben und kann Dich auch nicht entbehren; es ist unmöglich, dass ich je durch Liebe beglückt werde; denn nie kann ein anderer Gegenstand mich rühren und mein Herz so erfüllen – und ich liebte so ganz unbedingt, so hingegeben! Ich liebe noch ebenso mit dem zerfleischenden Bewusstsein, nie, nie! glücklich gewesen zu sein, nie Gegenempfindungen erregt zu haben, folglich nie erwecken zu können. Wünsche nicht diese Hölle zu fassen, sondern wünsche, dass ich einsehen lerne, womit ich sie verdient habe, damit ich ruhiger und mit dem Schicksal versöhnter sterbe. Ich war gewiss für häusliches Glück geschaffen, ich war nützlich als Mensch und wäre es als Mensch, als Vater und Freund, als Gatte immer mehr geworden. Alles ist zerrüttet, alles hin; ich kann nicht mehr die Ruhe der Seele finden, die zur Arbeit unentbehrlich ist; ich kann mich mit der toten Einsamkeit nicht aussöhnen und hasse sie doch noch weniger als die traurige Gesellschaft der Menschen.«[94]

Anfang November 1793 traf sich das Ehepaar noch einmal an der Grenze zur Schweiz, aber im Kern ging es bloß noch um die Scheidung. In seinem Willen zum Weiterleben gebrochen, reiste Georg Forster nach Paris zurück. Bald erkrankte er. In seinem letzten Brief an Therese und Huber hieß es: »Nicht wahr, Kinder, ein paar Worte sind besser als nichts? Ich habe nun keine Kraft mehr zum Schreiben. Lebt wohl! Hütet Euch vor Krankheit; küsst meine Herzblättchen.«[95] Er starb am 10. Januar 1794, noch nicht einmal 40 Jahre alt.

Die Nachrufe, soweit es sie gab, fielen zwiespältig, oft auch lügenhaft aus. Den ergreifendsten hat ihm sein Schwiegervater, der alte Hofrat Heyne gewidmet: »Seit der gestern erhaltenen, mich gänzlich betäubenden Nachricht kann ich meine Gedanken noch nicht einmal sammeln; ich bin untröstlich über den Verlust meines Forster. Wohl war er mein Forster, ich liebte ihn unaussprechlich! Sein Wert – ach, ersetzt wird er der Welt nicht wieder! Was für Kenntnisse hier vereinigt waren, treffen nicht leicht wieder zusammen. Der edelste Charakter, das beste Herz und mir immer der Gegenstand des Kummers, des Mitleidens – immer gerührt dachte ich an ihn, er verdiente mehr als Tausende glücklich zu sein, war es nie, war so tief unglücklich! Es ist mir noch unmöglich zu denken, dass ich ihn nie wieder sehen soll.«[96]

In Deutschland entwickelte sich der Nationalismus im Gegenschlag zur napoleonischen Eroberung, und im weiteren Verlauf des 19. Jahrhunderts erschien Frankreich als »der Erbfeind«. Dazu passte das Bild vom exemplarischen Vaterlandsverräter nur zu gut. Ebenso ließ sich auch sagen, dass Georg Forster unfähig war, seine Lebensführung so zu organisieren, wie es sich gehörte: In Mainz war er wieder einmal in eine Schuldenlawine hineingeraten, die es nahe legte, die Brücken hinter sich abzubrechen und den Sprung an ein neues, dem Schein nach rettendes Ufer zu wagen, in einen Traum hinein, der sich dann zum Alptraum verkehrte. Wohl ebenso wichtig war freilich die persönliche Tragödie, die aus Therese Forster eine Frau Huber machte.

Mit seinem Weg in die Verbannung hat Georg Forster eine Art von Muster geschaffen. Heinrich Heine ist ihm gefolgt – und mit ihm und nach ihm gingen so viele der deutschen Denker und Dichter aus ihrem Vaterland fort. Oder sie flohen, um ihr Leben zu retten. Ein bitteres Schicksalsbuch wurde angelegt, zuletzt und eng bedruckt seit 1933, das den Titel trug: Deutscher Geist im Exil. Forster fiel nur die Ehre zu, seine erste Seite zu schreiben.

Inzwischen sind die nationalistischen Wahnvorstellungen gottlob verschwunden, die uns einmal in ihren Bann schlugen. Vielleicht öffnen sich damit Ausblicke auf eine Zukunft, in der man Europäer und Weltbürger sein darf und nicht mehr zum Verräter wird, wenn man Grenzen überschreitet.

Forster entwickelte keine Theorie; er besaß keinen Plan für den Abriss und Neubau der Gesellschaft. Er war und er blieb ein Träumer, der Träumer von einer anderen, besseren, menschenfreundlichen Welt, wie es sie wohl niemals geben wird. Und womöglich war er eben damit exemplarisch: als ein deutscher Schriftsteller.

Anmerkungen

Vorwort

[1] Als eine grundlegende Untersuchung zur Entwicklung des europäischen Fortschrittsdenkens ist zu nennen: J. B. Bury, *The Idea of Progress. An Inquiry Into its Origin and Growth*, London 1920. Siehe ferner: Erwin Faul, »Ursprünge, Ausprägungen und Krise der Fortschrittsidee«, in: *Zeitschrift für Politik*, Jahrgang 31 (Neue Folge) Heft 3, 1984, S. 241 ff. Dieser Aufsatz nennt umfangreiche weitere Literatur.

[2] Brief an R. Rush, 20. Oktober 1820.

[3] Brief an Dr. Priestley, 27. Januar 1800. – Mit Recht hat Otto Vossler gesagt: »Jefferson war nicht der Begründer der amerikanischen Demokratie. Deren Wurzeln reichen weit zurück nach England. Er war aber der Begründer des Bewußtseins der amerikanischen Demokratie, ihrer Verherrlichung, ihres Stolzes und ihrer menschheitlichen Mission. Er hat seinem Volke den Glauben gegeben, der es zur Nation gemacht hat.« (*Die amerikanischen Revolutionsideale in ihrem Verhältnis zu den europäischen, untersucht an Thomas Jefferson*, München 1929, S. 187.) – Sozusagen die Alltagspraxis des amerikanischen Fortschrittsglaubens hat Alexis de Tocqueville geschildert: »Ich treffe einen amerikanischen Matrosen und frage ihn, weshalb die Schiffe seines Landes nur für kurze Lebensdauer gebaut sind, und er antwortet mir ohne zu zögern, die Kunst

des Schiffsbaus mache täglich so große Fortschritte, daß das schönste Schiff bald wertlos wäre, wenn es länger als einige Jahre durchhielte. An diesen zufällig von einem ungebildeten Mann geäußerten Worten erkenne ich die systematische Vorstellung, von der sich ein großes Volk in der Führung aller Dinge bestimmen läßt.« (*Über die Demokratie in Amerika*, Band II, Ausgabe Stuttgart 1962, S. 46.)

4 Hegel, *Vorlesungen über die Philosophie der Geschichte*, Vierter Teil, Dritter Abschnitt, Drittes Kapitel: »Die Aufklärung und die Revolution«.

5 Rousseaus *Du Contrat Social* erschien 1762. Als deutsche Ausgabe sei genannt: *Der Gesellschaftsvertrag oder die Grundsätze des Staatsrechts*, Stuttgart 1971 (Reclam Univ.-Bibliothek Nr. 1769/70).

6 »Die Welt ist die Signatur des Wortes«, hat Heinrich Heine gesagt und im Blick auf die paradoxe Wirkungsgeschichte Rousseaus hinzugefügt: »Maximilien Robespierre war nichts als die Hand von Jean-Jacques Rousseau, die blutige Hand, die aus dem Schoße der Zeit den Leib hervorzog, dessen Seele Rousseau geschaffen. Die unstete Angst, die dem Jean-Jacques das Leben verkümmerte, rührte sie vielleicht daher, dass er schon im Geiste ahnte, welch eines Geburtshelfers seine Gedanken bedurften, um leiblich zur Welt zu kommen?« (*Zur Geschichte der Religion und Philosophie in Deutschland*, Drittes Buch, zuerst 1834, Reclam Ditzingen, 1997.)

7 Siehe von Robespierre: *Habt ihr eine Revolution ohne Revolution gewollt?* Reden, herausgegeben von Kurt Schnelle, Leipzig ohne Jahr, (Reclams Univ.-Bibliothek Nr. 8370–74.)

8 Richard Hough hat über den Vater Forster gesagt: »Johann schuf sich entweder Feinde oder Verärgerung durch Rechthaberei, Eitelkeit, ständige Verbitterung und seinen offensichtlichen Mangel an Höflichkeit. Es ist ein Rätsel, wie er die Reise überstand. Oft war man dicht daran, ihn über Bord zu werfen.« Kurz, er war kein Brite und kein Gentleman, sondern »ein langweiliger deutscher Botaniker, Philosoph und Prediger«. (*Captain James Cook, A Biography*, a. a. O., S. 193.) Siehe auch:

Michael E. Hoare, *The Tactless Philosopher. Johann Reinhold Forster, 1729–98*, Melbourne 1976.

9 In der Bibliographie von Klaus Harpprecht *Georg Forster oder die Liebe zur Welt* (Taschenbuchausgabe Reinbek bei Hamburg 1990) nimmt die Weltreise, die Forster lebensentscheidend bestimmte und ihm in Deutschland zu seinem Ruhm verhalf, gerade einmal 87 von 635 Seiten ein. In Ulrich Enzensbergers *Georg Forster. Ein Leben in Scherben* (Frankfurt am Main 1996) sind es 38 von 339 Seiten.

10 Harpprecht, a. a. O., S. 181.

11 Bligh hatte wohl recht, wenn er erklärte, dass die Mannschaft »sich unter den Bewohnern von Tahiti an ein glücklicheres Leben gewöhnte, als sie es jemals in England finden konnte«. Das, zusammen mit der Anziehungskraft der Südseefrauen, sei der Hauptgrund der Meuterei gewesen. Als einen fürsorglichen »Vater« seiner Leute wie Cook kann man sich Bligh allerdings nicht vorstellen. Seine seemännischen Fähigkeiten und sein Mut standen außer Zweifel. Aber bei der Flottenmeuterei von 1797 trieb ihn wiederum seine Mannschaft von Bord, und 1808, als Gouverneur des australischen New South Wales, rebellierte sein Stellvertreter gegen ihn und schickte ihn unter Arrest nach England zurück. Blighs Karriere hat das alles wenig geschadet. Er brachte es bis zum Admiral und starb 1817.

Die Vorgeschichte

Der Werdegang eines Seemanns

1 Da das geschäftige England seine Waldreserven längst erschöpft hatte, wuchs vor dem Zeitalter der Eisenbahnen und Eisenschiffe der Bedarf an Holzimporten um so mehr, ebenso der an Getreide, da immer mehr Acker in Schafweiden verwandelt wurden. Entsprechende Bedeutung gewannen norddeutsche Ostseehäfen. In Ostpreußen produzierte der Groß-

grundbesitz das Getreide, und auf Flüssen wie Pregel und Memel wurde das Holz in die Häfen geflößt. Um so härter wurde später das Land von der Kontinentalsperre getroffen, die Napoleon gegen das militärisch unangreifbare Inselreich verhängte. »Der gewohnte Absatz, besonders von Getreide und Wolle nach England, schrumpfte; die Getreidepreise stürzten in Ostpreußen 1806–1810 um 60 bis 80 Prozent; in Memel verfaulten riesige Holzmengen, die für England bestimmt gewesen waren.« (Wilhelm Treue, »Wirtschafts- und Sozialgeschichte Deutschlands im 19. Jahrhundert«, in: B. Gebhardt, *Handbuch der deutschen Geschichte*, Band 3, 8. Auflage Stuttgart 1960, S. 317.)

2 Die britische Marine war (neben der Kolonialverwaltung) ebenso eine Institution für die standesgemäße Versorgung von jüngeren Söhnen aus dem Adel wie die preußische Armee für die ostelbischen Junker. Der Sachverhalt trat nur nicht so deutlich in Erscheinung, weil nach der englischen Adelsverfassung nur der älteste Sohn Titel und Besitz erbte. Darum traten ständig Abkömmlinge des Adels ins Bürgertum über; umgekehrt konnten Bürger geadelt werden, ohne dass eine Adelsinflation entstand. Aus diesem Hin und Her bildete sich eine aus Adel und Bürgertum gemischte Oberschicht, jedoch mit um so strikterer Abrieglung gegen die Unterschichten. Fürst Pückler-Muskau hat diese Abriegelung »kastenartig indisch« genannt, und sie hinterließ auch in der Marine ihre Spuren.

3 Siehe dazu: Martin Schlenke, *England und das friederizianische Preußen 1740–1763. Ein Beitrag zum Verhältnis von Politik und öffentlicher Meinung im England des 18. Jahrhunderts*, Freiburg und München 1963, S. 248, 338 et passim.

4 Richard Hough, *James Cook. A Biography*, Paperback-Ausgabe New York und London 1997, S. 11.

5 Entsprechend im Konflikt. Fletcher Christian, der die Meuterei gegen Kapitän William Bligh anführte, war der Mastersmaat auf der »Bounty«.

6 Die Atmosphäre der Auseinandersetzungen an den Grenzen einer allmählich vorrückenden Zivilisation wird romantisch

aufbereitet, aber auch anschaulich aufbewahrt in James Fenimore Coopers »Lederstrumpf«-Geschichten, (in: *Der letzte der Mohikaner*, zuerst 1826, Insel, Frankfurt am Main 1995).

7 Brief von Samuel Holland an John Graves Simcoe vom 11. Januar 1792, hier zitiert nach: J. C. Beaglehole, *The Life of Captain James Cook*, Ausgabe Stanford, California 1998, S. 33 f. John Graves Simcoe war der Sohn von Kapitän John Simcoe.

8 Bei der britischen Admiralität handelt es sich bei den Lords nicht um ererbte Titel, sondern um Amtsbezeichnungen. Um ein neueres Beispiel zu geben: Am Anfang des Ersten Weltkriegs war Winston Churchill Erster Lord der Admiralität und Admiral John Fisher Erster Seelord. Churchill war als Erster Lord der zuständige Minister, Fisher stand als erster Seelord an der Spitze der militärischen Fachhierarchie.

9 Eine (britische) Meile gleich 1,609 Kilometer; es ist also von beinahe 10 000 Kilometern die Rede. Die Meile ist zu unterscheiden von der Seemeile. Sie misst 1,852 Kilometer, die englische *nautical mile* jedoch einen Meter mehr.

10 Ein *inch* gleich 2,540 Zentimeter. Weiter sind gebräuchlich: *foot* gleich 30,480 Zentimeter, *yard* gleich 0,914 Meter. Manchmal, um die Verwirrung voll zu machen, kommen auch noch *rods* ins Spiel: ein *rod* gleich 5,5 yards oder 5,029 Meter.

11 Zitiert nach Richard Hough, a. a. O., S. 33.

Der Durchgang der Venus

12 Banks wird zitiert nach: *The Endeavour Journals of Joseph Banks 1768–1771*, herausgegeben von J. C. Beaglehole, 2 Bände, Sydney 1962. Näher zu Banks: Eva Lack, *Die Abenteuer des Sir Joseph Banks, 1743–1820*, Wien 1985. Siehe ferner: Patrick O'Brian, *Joseph Banks. A Life*, London 1988; Edward Smith, *The Life of Sir Joseph Banks*, London 1911.

13 Grundlage ist die Parallaxe. Man visiert von zwei verschiedenen Beobachtungspunkten aus ein Objekt an. Wenn die Länge der Basislinie bekannt ist, die die beiden Beobachtungspunkte

verbindet, lässt sich aus den Winkeln zwischen dieser Basislinie und dem Objekt dessen Entfernung ablesen. Schon die Natur macht sich das Prinzip zunutze, indem sie Tiere und Menschen mit zwei Augen statt mit einem ausstattet. Nur stehen die Augen zu nahe beieinander, um genau zu sein. Alle Entfernungsmessgeräte – zum Beispiel die auf Kriegsschiffen des 20. Jahrhunderts bis zur Durchsetzung des Radars verwendeten – beruhen darauf, dass man die Basislinie der Augen künstlich erweitert. Bei dem Vorhaben der Royal Society ging es also darum, die Basislinie bis zur Gegenseite des Erdballs zu spannen.

14 Cook wird in diesem Kapitel zitiert nach: *The Journals of Captain James Cook. The Voyage of the Endeavour*, herausgegeben von J. C. Beaglehole, London 1968.

15 Beaglehole notiert, dass Cook das »verdammt« in den späteren Fassungen wegließ, »in der Anpassung, möchte man annehmen, an eine gehobene Ausdrucksweise. Denn man kann kaum glauben, dass er die edlen Gemüter der Admiralität zu verletzen fürchtete oder sich um den Rhythmus seiner Prosa sorgte.« (*The Life of Captain James Cook*, a. a. O., S. 171.) Es sei daran erinnert, dass sie einst auch in der deutschen Schriftsprache die Kraftworte gern durch Punkte ersetzte oder zumindest »ver...t« schrieb.

16 Die Seeleute der damaligen Zeit – und noch lange danach – konnten in der Regel nicht schwimmen; die Unfallopfer fielen, der Selbstmörder sprang über Bord. Im Kontrast gehört zu den Berichten über Tahiti und andere Südseeinseln immer wieder das Staunen über die Schwimmküste der Eingeborenen.

17 Es seien zum Thema zwei neue Bücher genannt: Klaus H. Börner, *Auf der Suche nach dem irdischen Paradies. Zur Ikonographie der geographischen Utopie*, Frankfurt am Main 1983; Gerd Stein (Hg.), *Die edlen Wilden*, Frankfurt am Main 1984.

18 *The Life of Captain James Cook*, a. a. O., S. 187.

19 In Deutschland sprach man noch in den dreißiger Jahren von

der »englischen Krankheit«, wenn man die Rachitis meinte, gegen die vorbeugend Lebertran verabreicht wurde.

20 Es handelte sich um die Frambösie, englisch *yaws*, eine wie die Syphilis durch Spirochäten (Trepomena pertenue) in den Tropen, besonders in Afrika, weit verbreitete Geschwulstkrankheit. In der neueren Zeit wurde sie, wie die Syphilis, zunächst durch Salvarsan, dann durch Penicillin erfolgreich bekämpft.

21 In der Folgezeit kam den Briten ein besonderer Umstand zur Hilfe: die Revolution von 1789. Die Zeit der Bougainvilles und Crozets war damit vorüber; Frankreich war zunächst mit sich selbst beschäftigt und eroberte dann Europa. Aber bei einem bis 1815 fast ununterbrochen andauernden Kriegszustand riegelte die britische Seeblockade es für ein entscheidendes Vierteljahrhundert von den Weltmeeren ab. Danach war die britische Besiedlung von Australien schon weit fortgeschritten, und von Australien aus geriet auch Neuseeland in den britischen Einflussbereich, zunächst vor allem durch die Stützpunkte von Walfängern.

22 Ein Faden, englisch *fathorn*, misst sechs Fuß oder 1,83 Meter.

23 Neusüdwales, mit der Hauptstadt Sydney, ist heute der südöstlichste Bundesstaat Australiens. Nach Norden schließt sich Queensland mit der Hauptstadt Brisbane an.

24 Der vollständige Brief ist abgedruckt in: *The Journals of Captain James Cook*, a. a. O., S. 499 ff.

25 *The Life of Captain James Cook*, a. a. O., S. 259.

26 Im Entwurf seines Briefes schrieb Cook, der Ertrag seiner Reise sei so groß gewesen, wie bei jeder früheren Südseereise – »oder noch größer«. Diese Passage strich er dann; sie hätte nach Angeberei aussehen können. Das Gesagte genügte.

27 Zur Versumpfung hatte wesentlich ein schweres Erdbeben des Jahres 1699 beigetragen, das die Mündung des Flusses Tjiliwoeng verschüttete und zur Zerstörung der Kanalisation führte. Richard Hough behauptet, dass zur Zeit von Cooks Besuch die jährliche Todesrate in Batavia etwa 50 000 Menschen betragen habe. (*Captain James Cook. A Biography*, a. a. O.,

S. 166, Anmerkung.) Das allerdings dürfte weit übertrieben sein; eine solche Todesrate hätte zur schnellen Ausrottung der gesamten Einwohnerschaft und zur Entvölkerung des Umlandes geführt. Das Brockhaus-Lexikon von 1879 nennt für Batavia 70 000 und für das Umland, die Residentie Batavia mit 2896 Quadratkilometern, etwa 660 000 Einwohner.

28 Hough, a. a. O., S. 170.

Vater und Sohn

29 Im Jahre 1607 gründete der brandenburgische Kurfürst Joachim Friedrich in Joachimsthal, am Rande der Schorfheide, eine »Fürstenschule«. 1650 wurde sie als Joachimsthalsches Gymnasium nach Berlin verlegt. 1912 folgte die Umsiedlung nach Templin, 1945 die Auflösung.

30 »Ueber Georg Forster«, in: *Annalen der Philosophie und des philosophischen Geistes. Philosophischer Anzeiger,* Halle 1795, Spalte 12 f.

31 ebd., Spalte 13 f.

32 Zitiert nach: Ulrich Enzensberger, *Georg Forster. Ein Leben in Scherben,* Frankfurt am Main 1996, S. 18.

33 »Ueber Georg Forster«, a. a. O., Spalte 14 f.

34 Es sei angemerkt, dass trotz aller Schwierigkeiten schließlich doch blühende Siedlungen entstanden. Am Vorabend des Ersten Weltkriegs zählte man etwa 700 000 Wolgadeutsche.

35 Der Guinea, eine Goldmünze, nach der Herkunft des Goldes aus Guinea benannt, war im 18. Jahrhundert das Hauptzahlungsmittel. Mit der Vorliebe der Briten für krumme Zahlen betrug der Wert des Guineas 21 Shillings, im Gegensatz zum Pfund gleich 20 Shillings. Erst 1971 wurde ein Dezimalsystem eingeführt.

36 *Georg Forster oder die Liebe zur Welt. Eine Biographie,* a. a. O., S. 54.

37 Woides Nachlass mit den Tagebüchern befindet sich im Britischen Museum. Hier zitiert nach: *Georg Forsters Werke. Sämt-*

liche Schriften, Tagebücher und Briefe, herausgegeben von der Akademie der Wissenschaften der DDR, Zentralinstitut für Literaturgeschichte, Band XIII, Berlin 1978, S. 950 ff.

38 Andreas Planta, gestorben 1773, war der Senior unter den reformierten Predigern in London. An ihn hatte der Petersburger Pfarrer Dilthey Forster mit einem Empfehlungsbrief verwiesen. Nach seiner Ankunft schrieb Forster an Dilthey: »Sogleich ging ich zu Ihrem Freund Herren Planta einen Weg von 5 Engl. Meilen; der Weg dauerte mich aber beinahe, denn ihr Freund war sehr kalt. Er schimpfte, dass er Ihren übel geschriebenen Brief nicht lesen könnte, nahm mich kalt auf ... und tröstete mich so schlecht, dass wenn ich nicht Gott zum Troste gehabt, ich in meinen bedrängten Umständen sehr fühllos mir geschienen hätte.« (Johann Reinhold Forster, »An Dilthey«. Staatsbibliothek zu Berlin, Sammlung Darmst. Weltreisen (2), Reinhold Forster, Blatt 6–7.) Mit anderen Worten: Planta schob das unbequeme Werk christlicher Nächstenliebe auf den jüngeren Amtsbruder Woide ab. – Andreas Planta darf nicht, wie es manchmal (so bei Enzensberger) geschieht, mit Joseph Planta (1744–1827) verwechselt werden, dem Oberbibliothekar des Britischen Museums und Redakteur der »Transactions of the Royal Society«.

39 Michail Wassiljewitsch Lomonossow, 1711–1765, war Mitbegründer der Wissenschaftlichen Akademie von St. Petersburg und der Universität zu Moskau, die seinen Namen trägt. Er war Dichter und Forscher zugleich; seine wissenschaftlichen Arbeiten reichten von der Philologie bis zu einer Chemie auf mathematischer und physikalischer Grundlage.

40 Joseph Priestley, 1733–1804, war Theologie und Naturforscher. Sein Eintreten für die Französische Revolution brachte ihm heftige Angriffe ein, sodass er 1794 in die Vereinigten Staaten emigrierte.

41 »Ueber Georg Forster«, a. a. O., Spalte 124.

42 ebd., Spalte 125.

43 »Einige Nachrichten von Johann Georg Forster's Leben«, in: Therese Huber (Hg.), *Johann Georg Forster's Briefwechsel,*

1. Theil, Leipzig 1829, S. 13 f. – Therese (Maria Theresia) Huber, geborene Heyne, war Georg Forsters Frau; von ihr wird später noch die Rede sein. Nach ihrer Scheidung heiratete sie 1794 Ludwig Ferdinand Huber.

44 Enzensberger, a. a. O., S. 30 f. Siehe auch Harpprecht, a. a. O., S. 67.

45 »Ueber Georg Forster«, a. a. O., Spalte 125 f.

46 Jean-Étienne Martin-Allanic, *Bougainville navigateur, et les découvertes de son temps*, Paris 1964, S. 466 f.

47 Der Brief von Commerson ist angedruckt in: *Bougainville, Reise um die Welt*, neu herausgegeben von Klaus-Georg Popp, Stuttgart 1980, S. 365.

48 ebd., S. 188.

49 Talleyrands berühmter Ausspruch ist in verschiedenen Fassungen überliefert. Nach einer anderen soll der zum Priester geweihte Lebemann gesagt haben, »dass niemand die irdische Seligkeit preisen könne, der nicht schon vor 1789 gelebt habe«. Siehe dazu: Duff Cooper, *Talleyrand*, Taschenbuchausgabe München 1962, S. 10.

Terra Australis Incognita

50 J. C. Beaglehole, a. a. O., S. 273.

51 Dalrymple veröffentlichte *An Account of the Discoveries made in the South Pacifick Ocean previous to 1764, London 1764; A Historical Collection of the Several Voyages and Discoveries in the South Pacific Ocean*, 2 Bände, London 1770/71; *A Collection of Voyages, chiefly in the Southern Atlantick Ocean*, 5 Teile, London 1775.

52 Dalrymple, 1737–1808, fand schließlich auf prosaische Weise sein Auskommen. 1779 ernannte ihn die East India Company zu ihrem Hydrographen, und seit 1795 war er der erste Hydrograph der Admiralität. Als solcher organisierte er die planmäßige Vermessungsarbeit und veröffentlichte viele und brauchbare Seekarten.

53 Die »Endeavour« wurde nach ihrer Überholung für Fahrten zu den Falklandinseln eingesetzt und 1775 für 645 Pfund verkauft. Vermutlich lief sie schließlich – längst unter anderem Namen – im amerikanischen Newport/Rhode Island auf Grund und verrottete dort, da die Reparatur nicht mehr als lohnend erschien. Siehe dazu: Richard Hough, a. a. O., S. 178 f. – Es ist seltsam: Schiffe haben, wie die Seeleute sagen, eine Seele, eine Art von Eigenwillen, die sich allen Berechnungen entzieht. Aber wenn sie ausgedient haben, lässt man sie zerfallen oder schlachtet sie aus, so wie einst geliebte Pferde dem Abdecker oder dem Roßschlächter überantwortet werden.

54 Zitiert nach Beaglehole, a. a. O., S. 292.

55 ebd., S. 294.

56 ebd., S. 294.

57 Siehe zum Briefwechsel und zu den Stellungnahmen der Admiralität: *The Journals of Captain Cook on his Voyages of Discovery*, Cambridge 1955 ff.; hier: Band II, herausgegeben von J. C. Beaglehole, S. 707 ff. Siehe auch: *The Endeavour Journal of Joseph Banks 1768–1771*, herausgegeben von J. C. Beaglehole, a. a. O., Band II, S. 342 ff.

58 Der Brief ist abgedruckt in: *Georg Forsters Werke*, a. a. O., Band I, Berlin 1968, S. 682 f.

59 ebd.

60 *Reise um die Welt*, 1. Teil, Einleitung, in: *Georg Forsters Werke*, a. a. O., Band II, 2. Auflage Berlin 1989, S. 27 f.

Die Reise ans Ende der Welt

Vorbemerkung

1 An erster Stelle sind von James Cook zu nennen: *A Voyage Towards the South Pole and Round the World … In the Years 1772, 1773, 1774 und 1775*, zwei Bände, London 1777; *The Journals of Captain Cook. The Voyage of the Resolution and the Adventure*, herausgegeben von J. C. Beaglehole, London

1969; gekürzte Ausgabe: *The Explorations of Captain James Cook in the Pacific As Told by Selections of his Own Journals 1768–1779*, herausgegeben von A. Grenfell Price, New York 1971, S. 93–194; eine ältere deutsche, allerdings stark verkürzte Ausgabe: *Die Weltumsegelungsfahrten des Kapitäns James Cook. Ein Auszug aus seinen Tagebüchern*, herausgegeben von Ernst Schultze, Hamburg 1908, S. 159–313.

Aus der Feder von Georg Forster stammen: *A Voyage Round the World*, Akademieausgabe Band I, bearbeitet von Robert L. Kahn, Berlin 1968; *Reise um die Welt*, Teile 1 und 2, bearbeitet von Gerhard Steiner, Akademieausgabe Bände II und III, 2. Auflage Berlin 1989; *Streitschriften und Fragmente zur Weltreise*, Akademieausgabe Band IV, bearbeitet von Robert L. Kahn und anderen, 2. Auflage Berlin 1989; »Cook, der Entdecker. Versuch eines Denkmals«, in: *Kleine Schriften zur Völker- und Länderkunde*, bearbeitet von Horst Fiedler und anderen, Akademieausgabe Band V, Berlin 1985, S. 191–302.

Quellenangaben zu den Aufzeichnungen weiterer Reiseteilnehmer bei J. C. Beaglehole, *The Life of Captain James Cook*, a. a. O., S. 720. Von William Wales ist besonders zu nennen: *Remarks on Mr. Forster's Account of Captain Cook's Last Voyage Round the World in the Years 1772, 1773, 1774, and 1775*, London 1778; von Charles Clerke das Logbuch, das sich im Britischen Museum befindet (Add. Ms. 8951-3). Zu den Biographien und weiteren Arbeiten sei auf das Literaturverzeichnis am Ende dieses Buches verwiesen.

James Cook und Georg Forster seit 1775

Zurück in London

1 »Speech on Moving Resolutions for Conciliation with the Colonies«, in: Edmund Burke, *The Works*, Ausgabe Boston 1839, Band II, S. 80. Siehe auch: »Speech on American Taxation«, a. a. O., 433 ff. – Hauptanführer der liberalen Opposition war

neben Burke Charles James Fox. Er überwarf sich mit Burke, als dieser 1790 mit seinen »Betrachtungen über die Französische Revolution« das antirevolutionäre Manifest veröffentlichte, mit dem er einen entschiedenen Stellungswechsel vollzog und international berühmt wurde.

2 Konservativer Premierminister war seit 1770 Lord North, der sich in der amerikanischen Frage völlig dem Willen des Königs unterordnete. Weil Georg III. auf kompromissloser Unterwerfung bestand, liest sich die von Thomas Jefferson entworfene amerikanische Unabhängigkeitserklärung von 1776 über weite Strecken als eine Anklageschrift gegen den tyrannischen König.

3 Frances Burney, *The Early Diary*, 2 Bände, London 1913; hier: Band I, S. 334.

4 Zitiert nach: J. C. Beaglehole, *The Life of Captain James Cook*, a. a. O., S. 442.

5 John Marra, *Journal of the Resolution's Voyage in 1772, 1773, 1774, and 1775, By Which the Non-Existence of an Undiscovered Continent, Between the Equator and the 50th Degree of Southern Latitude, Is Demonstratively Proved*, London 1775. Der Raubdruck erschien 1776, im selben Jahr die deutsche und 1777 die französische Übersetzung.

6 Es ist schwierig, die damaligen und die heutigen Rangordnungen in eine genaue Beziehung zu bringen. Der Commander entspricht etwa einem Korvetten- oder Fregattenkapitän (Major, Oberstleutnant), der Captain, genauer Post-Captain, dem Kapitän zur See (Oberst). Zu unterscheiden ist außerdem zwischen dem formellen Rang und der Dienstfunktion. Diese Dienstfunktion und ihre praktischen Befugnisse haben sich für Cook während seiner drei Weltreisen nicht geändert, während er formell etwa vom Kapitänleutnant über den Korvetten- oder Fregattenkapitän zum Kapitän zur See aufstieg.

7 Brief vom 19. August 1775, zitiert nach Beaglehole, a. a. O., S. 445.

8 Siehe zu den Guineen die Anmerkung 35 auf S. 378.

9 Zitiert nach: Ulrich Enzensberger, *Georg Forster. Ein Leben in Scherben*, a. a. O., S. 83 f.

[10] Brief vom 20. September 1775. Der Text ist abgedruckt in: *Georg Forsters Werke*, a. a. O., Band XIII, Berlin 1978, S. 545.

[11] Brief vom 19. September 1775; a. a. O., S. 20 f.

[12] John Hawkesworth, *An Account of the Voyages Undertaken by His Present Majesty for Making Discoveries in the Southern Hemisphere*, 3 Bände, London 1773.

[13] Der Text ist abgedruckt in: *Georg Forsters Werke*, a. a. O., Band IV, 2. Auflage Berlin 1989, S. 89 f.

[14] Sandwich Papers, Hinchingbrooke Manuscripts; Brief vom 28. Oktober 1775, zitiert nach Beaglehole, a. a. O., S. 462.

[15] ebd., Brief vom 11. Juni 1776, zitiert nach: *Georg Forsters Werke*, a. a. O., Band IV, S. 132.

[16] Johann Reinhold Forster, *Observations Made During a Voyage Round the World ...*, London 1778.

[17] Der gesamte Brief ist abgedruckt in: *Georg Forsters Werke*, a. a. O., Band IV, S. 61 ff.

[18] Es handelt sich nicht bloß um eine Redensart. Anderswo, zum Beispiel in Deutschland, war der »bürgerliche Tod« sogar rechtlich geregelt. Daher findet man in der revolutionären Paulskirchenverfassung vom 18. März 1849 den für uns kaum noch verständlichen Paragraphen 135, in dem es heißt: »Die Strafe des bürgerlichen Todes soll nicht stattfinden, und da, wo sie bereits ausgesprochen ist, in ihren Wirkungen aufhören.«

[19] J. C. Beaglehole, a. a. O., S. 462 f.

[20] *Georg Forsters Werke*, a. a. O., Band II und Band III.

[21] *Georg Forsters Werke*, a. a. O., Band XIII, S. 52.

[22] Die Bewunderung kommt vor allem zum Ausdruck in der Schrift aus dem Jahre 1787: »Cook der Entdecker. Versuch eines Denkmals«, abgedruckt in: *Georg Forsters Werke*, a. a. O., Band IV, S. 396–465.

[23] Man vergleiche mit Texten von Reinhold Forster, abgedruckt in: *Georg Forsters Werke*, a. a. O., Band IV, S. 396–465.

[24] William Wales, *Remarks on Mr. Forster's Account of Captain Cook's Last Voyage Round the World, in the Years 1772, 1773, 1774, and 1775*, London 1778; Georg Forster, »Reply to

Mr. Wales's Remarks«, London 1778, abgedruckt in: *Georg Forsters Werke*, a. a. O., Band IV, S. 7–48.

25 Wales, a. a. O., S. 4 ff.

26 Es sei daran erinnert, dass Wales pro Reisejahr 400, insgesamt also 1200 Pfund erhielt – gegen Forsters 4000 Pfund.

27 Siehe Vorwort, Anmerkung 8, S. 372.

James Cooks letzte Reise

28 Richard Hough, *Captain James Cook. A Biography*, a. a. O., S. 271 f.

29 Brief vom 14. Februar 1776, zitiert nach Hough, a. a. O., S. 273.

30 Bligh wurde 1754 geboren, war schon 1762 in die Marine eingetreten und bei Beginn der Reise knapp 22 Jahre alt. Siehe weiter zu Bligh: Vorwort, Anmerkung 11, S. 373.

31 *The Journals of Captain Cook. The Voyage of the Resolution and Discovery*, a. a. O.; 23. Februar 1777.

32 ebd., a. a. O.; 24. August 1777.

33 ebd., a. a. O.; 6. Oktober 1777 (und folgende Tage).

34 Zitiert nach: Gananath Obeyesekere, *The Apotheosis of Captain Cook. European Mythmaking in the Pacific*, Ausgabe Princeton, New Jersey, 1997, S. 30 f.

35 Richard Hough, *The Journals of Captain Cook*, a. a. O., 22. Oktober 1777. Siehe außerdem: James Cook, *A Voyage in the Pacific Ocean. Undertaken by the Command of His Majesty*, herausgegeben von John Douglas, 2 Bände, London 1784, Band II, S. 100.

36 Zitiert nach Obeyesekere, a. a. O., S. 29.

37 *The Journals of Captain Cook*, a. a. O., 26. Oktober 1977.

38 Obeyesekere, a. a. O. Die Ausgabe seines Buches von 1997 ist zu einem erheblichen Teil der Auseinandersetzung mit den Gegnern gewidmet.

39 Hough, a. a. O., S. 313.

40 Hough, a. a. O., S. 313 f.

41 Hough, a. a. O., S. 314; 20. Januar 1778.

[42] J.C. Beaglehole, *The Life of Captain James Cook*, a.a.O., S. 576 f.

[43] Zitiert nach Beaglehole, a.a.O., S. 614.

[44] Hough, a.a.O., S. 334.

[45] Noch einmal sei das Buch von Gananath Obeyesekere und auf die dort angegebene Literatur verwiesen.

[46] Notiz vom 17. Januar 1778. – Mit dieser stolzen Feststellung endet Cooks Tagebuch. Wahrscheinlich wollte er nach dem Ende des Aufenthalts eine zusammenfassende Darstellung folgen lassen, so wie er das häufig tat. Dazu kam es nicht mehr.

[47] Zitiert nach Arthur Kitson, *Captain James Cook*, London 1907, S. 465.

[48] Eine dramatische Beschreibung liefert der Augenzeuge David Samwell; siehe dazu: *The Journals of Captain Cook*, a.a.O., S. 1197 ff. Siehe ferner: Richard Hough, *The Last Voyage of Captain Cook*, a.a.O. Außerdem sei noch genannt: Gavin Kennedy, *The Death of Captain Cook*, London 1978.

[49] Zitiert nach Hough, *Captain James Cook*, a.a.O., S. 361. – Banks lebte noch 41 Jahre und starb 1820.

[50] 15. Ausgabe, 1974 ff.

Georg Forsters unstetes Leben

[51] *Georg Forsters Werke*, a.a.O., Band XIII, Berlin 1978, S. 19 und 21; Brief vom 19. September 1775.

[52] A.a.O., S. 41; Brief an Friedrich Adolf Vollpracht vom 16. Juli 1776. – Vollpracht, 1751 bis 1812, war Pfarrer in Diez und Dillenburg.

[53] *Baron Münchhausen's Narrative of His Marvellous Travels And Campaigns in Russia*, Oxford 1785. Es war dann Gottfried August Bürger, der die Lügengeschichten, überarbeitet und erweitert, in Deutschland populär machte. Ihr eigentlicher Urheber, Karl Friedrich Hieronymus Freiherr von Münchhausen, lebte übrigens noch bis 1797.

54 *Georg Forsters Werke*, a. a. O., S. 42 f.; Brief an Vollpracht vom 1. September 1776.

55 Beschreibung der Reise nach Paris: *Georg Forsters Werke*, a. a. O., Band XII, Berlin 1973, S. 3 ff.

56 Die vollständige Widmung ist abgedruckt in: *Georg Forsters Werke*, a. a. O., Band IV, 2. Auflage, Berlin 1989, S. 209 f.

57 Der Brief ist datiert Mitte August 1778; vollständiger Text in: *Georg Forsters Werke*, a. a. O., Band XIII, Berlin 1978, S. 127 ff.

58 Zitiert nach: Ulrich Enzensberger, *Georg Forster. Ein Leben in Scherben*, a. a. O., S. 99.

59 Brief an Jacobi vom 17. Dezember 1778; *Georg Forsters Werke*, a. a. O., S. 163 f.; Zitat S. 165.

60 Abdruck der Ernennungsurkunden in: *Georg Forsters Werke*, a. a. O., S. 937 ff.

61 *Georg Forster oder die Liebe zur Welt*, a. a. O., S. 229.

62 Jakobi berichtete Forster am 10. Oktober 1779: »Vor 4 Wochen war Göthe, nebst dem Kammerherrn von Wedel und dem Ober-Forstmeister v. Wedel bei mir. Ich soupierte mit Ihnen, ohne zu wissen, daß der letzte Genannte der Herzog von Weimar wäre. Zum Glück bewahrte mich mein guter Genius, dass ich ihm keine sottise sagte, wiewohl ich von großen Herren überhaupt mit großer Freimütigkeit sprach. Ich wette, es hat Göthen Mühe gekostet, bei einigen Gelegenheiten über meine Treuherzigkeit nicht loszupruschen.« (*Georg Forsters Werke*, a. a. O., S. 248.)

63 Siehe dazu Enzensberger, a. a. O., S. 299 ff.

64 *Georg Forsters Werke*, a. a. O., Band V, Berlin 1985, S. 191–302.

65 *Georg Forsters Werke*, a. a. O., Band IX, Berlin 1958.

66 Soemmerring, 1754 bis 1830, 1808 geadelt, war seit 1789 Professor der Anatomie und Chirurgie in Kassel, 1784 bis 1797 der Anatomie und Physiologie in Mainz, dann Arzt in Frankfurt am Main, ab 1804 Mitglied der Akademie der Wissenschaften in München, seit 1820 wieder in Frankfurt. Er gilt als »einer der universellsten Naturforscher seiner Zeit« (Brockhaus Enzyklopädie). Außerdem stand er mit vielen Denkern und Dichtern in Verbindung, so mit Goethe, Kant, Herder, Schelling,

Jean Paul, den Brüdern Humboldt. Es sei verwiesen auf: Manfred Wenzel (Hg.), *Samuel Thomas Soemmerring in Kassel* (1779–1784; Beiträge zur Wissenschaftsgeschichte der Goethezeit, Stuttgart u. a. 1994. Ferner: Rudolph Wagner, *Samual Thomas v. Soemmerrings Leben und Verkehr mit seinen Zeitgenossen.* (Als Nachdruck der Ausgabe von 1844 im Auftrag der Akademie der Wissenschaften und der Literatur in Mainz herausgegeben von Franz Dumont, Stuttgart 1986.)

67 Besonderen politischen Einfluss gewannen die Rosenkreuzer über Friedrich Wilhelm II., den Nachfolger Friedrichs des Großen auf dem preußischen Thron.

68 In Göttingen hielt sich hartnäckig das Gerücht, dass Soemmerring und Forster eine homosexuelle Beziehung unterhielten.

69 *Georg Forsters Werke*, a. a. O., Band XII, S. 20–189. Der Band enthält auf S. 451 ff. auch eine Liste aller Reisestationen sowie eine Karte von Forsters Reisen 1777 nach Paris, 1784 nach Wilna, 1785 von Wilna nach Dresden, sowie der großen westeuropäischen Rundreise von Mainz aus im Jahre 1790.

70 Tagebuch vom 24. August 1774; *Georg Forsters Werke*, a. a. O., S. 122. Nach Forsters Angabe dauerte die Audienz beim Kaiser zehn Minuten.

71 Heyne, 1729 bis 1812, Sohn eines Leinenwebers, war seit 1763 Professor in Göttingen. Seine Vorlesungen und Schriften bahnten den Weg von den Sprachen und der Literatur zu einer umfassenden Kulturgeschichte der Antike. Unter anderem veröffentlichte er eine erklärende Ausgabe Vergils (4 Bände, 1767–75) und der Ilias (1802).

72 Brief an Spener vom 23. August 1783; *Georg Forsters Werke*, a. a. O., Band XIII, S. 470 f.

73 Therese Huber, »Einige Nachrichten von Johann Georg Forsters Leben«, in: *Johann Georg Forsters Briefwechsel*, herausgegeben von Therese Huber, 1. Teil, Leipzig 1829, S. 61 f. – Es ist anzufügen, dass Therese Huber viele Briefe vernichtet, andere offensichtlich gefälscht hat, um ihre eigene Sicht der Dinge durchzusetzen.

74 Brief an Soemmerring vom 18. Juli 1785; *Georg Forsters Werke*, a. a. O., Band XIV, Berlin 1978. – Die Beschreibung, die Forster dem Arzt Soemmerring vom Verlauf seiner Krankheit liefert, legt psychische Ursachen zumindest nahe: »Schon lange spürte ich, dass mir der Gedanke, ich würde bald einer schweren Krankheit verfallen, zusetzte. Am Johannistage endlich kriegte ich entsetzliche Hitze im Kopf und Frost am ganzen Leib ... Kein einziges heftiges Symptom ...« Die Wendung zum Besseren trat ein, nachdem Forster 17 Tage lang gefastet hatte, »wenn man einige Tassen Brühe abrechnet«.

75 Der Silberrubel, um den es hier ging, war dem europaweit akzeptierten Albert-Taler gleichgesetzt, dessen Wert später 4,38 Goldmark betrug. Der russische Kanzler, der höchstbezahlte Beamte des Zarenreiches, erhielt 7000 Rubel im Jahr (die Einkünfte durch Korruption freilich nicht mitgerechnet – wovon er ein Palais mit 100 Bediensteten unterhalten musste. Im Vergleich nehmen sich die 3000 Rubel für das Ehepaar Forster sehr ansehnlich, um nicht zu sagen fürstlich aus.

76 Die Tochter Therese (Maria Theresia) erreichte ein hohes Alter und lebte bis 1862. 1843 veröffentlichte sie eine neunbändige Ausgabe von Georg Forsters Schriften.

77 Der russische Plan einer groß angelegten Welterkundung war übrigens nicht so exotisch, wie er sich im Rückblick vielleicht ausnimmt. Es hat mehrfach bedeutende Expeditionen gegeben; an einer hat von 1815 bis 1818 der in Frankreich geborene deutsche Dichter und Botaniker Adalbert von Chamisso teilgenommen und darüber in seiner *Reise um die Welt* berichtet (zuerst 1821 unter dem Titel *Bemerkungen und Ansichten auf einer Entdeckungsreise*).

78 *Georg Forsters Werke*, a. a. O., Band XV, Berlin 1981; Brief an Herder vom 27. November 1787.

79 Enzensberger nimmt den Namen »Assad« beim Wort und zitiert (a. a. O., S. 168) anspielungsreich aus Lessings Schauspiel *Nathan der Weise*, das dem Göttinger Trio kaum entgangen sein konnte und 1779 erschien. Es hieß darin: »Denn Assad

war / Bei hübschen Christendamen so willkommen / Auf hübsche Christendamen so erpicht, / Dass einmal gar die Rede ging – Nun, nun; / Man spricht nicht gern davon.« (4. Aufzug, 5. Auftritt.)

80 Zitiert nach Enzensberger, a. a. O., S. 171.

81 *Georg Forsters Werke*, a. a. O., Band VIII, S. 164–181.

82 *Georg Forsters Werke*, a. a. O., Band XV, Berlin 1981; Brief vom 11. April 1788.

83 Brief Thereses aus dem Jahre 1806; zitiert nach Enzensberger, a. a. O., S. 173.

84 »Ansichten vom Niederrhein, von Brabant, Flandern, Holland, England und Frankreich im April, Mai und Junius 1790«; *Georg Forsters Werke*, a. a. O., Band IX, Berlin 1958.

85 Das Tagebuch der Reise ist abgedruckt in: *Georg Forsters Werke*, a. a. O., Band XII, 2. Auflage Berlin 1993, S. 200–368. Alle Reisestationen ebd. S. 457 ff.; siehe auch die beigefügte Karte.

86 Brief an Caroline Böhmer vom 25. Februar 1794; zitiert nach Enzensberger, a. a. O., S. 203 f.

87 *Georg Forsters Werke*, a. a. O., Band XVII, Berlin 1989; Brief an Christian Friedrich Voß vom 5. Oktober 1792.

88 *Georg Forsters Werke*, a. a. O., Band XVIII, Berlin 1982; Brief vom 31. Oktober 1792.

89 Brief an Voß vom 27. Oktober 1792, a. a. O.

90 Als Auswahl seien genannt: Franz Dumont, *Die Mainzer Republik von 1792/93. Studien zur Revolutionierung in Rheinhessen und der Pfalz*, Alzey 1982; Heinrich Scheel (Hg.), *Die Mainzer Republik I, Protokolle des Jakobinerklubs*, 2. Auflage, Berlin 1984; derselbe, *Die Mainzer Republik III, Gesamtdarstellung*, Berlin 1989; Justus Hashagen, *Das Rheinland und die französische Herrschaft*, Bonn 1908; Hansgeorg Molitor, *Vom Untertan zur Administré. Studien zur französischen Herrschaft und zum Verhalten der Bevölkerung im Rhein-Mosel-Raum von den Revolutionskriegen bis zum Ende der Napoleonischen Zeit*, Wiesbaden 1980.

91 »Über das Verhältnis der Mainzer gegen die Franken«; *Georg Forsters Werke*, a. a. O., Band X, 1. Teil, Berlin 1990, S. 9 ff.

[92] Der Augenzeuge Soemmerring berichtete an Heyne: »Gnade Gott den Mainzer Jacobinern, wenn sie von Mainzer Richtern gerichtet werden sollten – die zugleich samt und sonders Kläger sind und sich mehr oder weniger beleidigt finden. Beim Transport nach Königstein von Frankfurt wurden sie von den Offiziers und Gemeinen, die sie begleiteten, am meisten aber von den Mainzer Bürgern geschlagen, dass sie von Blut trieften, verschiedene keinen weißen Flecken auf den Armen und Rücken behielten, und verschiedene schon gestorben sein sollen. Einem wohlgekleideten Frauenzimmer, das sie auf der Straße bedauerte, fiel man in die Haare, riß ihr die Kleider vom Leib und schleppte sie in die Wache.« (Abgedruckt in: *Georg Forsters Briefwechsel mit S. Th. Soemmerring*, herausgegeben von H. Hettner, Braunschweig 1877; Brief vom 13. April 1793.)

[93] *Georg Forsters Werke*, a. a. O., Band XVII; Brief vom 16. Juni 1793.

[94] A. a. O.; Brief vom 17. Juni 1793.

[95] A. a. O.; Brief vom 4. Januar 1794.

[96] A. a. O.; Brief vom 31. Januar 1794.

Literatur

Zu James Cook

Banks Sir Joseph: *The Endeavour Journal of Joseph Banks, 1768–1771*, herausgegeben von J. C. Beaglehole, 2 Bände, Sydney 1962.

Beaglehole, J. C.: *The Discovery of New Zealand*, London 1961.

Derselbe: *The Life of Captain James Cook*, London 1974; Neuausgabe Stanford, California, 1998.

Derselbe: *The Exploration of the Pacific*, London 1947.

Begg, Alexander Charles/Begg, Neil Colquhoun: *Dusky Bay*, Christchurch 1966.

Dieselben: *James Cook and New Zealand*, Wellington 1969.

Besant, Sir Walter: *Captain Cook*, London 1890.

Bougainville, Count Louis Antoine de: *A Voyage Round the World* … Translated from the French by John Reinhold Forster, London 1772.

Bourney, Frances: *The Early Diary of Frances Burney*. 2 Bände, London 1913.

Carrington, Arthur Hugh: *The Life of Captain Cook*, Ausgabe London 1967.

Carruthers, Joseph: *Captain James Cook, R. N.: One Hundred and Fifty Years After*, New York 1930.

Clarke, Thomas Blake: *Omai, First Polynesian Ambassador to England*, zuerst 1940, Neuausgabe Honolulu 1969.

Colnett, James: *The Journals of James Colnett,* Toronto 1940.

Cook, James: *The Journals of Captain James Cook. The Voyage of the Endeavour,* herausgegeben von J. C. Beaglehole, London 1968.

Derselbe: *The Journals of Captain James Cook. The Voyage of the Resolution and the Adventure,* herausgegeben von J. C. Beaglehole, London 1969.

Derselbe: *The Journal of Captain James Cook. The Voyage of the Resolution and Discovery,* herausgegeben von J. C. Beaglehole, 2 Bände, London 1967, mit Tagebüchern oder Tagebuchauszügen von anderen Reiseteilnehmern.

Derselbe: *A Voyage towards the South Pole und Round the World... In the Years 1772, 1773, 1774, and 1775,* 2 Bände, London 1777.

Derselbe: *A Voyage to the Pacific Ocean, in the Years 1776, 1777, 1778, 1779, and 1780. Undertaken By the Command of His Majesty,* herausgegeben von John Douglas, 3 Bände, London 1784. Vol. I and II written by Captain J. Cook, vol. III by Captain J. King.

Derselbe: *Die Weltumseglungsfahrten des Kapitäns James Cook.* Ein Auszug aus seinen Tagebüchern, bearbeitet von Dr. Erwin Hennig, Hamburg 1908.

Derselbe: *The Explorations of Captain James Cook in The Pacific, As Told by Selections of his Own Journals,* herausgegeben von A. Grenfell Price, New York 1971.

Dalrymple, Alexander: *An Account of the Discoveries Made in the South Pacifick Ocean Previous to 1764,* London 1769.

Derselbe: *An Historical Collection of the Several Voyages and Discoveries in the South Pacific Ocean,* 2 Bände, London 1770/71.

Ellis, Wiliam: *An Authentic Narrative of a Voyage... Performed by Captin Cook and Captain Clerke,* 2 Bände, London 1782; Neuausgabe, New York 1969.

Fisher, Robin/Johnston, Hugh (Hg.): *Captain James Cook and His Times,* Seattle 1979.

Forster, Johann Georg Adam, *A Voyage Round the World in His Britannic Majesty's Sloop, Resolution... During the Years*

1772, 3, 4, and 5, 2 Bände, London 1777; Abdruck in: *Georg Forsters Werke*, Akademieausgabe, Band I, Berlin 1968.
Derselbe: »Cook der Entdecker. Versuch eines Denkmals«. Einführender Essay zu: *Des Capitain Jacob Cook dritte Entdeckungsreise*, 1787; Abdruck in: *Georg Forsters Werke*, Akademieausgabe, Band V, Berlin 1985, S. 191–302.
Forster, Johann Reinhold: *Observations Made During a Voyage Round the World*, London 1778.
Furneaux, Rupert: *Tobias Furneaux, Cicumnavigator*, London 1960.
Gilbert, George: *Captain Cook's Final Voyage. The Journal of Midshipman George Gilbert*, herausgegeben von Christine Holmes, Honolulu 1982.
Gould, Rubert Thomas: *Captain Cook*, London 1935.
Hawkesworth, John: *An Account of the Voyages Undertaken ... For Making Discoveries in the Southern Hemisphere*, 3 Bände, London 1773.
Hoare, Michael (Herausgeber): *The Resolution Journal of Johann Reinhold Forster 1772–1775*, 4 Bände, London 1982.
Hough, Richard: *Captain James Cook. A Biography*, zuerst 1994; Ausgabe New York und London 1997.
Howse, Derek/Hutchinson, Beresford: *The Clocks and Watches of Captain James Cook, 1769–1969*, London 1969.
Kendall, Hugh P.: *Captain James Cook* (Whitby Literary and Philosophical Scociety), Whitby 1951.
Kennedy, Gavin: *The Death of Captain Cook*, London 1978.
Kippis, Andrew: *The Life of Captain James Cook*, London 1788.
Kitson, Arthur: *Captain James Cook*, London 1907.
Lack, Eva: *Die Abenteuer des Sir Joseph Banks, 1743–1820*, Wien 1985.
Lloyd, Christopher: *Captain Cook*, M. A., F. R., London 1.
Marra, John: *Journal of the Resolution's Voyage ...*, London 1775.
Muir, J. R.: *Captain James Cook*, London 1939.
O'Brian, Patrick: *Joseph Banks, a Life*, London 1988.
Parkinson, Sydney: *A Journal of the Voyage to the South Seas in His Majesty's Ship, the Endeavour*, London 1773.

Rickman, John: *Journal of Captain Cook's Last Voyage in the Pacific Ocean*, Ann Arbor 1966.

Robertson, George: *The Discovery of Tahiti*, London 1948.

Sabel, Dava/Andrewes, William J.H.: *Längengrad. Die wahre Geschichte eines einsamen Genies, welches das größte wissenschaftliche Problem seiner Zeit löste*. Illustrierte Sonderausgabe, Berlin 2000. (Über John Harrison, den Erfinder des Chronometers.)

Samwell, David: *A Narrative of the Death of Captain James Cook*, London 1786.

Seidel, Jürgen: *Der geträumte Kontinent. Die erste Weltumseglung des James Cook* (Roman), Köln 1990.

Skelton, R.A.: *Captain James Cook. After Two Hundred Years*, London 1969.

Derselbe: *Charts and Views Drawn by Cook and His Officers*, Cambridge 1955.

Smith, Edward: *The Life of Sir Joseph Banks*, London 1911.

Sparrman, Anders: *A Voyage Round the World*, London 1953.

Spence, Sydney A.: *Captain James Cook, R.N. – A Bibliography of His Voyages*, Mitcham 1960.

Villiers, Alan John: *Captain Cook*, London 1967.

Derselbe: *Remarks on Mr. Forster's Account of Captain Cook's Last Voyage Round the World in the Years 1772*, London 1777.

Wales, William: *Astronomical Observations Made in the Voyages ... For Making Discoveries in the Southern Hemisphere*, London 1788.

Williams, Glyndwer: *The British Search of the Nordwest Passage in the Eighteenth Century*, London 1962.

Williamson, James A.: *Cook and the Opening of the Pacific*, 2. Auflage, London 1948.

Woolf, Harry: *The Transits of Venus*, Princeton 1959.

Young, George: *The Life and Voyages of Captain James Cook*, London 1836.

Zimmermann, Heinrich: *Reise um die Welt mit Capitain Cook*, Mannheim 1781.

Zu Georg Forster

Bertschinger, George M.: *The Portraits of Joh. Reinh. Forster and Georg Forster. A Catalog With Discussions of the Origins of Each Portrait*, Los Gatos, California, 1988.

Campe, Elisabeth: *Zur Erinnerung an Friedr. Ludw. Wilh. Meyer … Lebensskizze nebst Briefen …*, 2 Teile, Braunschweig 1847.

Dippel, Horst/Scheuer, Helmut (Hg.): *Georg-Forster-Studien II*, Berlin 1998 (mit Bibliographie).

Dumont, Franz: *Die Mainzer Republik von 1792–93*, Alzey 1993.

Enzensberger, Ulrich: *Georg Forster. Ein Leben in Scherben*, Frankfurt am Main 1996. Mit Werkregister, S. 299 ff.

Fiedler, Horst: *Georg-Forster-Bibliographie 1767–1970*, Berlin 1971.

Forster, Georg: *Georg Forsters Werke*, herausgegeben von der Akademie der Wissenschaften der DDR, Zentralinstitut für Literaturgeschichte, 18 Bände, Berlin 1958 ff. Inhalte im einzelnen:

Band I: *A Voyage Round the World.*

Band II: *Reise um die Welt*, 1. Teil.

Band III: *Reise um die Welt*, 2. Teil.

Band IV: *Streitschriften und Fragmente zur Weltreise.*

Band V: *Kleine Schriften zur Völker- und Länderkunde.*

Band VI: *Schriften zur Naturkunde.*

Band VII: *Kleine Schriften zur Kunst und Literatur.*

Band VIII: *Kleine Schriften zur Philosophie und Zeitgeschichte.*

Band IX: *Ansichten vom Niederrhein, von Brabant, Flandern, Holland, England und im April, Mai und Junius 1790.*

Band X: *Revolutionsschriften 1792/93.*

Band XI: *Rezensionen.*

Band XII: *Tagebücher.*

Band XIII: *Briefe bis 1783.*

Band XIV: *Briefe 1784 bis Juni 1787.*

Band XV: *Briefe Juli 1787 bis 1789.*

Band XVI: *Briefe 1790 bis 1791.*

Band XVII: *Briefe 1792 bis 1794 und Nachträge.*

Band XVIII: *Briefe an Forster.*

Forster, Johann Reinhold: »Über Georg Forster«, in: *Annalen der Philosophie und des philosophischen Geistes.* Philosophischer Anzeiger, Halle, 14. Januar 1775 (2. Stück, Spalte 9–16) und 15. April 1775 (16. Stück, Spalte 121–126).

Geiger, Ludwig: *Therese Huber, 1764 bis 1829. Leben und Briefe einer deutschen Frau,* Stuttgart 1901.

Gumpert, Hans Ludwig: *Lichtenberg in England,* 2 Bände, Wiesbaden 1977.

Hallo, Rudolf: *Rudolf Erich Raspe. Ein Wegbereiter von deutscher Art und Kunst,* Stuttgart und Berlin 1934.

Harpprecht, Klaus: *Georg Forster oder die Liebe zur Welt.* Eine Biographie, Reinbek bei Hamburg 1987; Taschenbuchausgabe 1990.

Hoare, Michael E.: *The Tactless Philosopher: Johann Reinhold Forster,* 1729–98, Melbourne 1976.

Huber, Therese: »Einige Nachrichten von Johann Georg Forster's Leben«, in: Therese Huber (Hg.): *Johann Georg Forster's Briefwechsel,* Erster Teil, Leipzig 1829.

Jordan, Sabine Dorothea: *Ludwig Ferdinand Huber. His Life and His Works,* Stuttgart 1978.

Kapp, Friedrich: *Der Soldatenhandel deutscher Fürsten nach Amerika,* Berlin 1874.

Kasseler Hochschulbund (Hg.): *Georg Forster, die Kasseler Jahre,* Kassel 1990.

Kersten, Kurt: *Der Weltumsegler. Johann Georg Adam Forster 1754–1794,* Bern 1947.

Kollender, Andreas: *Teori* (Roman), München 2000.

Leitzmann, Albert: *Georg und Therese Forster und die Brüder Humboldt. Urkunden und Umrisse,* Bonn 1936.

Lichtenberg, Georg Christoph: *Briefwechsel,* 4 Bände, im Auftrag der Akademie zu Göttingen herausgeben von Ulrich Joost und Albrecht Schöne, München 1983 ff.

Perthes, Clemens Theodor: *Politische Zustände und Personen in Deutschland zur Zeit der französischen Herrschaft. Das südliche und westliche Deutschland,* Gotha 1862–1866.

Rasmussen, Detlef (Herausgeber): *Der Weltumsegler und seine Freunde*, Tübingen 1988.

Reichardt, Rolf/Roche, Genegiève (Hg.): *Weltbürger – Europäer – Deutscher – Franke. Georg Forster zum 200. Todestag.* Ausstellungskatalog, Mainz 1994.

Scheel, Heinrich (Hg.): *Die Mainzer Republik I. Protokolle des Jakobinerklubs*, 2. Auflage, Berlin 1984.

Derselbe: *Die Mainzer Republik III. Gesamtdarstellung*, Berlin 1989.

Schulze, Ada: *Georg Forster. Studie zur Quellengeschichte der Romantik*, Köln 1932.

Seidel, Ina: *Das Labyrinth* (Roman über Georg Forster), zuerst 1922; Neuausgabe 1965.

Sparrman, Anders: *Reise nach dem Vorgebirge der Guten Hoffnung, den südlichen Polarländern und um die Welt, hauptsächlich aber in den Ländern der Hottentotten und Kaffern in den Jahren 1772 bis 1776*, herausgegeben und mit einer Vorrede begleitet von Georg Forster, Berlin 1784.

Steiner, Gerhard: *Freimaurer und Rosenkreuzer. Georg Forsters Weg durch die Geheimbünde*, Berlin 1985.

Volk, Winfried: *Die Entdeckung Tahitis und das Wunschbild der seligen Inseln in der deutschen Literatur*, Dissertation, Heidelberg 1934.

Wagner, Rudolph: *Samuel Thomas v. Soemmerrings Leben und Verkehr mit seinen Zeitgenossen.* Als Nachdruck der Ausgabe von 1844 im Auftrag der Akademie der Wissenschaften und der Literatur in Mainz herausgegeben von Franz Dumont, Stuttgart 1986.

Wenzel, Manfred (Herausgeber): *Samuel Thomas Soemmerring in Kassel* (1779–1784). Beiträge zur Wissenschaftsgeschichte der Goethezeit. Stuttgart u. a. 1994.

Zincke, Paul: *Georg Forster nach seinen Originalbriefen*, 2 Bände, Dortmund 1915.

Derselbe: *Georg Forsters Bildnis im Wandel der Zeiten*, zuerst 1925, Nachdruck Hildesheim 1974.